2020 第壹拾玖辑

中国建筑史论汇刊

王贵祥 主编
贺从容
李菁 副主编

清华大学
建筑学院主办

中国建筑工业出版社

内 容 简 介

《中国建筑史论汇刊》由清华大学建筑学院主办，以荟萃发表国内外中国建筑史研究论文为主旨。本辑为第壹拾玖辑，收录论文 11 篇，分为古代建筑制度研究、佛教建筑研究、古代园林研究、建筑文化研究以及乡土建筑研究，共 5 个栏目。

其中古代建筑制度研究成果包含 4 篇：王贵祥的论文梳理了包括土木、砖瓦、石铁、琉璃、彩画等中国古代建筑基本材料与结构的出现及发展概略，并归纳出中国古代建筑历史年轮在结构和装饰方面的基本线索；陈彤的论文结合已有研究和自己的实地调查对佛光寺东大殿所体现的晚唐官式彩画制度进行了较为全面的探讨；张毅捷等从整数尺法的角度对 2007–2011 年实测的万荣稷王庙正殿尺度进行了分析；赵寿堂通过复原作图的方法对《营造法式》"大木作功限"中的下昂身长问题进行了再讨论。佛教建筑研究收录成果 2 篇：贺从容等整理了晋东南地区北朝石窟的遗存及文献记载，并探讨了其建筑形制的特点及成因；俞莉娜基于中日两国现存遗构及技术书中的设计规定对转轮藏的建筑形制展开了考古学研究。古代园林研究本辑收录 2 篇：贾珺结合相关实例对《园冶》中列举的造园忌弊与俗套进行了梳理辨析；赵雅婧从考古学视角分时段复原了绛州署园林的形态并探究了园林、衙署、城市的互动关系。建筑文化研究收录有吴庆洲的《德庆学宫大成殿建筑研究》和何知一等的《重庆奉节白帝庙历史沿革与建筑特征分析》。乡土建筑研究收录的是杨健等的《永顺县老司城土家族楼阁式建筑结构形式比较研究》。此外，还有清华大学最新的山西测绘成果一份。上述论文中有多篇是诸位作者在国家自然科学基金支持下的研究成果。

书中所选论文，均系各位作者悉心研究之新作，各为一家独到之言，虽或亦有与编者拙见未尽契合之处，但却均为诸位作者积年心血所成，各有独到创新之见，足以引起建筑史学同道探究学术之雅趣。本刊力图以学术标准为尺牍，凡赐稿本刊且具水平者，必将公正以待，以求学术有百家之争鸣、观点有独立之主张为宗旨。

Issue Abstract

The *Journal of Chinese Architecture History*（JCAH）is a scientific journal from the School of Architecture, Tsinghua University, that has been committed to publishing current thought and pioneering new ideas by Chinese and foreign authors on the history of Chinese architecture. This issue（vol. 19）contains 11 articles that can be divided according to research area: the traditional architectural system, Buddhist architecture, traditional gardens, architectural culture, and vernacular architecture.

The section on the traditional architectural system includes four articles, "Earth, Wood, Brick, Tile, Stone, Iron, Colored Glaze, and Polychrome Painting—The Growth Rings of Chinese Architectural History", "Rules for Polychrome Painting of Architectural Components in the East Hall of Foguangsi", "The Integer Scale Design Method Applied to the Main Hall of *Jiwangmiao* in Wanrong County", and "Re-discussion of the Length of *Xia'ang* in *Yingzao Fashi*, Chapter *Labor Quota for Large-scale Carpentry*". The next two papers discuss Buddhist architecture, "Analysis of Design Characteristics of Northern Dynasties' Grottoes in Southeastern Shanxi" and "A Chronological Study of Rotating Sutra Cabinets of China and Japan". Two papers bring to light to new facts about traditional gardens, "Disadvantages and Formulaic Patterns of Landscape Architecture Recorded in *Yuanye*" and "Jiangzhou Government Office Garden". Architectural culture is the theme of the next two papers, "Study on Dacheng Hall of the Confucian Temple in Deqing" and "Construction History and Architectural Features of Baidimiao in Fengjie, Chongqing". Some issues of vernacular architecture are discussed in "Comparative Study of Structural Form of the *Tujia* Multi-storied Wooden Buildings at *Laosicheng* Tusi Sites, Yongshun County". Finally, there is a report of the latest field survey conducted by Tsinghua University in Shanxi province. This issue contains several studies supported by the National Natural Science Foundation of China（NSFC）.

The papers collected in the journal sum up the latest findings of the studies conducted by the authors, who voice their insightful personal ideas. Though they may not tally completely with the editors' opinion, they have invariably been conceived by the authors over years of hard work. With their respective original ideas, they will naturally kindle the interest of other researchers on architectural history. This journal strives to assess all contributions with the academic yardstick. Every contributor with a view will be treated fairly so that researchers may have opportunities to express views with our journal as the medium.

谨向对中国古代建筑研究与普及给予热心相助的华润雪花啤酒（中国）有限公司致以诚挚的谢意！

目 录

Table of Contents

古代建筑制度研究

土木、砖瓦、石铁、琉璃、彩画与中国建筑历史年轮[1]

王贵祥

（清华大学建筑学院）

摘要：中国古代建筑经先秦，历汉晋，又经隋唐、辽宋金元至明清。其间历版筑、木架、瓦顶、砖墙与石构建筑的探索，伴以藻井、琉璃、彩画等装饰手法的完善，渐趋成熟。其造型虽经千年而无大变化，但其材料、结构、技术、装饰却日臻完善。本文对不同历史时期中国建筑基本材料与结构、不同材料渐次出现及其应用与发展的概略时段做一个轮廓性梳理。

关键词：版筑，木构，砖瓦，彩画石构，装饰，历史年轮

Abstract: Traditional Chinese architecture gradually developed and matured over almost two thousand years from the (pre–) Qin, Han, Six Dynasties, Sui, Tang, Liao, Song, Jin, and Yuan period to the Ming and Qing dynasties. Looking at the history of Chinese architecture, we can discern a development from rammed earth to timber–framed construction and to the use of tiled roofs, brick walls, and then even stone structures (such as imperial mausoleums), as well as an improvement of decorative techniques, especially the installment of caisson ceilings, glazed tiles, and colorful painted components. Although the essential shape has not changed much in two thousand years, the particularities of a building including material, structure, technology, and decoration have continuously improved. This paper analyzes the basic materials and structural forms of Chinese architecture in different historical periods and outlines their origin, emergence, and spread using the analogy of growth rings in a tree.

Keywords: Rammed earth, timber frame, brick and tile, stone structure, decoration, growth rings of history

一、土与砖：百堵之室与版筑高台

1. 原始穴居

《周易·系辞下》中有："上古穴居而野处，后世圣人易之以宫室，上栋下宇，以待风雨，盖取诸《大壮》。"[2] 这段文字说明，中国上古先民最早的居处空间是天然洞穴或人工坑穴。

发掘于20世纪50年代的西安半坡遗址，是一处典型的新石器时代仰韶文化遗址。先后5次大规模考古发掘，揭露面积近1万平方米，发掘出的原始文化遗迹包括46座房屋、200余个窖穴、6座陶窑遗址以及250座墓葬。较为完整地展示了中国新石器时代原始初民居住环境的大致风貌。

---

❶ 本文系国家重点社会科学基金支持课题项目"《营造法式》研究与注疏"（项目批准号：17ZDA185）的子课题之一。并提交为2019年在土耳其安卡拉大学召开的中国建筑史国际高端论坛（Senior Academics Forum on Ancient Chinese Architectural History,Bilkent University, Turkey, July 20–28, 2019）的会议论文。

❷ 文献[1]. 周易 . 系辞下 .

半坡遗址内的居住性房屋遗址大多是半地穴式的。从遗址看，其建造过程很可能是先从地表向下凿挖一个平面近方或圆形的坑，在坑四周竖立起一些立柱。可能因为结构上的考虑，或者也有其他原始信仰方面的思考，一般的坑穴中央往往会有一根立柱，形成坑穴内结构的中心柱。中心柱会略高一些，周围柱子稍低一些。在周围柱与中心柱之间斜置如后世椽子一样的木条，木条之上再用树枝或草覆盖，涂抹上泥土，就形成一个坡形如圆尖锥式的屋顶。四周柱子之间也填补上树枝、草与泥土，形成一个环绕的墙体。

如此，有着简单木构支架与草泥坡屋顶和室内基本生活环境的原始房屋可以初现雏形。这里出现了几个对后世中国木构建筑影响极大的元素：

1）环绕房屋空间四周，直立的柱子；

2）斜置的坡形屋顶；

3）用树木枝条、草与泥相结合，涂抹屋顶和四壁。

一直延续到十分晚近都在使用的中国北方民居中常常可以见到的几个基本要素：木构梁架、坡屋顶、泥背砥瓦（或直接草泥屋顶）、草泥抹墙，如此等等，在数千年前的原始时代已经出现。

2. 百堵之室

商代有一位叫傅说的人，在野外从事版筑工程时，被商汤王发现，并延请为相。《韩诗外传》有：“傅说负土而版筑，以为大夫，其遇汤也。”❶之说。《孟子》也提到：“傅说举于版筑之间。”❷这说明在上古三代时，掌握版筑技术，且能从事建设工程的人，对国家的重要性。

版筑，即夯土技术。先秦时期中原地区城市、屋舍与道路工程，无一不依赖版筑。《诗经·鸿雁之什》：“之子于垣，百堵皆作。虽则劬劳，其究安宅？”❸是说屋宅建造，需要百堵之墙。《诗经·文王之什》进一步描述：“缩版以载，作庙翼翼。……筑之登登，削屡冯冯。百堵皆兴，鼛鼓弗胜。乃立皋门，皋门有伉。乃立应门，应门将将。”❹形象记录了周文王时期，宫殿建筑的营造情况。

《毛诗正义》提到：“筑室百堵，西南其户。”❺意思是说，由夯土墙围合的房屋，在朝西或朝南方位上，开启门户。老子所言：“凿户牖以为室，当其无有，室之用。”❻这里用了“凿”字，说明春秋时宫室墙壁是版筑土墙，其出入室内外的门户或采光用的窗牖，是在夯土墙上开凿出来的。

考古中发现的先秦建筑，如河南偃师二里头早商宫殿、郑州商城、岐山周原、凤翔秦国雍城、曲阜鲁国都城、邯郸赵国都城、新郑郑韩故城、江陵楚国纪南城等遗址，不仅围护性城垣是夯土结构，主要宫殿也是建立在夯土台基之上；宫殿中各单体建筑围护墙也是将木柱与夯土墙结合的结构形式。可知先秦时期建筑，无论城墙、院墙、台基、房屋外墙、门阙、登堂踏道，甚至城内街道、宫廷内甬道等，都采用夯土版筑的结构与营造

❶ 文献[1]. 经部 . 诗类 . [汉]韩婴 . 韩诗外传 .

❷ [春秋战国]孟轲 . 孟子 . 四部丛刊景宋大字本 .

❸ 文献[1]. 诗经 . 鸿雁之什 .

❹ 文献[1]. 诗经 . 文王之什 .

❺ 文献[1]. 毛诗正义 . 卷十一 .

❻ 文献[1].[春秋]李耳 . 老子 . 道德经 . 道经 .

方式。

夯土结构版筑技术，在战国、秦汉及两晋南北朝，甚至隋唐时代的城池、道路、宫殿、寺院等建造中，始终具有重要价值与意义。

如《艺文类聚》引东晋袁宏《东征赋》:“经始郛郭，筑室葺宇，金城万雉，崇墉百堵。”❶《唐两京城坊考》也提到:“初移都，百姓分地版筑。”❷这说明，两晋至隋唐时期，城墙、坊墙、百姓屋墙，主要都是用版筑方式营造。

元大都城墙是夯土版筑结构。为了防止雨水冲刷，元人还在城墙两侧覆以蓑衣，故大都又称蓑衣城。明正德年，一位名叫许逵的知县为防止盗寇侵袭而筑造城墙:“县初无城，督民版筑，不逾月，城成。”❸可知，尽管明代砖筑城墙技术十分普及，仍有采用夯土形式筑造城墙的。

北方地区大型宫殿建筑墙体，往往将两侧山墙与背山墙采用厚重版筑形式，既有强化承载屋顶的结构作用，又起到保温与隔热功能。考古记录中，唐大明宫麟德殿两侧山墙，夯土墙厚度约 4 米。民居建筑中，采用版筑墙体的做法甚至一直延续至今。

❶ [唐]欧阳询．艺文类聚．清文渊阁四库全书本．

❷ [清]徐松．唐两京城坊考．卷 4．西京．清连筠簃丛书本．

❸ 文献 [1].[清]张廷玉等．明史．卷 289．列传第一百七十七．忠义一．许逵传．

3. 版筑高台

版筑做法，更多出现在殿堂、房屋基础营造上。宋人李昉《太平广记》提到一位唐开元时人，梦中来到神仙世界，令他感到诧异的是，这里的建筑不仅宏伟瑰丽，且其“门殿廊宇之基，自然化出，非人版筑。”❹其意是说，其门殿廊宇台基之宏伟华丽，非人版筑之力可以为之，是神仙创造之物。然而，其结构为版筑形式却无疑问。可知唐代宫殿、庙宇及住宅基础多是以版筑结构形式建造的。

❹ [宋]李昉．太平广记．卷 29．神仙二十九．九天使者．民国景明嘉靖谈恺刻本．

将建筑物布置在高台上，是上古统治阶层一个重要倾向。《尚书》有:“以台正于四方，惟恐德弗类，兹故弗言。”❺暗示高台建筑具有的权威性。《尚书》提到:“为山九仞，功亏一篑。”❻篑者，背土筐。则这里的“山”，即人工夯筑高台。即使缺一篑土，高台也建造不起来，说明建造高台之艰辛。

❺ 文献 [2]．尚书．商书．说命上第十二．

❻ 文献 [2]．尚书．

战国时诸侯间竞相建造国都，夯筑高大台殿，故有“高台榭，美宫室”营造风潮。《春秋左传》载，鲁庄公:“三十有一年春，筑台于郎。夏四月，薛伯卒。筑台于薛。六月，齐侯来献戎捷。秋，筑台于秦。”❼据遗址发掘，燕下都有老姆台、武阳台；赵邯郸有丛台；齐临淄城内也有高台。这些都是诸侯王宫殿建筑群的基座。这些高台甚至成为统治者纵欲之象征。如:“晋灵公不君:厚敛以雕墙；从台上弹人，而观其辟丸也。”❽高台宫室之墙壁，加以雕琢装饰。无聊君主，从台上向下掷弹丸，以观看路人躲避弹丸为乐。

❼ 文献 [2]．春秋左传．庄公．庄公三十一年．

❽ 文献 [2]．春秋左传．宣公．宣公二年．

高台营造风潮一直延续到秦汉、三国时期。秦统一之初，在咸阳渭南建立章台；巡游东海之时，建立琅琊台。汉高祖在长安城，营造渐台。汉武帝“又作甘泉宫，中为台室，画天、地、泰一诸神，而置祭具以致天神。”❾无论是周文王灵台，还是汉武帝甘泉宫台室，都具有一个新功能:人天交通，人神交通。为了这一目的，汉武帝还建造柏梁台，上立仙人承露盘，并“乃

❾ [汉]司马迁．史记．卷 12．孝武本纪第十二．清乾隆武英殿刻本．

作通天台，置祠具其下，将招来神仙之属。”[1]其中，唯柏梁台及井干台可能是木构高台，其他似应都是夯土版筑结构。

西晋人张茂，亦曾营造高台：“茂筑灵钧台，周轮八十余堵，基高九仞。”[2]后受劝阻而止。这里所说“周轮八十余堵”，似是台上所筑宫室夯土墙，而其“基高九仞”，则是宫室台基之高。

秦汉时重要宫殿都坐落在高大夯土台座上。秦咸阳朝宫前殿阿房，建立在一座高约5丈的巨型夯土台基上，秦始皇三十五年（前212年）：“先作前殿阿房，东西五百步，南北五十丈，上可以坐万人，下可以建五丈旗。”[3]经过考古发掘的阿房宫台基，实际长度东西1320米，南北420米，距离今日地面高度约7~9米，是目前所知最大夯土建筑台基。

汉未央宫遗址为一巨大宫殿建筑群，仅其前殿夯土基座南北长约350米，东西宽约200米，北部最高处高出今日地面10余米。文献所载汉长乐宫前殿，长宽尺寸与未央宫前殿接近，其宫殿夯土台座同样也十分宏大隆耸。

宋《营造法式》“壕寨制度”中，关于筑基、筑城、筑墙的做法，都已有关于夯土工程的制度描述，说明两宋辽金时期的建筑基座、城池墙垣即建筑物墙体，仍然主要采用夯土版筑的方式营造。

4. 砖砌台基与墙体

中国人常说“秦砖汉瓦”，虽是一种泛指说法，但也暗示中国历史上砖的出现，可能略早于覆盖屋顶之瓦。据考古发掘，陕西省周原西周遗址发现有铺地砖与空心砖，如此则将中国古代砖的出现推测为距今3000年左右。然而，近年在陕西蓝田新街仰韶文化遗址发现了仰韶文化晚期烧结砖残块5件及未曾烧过的土坯砖残块1件，还发现龙山文化早期烧结砖残块1件，从而将中国古代砖的出现年代提前至距今约5000年的仰韶文化时期。

砖的烧制需要较大规模燃料背景，因而早期砖的使用可能受到一定局限。“砖”这一术语，已知最早见于战国时，《荀子》有：“譬之是犹以砖涂塞江海也，以焦侥而戴太山也，蹎跌碎折不待顷矣。”[4]西汉文字中，也提到砖：“子独不闻和氏之璧乎，价重千金，然以之间纺，曾不如瓦砖。”[5]汉代时砖仍是比较贵重的材料。

两汉时期是砖的烧制与使用发展规模较大的一个时期，因为汉代社会稳定，农业发展，用于烧砖的柴草比较容易获得。从出土物品中发现较多汉砖、明器及画像砖，特别是烧制精良的汉代空心砖可以说明这一点。从现有资料观察，砖砌墓穴在汉代时已较多见。

魏晋时期砖的使用更为多见，晋人载：“石头城，吴时悉土坞。义熙初，始加砖累甓，因山以为城，因江以为池。地形险固，尤有奇势。亦谓之石首城也。”[6]可知东晋义熙（405—418年）初，建邺城已经因山为城，并

[1] ［汉］司马迁．史记．卷12．孝武本纪第十二．清乾隆武英殿刻本．

[2] ［唐］房玄龄等．晋书．卷86．列传第五十六．张轨传．清乾隆武英殿刻本．

[3] ［汉］司马迁．史记．卷6．秦始皇本纪第六．清乾隆武英殿刻本．

[4] 文献[1]．［战国］荀况．荀子．正论第十八．

[5] 文献[2]．［西汉］刘向．说苑．卷17．杂言．

[6] 文献[2]．［晋］山谦之．丹阳记．石城．

用砖甓砌城墙，被称为“石首城”。能用砖砌城墙，砖的烧制能力已经比较强。

砖的较为普遍使用，似乎始自南北朝。如北魏有关寺院建筑的壁画中，出现有砖砌楼阁建筑。唐代敦煌壁画，也出现不少砖砌台基。实物中，自南北朝至隋唐，出现了一批单层或多层砖塔。北齐文献中提到：“（先君、先夫人）旅葬江陵东郭……欲营迁厝。蒙诏赐银百两，已于扬州小郊北地烧砖。”❶显然，这里所烧的砖，是用于墓地营造的。南朝《宋书》中亦有：“家徒壁立，冬无被绔，昼则庸赁，夜则伐木烧砖。”❷可知这时砖的烧制是以木柴为燃料的。

两宋辽金时期，不仅砖的使用量大，而且烧制的质量也有提高，如宋人楼钥有：“黄閍冈下得宝墨，古人烧砖坚于石”❸的诗句，略可一窥其质量。《营造法式》中专门列出的“砖作制度”，反映了宋代砖的烧制已经趋于标准化。

无论如何，辽宋时期砖筑佛塔已相当普遍，其楼阁式、密檐式砖塔不仅形体高大，造型精美，装饰也十分繁密。说明这一时期制砖技术与砖的砌筑能力已经达到相当高的水平。《营造法式》中专设“砖作制度”，并将制度所涉主要限定在垒阶级、铺地面、墙下隔减、踏道、慢道、须弥座等与房屋或神佛造像之基座及地面有关处理上，以及砖墙、城壁水道、卷輂河渠口等，需防止水侵蚀的部位。

明代以来，砖的使用出现爆发式增长。正是有明一代，在全国范围内，包括京城、府城、州城与县城，建造了一大批砖砌城墙。一些原本是夯土城墙的古老城池，明代或清初也普遍包砌砖甃城墙。同是明代修建用于抵御北方边患的砖筑长城，绵延数百里，气势恢宏，也印证了明代制砖业之发达与砖筑结构之普及。

在房屋建筑上，可以从自明代兴起的砖筑无梁殿，或以砖为外墙及两山主要表皮的硬山式屋顶建筑形式在民居建筑中的大规模普及略窥一斑。南方建筑，包括徽派建筑以及浙江、福建、江西等地的建筑中，大量出现砖砌的封火山墙，也是在明代开始大规模流行。

二、木与瓦：架木为屋与覆瓦为堂

1. 巢居与河姆渡文化

史料中描绘的中国初民，有燧人氏，有巢氏，暗示上古时人，曾有居住在如鸟巢一样空间中的。《晏子春秋》提到：“古者尝有处橧巢窟穴而王天下者，其政而不恶，予而不取，天下不朝其室，而共归其仁。”❹《尚书》记录了一件史实：“成汤放桀于南巢”❺，其意是说，征服了夏桀的商汤，惩罚性地将桀放逐到南巢。在商汤之世，巢是一种更为原始的居住方式。

上古巢居房屋模式，因为树木本身存在年限，以及高架于树木之上的

❶ 文献[2].[北齐]颜之推.颜氏家训.终制.

❷ [南朝梁]沈约.宋书.卷91.列传第五十一.吴逵传.清乾隆武英殿刻本.

❸ 文献[2].宋诗钞.攻玫集钞.楼钥.钱清王千里得王大令保母砖刻为赋长句.

❹ 文献[1].[战国]晏子.晏子春秋.卷2.内篇谏下第二.景公欲以圣王之居服而致诸侯晏子谏第十四.

❺ 文献[1].尚书.商书·仲虺之诰第二.

房屋遗迹保存上的困难，至今未发现原始巢居方式的直接证据，只能从上古史料中加以揣测。或可从另一种建筑结构形式，联想到上古巢居建筑原初意念。这就是中国古代“干栏式”木构建筑。

1973 年在浙江余姚河姆渡地区发现的一个原始文化聚居区，被称为河姆渡文化。经过数年发掘，考古界渐渐厘清河姆渡文化基本特征：这是一个以使用黑陶器皿，并主要采用种稻技术为基本生产特征的原始文化遗址。其居住方式，主要是通过密集的木柱将房屋支架起来的建构方式，也就是人们常说的“干栏式”建筑原始形式。

中国南方少数民族民居，至今仍有“吊脚楼”式建筑。其基本特点，是用木构架将房屋架空于地面之上，从而将地面湿气隔离开。这种吊脚楼，就是中国干栏式房屋的一种典型形式。

2. 土阶三等，茅茨不剪，采椽不刮

《史记》中所引墨子提到尧舜时代宫室建筑特征：“堂高三尺，土阶三等，茅茨不剪，采椽不刮。”[1]其意是说，尧舜宫室建筑，台基不过 3 尺高，只需 3 步踏阶就可登堂入室。宫室屋顶，用没有经过剪裁的茅草覆盖，屋顶木架上的椽子，也未经过仔细刮削修饰。

这里透露出，上古时的高等级建筑也用夯土基，且不十分高大，台高 3 尺而已。墙体可能是版筑结构，屋顶是在木架上置未经修斫的木椽，上用木板、草席铺盖，其外用未经修剪的茅草覆盖，以防雨水。

至迟到春秋时期，这种简单的居住方式已被称颂为先王的一种美德。《韩诗外传》提到一件事：“齐景公使人于楚，楚王与之上九重之台，顾使者曰：‘齐有台若此乎？’使者曰：‘吾君有治位之坐，土阶三等，茅茨不翦，朴椽不斫者，犹以谓为之者劳，居之者泰。吾君恶有台若此者。’于是，楚王盖悒如也。”[2]一番话说得楚王悻悻不悦。

可知尽管春秋战国时期，诸侯之间竞相以“高台榭，美宫室”夸赞自身国力，但一些统治者的宫室，仍采用“土阶三等，茅茨不翦，朴椽不斫”的原始建造技术。这一方面出于统治阶层道德层面的考虑，也在一定程度上说明，春秋战国时期，木构梁架与屋顶覆盖体系与上古三代比较虽有一些进步，但尚未发生根本变化。

用草葺屋顶，说明瓦的使用不很普遍；屋椽不加修斫，说明木材加工方面的工具，还比较原始简陋。尽管南方河姆渡已经有了早期木构榫卯做法，但并无证据表明北方原始穴居中由树木枝条等搭造的屋顶采用了榫卯结构做法。

即使可能有了青铜斧子等工具，采用榫卯做法将木制构架搭了起来，也未见得有更为精密的刨子等刮削工具，将构件表面修斫光滑。故上古君王“茅茨不翦，采椽不刮”，并非仅出于节俭的道德性考虑，更像是因为木材加工工具尚未发展到相应阶段的结果。

[1] 文献 [1]. 史部 . 正史类 . [汉] 司马迁 . 史记 . 卷 130. 太史公自序第七十 .

[2] 文献 [1]. 经部 . 诗类 . [汉] 韩婴 . 韩诗外传 . 卷 8.

3. 瓦的出现与架木为屋

建筑在材料上的重要突破之一，是屋瓦的出现与使用。其实，将黏土塑形并入窑烧制的陶器或称瓦器，产生时代由来已久。早在距今5000年前的仰韶文化时代已出现原始彩陶器物。据文献推知，古人很早就熟悉瓦的制作，《禹贡说断》云："考工记，用土为瓦，谓之抟埴之工。是埴为黏土，故土黏曰埴。"❶

无论考古发现还是史料发掘，都可证明陶制器物比用于覆盖房屋顶部的屋瓦出现得早。最初的陶器是实用性的，即所谓"不存外饰，处坎以斯，虽复一樽之酒，二簋之食，瓦缶之器，纳此至约，自进于牖，乃可羞之于王公，荐之于宗庙，故终无咎也。"❷"缶"指的是盛酒瓦器。其意是说举行祭祀之礼时，祭祀者道德表现与其所求吉凶间关系。

古人还用瓦甃砌水井内壁："象曰：'井甃无咎修井也。'虞翻曰：'修，治也。以瓦甓垒井，称甃。'"❸可知古人是用瓦甓来甃砌饮水之井内壁的。《童溪易传》亦云："古者甃井为瓦里，自下达上。"❹

从史料观察，西周时已出现以瓦覆盖屋顶的建筑，春秋时瓦的使用已较普遍。《春秋左传》鲁隐公八年（前715年）："秋七月庚午，宋公、齐侯、卫侯盟于瓦屋。"❺这里的瓦屋，可能是一个地名。《春秋左传正义》之疏曰："齐侯尊宋，使主会，故宋公序齐上，瓦屋，周地。"❻尽管这里的"瓦屋"指的是周天子所辖地区的一个地名，同时也反映出这一地方曾有一座用瓦覆盖屋顶的房屋。由此透露了两个信息：一是公元前8世纪已经有了用瓦葺盖屋顶的建筑；二是这时以瓦为顶的建筑十分稀少，故才会有以"瓦屋"作为地名称谓的。

春秋战国时期，瓦顶房屋已比较多见。晋平公（前557—前532年）喜好音乐，再三请师旷弹奏悲苦之音，"师旷不得已，援琴而鼓之。一奏之，有白云从西北起；再奏之，大风至而雨随之，飞廊瓦，左右皆奔走。平公恐惧，伏于廊屋之间。"❼以这时连廊上已有瓦观之，则殿堂上用瓦覆盖，应是十分多见了。

墨子时代的城门楼，也采用了瓦顶。《墨子》云："城百步以突门，突门各为窑灶，窦入门四五尺，为亓门上瓦屋，毋令水潦能入门中。"❽春秋时的城墙，已设防御性突门，门上设瓦屋，相当于后世城墙上的敌楼。《史记》亦载战国时秦赵战争期间，"秦军军武安西，秦军鼓噪勒兵，武安屋瓦尽振。"❾此时大约是赵惠文王在位之时（前298—前266年）。

有趣的是，古人将瓦的创造权归在臭名昭著的夏桀名下。据《史记》："桀为瓦室，纣为象郎。"❿这里是将瓦室作为了追求奢侈的象征。《史记》中关于"桀为瓦室"一语，有注曰："案《世本》曰：'昆吾作陶'。张华《博物记》亦云：'桀为瓦盖'，是昆吾为桀作也。"⓫也就是说，瓦是夏代人昆吾创造的。若果如此，则屋瓦在中国的出现不会晚于公元前15世纪。

❶ 文献[1]. 经部 . 书类 . [宋]傅寅 . 禹贡说断 . 卷2. 海岱及淮惟徐州 .

❷ 文献[1]. 经部 . 易类 . [魏]王弼注 . [唐]陆德明音义、孔颖达疏 . 上经 .

❸ 文献[1]. 经部 . 易类 . [唐]李鼎祚 . 周易集解 . 卷10.

❹ 文献[1]. 经部 . 易类 . [宋]王宗传 . 童溪易传 . 卷22.

❺ 文献[1]. 春秋左传 . 隐公八年 .

❻ 文献[1].[唐]孔颖达，疏 . 春秋左传正义 . 卷4. 隐六年，尽十一年 .

❼ 文献[1]. 史部 . 正史类 . [汉]司马迁 . 史记 . 卷24. 乐书第二 .

❽ 文献[1].[战国]墨翟 . 墨子 . 卷14. 备突第六十一 .

❾ 文献[1]. 史部 . 正史类 . [汉]司马迁 . 史记 . 卷81. 廉颇蔺相如列传第二十一 .

❿ 文献[1]. 史部 . 正史类 . [汉]司马迁 . 史记 . 卷128. 龟策列传第六十八 .

⓫ 文献[1]. 史部 . 正史类 . [汉]司马迁 . 史记 . 卷128. 龟策列传第六十八 .

《周礼》中分别对草葺屋顶与瓦葺屋顶坡度做了定义：“茸屋叁分，瓦屋四分。”[1]宋《营造法式》，在“看详·举折”一条，提到了这句话：“茸屋三分，瓦屋四分。郑司农注云：各分其修，以其一为峻。”[2]茸屋，是以茅草葺盖的屋顶；瓦屋，是以瓦覆盖之屋顶。瓦顶的坡度要低缓一些。由此推知，《周礼·考工记》一书出现的战国至秦汉时期的草屋顶与瓦屋顶，应是同时较为普遍存在的。

[1] 文献[1]. 周礼 . 冬官考工记第六 .

[2] [宋]李诫 . 营造法式 . 营造法式看详 . 举折 . 清文渊阁四库全书本 .

与瓦屋顶大约同时发展的，应该是木构柱梁与屋架。由于草葺屋顶防雨水功能较弱，因此以木屋架作为建筑基本结构难以持久。在相当一个时期，中国建筑仍然是将夯土墙既作为围护结构也作为承重结构而存在。但很可能在较早时代，夯土墙内已开始嵌插立柱，采用柱墙结合方式承托上部屋顶梁架。考古发掘中，唐大明宫内麟德殿两侧山墙，厚度达到 4 米左右。如此厚重的墙体，不会仅仅起围护作用，也会起承托上部结构之作用。

换言之，中国建筑经历了一个由墙承重到柱与墙结合承重，再到单纯用木柱子承重的过程。相比较之，北方木构建筑因为要防寒保暖，会在一座房屋的两山与后墙采用厚重墙体。早期是夯土墙，后来发展为土坯或砖墙。但即使这样，大部分情况下其墙内柱子也都直接承托上部梁架荷载。北方一些较为开敞的亭阁、敞轩、连廊建筑，柱梁关系更为明确。南方木构建筑为了通风便利及防止潮湿空气对木柱造成侵蚀，往往会将更多立柱暴露出来，从而体现为更简单明确的柱梁承重体系。

从考古发掘中可以清晰了解，早在河南偃师二里头早商宫殿遗址，无论是殿堂、回廊、门塾台基，都发现清晰而规则的柱洞痕迹，说明商代高等级宫殿建筑已开始使用承托上部结构的木柱。柱上会有用于覆盖房屋室内空间并承托坡形屋面的木构架，也是可能的。可知中国古代建筑中，柱梁与木架屋顶的出现与夯土墙的使用几乎有着同样久远的历史。史料观察也印证了立柱结构出现得相当早，《周易正义》提到：“‘同气相求’者，若天欲雨而柱础润是也。”[3]有柱础，则应该有支撑上部梁架的立柱。

[3] 文献[1]. [魏]王弼等注 . [唐]孔颖达疏 . 周易正义 . 上经乾传卷一 .

屋顶木构梁架虽然有一个缓慢发展过程，但从商周青铜器表现的四坡屋顶形式看，很可能在商周时期已经有了能够承托四坡屋顶的木构架。只是这时木构架形式的式样，以目前所知资料尚难确定。周代青铜器上，还出现类似柱头栌斗做法，说明在很早时可能出现了联系柱子与上部梁架的斗栱。则早期木构架可能也是以柱楣、横梁木构件组合而成的，其木构架形式较大可能是类似后来抬梁式结构的早期形式。

4. 从“殷人重屋”到汉代楼阁

上古时代高等级建筑中最令人费解的，就是“殷人重屋”。这里的重屋，究竟是柱梁与构架重叠的多层楼阁，还是仅仅在单层殿堂之上采用了重叠四坡屋顶的重檐屋顶形式？如果采信前者，似乎可以推知殷商时期就已出现多层木楼阁建筑。

如果说春秋战国诸侯王沉迷的“高台榭，美宫室”是在高大夯土台基上建造的宫榭，至迟在两汉时代，木楼阁建筑已十分多见。这不仅见于文献所载汉武帝建造汶上明堂、神明台、井干楼，及汉长安城“旗亭五重，俯察百隧”❶，还见之于大量出土的汉代明器陶楼。

❶ 文献[2].[汉]佚名.三辅黄图.卷2.长安九市.

从大量出土的汉画像石，特别是明器陶楼上，可以清晰地看到坡屋顶造型、出挑斗栱及各层平坐及其栏杆做法。古代先哲们仅仅将既有的木构柱梁加以重复，就建构出二层甚至多层的木楼阁建筑。

这些明器陶楼显示出，至迟在汉代，中国木构建筑许多基本做法如柱楣、梁架、平坐、斗栱等，已十分接近晚近木构建筑之相应结构基本形态。也就是说，随着夯土台基与夯土墙同时出现的，是木构柱楣、梁架及斗栱体系。只是在唐宋以前，木构柱楣、梁架与斗栱，还处在一个发展与成熟过程之中。

汉代木构楼阁的发展最为直接的结果，是自三国、南北朝以来的高层木构佛塔。近年在襄阳出土的东汉木塔，是在木楼阁屋顶上覆以塔刹的一种尝试。三国人笮融所建“上累铜盘，下为重楼”式佛塔，正是在延续了汉代木楼阁做法基础上，将中国式木楼阁与印度式窣堵坡加以结合的产物。

由此可知，自上古三代至两汉三国，中国木构建筑经历了漫长发展过程，渐渐由夯土为基，架木为屋，土墙与柱楣结合承托木构屋架形式，发展为成熟而独具特征的纯木结构搭造的层楼高阁。这是一种由多层叠置的木构柱楣、梁架、平坐、斗栱，通过榫卯相接，组合建构而成的中国式木构建筑体系。

无论单层单檐、单层多檐的木构殿堂或屋舍，还是多层木楼阁，都是这一复杂木构体系下的某种表现形式。

三、石与铁：冶铁、石窟寺与石作技术

1. 武梁祠与汉代石刻

中国建筑主流部分，是以木造结构为主体建造的。查观从上古及春秋、战国，乃至秦代的建筑遗存，采用石结构建构的建筑实例十分罕见。但是，情况在汉代发生了一个突然变化。

一是，两汉时期，尤其东汉时代，出现一些用石头雕凿的外椁或墓室，也有直接在山岩内开凿的王陵。如徐州西汉楚王墓，是在山石内开凿的大型墓穴。这一时期也出现大量画像石，即在坚硬的石板上雕刻精美细致的图形。这种巨大岩石墓室的开凿及大量精美的石刻艺术，反映了一个新时代的新工具——用于开凿、雕刻与雕镌的铁质工具，在汉代时已经十分多见。

二是，现存汉代建筑实例恰恰是一些用石头筑造的门阙。汉代石阙的精准比例、光洁表面及精巧的檐下斗栱、屋顶瓦饰，反映了建造者精湛的

加工水平。

三是，东汉时出现的武梁祠，是一个用石头建造，且在石面上雕满了细密而丰富人物及景观的石构建筑。这是已知中国最为古老的石构建筑之一，尽管其规模不是很大，但已经有了人可以进入的空间，并在这一空间中通过图像构建了一个气势恢宏的人神世界。

建筑与艺术史上这一突发事件，与中国古代冶铁技术发展不无关联。从考古发现的商代铁刃铜钺中可知，中国冶铁技术在公元前 14 世纪已经萌芽。新疆哈密地区发现的铁质刀具，可以追溯到公元前 17 世纪。一般认为，西亚一些地方发现的铁器，可以早到公元前 30 世纪中叶，距今约 4500 年。

这或许暗示，虽然中国冶铜技术在商周时已十分发达，但中国冶铁技术很可能是从西亚、中亚经西域，渐次传入中原地区。传入中原的冶铁术，使古代中国人在本已十分发达的青铜冶炼技术基础上，结合中国既有的利用天然陨铁铸造含铁器物的原始传统发明了生铁冶铸技术。这可能为战国至秦汉冶铁术的发展奠定了基础。

冶金史学者认为，春秋时的齐国在冶铁技术上比较发达，因而使得偏居东海一隅的齐人成为春秋五霸之一。《管子》有一段对话，管子云："美金以铸戈、剑、矛、戟，试诸狗马；恶金以铸斤、斧、鉏、夷、欘，试诸壤土。"[1]这里的美金，指的可能是青铜；而恶金，可能是早期生铁。可知春秋时期，作战之用的武器及代表身份等级的器物，如酒器、祭器、乐器等，主要是用较有光泽的青铜制作；而光泽较暗的生铁主要用来铸造斧头、锄头之类实用性器具，以发展农业。

汉代是中国冶铁业发展的一个重要时期，汉代农业的发展对农具生产有了较大规模的需求，从而也加大了对冶铁技术与规模的需求。东汉时南阳太守杜诗发明了水利鼓风技术，称为"水排"装置，对冶铁业的发展起到较大作用。《后汉书》载杜诗："善于计略，省爱民役，造作水排，制为农器，用力少，见功多，百姓便之。"[2]

冶铁需要鼓风，早期鼓风是用皮囊，一座冶铁炉用几个囊，排列成一排进行鼓风。这种鼓风方式可以用水力推动整排鼓风囊，以取代旧的人力或马力鼓风，既提高了效率，且可以长时间不停歇，极大地推动了冶铁业发展。三国时期的韩暨又将这种水利鼓风技术推广至曹魏的官营冶炼作坊中，使得冶铁业在规模上有了较大发展。《三国志》载："旧时冶作马排，每一熟石用马百匹；更作人排，又费功力；暨乃因长流为水排，计其利益，三倍于前。在职七年，器用充实。"[3]

更为重要的是，南北朝时期中国人发明的灌钢法冶铁技术，即将含碳高的生铁在高温状态下加速向熟铁中渗碳，使武器或工具之锋刃为含碳量高的钢，而其背则为含碳量稍低的熟铁。南朝齐、梁时的陶弘景最早记载了灌钢法；而北朝的綦毋怀文则将这一方法加以运用，制作成锋利的"宿

[1] 文献[1]. 管子．小匡第二十．

[2] [南朝宋]范晔．后汉书．卷31. 郭杜孔张廉王苏羊贾陆列传第二十一．百衲本景宋绍熙刊本．

[3] [南朝宋]裴松之，注．三国志．卷24. 魏书二十四．韩崔高孙王传第二十四．百衲本景宋绍熙刊本．

铁刀”。据《北齐书》：綦毋怀文“又造宿铁刀，其法烧生铁精，以重柔铤，数宿则成钢，以柔铁为刀脊，浴以五牲之溺，淬以五牲之脂，斩甲过三十札。今襄国冶家所铸宿柔铤，乃其遗法，作刀尤甚快利。”❶

虽然我们没有找到铁制工具技术发展与石窟寺开凿的直接关联，但两者之间在时代上的呼应与一致值得引起我们特别关注。相信自两汉至南北朝，既是中国冶铁业的迅速发展期，也是中国建筑史上较大规模利用石材，雕琢画像石及建造石阙、墓祠，尤其是大规模开凿石窟寺的重要时期。

换言之，很可能正是由于两汉、魏晋至南北朝冶铁业从规模到技术上的发展，尤其是灌钢法的发明与应用，使铁制工具的砍凿与雕斫性功能得到了充分的发展，从而创造了一个中国建筑史上的新时代。隆耸的山岩，可以被开凿；坚硬的石块，可以被雕琢。可以将岩石切割成方正的块面，将其表面打磨光滑，雕刻上种种艺术的图像与文字；还可将石块雕斫成石制构件，再组合成早期的石构建筑，如石阙或石造墓祠。

从汉画像石及武梁祠内石板上精美的雕刻，可以相信当时铁制雕镌工具与技术已相当发达，这为其后佛教洞窟及石造像的大量出现奠定了坚实的基础。

❶［唐］李百药．北齐书．卷49．列传第四十一．方伎．綦毋怀文．清乾隆武英殿刻本．

2. 石窟寺的大规模开凿

佛教传入中国对中国建筑的创造性发展起到的推动作用，怎样评价也不为过。佛教初传中国，约在公元初东汉明帝时。然而，东汉至三国200余年间，佛教在中国影响并不明显，信仰者也寥寥。直至汉末三国笮融，“大起浮屠寺。上累金盘，下为重楼，又堂阁周回，可容三千许人。作黄金涂像，衣以锦彩。”❷其寺院既沿袭印度固有以塔为中心平面的布局，也将印度窣堵坡与中国木造楼阁加以创造性结合。

❷［南朝宋］范晔．后汉书．卷73．刘虞、公孙瓒、陶谦列传第六十三．百衲本景宋绍熙刊本．

汉传佛教寺院大规模建造是在笮融之后，又经过约200年时间才形成的。西晋时的洛阳与长安出现了一些寺院。东晋、十六国时期，中原板荡，战乱频仍，佛寺建造反而出现了较为明显的发展。

因为地近西域，中国石窟寺开凿是从敦煌开始的。前秦僧人乐尊和尚最早开启了敦煌石窟的开凿工程，时间大约在前秦建元二年（366年）。其后则是甘肃炳灵寺石窟。这一石窟的开凿，约在西秦建弘元年（420年）。这一年，是南北朝时期的第一年。

南北朝石窟的代表性石刻是北魏皇室支持下开凿的平城武州山（武周山）昙曜五窟，约在460—465年。无论艺术成就上还是岩石开凿技术上，昙曜五窟堪称中国建筑与雕塑艺术史上一个高峰。其艺术明显受西来犍陀罗艺术的影响，不排除是北魏与西域之间密切交往与相互影响之结果。但其雕刻工程之浩大，雕凿技艺之精良，也反映了这一时期铁质雕凿工具质量达到前所未有的水平。其后云冈石窟出现多个以塔为中心的洞窟，其窟内仿木结构石塔造型，在比例上之准确，木造做法上之细致，也凸显这一时期石刻艺术与技术水准。

北魏一朝，至少开启了两座著名石窟寺工程。孝文帝迁都洛阳，又在伊水两岸东西壁开始了龙门石窟的开凿。北魏开凿的古阳洞、宾阳中洞、莲花洞等，是龙门石窟最早的洞窟。之后东魏、西魏、北齐、隋唐直至五代、北宋，连续400余年时间，龙门石窟开凿工程绵延不断，为中原中心地区留下一座巨大佛教石窟的艺术宝库。

北齐、北周及隋唐时代，在北方地区也开凿了一大批佛教石窟寺。如甘肃天水麦积山石窟、河北邯郸南北响堂寺石窟、山西太原天龙山石窟等。这些石窟寺多是自南北朝始凿，至隋唐、五代、北宋甚至更晚时期，其雕凿工程始终在延续中。历史上最重要的石窟寺，如敦煌、龙门、麦积山、炳灵寺等，莫不如是。

3. 石造佛塔的兴造

随着铁制工具的发展，南北朝还出现了造型精美的石构佛塔建筑。《魏书》："皇兴中，又构三级石佛图。榱栋楣楹，上下重结，大小皆石，高十丈。镇固精密，为京华壮观。"[1]这座石塔创建于北魏献文帝皇兴年间（467—470年），在孝文帝迁都洛阳之前，故这座高约10丈的石构佛塔应是建造于平城京的。其建造时间恰好也是云冈石窟昙曜五窟刚刚建成之后，相信那些石窟开凿者们参与了这一重要石塔的工程建造。

从文字上看，石塔是预先雕琢好石制构件，然后砌筑或拼合而成，故有“上下重结，大小皆石”之说，其中也多采用仿木结构处理，才会有“榱栋楣楹”等外露部分类似木构件的表述。可知这时石构技术已达到相当高水平。

这座石塔并非南北朝石构佛塔孤例，《广弘明集》中提到北朝另外一座石塔："怀州东武陟县西七里妙乐寺塔，方基十五步，并以石编之。石长五尺，阔三寸，已下极细密。古老传云：其塔基从泉上涌出。"[2]这也是一座石塔。以其基座15步见方合25米左右推测，其塔高度不会低于这一尺度。这样的石构佛塔在南北朝时能够建造出来，多少透露出这一时期石造工程技术与艺术已达到了一个相当的高度。

南朝有关石构建筑记录相对少一点，但南梁萧氏墓地前石刻天吼雕刻艺术与工艺在一定程度上也彰显了这一时期南朝石刻技术水平。也许南朝人只是将更多精力放在了木构寺院建造而非石窟寺开凿上。直至唐及两宋，四川地区先后出现安岳石窟、大足石窟，才将石窟开凿风潮带到南方地区。

令人惊异的是，在南北朝这一中国建筑史上石结构创作最辉煌时代结束之时，中国工匠用一个更令世人惊艳的工程为这一时代划上一个完美句号。这就是伴随南北朝结束与隋统一这一历史时刻的7世纪初，出现在河北赵州的永济大石桥。这座石构石拱桥可以说是世界桥梁史上的奇迹。其结构之合理，造型之完美，工艺之精巧，是当时世界石构建造史上不可多

❶ ［北齐］魏收．魏书．卷114．志第二十．释老十．清乾隆武英殿刻本．

❷ ［唐］释道宣．广弘明集．卷15．佛德篇第三．列塔像神瑞迹并序唐终南山释氏．四部丛刊景明本．

得的珍品。

如果没有自战国、秦汉以来冶铁技术的发展，及南北朝以来石刻技术的发展，没有数百年石窟开凿与石塔建筑雕镌与砌筑工艺经验、技术与艺术的积累，这座震惊世界的隋代赵州永济大石桥的建造几乎是不可能的。

4. 关于殿阶基与钩阑的讨论

中国建筑外观一般为基座、屋身、屋顶三段划分，基座是古代建筑尤其高等级殿堂必不可少的组成部分。古人将殿堂建筑基座称为丹墀，或丹陛。南朝沈约《宋书》中说："殿以胡粉涂壁，画古贤烈士。以丹朱色地，谓之丹墀。"❶也就是说，丹墀最初的意思是用丹朱红色漆刷过的地面，特别是殿堂上经过涂饰的地面。

与丹墀相近的另一种称谓是"丹陛"。唐人岑参有诗："联步趋丹陛，分曹限紫微。晓随天仗入，暮惹御香归。"❷宋人米芾也有诗："百寮卑处瞻丹陛，五色光中望玉颜。"❸可知丹陛往往是比较高大的，故诗人用了一个"瞻"字。"丹陛"一词，在南北朝时已经出现，《梁书》中有："舻舳浮江，俟一龙之渡；清宫丹陛，候六传之入。"❹陛者，有台阶之意。这里的丹陛与丹墀有着相近意思，指的是宫殿前的台阶。

古代建筑台基一般是用夯土筑造而成，宋《营造法式》中关于台基夯筑方式给出了较为详细的描述，从中可知，宋代建筑台基是通过一层土、一层碎砖瓦及石扎逐层夯实而成。每层夯筑要将 5 寸厚的土夯成 3 寸厚，并将 3 寸厚的碎砖瓦及石扎夯成 1.5 寸厚。为了使其密度均匀，甚至对每一担土或碎砖瓦应该夯多少杵都规定得十分具体。

若汉唐时期的台基多为夯土本身或用砖包砌的做法，那么宋代殿堂建筑台基的做法则是多为在夯土周围包砌石构件。《营造法式》"殿阶基"，指的就是这种台基："造殿阶基之制：长随间广，其广随间深。阶头随柱心外阶之广。以石段长三尺，广二尺，厚六寸，四周并叠涩坐数，令高五尺；下施土衬石。其叠涩每层露棱五寸；束腰露身一尺，用隔身版柱；柱内平面作起突壸门造。"❺

须弥座形式的殿阶基，用石材砌筑，上下出叠涩。其标准高度为 5 尺。上下每一层叠涩出露距离为 5 寸。台基中间向内收束，形成束腰形式。束腰高度为 1 尺。束腰部分使用隔身版柱，将台基在横向划分成若干方格，方格内采用雕刻形式，称为"壸门造"。

一座殿堂除了殿阶基外，还有每根柱楹下的柱础及殿阶基四沿及踏阶两侧的勾栏，都可能使用石造结构方式。唐宋时代石柱础在雕饰上已经十分多样，如仰覆莲华、卷草文、化生，或双龙、双狮等造型。这些复杂多样的造型反映这一时期石构件雕镌水平在技术与艺术上达到了一个相当高的标准。

同样的情况也发生在钩阑上。宋代石造钩阑分为单勾栏与重台勾栏两

❶ [南朝梁]沈约. 宋书. 卷三十九. 志第二十九. 百官上. 清武英殿刻本.

❷ 文献[1]. 集部. 总集类. 御定全唐诗诗录. 卷十四. 岑参. 近体诗. 寄左省杜拾遗.

❸ 文献[1]. 集部. 诗文评类. [清]厉鹗. 宋诗纪事. 卷三十四. 米芾. 除书学博士初朝谒呈时宰.

❹ [唐]姚思廉. 梁书. 卷四十五. 列传第三十九. 王僧辩. 清乾隆武英殿刻本.

❺ [宋]李诫. 营造法式. 第三卷. 石作制度. 殿阶基. 清文渊阁四库全书本.

种形式，一般会采用望柱、寻杖、盆唇、大华版、小华版、瘿项（或撮项）、地栿、螭子石等石构件。其做法多借鉴木构榫卯连接方式，构件制作之精准，彼此安装之细密，整体比例之恰当，达到相当完美的境地。所有这一切也都仰赖于通过铁制工具对岩石开采，对石材加工及对每一石构件造型与细部的雕镌。《营造法式》中描述的勾栏形式及勾栏整体在安装上的巧妙契合，反映了这一时代石材加工与石构件制作与安装技术已经臻于成熟。

以《营造法式》石作技术作为讨论主题，是因为《营造法式》中有详细的殿阶基及柱础、勾栏等技术性与艺术性描述。其实，宋代是对前代建筑做总结的时代。从壁画与文献资料看，很可能殿阶基或石制柱础等构件做法在南北朝或隋唐时代就已经达到成熟地步。从隋代所建赵州桥栏板观察，自南北朝至隋，高等级殿堂台基上的石勾栏似已初步成形。宋代石勾栏是在前代勾栏设计与制作基础上的提炼与升华。

关于铁在中国建筑中的作用，需要补充的一点是，自五代始，出现了用铁铸造佛塔的做法。至两宋时期，一些仿木结构造型的铁制佛塔不仅高峻，而且其细部仿木处理也惟妙惟肖，可见当时中国铸铁技术的水平之高。

四、藻井、鸱尾、琉璃瓦与彩绘：从巫术到建筑装饰

1. 恐怖的大火与千门万户的建章宫

以木结构为主体的中国建筑有一个先天不足，就是耐火性能差，因而防火、厌火，成为历代工匠绞尽脑汁要解决的难题。先民们最初对于大火造成的威胁与损失，似乎采取了试图与火一竞高下的策略。他们认为：一旦一座建筑物遭到火焚，就要建造更为高大的建筑，来镇住火的势头，从而达到以“厌胜之法”遏止新的火灾，即所谓“厌火”的目的。这是一种带有原始信仰意味的前宗教巫术防火措施。

历史就是这样发生的。汉武帝曾建造一座柏梁台，台上有铜柱及仙人承露盘。太初元年（公元前 104 年）：“柏梁殿灾。粤巫勇之曰：‘粤俗有火灾，即复起大屋以厌胜之。帝于是作建章宫，度为千门万户，宫在未央宫西长安城外。’”[1]类似描述，见于《史记》：“以柏梁灾故，……勇之乃曰：‘越俗有火灾，复起屋必以大，用胜服之。’于是作建章宫，度为千门万户。”[2]

这是历史上曾经发生过的真实故事。一座高大建筑物被火吞噬，巫师建议说，按照南方风俗应该建造更为宏大的建筑，来厌胜火灾的威势。于是，汉武帝又在长安城西建造了有着千门万户的建章宫。这看起来有一些可笑，但在那个年代，以数术厌胜方式防止火灾发生是一个十分常见的思路。

厌胜之术，或厌胜法，是古代中国巫术思维中最常见的法术。在宫殿建筑中，因为采用木构建造，以厌胜之术而防御火灾的做法，在史料中屡见不鲜。《南齐书》描述北魏献文帝拓跋宏宫殿：“正殿西筑土台，谓之白楼。……台南又有伺星楼。正殿西又有祠屋，琉璃为瓦。宫门稍覆以屋，

[1] 文献 [2].[汉] 佚名．三辅黄图．卷 2. 汉宫．

[2] 文献 [1]. 史部．正史类．[汉] 司马迁．史记．卷 12. 孝武本纪第十二．

犹不知为重楼。并设削泥，采画金刚力士。胡俗尚水，又规画黑龙相盘绕，以为厌胜。”❶ 以金刚力士为宫殿守护神与佛教信仰有关。其文中提到的“胡俗尚水，又规画黑龙相盘绕，以为厌胜”一说，显然是通过绘制黑龙以象征水，从而施以厌胜之法，达到防止火灾侵袭宫殿之目的。

❶ 文献 [1]. 史部 . 正史类 . [南朝梁] 萧子显 . 南齐书 . 卷 57. 列传第三十八 . 魏虏 .

史料中还提及其他厌火方式，《拾遗记》云：“忽有数十青衣童子来云：‘麋竺家当有火厄，万不遗一。赖君能恤敛枯骨，天道不辜君德，故来禳却此火，当使君财物不尽。自今以后，亦宜防卫。’竺乃掘沟渠，周绕其库。旬日火从库内起，烧其珠玉十分之一，皆是阳燧旱燥，自能烧物。火盛之时，见数十青衣童子来扑火，有青气如云，覆于火上，既灭，童子又云：‘多聚鸛鸟之类，以禳火灾。鸛能聚水巢上也。’家人乃收鵁鶄数千头，养于池沟中，以厌火。”❷

❷ 文献 [1]. 子部 . 小说家类 . 异闻之属 . [晋] 王嘉 . 拾遗记 . 卷 8.

这里提到了两种厌火法术，一是“恤敛枯骨”，以其善行而获得回报，防止火灾；另一种是在自家宅旁池沟中多养“鸛鸟之类”，也能起到厌火作用。《通志略》中有：“鳽，《尔雅》曰鵁鶄。水鸟也，今亦谓之鵁鶄。似凫，脚高，毛冠。郭云：‘江东人家养之，以厌火灾。’”❸ 可知这是江南民间的一种厌火方式。

❸ 文献 [2].[宋] 郑樵 . 通志略 . 昆虫草木略第二 . 禽类 .

厌火之术在古代建造史上延续千年之久，直至明清北京紫禁城，也难以摆脱这一思想影响。北京故宫中轴线最北端建筑钦安殿内，供奉的是真武大帝造像。真武大帝，即北方神玄武，其色尚黑，其卦为坎，其义为水。在这座大殿台基前丹陛石上，有六条龙形雕刻，其义也是应了《周易》坎卦所谓：“天一为水，地六成之”的卦义。显然，这座布置在故宫中轴线北端，即后天八卦之“坎”位的钦安殿，目的也是为了以“厌胜之术”防止火灾。

2. 藻井与鸱尾及其意义

基于“厌火”术思维，伴生出一种建筑装饰。《宋书》提到：“殿屋之为员渊方井，兼植荷华者，以厌火祥也。”❹ “员渊方井”，从字面上看，指的是在殿屋旁开凿圆形池塘或方形井，并在池塘方井中种植荷花，以达厌火目的。这种方式，可能是古人采取的一种积极防火措施。因为临近殿屋有池井之设，无疑有益于火灾初起时的灭火措施。

❹ 文献 [1]. 史部 . 正史类 . [南朝梁] 沈约 . 宋书 . 卷 18. 志第八 . 礼五 .

然而，这里的“员渊方井”，可能也指某种室内装饰。东汉王延寿作《鲁灵光殿赋》：“尔乃悬栋结阿，天窗绮疏，圆渊方井，反植荷蕖。发秀吐荣，菡萏披敷。绿房紫菂，窋咤垂珠。”❺ 其疏曰：“反植者，根在上而叶在下。《尔雅》曰：荷，芙蕖，种之于员渊方井之中，以为光辉。”❻ 在这段文字后又有：“云楶藻棁，龙桷雕镂。飞禽走兽，因木生姿。”❼ 通篇文字描述的都是鲁灵光殿的结构、造型与装饰。这里的“圆渊方井，反植荷蕖”，指的即是殿内的装饰，是中国建筑室内装饰中最重要的部分——藻井。

❺ 文献 [2].[唐] 李善注 . 文选 . 卷 11. 赋己 . 宫殿 . 鲁灵光殿赋 (并序) .

❻ 文献 [2].[唐] 李善 . 文选 . 卷 11. 赋己 . 宫殿 . 鲁灵光殿赋 (并序) .

❼ 文献 [2].[唐] 李善 . 文选 . 卷 11. 赋己 . 宫殿 . 鲁灵光殿赋 (并序) .

这类描述也多见于史上骈体碑文，清人李兆洛辑《骈体文钞》收入一通隋碑《薛元卿老氏碑》文，文中有：“拟玄圃以疏基，横玉京而建宇。

雕楹画栱，磊砢相扶。方井员渊，参差交映。”[1] 碑文描述的是隋帝下诏为老子建立祠堂：“乃诏上开府仪同三司、亳州刺史、武陵公元胄，考其故迹，营建祠堂。”[2] 也就是说，其文描述的雕楹画栱、磊砢相扶、方井员渊、参差交映的建筑装饰，都在这座祠奉老子的祠堂之内外。

“藻井”这一术语，很可能出现在南北朝时。其原因也是与建筑中厌火之术有所关联。齐东昏侯永元三年（501 年）：“后宫遭火之后，更起仙华、神仙、玉寿诸殿，刻画雕彩，青灊金口带，麝香涂壁，锦幔珠帘，穷极绮丽。絷役工匠，自夜达晓，犹不副速，乃剔取诸寺佛刹殿藻井、仙人骑兽，以充足之。”[3] 在后宫遭火之后，进一步大兴土木，也是仿效汉武帝在柏梁台遭火焚后大规模造建章宫以厌火。但这里将诸寺佛殿内藻井及屋顶上仙人骑兽等攫取而来用于自己的殿堂是为了装饰；其藻井之设，亦有厌火之义。

东汉张衡《西京赋》有：“正紫宫于未央，表峣阙于阊阖，疏龙首以抗殿。状崔巍以岌嶪，蒂倒茄于藻井，披红葩之狎猎，饰华榱与璧珰，流景曜之韡晔，雕楹玉碣，绣栭云楣，三阶重轩，镂槛文槐，左平右墄，青琐丹墀，仰福帝居。”[4] 可知东汉宫殿内，以象征水之“员渊方井”的装饰性藻井已经出现。

南北朝时的佛寺殿堂中，藻井亦十分多见。北宋时代，藻井结构与造型处理已十分成熟。《营造法式》从总释、看详，到大木作、小木作、雕作、功限等章节，无一不谈及藻井问题。宋人沈括《梦溪笔谈》也提到藻井：“屋上覆橑，古人谓之‘绮井’，亦曰‘藻井’，又谓之‘覆海’。今令文中谓之‘斗八’，吴人谓之‘罳顶’。唯宫室祠观为之。”[5] 沈括一口气梳理出“绮井”、“藻井”、“覆海”、“斗八”、“罳顶”等五个有关藻井的名称，明确给出定义：这类装饰只用于宫室祠观等高等级建筑。可见北宋已是对藻井装饰作总结之时。

除藻井外，两晋时期渐次出现于殿堂屋顶上的鸱尾也有厌火功能。《唐会要》：“开元十五年七月四日，雷震兴教门两鸱吻、栏槛及柱灾。苏氏驳曰：‘东海有鱼，虬尾似鸱，因以为名，以喷浪则降雨。汉柏梁灾，越巫上厌胜之法，乃大起建章宫，遂设鸱鱼之像于屋脊，画藻井之文于梁上，用厌火祥也。今呼为鸱吻，岂不误矣哉！’”[6] 从这里透露出的信息看，似乎鸱尾与藻井这些厌火装饰早在汉武帝时已出现。当然，这一说法无法得到进一步史料佐证。

《晋书》载，义熙六年（410 年）五月：“丙寅，震太庙鸱尾。”[7] 可知东晋时帝王宫殿建筑已有鸱尾之设。自东晋至南北朝，鸱尾设置一时成为热门话题。这一时期与鸱尾有关的文字描述屡见不鲜，甚至一些地方官的厅廨屋顶也可安装鸱尾。

“鸱尾”一词出处，还曾出现歧义，宋人撰《类说》：“蚩尾：蚩，海兽也。汉武柏梁殿有蚩尾，水之精也，能却火灾，因置其象于上，谓之‘鸱

[1] 文献 [2]. [清] 李兆洛 . 骈体文钞 . 卷 1. 铭刻类 . 薛元卿老氏碑 .

[2] 文献 [2]. [清] 李兆洛 . 骈体文钞 . 卷 1. 铭刻类 . 薛元卿老氏碑 .

[3] 文献 [1]. 史部 . 正史类 . [南朝梁] 萧子显 . 南齐书 . 卷 7. 本纪第七 . 东昏侯 .

[4] [唐] 欧阳询 . 艺文类聚 . 卷 61. 居处部一 . 总载居处 . 赋 . 清文渊阁四库全书本 .

[5] [宋] 沈括 . 梦溪笔谈 . 卷 19. 器用 . 四部丛刊续编景明本 .

[6] [宋] 王溥 . 唐会要 . 卷 44. 杂灾变 . 清武英殿聚珍版丛书本 .

[7] [唐] 房玄龄，等 . 晋书 . 卷 10. 帝纪第十 . 安帝 . 清乾隆武英殿刻本 .

尾'，非也。"[1]这里认为"鸱尾"其实是"蚩尾"之讹误。

类似说法见于《别雅》："蚩尾、祠尾、鸱吻，鸱尾也。苏鹗曰：'蚩，海兽也。汉武作柏梁，有上疏曰：蚩尾，水精，能辟火灾。'……按《倦游杂录言》，'汉以宫殿多灾，术者言，天上有鱼尾星，宜为象冠屋，以禳之。'……《北史·宇文恺传》云：'自晋以前未有鸱尾。《江南野录》，用鸱吻，此直一声之转。'"[2]

有关鸱尾源自"蚩尾"一说，应是引自同一出处。但从其所引隋宇文恺所言可知，"鸱尾"的出现始自两晋时代。且"鸱尾"与"鸱吻"两个术语很可能同时存在。江南人用"鸱吻"，北方人用"鸱尾"。换言之，早期建筑中"鸱尾"与"鸱吻"在术语上的差别，未必一定表现为形式上的严格区分。

元代以降，殿堂建筑多将鸱尾改作鸱吻。清代高等级建筑屋顶正脊一般都用鸱吻，或称为"吻兽"。从史料看，唐末五代时殿堂屋脊上究竟用鸱尾还是鸱吻，已出现不同做法。南唐时人有诗句称："内庭鸱吻移鸱尾，莫问君王十四州。"[3]据此似乎暗示，五代时鸱尾与鸱吻已是同时存在的两种装饰构件，而非一种构件的两种称谓。

《营造法式》中凡论及这一构件，都称为"鸱尾"。或许因为《营造法式》更沿袭北方官式建筑习惯称谓。自明代之后，随着南方工匠进入北方，或也将南方所称之"鸱吻"及相应造型特征带到北方官式建筑中。

3. 琉璃瓦的传入

琉璃瓦的出现与使用既与木构建筑防火、防雨有关，也与建筑等级有关。早在古代美索不达米亚巴比伦城，已经有琉璃饰面城门。一种说法认为，琉璃是西汉张骞通使西域后，渐渐传入中国。明人撰《大学衍义补》，持了这一观点："臣尝因是而考古今之所谓宝者，三代以来中国之宝，珠、玉、金、贝而已（贝俗谓海介虫），汉以后西域通中国，始有所谓木难、琉璃、玛瑙、珊瑚、琴瑟之类，虽无益于世用犹可制以为器焉。"[4]

汉代已知道"琉璃"这种物产，汉人撰《前汉纪》可证明。其中提到汉武帝时的罽宾国，其"民雕文刻镂，治宫室，织罽刺文绣，好酒食，有金银铜锡以为器。有市肆，然以银为钱文、为骑马曼、为人面。出封牛、水牛、犀象、大狗、沐猴、孔雀、珠玑、珊瑚、琉璃，其他畜与诸国同。"[5]罽宾地处古代西域，西汉时其地已有琉璃。

东汉时的中国西南边疆可能也传入了琉璃。《后汉书》提到西南哀牢地区："出铜、铁、铅、锡、金、银、光珠、虎魄、水精、琉璃、轲虫、蚌珠、孔雀、翡翠、犀、象、猩猩、貊兽。"[6]西南地区接近印度，也可能更早就从西亚传入了琉璃。无论西域还是西南地区，琉璃这时还被看作宝物，而非一般应用之物。

《三国志》中提到琉璃时，仍是将其看作宝物的："然而土广人众，阻

[1] [宋]曾慥．类说．卷44．苏氏演义．蚩尾．清文渊阁四库全书本．

[2] 文献[1]．经部．小学类．训诂之属．[清]吴玉搢．别雅．卷1．

[3] 文献[2]．[清]钱谦益．列朝诗集．范太学汭．南唐宫词四首．

[4] 文献[2]．[明]丘濬．大学衍义补．卷22．贡赋之常．

[5] 文献[2]．[汉]荀悦．前汉纪．卷12．孝武三．

[6] [南朝宋]范晔．后汉书．卷86．南蛮西南夷列传第七十六．百衲本景宋绍熙刊本．

险毒害，易以为乱，难使从治。县官羁縻，示令威服，田户之租赋，裁取供办，贵致远珍名珠、香药、象牙、犀角、玳瑁、珊瑚、琉璃、鹦鹉、翡翠、孔雀、奇物，充备宝玩，不必仰其赋入，以益中国也。”[1]可知，直至三国时，琉璃一直被看作外夷贡奉的方外宝物。

两晋时情况开始发生变化，已出现琉璃器皿。《晋书》提到西晋士族王济在洛京有宅：“帝尝幸其宅，供馔甚丰，悉贮琉璃器中。”[2]说明西晋时已开始用琉璃器皿贮存食物。至迟在两晋时，人们已经知道琉璃是可以用作建筑材料的。《晋书》提到大秦国：“屋宇皆以珊瑚为棁栭，琉璃为墙壁，水精为柱础。”[3]这是中国文献中较早提到琉璃可以用来装饰墙壁的文字描述。

南朝时，以琉璃装饰建筑已被人接受。如南朝齐末东昏侯后宫遭火后，他穷极绮丽大兴土木，以期厌火。当时，他还质疑其祖齐武帝所建兴光楼：“世祖兴光楼上施青漆，世谓之‘青楼’。帝曰：‘武帝不巧，何不纯用琉璃？’”[4]齐武帝（483—493 年）仅比齐东昏侯（499—501 年）早二三十年，可能因为齐武帝时南朝地区琉璃技术还没有那么发达，故他以青漆装饰建筑；而齐东昏侯则耻笑乃祖没有用防火效果更好的琉璃来装饰其楼。

同一时代的北魏，已开始使用琉璃瓦装饰屋顶。《南齐书》提到北魏献文帝拓跋宏：“自佛狸至万民，世增雕饰。正殿西筑土台，谓之白楼。常游览观其上。台南又有伺星楼。正殿西又有祠屋，琉璃为瓦。”[5]这里的佛狸，即指魏太武帝，万民指魏献文帝。两人之间的时间跨度，从 424 年至 471 年。显然，这一时间段内，北魏帝室宫殿建筑已开始使用琉璃瓦。由此是否可以推测，与西域交往更为密切的北朝比南朝更早接受了琉璃瓦技术？由此或也可以推测，5 世纪中叶至 6 世纪初，是作为建筑材料的琉璃开始在中土南北地区被广为接受的一个时间节点。

然而，尽管南北朝时已经出现琉璃瓦，但直至隋代，琉璃瓦烧制技术对于中国工匠而言仍是一个难题。《隋书》提到巧匠何稠：“稠博览古图，多识旧物。波斯尝献金绵锦袍，组织殊丽。上命稠为之。稠锦既成，逾所献者，上甚悦。时中国久绝琉璃之作，匠人无敢厝意，稠以绿瓷为之，与真不异。”[6]可知隋初时，虽然琉璃技术已传入中国一段时间，但一般工匠仍未真正掌握琉璃烧制技术，遑论大幅度采用琉璃瓦覆盖屋顶？隋初何稠究竟是制作成与琉璃类似的陶瓷制品，还是真正摸索出琉璃制作的技术，这里并未给出一个明确说法。

后世对于何稠发明的绿瓷技术未能流传于后，颇感遗憾。同时，也考证出北魏琉璃制作技术的传入，与北魏与西亚月氏人有较为密切交往有关。清代人撰《陶说》云：“北魏太武时，有大月氏国人商贩来京，自云能铸石为琉璃。于是采矿为之。既成而光色妙于真者，遂传其法至今，想隋时偶绝也。然中国铸者质脆，沃以热酒，应手而碎。惜乎月氏之法传，而稠之法不传也。”[7]其意是说，北魏时月氏人将琉璃技术带入中国，隋代这

[1] [南朝宋]裴松之，注．三国志．卷 53．吴书八．张严程阚薛传第八．薛综传．百衲本景宋绍熙刊本．

[2] [唐]房玄龄等．晋书．卷 42．列传第十二．王浑(子济)传．清乾隆武英殿刻本．

[3] [唐]房玄龄等．晋书．卷 97．列传第六十七．四夷．清乾隆武英殿刻本．

[4] 文献 [1]．史部．正史类．[南朝梁]萧子显．南齐书．卷 7．本纪第七．东昏侯．

[5] 文献 [1]．史部．正史类．[南朝梁]萧子显．南齐书．卷 57．本纪第三十八．魏虏．

[6] 文献 [1]．史部．正史类．[唐]魏徵，等．隋书．卷 68．列传第三十三．何稠传．

[7] 文献 [2]．[清]朱琰．陶说．卷 4．说器上．隋器．绿瓷琉璃．

一技术偶有缺失，后又渐渐重新流布，但质量似不如西域琉璃。且西域传来琉璃制作技术最终流传了下来，而隋代仿琉璃而发明的绿瓷技术反而未能流传下来。

在唐代初年宫殿建筑中，琉璃瓦顶做法似已较多见。《旧唐书》提到当时的一位臣子苏世长对唐高祖大兴土木提出批评："又尝引之于披香殿，世长酒酣，奏曰：'此殿隋炀帝所作耶？是何雕丽之若此也？' 高祖曰：'卿好谏似真，其心实诈。岂不知此殿是吾所造，何须设诡疑而言炀帝乎？' 对曰：'臣实不知。但见倾宫鹿台琉璃之瓦，并非受命帝王爱民节用之所为也。若是陛下所作此，诚非所宜。……' 高祖深然之。"[1] 说明唐初帝王宫殿，已有用琉璃瓦覆盖屋顶的做法。

如果说隋唐时代中原地区琉璃瓦制作技术尚不发达，宫殿或寺观建筑中琉璃瓦屋顶也并非十分普及，则到了北宋时期，中原琉璃瓦制作技术已经十分发达，宫殿或寺观等建筑中用琉璃瓦覆盖屋顶的做法已经相当普遍。北宋开封佑国寺铁塔是现存已知最早的高层砖筑琉璃塔，其造型之优美，琉璃面砖之精致，反映出宋代琉璃烧制与镶嵌技术已达到相当高的水平。

《营造法式》"砖作制度"专设"琉璃瓦等"节；"壕寨功限"中也对"琉璃"瓦及琉璃鸱尾、琉璃套兽等装饰构件专门加以描述。可知北宋时琉璃制作技术已趋成熟，高等级建筑中包括琉璃瓦在内的各种装饰瓦件应用相当普遍。

[1] 钦定四库全书．史部．正史类．[后晋]刘昫，等．旧唐书．卷75．列传第二十五．苏世长（子良嗣）传．清乾隆武英殿刻本．

4. 建筑彩画的兴起

作为中国建筑室内外装饰的重要元素之一——彩画，究竟始自哪一时代，因为缺乏充分考古依据难以定论。从古人描述中看，似乎在春秋战国时期已经出现了在木质构件表面绘制彩画的做法。《论语·公冶长》中提到："子曰：'臧文仲居蔡，山节藻棁，何如其知也。'"[2] 臧文仲是春秋时鲁国大夫，在他居于蔡地时，将其宫室之栭（节），镂刻为山形；并将其梁上的短柱（棁），装饰以水草纹样。

《礼记》也提到："管仲镂簋朱纮，山节藻棁，君子以为滥矣。"[3] 暗示管仲使用了刻有花纹的食具，佩戴了红色带子的冠帽，并将其屋舍柱栭刻镂为山形，短柱装饰以水草纹样，因而受到君子的耻笑。《汉书》描述："及周室衰，礼法堕，诸侯刻桷丹楹，大夫山节藻棁，八佾舞于庭，《雍》彻于堂。其流至乎士庶人，莫不离制而弃本。"[4] 其意是说，自东周末，诸侯宫室，雕琢椽桷，涂彩柱楹；大夫屋舍，柱栭刻以山，短柱纹以藻。如此则礼崩乐坏，秩序大乱。这些都暗示，早在春秋时宫室屋舍中已出现彩画装饰。

这一时期的彩绘，特别是柱楹，可能单色涂饰。《太平御览》引《谷梁传》："丹桓宫楹。礼，天子丹，诸侯黝，大夫苍，士黈。"[5] 按照周礼规则，天子宫殿柱，可以涂红色；诸侯宫室柱，可以涂黑色；大夫宫室柱，可以涂苍色；普通士者屋舍柱，则刷以黄色。换言之，春秋时代房屋木柱是有

[2] 文献[1]．论语．公冶长第五．

[3] 文献[1]．礼记．礼器第十．

[4] 文献[1]．[汉]班固．汉书．卷91．货殖传第六十一．

[5] [宋]李昉．太平御览．卷187．居处部十五．柱．四部丛刊三编景宋本．

表层涂饰的。只是是否有彩画？未可知。

汉魏六朝建筑房屋构件上是否有彩画，既没有比较肯定的说法，也没有否定的充分依据。汉代建筑在柱额壁带部位有装饰性金属“釭”。《汉书》言：汉武帝时昭仪赵婕妤“居昭阳舍，其中庭彤朱，而殿上髹漆，切皆铜沓黄金涂，白玉阶，壁带往往为黄金釭，函蓝田璧，明珠、翠羽饰之，自后宫未尝有焉。”❶这里的“殿上髹漆”未知是否是在建筑构件上涂刷的髹漆？但装饰有黄金釭的壁带，可以理解为一种建筑装饰。

唐代是中国建筑发展的重要时期，文献上描述的唐代寺院是有装饰痕迹可寻的。《续高僧传》载襄阳沙门惠普：“时襄部法门寺沙门惠普者，亦汉阴之僧杰也。研精律藏二十余年，依而振绩风霜屡结。……又修明因道场凡三十所，皆尽轮奂之工，仍雕金碧之饰。”❷这位僧惠普一生修建30余所寺院，“皆尽轮奂之工，仍雕金碧之饰”，显然是竭尽装饰之能。只是未知其金碧之饰，仅仅是指佛造像或佛教题材壁画，还是也涵盖佛殿建筑木构件上的装饰？

敦煌莫高窟第360窟东侧顶部中唐壁画中所绘多宝塔柱身中部，及第61窟北壁五代壁画所绘两层圆形平面的塔殿建筑首层檐柱中部，有明显彩绘做法。说明唐代寺院建筑很可能已开始用彩绘图案装饰柱子等大木构件。

《续高僧传》载一位僧人十分专注于寺院建筑装饰：“初总持寺，有僧普应者，……行见塔庙必加治护，饰以朱粉，摇动物敬。京师诸殿有未画者，皆图绘之，铭其相氏。即胜光、褒义等寺是也。”❸这里明确描述了他对于塔庙建筑饰以朱粉；京师诸殿有未画者，皆图绘之。似乎可知，唐人已了解在建筑物上施加彩绘能够起到保护性与彰显性的双重作用。

关于寺院塔庙殿阁及其装饰对于信仰者所起的吸引作用，唐代高僧道宣还作了专门论述：“建寺以宅僧尼，显福门之出俗；图绘以开依信，知化主之神工。故有列寺将千，缮塔数百。前修标其华望，后进重其高奇。遂得金刹干云，四远瞻而怀敬；宝台架迥，七众望以知归。”❹这段描述，既是对佛教寺院建筑所应起到的令四远“瞻而怀敬”，使信众“望以知归”的吸引性功能，也强调通过“图绘”启蒙人们的皈依与信仰之情。

宋代建筑彩画通过《营造法式》“彩画作制度”已看得十分清楚，其彩画形式之多样、等级之细密、色彩之斑斓，即使今日尚存之明清宫殿建筑彩画似也难以与之匹敌。也就是说，宋金时代中国建筑彩画装饰已经达到十分成熟与完善的境地。明清建筑彩画大体上只是在这一基础上的某种延续与发展。

结语

若对本文的叙述做一个总结，可以将中国古代建筑的历史年轮的基本线索大体归纳在两个主要基本方面。

❶ 文献[1].[汉]班固.汉书.卷97下.外戚传第六十七下.

❷ [唐]道宣.续高僧传.卷三十一.习禅六.荆州神山寺释玄爽传.大正新修大藏经本.

❸ [唐]道宣.续高僧传.卷二十四.护法下.总持寺释普应传.大正新修大藏经本.

❹ [唐]道宣.续高僧传.卷二十九.兴福篇第九.论.大正新修大藏经本.

一是结构方面：

①上古三代至秦汉时期，以版筑夯土作为台基、墙体等，辅以木柱、木构架，形成早期的基本建筑形态。

②两汉至南北朝时期，瓦的使用渐趋普遍，高等级建筑多已覆瓦，台基尚以夯土台基为主，辅以砖砌边角的做法。但汉代墓穴中已经较多出现以砖砌筑拱券等做法；至南北朝才出现较大规模的砖筑佛塔；自五代以后至宋金时代，砖筑墓穴得以流行。

③汉代铁制工具的发展，或刺激了林木的砍伐与加工，使得木构楼阁建筑得以发展，且出现了如武梁祠这样的石构建筑，同时出现大量画像石。

④汉末、南北朝冶铁技术的发展在一定程度上刺激了石窟寺的开凿。石造佛塔也得以出现，隋代赵州桥反映了中国石结构的水平。

二是装饰方面：

①南北朝传入的琉璃瓦，至唐稍有滋衍，至宋渐趋普及。

②因厌火需求出现的藻井与鸱尾（及鸱吻），可能起自汉代，至南北朝渐渐普及，至宋金时期进一步装饰化与细密化。

③出于保护木材及审美需求出现的彩画，可能自两汉已有萌芽，但隋唐时寺院中出现较多绘画，未知是否有建筑彩画。建筑上使用彩画疑自唐开始，至宋金趋于兴盛。

由此或也可以得出一个结论：宋《营造法式》问世的两宋辽金时代，大约可以归为中国古代建筑在结构与装饰上的成熟期。

参考文献

[1] 文渊阁四库全书（电子版）[DB]. 上海：上海人民出版社，1999.

[2] 刘俊文 . 中国基本古籍库（电子版）[DB]. 合肥：黄山书社，2006.

佛光寺东大殿彩画制度探微

陈　彤

（故宫博物院）

摘要：本文在现有佛光寺东大殿彩画研究的基础上，结合作者现场考察，深入解读了其始建时期的彩画制度，并对《营造法式》与晚唐官式彩画制度的异同与渊源关系进行了探讨。

关键词：佛光寺东大殿，彩画制度，《营造法式》

Abstract: Based on the author's field investigation of the east hall of Foguang Monastery, and expanding on previous research related to architectural decoration, this paper explores the rules of polychrome painting of architectural components (*caihua*) in the initial construction period of the hall, and analyses similarities and differences with the Song building standards recorded in *Yingzao fashi* and the polychrome painting system of official-style late-Tang architecture.

Keywords: East hall of Foguangsi, polychrome painting (*caihua*) rules, *Yingzao fashi*

一、概述

佛光寺东大殿始建于唐大中十一年（857 年），是目前我国保存最为完好的唐代建筑。自梁思成、林徽因等先生 1937 年发现以来，学术界在大木作方面取得了丰硕的研究成果，而关于大殿彩画的研究则相对滞后和薄弱，未能将其作为建筑艺术的有机组成部分而给予充分的重视。本文尝试在前辈学者研究的基础上，结合笔者 2009 年、2017 年的实地调查，就佛光寺东大殿所体现的晚唐官式彩画制度作较为全面的探讨。

彩画是构成中国古代建筑整体艺术形象的重要因素，也是最为脆弱、容易被后世改动而难以留存的部分。因此，唐宋建筑始建时期的彩画遗迹就显得极为珍贵，是今人认识建筑原始设计思想的重要依据。在过去千余年的漫长岁月中，东大殿始建时期的彩画或已消褪剥蚀，或已被覆盖掩没，建筑外观几乎完全失去了昔日的风采。尽管如此，佛光寺东大殿仍然是目前我国保存唐代建筑彩画信息最为丰富的一座遗构。其原始彩画的诸多特点与《营造法式》相呼应，为今人解读北宋《营造法式》制度与晚唐官式建筑的渊源关系提供了宝贵的线索。如何通过辨析残存的唐代彩画，尽可能复原出东大殿完整的艺术形象，揭示唐代官式建筑所蕴含的纹饰、色彩设计智慧，是深化中国古代建筑史研究的重要课题（图 1）。

图 1　佛光寺东大殿外檐彩画现状

（吴吉明　摄）

二、现有的研究成果

1. 梁思成先生的研究

梁先生对于佛光寺东大殿彩画的解读见于《记五台山佛光寺的建筑》[1]一文。因时代和条件所限，东大殿的彩画并非梁先生调查的重点，仅略加记述，未及对唐代彩画遗存进行全面深入的研究。[2]

但值得注意的是，梁先生已对东大殿的彩画和壁画有明确的区分，将栱眼壁（额上壁）内的佛像、菩萨像均归为壁画，而将五彩卷草纹名为彩画。因此，先生文中的“栱眼壁彩画”和“栱眼壁壁画”应是完全不同的两个概念——前者属于“装銮”，而后者归于“画”。

[1] 文献 [1].

[2] 如梁先生认为“柱额、斗栱、门窗、墙壁，均土朱刷饰，无彩画”，但东大殿建筑外檐虽经后世涂刷及风雨剥蚀，仍保存有较多的唐代彩画痕迹。

2. 祁英涛、杜仙洲、陈明达先生的研究

三位先生的成果见于《文物参考资料》1954 年第 11 期《两年来山西省新发现的古建筑》中第十一章“已知古建筑的补充资料及其他”的“五台佛光寺”一节，由陈明达先生执笔。三位先生针对东大殿的建筑彩画、壁画和相关的题记进行了细致的调查和辨识（图 2）。陈先生认为：“殿内外槽，及殿外东、北檐斗栱平闇乳栿尚保存有土朱刷饰彩画，栱枋斗均刷深色土朱（近紫色），在栱头下端至栱底面卷杀开始处刷凸形土朱外用刷白缘道。斗边缘棱角处亦刷白缘道。乳栿面刷土朱，以深土朱压心，以白色为缘道。平闇椽均刷深色土朱，白缘道。”[3]同时指出梁先生对前檐内槽当心间和南一次间的栱眼壁壁画（圆光诸佛像）“宣和四年”（1122 年）的辨识有误，题记中的文字应为“万历四年”（1576 年）。上述研究成果反映了当时某些学者已开始关注古建筑彩画的细部做法，然此后并未能引起学术界的足够重视。

[3] 祁英涛，杜仙洲，陈明达．两年来山西省新发现的古建筑 [J]. 文物参考资料，1954（11）.

图 2　佛光寺东大殿斗栱彩画

[祁英涛，杜仙洲，陈明达．两年来山西省新发现的古建筑 [J]. 文物参考资料，1954（11）.]

3. 钟晓青先生的研究

钟先生对东大殿的研究见于傅熹年先生主编的《中国古代建筑史》（第二卷）[1]第三章第十一节“建筑装饰”，对东大殿的斗栱、额枋及平闇的现存彩画进行了简述，并提出大殿“紫燕尾”彩画一说。

[1] 傅熹年．中国古代建筑史（第二卷）（第二版）[M]. 北京：中国建筑工业出版社，2009.

4. 丁垚先生的研究

丁垚先生的研究成果见于《佛光寺东大殿的建筑彩画》[2]一文，通过近年来对东大殿彩画的深入细致调查，首次对现存彩画中可能与唐代关系最为密切的部分做了全面的介绍，提出了许多颇有创见的学术观点，并借用《营造法式》彩画作制度的相关文字对佛光寺彩画进行了解读。

[2] 丁垚．佛光寺东大殿的建筑彩画 [J]. 文物，2015（10）.

5. 清华大学的研究

清华大学的成果见于《佛光寺东大殿建筑勘察研究报告》[3]与《佛光寺东大殿建置沿革研究》[4]一文。对东大殿现存建筑彩画做了较为全面的影像采集和彩画基层材料的碳 14 测年以及彩画颜料成分的初步分析，其中关于彩画断代和形制判断基本延续了梁思成和钟晓青两位先生的观点。但后文结合碳 14 和彩画切片推断，前檐南、北二次间内槽额上壁的卷草彩画应为唐代始建时期遗存。

[3] 清华大学．佛光寺东大殿建筑勘察研究报告 [M]. 北京：文物出版社，2011.

[4] 张荣，雷娴，王麒，吕宁，王帅，陈竹茵．佛光寺东大殿建置沿革研究 [M]// 贾珺．建筑史（第 41 辑）. 北京：清华大学出版社，2018.

6. 中国科学技术大学的研究

中国科学技术大学符津铭等先生的成果见于《佛光寺东大殿彩画制作材料及工艺研究》[5]一文，用拉曼光谱等多种科技手段对大殿现存部分彩画的颜料和工艺进行了检测分析，揭示出其材料成分和工艺做法。虽然由于研究者对大殿的唐代彩画制度和现存彩画历史沿革理解的欠缺，导致其取样的位置和数量尚远不能满足全面解读东大殿彩画颜料和工艺的要求，但仍不失为在此研究方向上的一次积极而有益的尝试。

[5] 符津铭，柏小剑，黄斐，龚德才，黄文川．佛光寺东大殿彩画制作材料及工艺研究 [J]. 文物世界，2015（4）.

三、本研究的思路和方法

本研究以现场彩画调查为基础，以前辈学者研究成果中的疏漏和疑点为突破口，在探讨彩画制度的过程中，结合大木作和小木作及佛殿的附属艺术，将东大殿作为一个完整的建筑艺术形象作综合分析。

第一，须辨明彩画的现状、原状与理想模型（原始设计）三者之间的区别。除人为改易所带来的变化外，自然因素所导致的颜料老化剥蚀、褪色、变色，均可能导致古建筑的彩画现状与原状之间存在相当的差距。而匠师的分工协作、手绘的随宜、颜料的局限，又可能使彩画原状和理想模型之间有所变化。因此，不能简单地将现状彩画的表观颜色等同于彩画的原貌。对于建筑彩画的复原研究而言，所探讨的应是其原始设计思想。本文重点探讨的是东大殿彩画的理想模型及其所蕴含的晚唐官式建筑的彩画制度，而非东大殿的原状或现状。

第二，深入辨析现状所携带的历史信息，剥除历次改易所带来的种种变化。大殿的建筑彩画，因日久消褪、风雨剥蚀及后世的改绘，现存情况十分复杂。对大殿唐代建筑彩画的颜料成分、绘制工艺和褪变色机理的深入研究，尚有大量的基础工作有待展开。

第三，在现有早期的建筑实例中，佛光寺东大殿并非孤立的存在。其所代表的晚唐官式彩画制度在唐宋时期的建筑和壁画中也有不同程度的反映。北宋《营造法式》也与晚唐官式建筑有着密切的渊源关系。因此，探讨东大殿的彩画制度，还需深入解读《营造法式》的相关文字，并参考类似的建筑彩画遗存，才可能得出令人信服的结论。

本次研究是在现有彩画图像和勘察资料的基础上，对东大殿彩画作制度和色彩规律的初步探讨。希望能透过漫漶的赤白，推想和复原大殿彩画昔日的风采。随着今后彩画高清影像的全面公布，颜料分析检测工作的继续深化，东大殿的彩画理想模型也将持续做出修正。

四、《营造法式》相关文字解读

佛光寺东大殿彩画整体上属《营造法式》彩画作制度中的“丹粉刷饰”，为唐代最经典、最普遍的一种彩画类型，自皇家殿宇至民间宅第皆广为使用。东大殿北二次间的板门背后，还留有唐代彩画匠师“赤白博士许七郎”的墨书题记，可见“赤白”在当时已成为彩画的代名词。及至北宋晚期，虽已位列《营造法式》彩画下等，但仍是当时普遍采用的装饰手法，广泛用于殿宇、楼阁、厅堂、门楼、皇城内屋、廊屋、散舍、花架等。从宋徽宗所绘的《瑞鹤图》看，当时东京汴梁宣德门的彩画即为丹粉刷饰。

由于唐代的营造典籍未能传世，不妨先从《营造法式》彩画制度的相关文字入手，或是解读佛光寺东大殿彩画的一把钥匙。

《营造法式》卷十四规定：“丹粉刷饰屋舍之制：应材木之类，面上用土朱通刷，下棱用白粉阑界缘道（两尽头斜讹向下），下面用黄丹通刷（昂、栱下面及耍头正面同）。”[1] 此段文字为丹粉刷饰的总则，构件的一般做法是侧面刷土朱，外棱画白色缘道，底面则全刷黄丹。《营造法式》卷三十四所载丹粉刷饰斗栱图样的注文为“斗栱、枋桁缘道并用白，身内地并用土朱”[2]，可视为对以上总则的补充。单色的土朱涂刷容易使斗栱等木构件混沌一片，看不清体和面的转折，故以醒目的白线勾勒轮廓，并用黄丹来提亮构件的底面，以强调光感和面的转折（图 3 ~图 5）。

《营造法式》对白缘道的宽度也有明确规定：“斗、栱之类（栿、额、替木、叉手、托脚、大连檐、搏风板等同），随材之广，分为八分，以一分为白缘道。

[1] 文献 [2]：271.

[2] 文献 [2]：497.

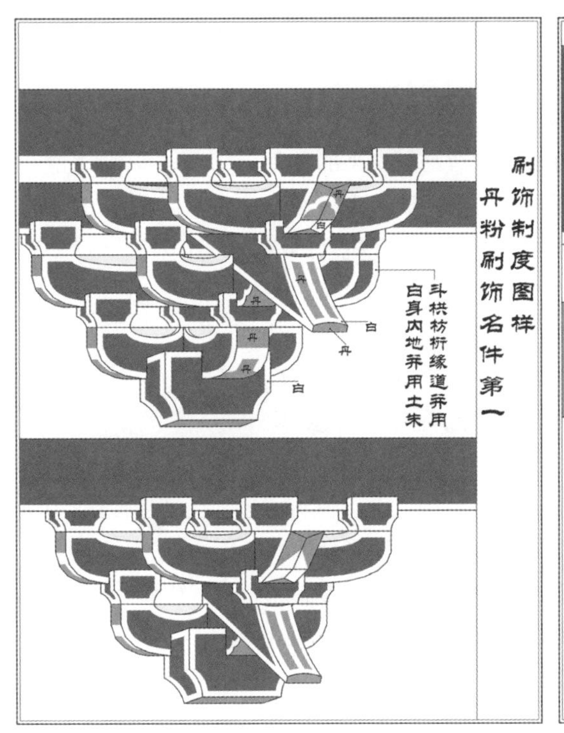

图 3 《营造法式》丹粉刷饰斗栱彩画
（作者自绘）

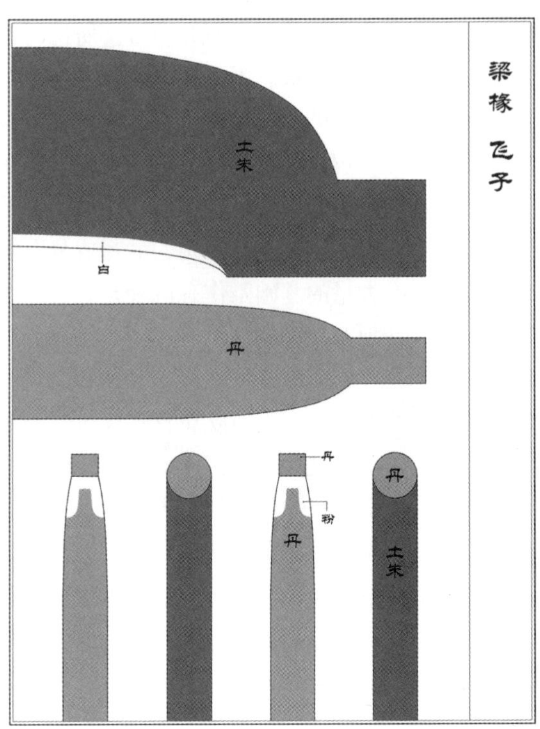

图 4 《营造法式》丹粉刷饰梁椽飞子彩画
（作者自绘）

其广虽多，不得过一寸；虽狭，不得过五分。”❶其一，说明画白缘道的构件十分普遍，并不只限于斗栱。对于东大殿白缘道，也应全面考察其分布。其二，《营造法式》对缘道的宽度既有比例要求，也有尺度上的限定。其比例为材广的 1/8，即 15/8 分°（自一至八等材，其白缘道宽依次应为 9/8 寸、8.25/8 寸、7.5/8 寸、7.2/8 寸、6.6/8 寸、6/8 寸、5.25/8 寸、4.5/8 寸）。缘道还须宽窄适中，且考虑到便于施工，于是又规定在 0.5 寸和 1 寸之间。因此，东大殿缘道宽度的设计也应从比例、尺度和方便施工这三个方面来分析。

“燕尾”为栱头之下的附加纹饰，因形似燕尾，故名。其造型活泼，在视觉上进一步提亮了色彩，强化了构件的转折，为严谨朴素的丹粉刷饰平添了灵动之气。关于“燕尾”，《营造法式》规定：“栱头及替木之类（绰幕、仰楷、角梁等同），头下面刷丹，于近上棱处刷白燕尾，长五寸至七寸，其广随材之厚，分为四分，两边各以一分为尾（中心空二分）。上刷横白，广一分半。”❷其一，说明燕尾的应用范围很广，与栱头形态相类似的如替木、绰幕、仰楷、角梁、飞子等的底面皆可装饰。其二，燕尾在宽度上有明确的比例控制，在长度上则主要考虑尺度和施工操作的因素。因此，佛光寺东大殿的燕尾分布也应不仅限于栱头，且存在一定的比例权衡。

关于“七朱八白”，《营造法式》规定：“檐额或大额刷八白者（如里面），

❶ 文献 [2]：271.

❷ 文献 [2]：271.

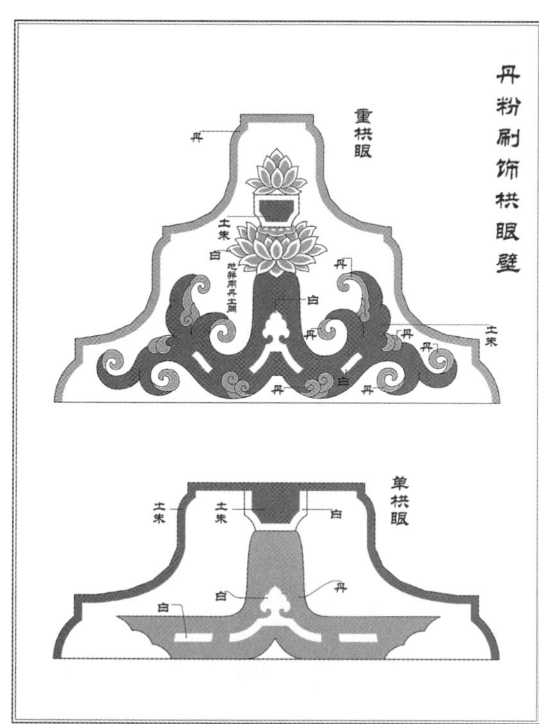

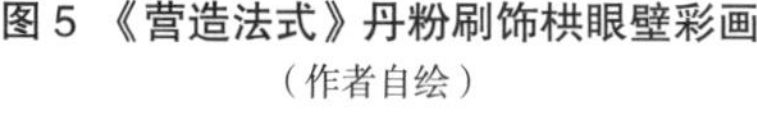
图 5 《营造法式》丹粉刷饰栱眼壁彩画
（作者自绘）

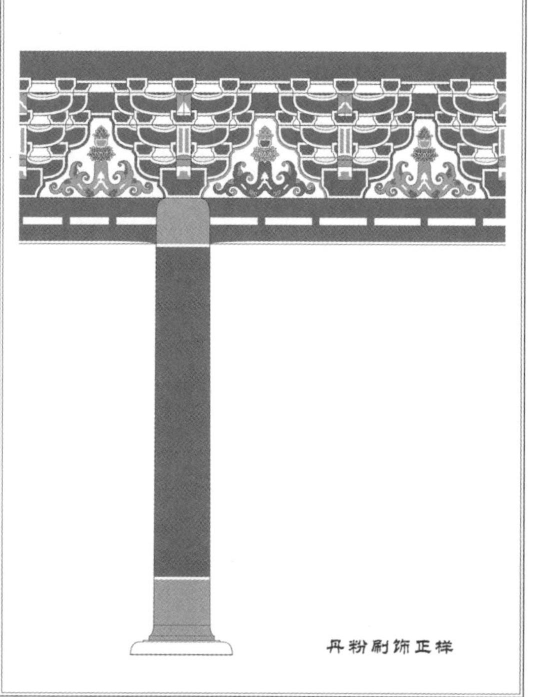

图 6 《营造法式》丹粉刷饰立面片段示意图
（作者自绘）

随额之广（若广一尺以下者，分为五分；一尺五寸以下，分为六分；二尺以上者，分为七分），各当中以一分为八白（其八白，两头近柱更不用朱阑断，谓之‘入柱白’）。于额身内均之作七隔，其隔之长随白之广（俗谓之‘七朱八白’）。”❶ 其一，说明八白的宽度与额之广相关，但有三种比例关系，保证八白不至过窄或过宽（如自一至八等材，其阑额广依次为 1.8 尺、1.65 尺、1.5 尺、1.44 尺、1.32 尺、1.2 尺、1.05 尺、0.9 尺）。其二，八白与柱头直接相交，给人以插入柱子的感觉。其三，八白均匀分布于额身，是等长的。

对于柱的刷饰，《营造法式》规定：“柱头刷丹（柱脚同），长随额之广，上下并解粉线。柱身通刷土朱。”❷ 说明柱头的色彩须作特殊处理，柱脚和柱头的装饰上下呼应，不同色彩的交界线可用白粉线加以强调，是很细腻的艺术处理（图 6）。

❶ 文献 [2]：271.

❷ 文献 [2]：271.

五、东大殿唐代建筑彩画解析

东大殿外檐的前檐、内檐“主堂”、西侧中五间“副廊”的唐代彩画多被后世的土朱刷饰所覆盖，但仍能透露出若干原始彩画的痕迹。外檐的后檐及两山、内檐副廊的其余部分则改易较少。东大殿现存唐代彩画装饰虽已不甚完整，但仍十分丰富，可大致分为：1. 白色灰塑；2. 斗栱彩画；3. 额柱彩画；4. 梁栿彩画；5. 驼峰彩画；6. 平闇彩画；7. 额上壁彩画。

1. 白色灰塑

灰塑普遍存在于佛光寺东大殿的斗栱等处，可视为栱枋之间用灰泥填饰做法的延伸，其表面皆以白粉刷饰，是佛光寺东大殿整体彩画的有机组成部分（图 7，图 8）。梁思成先生在 1944 年的调查报告中未曾提及，但在本文后的附图 12、附图 13 中有所描绘。丁垚先生对此颇为重视，通过广泛深入的调查，发现此类形象多见于晚唐和辽中期以前的建筑，应是当时较为流行的一种装饰手法，其产生或出于对鸟雀的防护的考虑。斗上的白色灰塑，尤其是散斗上的，在建筑的整体艺术形象上起到了对小斗强化的作用，极富装饰性和节奏感。从大殿内檐已剥落的灰塑遗痕看，其下为无彩饰的木基层，周围的刷饰止于灰塑的外轮廓线，可见它们应为大殿的原始装饰，且完成于彩画绘制之前。

图 7　佛光寺东大殿外檐铺作现存白色灰塑
（山西省古建筑保护研究所　摄）

图 8　佛光寺东大殿内檐铺作现存白色灰塑
（作者自摄）

（1）栌斗灰塑

自栌斗耳顶面起向上内收，轮廓凸曲，高约 25 分°（1 分°= 2.05 厘米）。[1]

（2）交互斗灰塑

自交互斗耳顶面起向上内收，轮廓凸曲，高约 8 分°，造型上可视为微缩的栌斗灰塑。

（3）散斗灰塑

自斗耳外侧向上斜抹内收，轮廓微凸曲，高约 8 分°（若其上为橑风槫或平闇椽，则至构件下皮止）。

（4）翼形耍头灰塑

位于山面柱头铺作和内槽转角铺作翼形耍头之上，自耍头尖微向内缩后向上内收至上层构件底面，轮廓凸曲。

---

[1] 关于东大殿的分°制推断及营造尺复原，参见：陈彤．佛光寺东大殿大木制度探微 [M]// 王贵祥，贺从容，李菁．中国建筑史论汇刊·第壹拾捌辑．北京：中国建筑工业出版社，2019.

（5）批竹形耍头灰塑

仅施内槽转角铺作批竹形耍头之上，自耍头顶面向上内收至平闇椽底面，形如交互斗灰塑。

（6）驼峰灰塑

位于四椽明栿上的驼峰两翼之上，形如翼形耍头灰塑。

（7）栱枋间灰塑

除通常的扶壁栱间的灰泥外，大殿斗栱的栱枋之间原皆以微微后退的灰泥填充，外檐铺作里跳及内檐铺作最上一层花栱或耍头与遮椽板之间亦填以灰泥。栱枋之间的泥栔表面刷白，与土朱色的木构件形成了鲜明的对比，在色彩上进一步强化了大木作“材栔相间”的建构逻辑。外檐斗栱外跳最上一铺出跳方向构件与遮椽板之间，月梁与其上枋桁之间则不施灰泥，呈通透之状。

2. 斗栱彩画（附图 1~ 附图 13）

东大殿的斗栱彩画与《营造法式》所载基本相同，即正面通刷土朱，边棱用白缘道，侧面和底面刷黄丹，栱等构件底面加饰白燕尾。但在细部做法上仍存在差异。其一，白缘道的宽度不同。东大殿用材硕大（超过《营造法式》一等材），斗栱缘道的宽度反而较为细秀，仅约 0.5 寸（栌斗和斗栱半驼峰的曲线缘道稍宽，约 0.7 寸）。而《营造法式》用一、二等材建筑，白缘道宽为 1 寸。其二，燕尾彩画的比例和造型有所不同。东大殿材厚 10.5 分°，燕尾宽 3 分°，中心空 4.5 分°，其尾部转折为不易察觉的微妙曲线（图 9），造型刚劲有力。燕尾上部的“横白”的宽度无一定之规，但皆与所在构件底面的卷杀分瓣的转折线严格对应，一般占两瓣之广。《营造法式》材厚 10 分°，燕尾宽 2.5 分°，中心空 5 分°，燕尾曲线弧度较大，显得较为柔美。燕尾的“横白”一律广 3.75 分°。

对于栱底面的彩画，梁思成先生调查时已有所注意：“槽内斗栱之下面，在照片中尚隐约可见彩画痕迹，而为肉眼所不见者。栱头之下，斗口出处，画作浅色凸字形，其余部分则较深，与宋以后彩画制度完全不同，亦大可注意。”❶但尚未与《营造法式》中的燕尾彩画相联系。钟晓青先生则进一步认为：“佛光寺大殿栱底所绘，有紫地白燕尾与白地紫燕尾两种，从它们的分布情形推测，白地紫燕尾可能是早期的做法。”❷钟先生的观点对学界的影响较大，但此说值得商榷。据笔者实地调查，其栱底先通刷白粉，再刷黄丹（空出燕尾图案），而不同部位颜料层的老化剥蚀程度与其厚薄密切相关。“白地紫燕尾”实为表层彩画颜料年久

图 9　佛光寺东大殿南山前进补间铺作彩画
（作者自摄）

❶ 文献 [1]：37.

❷ 傅熹年 . 中国古代建筑史（第二卷）（第二版）[M]. 北京：中国建筑工业出版社，2009.

剥蚀露出变色木骨（白色燕尾部分）及底层白色衬地（黄丹色部分）的结果（图 10），并非始建时期的原貌。因此，燕尾均为白色，这也与现存木构和墓室壁画中的燕尾形象相一致。

东大殿燕尾彩画的绘制工艺颇为讲究，栱的侧面和底面先遍衬粉地，再于栱头和燕尾下刷黄丹，最后以较浓稠的白粉沿燕尾内侧勾描。距燕尾下部约 4.5 分°（即与燕尾间的空当等宽）处还有一道水平粉线，成为黄丹与栱根部“红丹”（据中国科学技术大学的报告，推测为黄丹与少量银朱混合而成）两种颜色分界线的强调。粉线的阑界使得燕尾彩画更加精致挺括，层次也更加丰富微妙。大殿后檐斗栱彩画表层颜料剥蚀后，重描的粉线遗痕十分明显（图 11）。类似的工艺还出现在北宋高平开化寺大殿阑额的“七朱八白”彩画中，八段白色的上下棱及两端的内凹曲线，均用白粉勾描（图 12）。另外值得注意的是，开化寺大殿阑额“八白”内的白色颜料剥落后，其露出的木骨亦呈所谓“紫色”（深色木质素析出所致）。

白色燕尾彩画还广泛分布于东大殿的替木、翼形耍头和大角梁等构件的底面（图 13）。

图 10　佛光寺东大殿前檐北梢间补间铺作彩画
（作者自摄）

图 11　佛光寺东大殿后檐南梢间补间铺作彩画
（作者自摄）

图 12　山西高平开化寺大殿阑额七朱八白彩画
（作者自摄）

图 13　佛光寺东大殿角梁燕尾彩画
（吴吉明　摄）

3. 额柱彩画

阑额绘“七朱八白”，两端为典型的“入柱白”做法（图 14）。这一做法在唐代较为流行，如新城公主墓等墓室壁画多有反映（图 15）。八白高约 3 寸，阑额广约 1.2 尺，则八白占阑额的 1/4，比例较《营造法式》所规定的 1/6 偏大。中五间的七隔均匀分布与阑额之上，八段白色等长，与《营造法式》规定相同。两梢间及山面各间中间的六段白块的长度与中五间相等，而两端的入柱白长度则略有缩减，隔的形状均为扁方。阑额上下棱皆以白粉阑界缘道（宽约 0.5 寸）。另外，第一层柱头枋也做类似七朱八白的刷饰，其白段的宽度亦为素枋高度的 1/4，两端为“入栱白”做法。

柱身通刷土朱，柱头刷白，高度与阑额相等，柱脚似无与柱头相对应的白色刷饰。

图 14　佛光寺东大殿阑额七朱八白彩画
（作者自摄）

图 15　唐新城公主墓壁画中的“入柱白”
（陕西省考古研究所等 . 唐新城长公主墓发掘报告 [M]. 北京：社会科学出版社，2009.）

4. 梁栿彩画（附图 14）

东大殿的明栿（乳栿、四椽栿）均为月梁，飞跨如虹。其侧面通刷土朱，底面刷黄丹，上棱及斜项上下均描白缘道（宽约 0.5 寸），侧面下棱则用较粗的白粉阑界（宽约 2.5 寸），至两端则以曲线斜收向下，进一步强调了虹梁的拱曲之势。《营造法式》丹粉刷饰图样中月梁的做法与之基本相同，但其上棱和斜项不绘缘道。

5. 驼峰彩画（附图 15）

驼峰位于主堂的四椽明栿之上，承十字斗栱。因高居于梁架的正中且两侧空透，故其造型设计精致，成为东大殿室内屋架的点睛之笔。驼峰作翼形，外形轮廓与彩画相配合（华林寺大殿云形驼峰的设计亦采用类似的巧妙手法）。表面用土朱通刷，以粉笔解出花瓣及云纹——下部为莲花，两侧莲瓣之上作卷云纹，驼峰的白缘道恰与莲瓣和云纹的轮廓线有机地融为一体（图 16）。

图 16　佛光寺东大殿驼峰彩画
（作者自摄）

6. 平闇彩画（附图 16）

唐代殿堂结构的建筑设天花，主要为平闇和平棊两种形式。平棊内所分方格较大，形如棋盘，而平闇则方格细密。佛光寺东大殿采用平闇，以方椽施素板，形成约 1 尺见方的密格。斗栱平棊枋与柱头枋之间斜安峻脚椽，上施遮椽板，形成盝顶状的天花造型。[1] 每间平闇中央又以四个方格合为一八角井，简洁而富有装饰效果。与招提寺金堂遍绘五彩纹饰不同，东大殿仅做简单的刷饰，显得较为朴素。平闇椽通刷土朱，以白粉解出纤细的缘道（宽约 0.35 寸），至两椽相交之处则斜向交叉，形成连绵的锦纹效果。《营造法式》平棊中的“穿心斗八”锦在几何构成上有相似之处，可能由此类图案发展演化而来（图 17）。唐代平闇刷饰的桯条多为土朱，而背板一般刷白（其上可绘花饰），显得图底分明。东大殿残存的背板色则为黄丹，与梁栿、栱、枋底面的刷饰用色一致（图 18），与白色相比，其原始的室内色彩效果当更为宏丽。峻脚椽的间距与平闇椽相同，其刷饰亦用土朱，两侧施白色缘道，在视觉上形成连续的整体感。

7. 额上壁彩画（附图 17~ 附图 19）

东大殿现存唐代额上壁彩画仅剩两幅（其余均为壁画），分别位于前檐南、北二次间内槽额上壁的西侧，均为五彩遍装的卷草图[2]，其整体装饰效果与北宋高平开化寺额上壁内的铺地卷成海石榴花略似。由于补间铺作无栌斗、驼峰及明造的蜀柱，故额上壁形成巨大而又完整的狭长画面（长约 450 厘米，高约 66 厘米），自然成为大殿的重点装饰部位。梁思成先生在调查东大殿时，已注意到“前内柱上北端栱眼壁尚有五彩卷草纹，似亦

[1] 东大殿现状各间的平闇构造不统一，存在两种做法，因无后世更改的迹象，或是由于不同匠师施工所致。本次复原的平闇理想模型以前檐当心间较为讲究的做法为准。

[2] 丁垚先生认为这两幅彩画属于《营造法式》所载的“铺地卷成”，此说值得商榷。《营造法式》所谓铺地卷成是指花叶肥大而不露枝条的海石榴花等花，东大殿的额上壁彩画虽在图案构成特征上与之有相似之处，但纹饰为卷草，故不宜以“铺地卷成”名之。

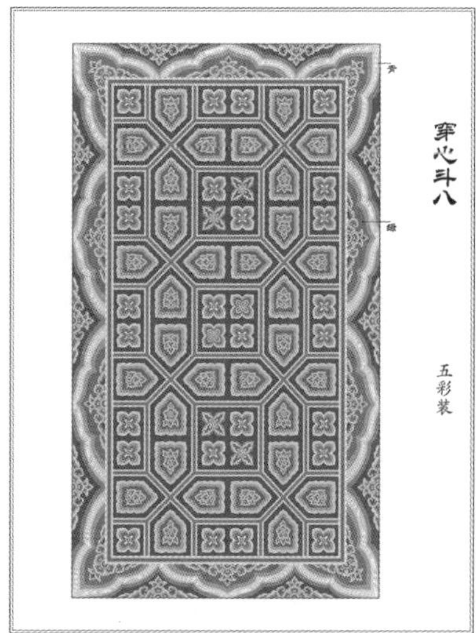

图 17 《营造法式》五彩平棊“穿心斗八”复原图
（作者自绘）

图 18 佛光寺东大殿内檐东南转角平闇彩画
（祁伟成 摄）

为宋彩画”[1]。大殿北一次间额上壁现存唐代说法图壁画，推测大殿原中三间皆绘说法图（与主堂的塑像相对应），可视为以卷草彩画为基础的升级装饰手段（本次复原暂皆施卷草彩画）。

两幅卷草彩画的位置虽在建筑上左右对称，纹饰造型却有较大的差异，但就其构图规律、色彩配置和绘制工艺看，应出自一人之手。卷草叶片肥大而不露枝条，以青绿为主色，与周围木构的赤白彩画形成鲜明的对比，更突显了此位于东大殿前廊的装饰界面的艺术效果。额上壁上端及两侧作双层缘道，当心绘卷草纹，其中线与补间铺作心重合。整体纹饰左右基本对称而又不完全对称（唐宋时期对称纹饰构图的一般规律），较明清绝对对称的彩画装饰图案更为活泼自然。这一艺术现象主要由时代的审美取向所决定，同时也与彩画的起稿方法密切相关。宽厚的卷草纹恣意地翻卷涌动，如浪、如云，无拘无束——仿佛壁上的舞蹈，洋溢着生命的丰沛之美。

（1）南二次间彩画

卷草的整体纹饰结构：中心上部为两个背向的小 C 形，其下为两个背向的大 C 形，左右再各接续四个大 C 形卷曲线——纹饰以一基本卷草单元正反颠倒缀连而成（图 19）。双缘道外绿内青，叠晕深色在外。卷草以细劲的赭笔描道，青色地，主叶为绿，辅叶用青，又间以粉红、黄褐小叶。绿叶的翻卷面施粉红或黄褐，间隔施用。其中的黄褐叠晕色与《营造法式》彩画中的“赤黄”在做法上颇有近似之处。小面积的暖色在青绿主色中有规律地分布使用，显得颇为灵动而跳跃。从现存彩画的细部看，有一现象值得注意，其青绿色叶片的叠晕色彩效果似与《营造法式》有所不同。《营造法式》卷十四规定：“浅色之外，并旁描道量留粉晕”[2]，“其花叶等晕，并浅色在外，以深色压心”。[3]而青绿卷草最浅的晕色并非留出的粉地，而是极浅的青色和绿色，且于青华或绿华之间又出现了一道深于二者的色道（图 20）。这一现象在唐代的敦煌壁画中也存在，从色彩的叠压关系推测，当与特殊的绘制工艺有关。画时先留出粉地一晕，待叠晕完

[1] 文献 [1]：42.

[2] 文献 [2]：265.

[3] 文献 [2]：268.

图 19　佛光寺东大殿南二次间内槽额上壁彩画
（邱思铭　摄）

图 20　佛光寺东大殿南二次间内槽额上壁彩画局部
（丁垚　摄）

图 21　佛光寺东大殿北二次间内槽额上壁彩画
（作者自摄）

成之后，又以浅植物色或更浅的青粉或绿粉色（推测内含铅粉）罩染粉晕而笔宽过之，日久变色则相交叠之处便显得较深，故非彩画始绘之时的原貌。据清华大学的初步检测，绿为石绿，黄为铁黄，红色为铅丹（带有粉色），多种颜色含有铅、砷元素。

（2）北二次间彩画

卷草的整体纹饰结构：中心上部为两个背向的小 C 形，其下为一左向卷曲的大 C 形，左右再各接续三个大 C 形卷曲线——纹饰大体仍以一基本卷草单元正反颠倒缀连而成，但在细节上存在较多的变化，显得更为自然活泼（图 21）。双缘道亦外绿内青，叠晕深色在外。卷草以细劲的赭笔描道，色彩配置规律与南侧卷草彩画基本相同。由于彩画的构图更为舒朗，纹饰在细节上更富变化，赋色上亦在遵循大规律的前提下略有变化，使得此幅卷草较南侧的彩画在艺术境界上更胜一筹。

六、结论

“朱材白壁、铁石丹素”为中国木构建筑历史极为悠久的装饰传统，自春秋以来至魏晋南北朝一直广为流行。从文献和墓室壁画来看，唐代官式建筑仍以赤白二色为最基本的色调。赤白彩画简洁浑朴又细节精妙，其艺术效果鲜明宏丽，为唐代最为经典的彩画样式，反映了李唐王朝推崇“卑宫室”的思想，体现出权力在装饰上的节制，也表现出浑穆雄秀的大唐气象。从佛光寺东大殿所代表的晚唐长安地区的赤白彩画来看，其制度极为成熟精致，“闳约深美”的艺术思想在大殿的色彩设计中发挥得淋漓尽致，并对辽宋彩画有着深远的影响。《营造法式》所载“丹粉刷饰屋舍”中的许多具体做法与之相应，体现出北宋官式建筑的刷饰制度对唐代赤白彩画的高度继承性。

参考文献

[1]　梁思成．记五台山佛光寺建筑 [M]// 中国营造学社汇刊：第七卷．第二期．北京：知识产权出版社，2006.

[2]　梁思成．梁思成全集：第七卷 [M]. 北京：中国建筑工业出版社，2001.

附图
（作者自绘）

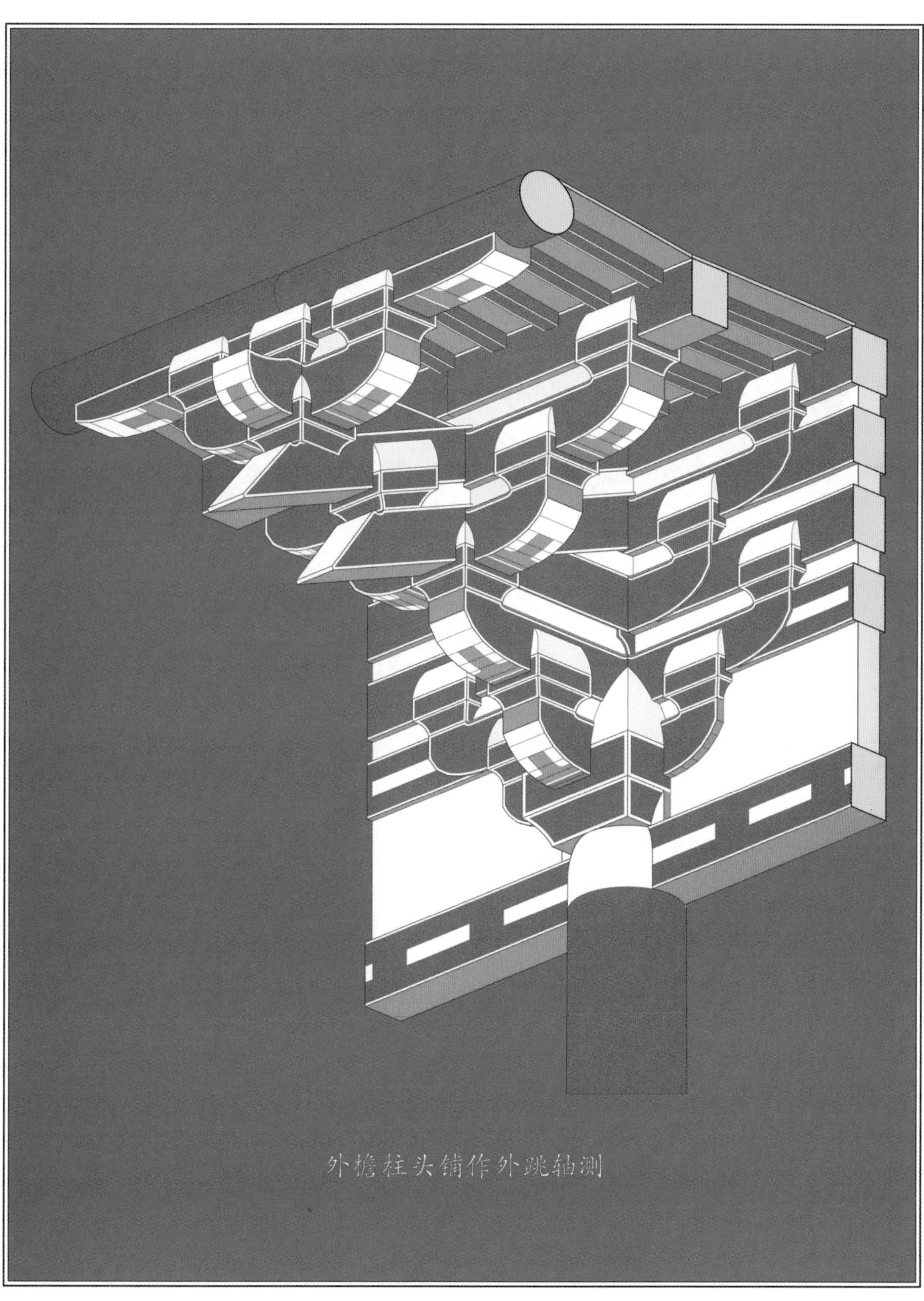

附图 1　佛光寺东大殿外檐柱头铺作彩画复原图 1

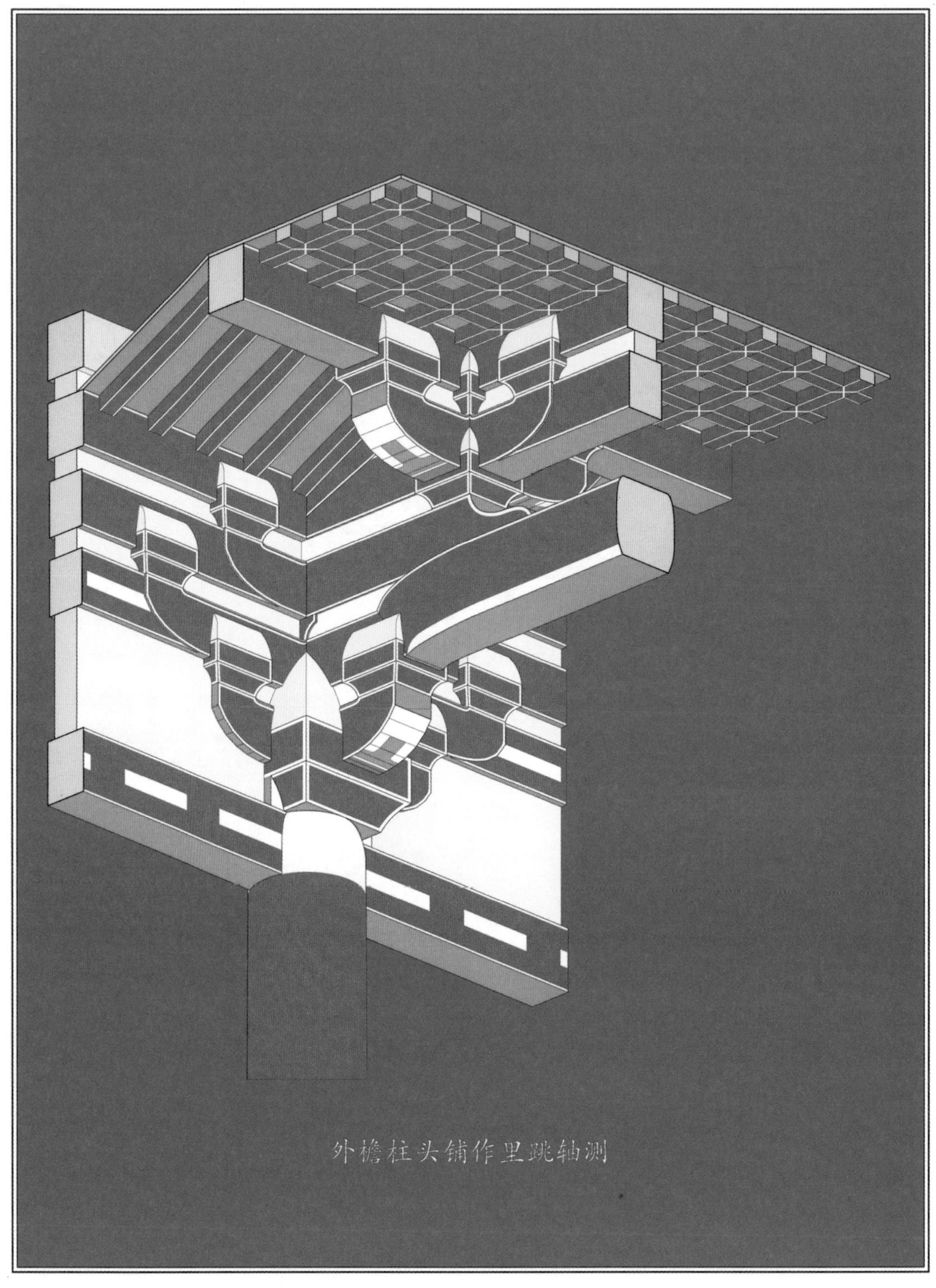

附图2　佛光寺东大殿外檐柱头铺作彩画复原图2

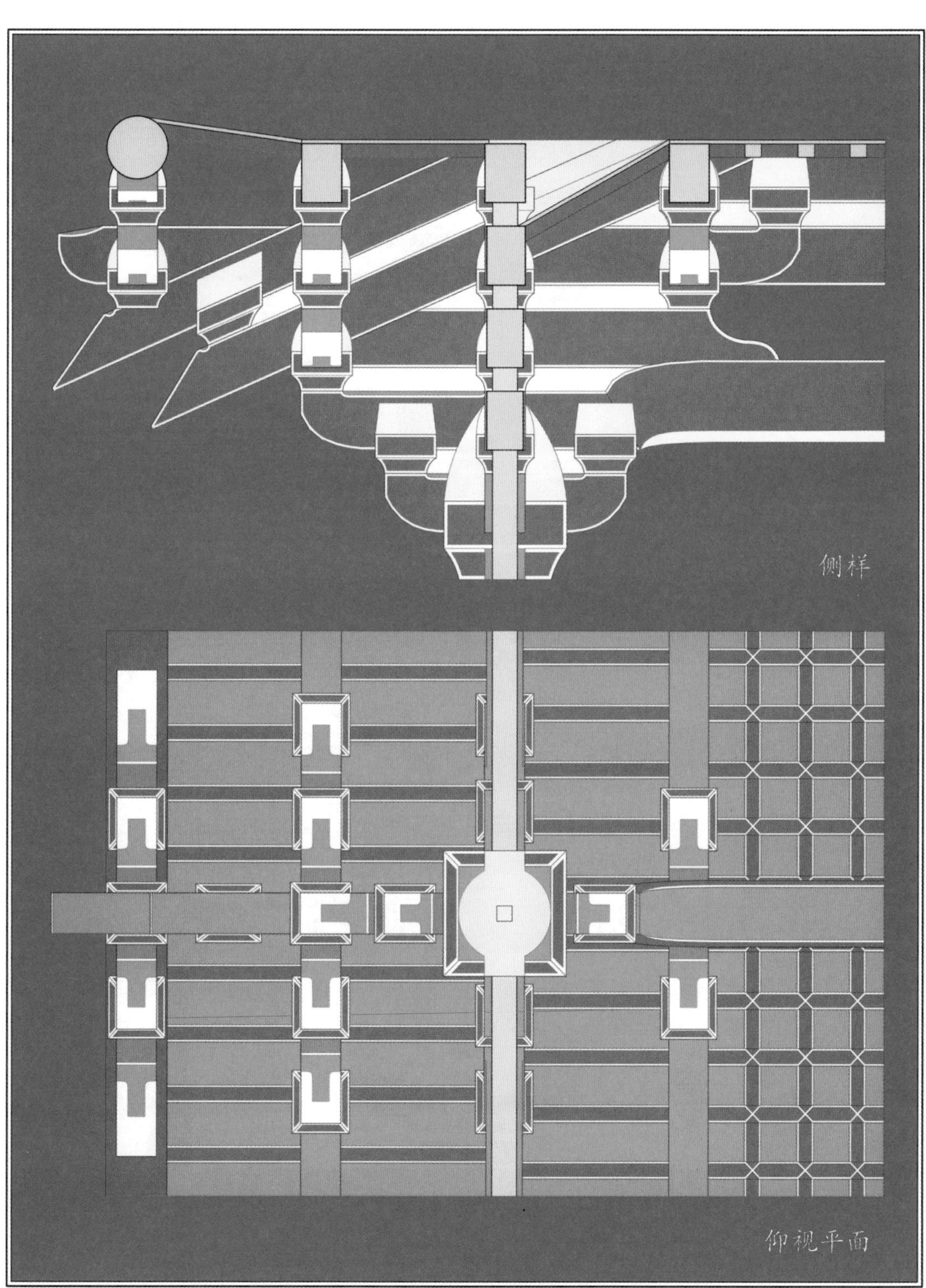

附图 3　佛光寺东大殿外檐柱头铺作彩画复原图 3

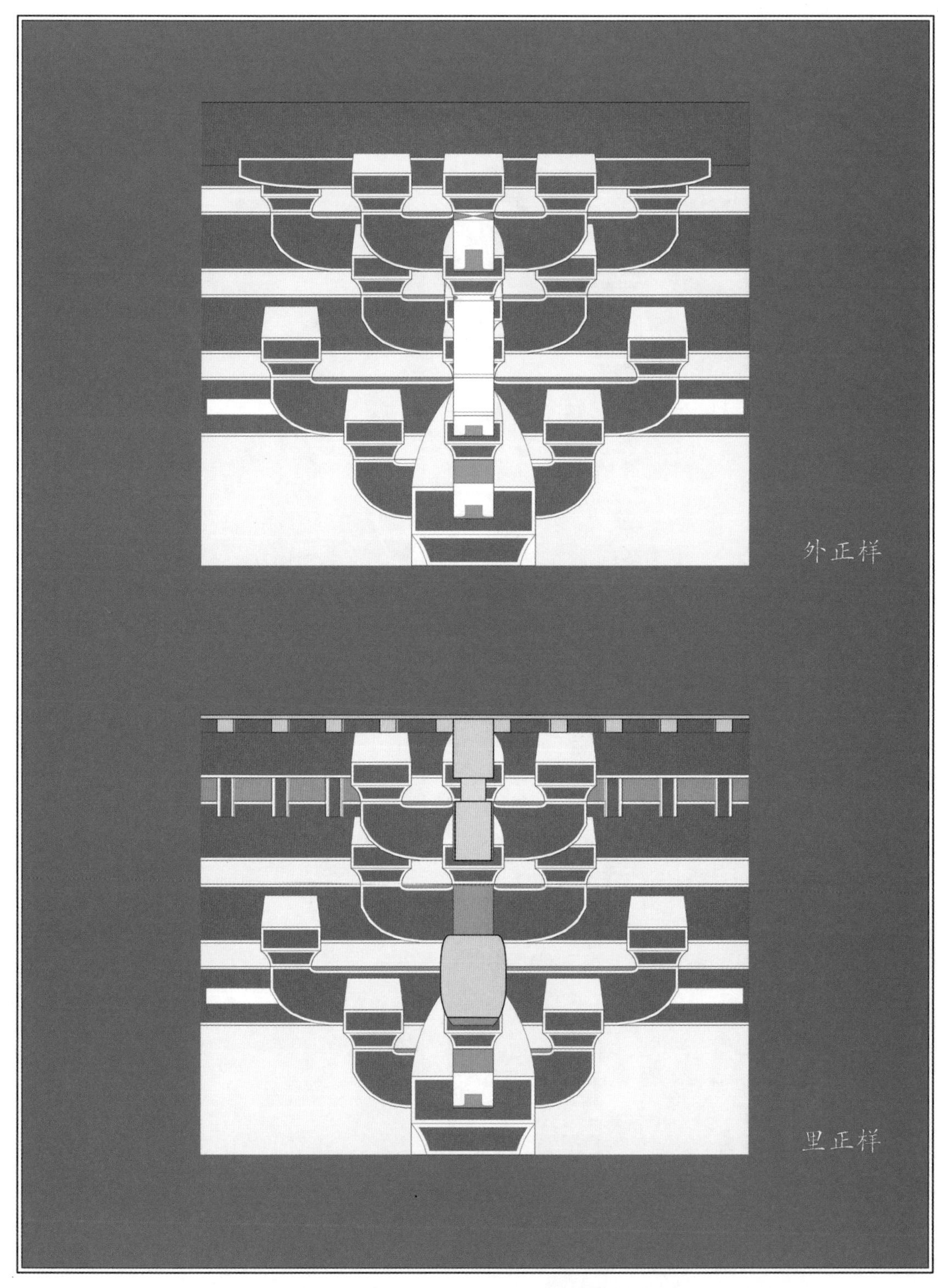

附图 4　佛光寺东大殿外檐柱头铺作彩画复原图 4

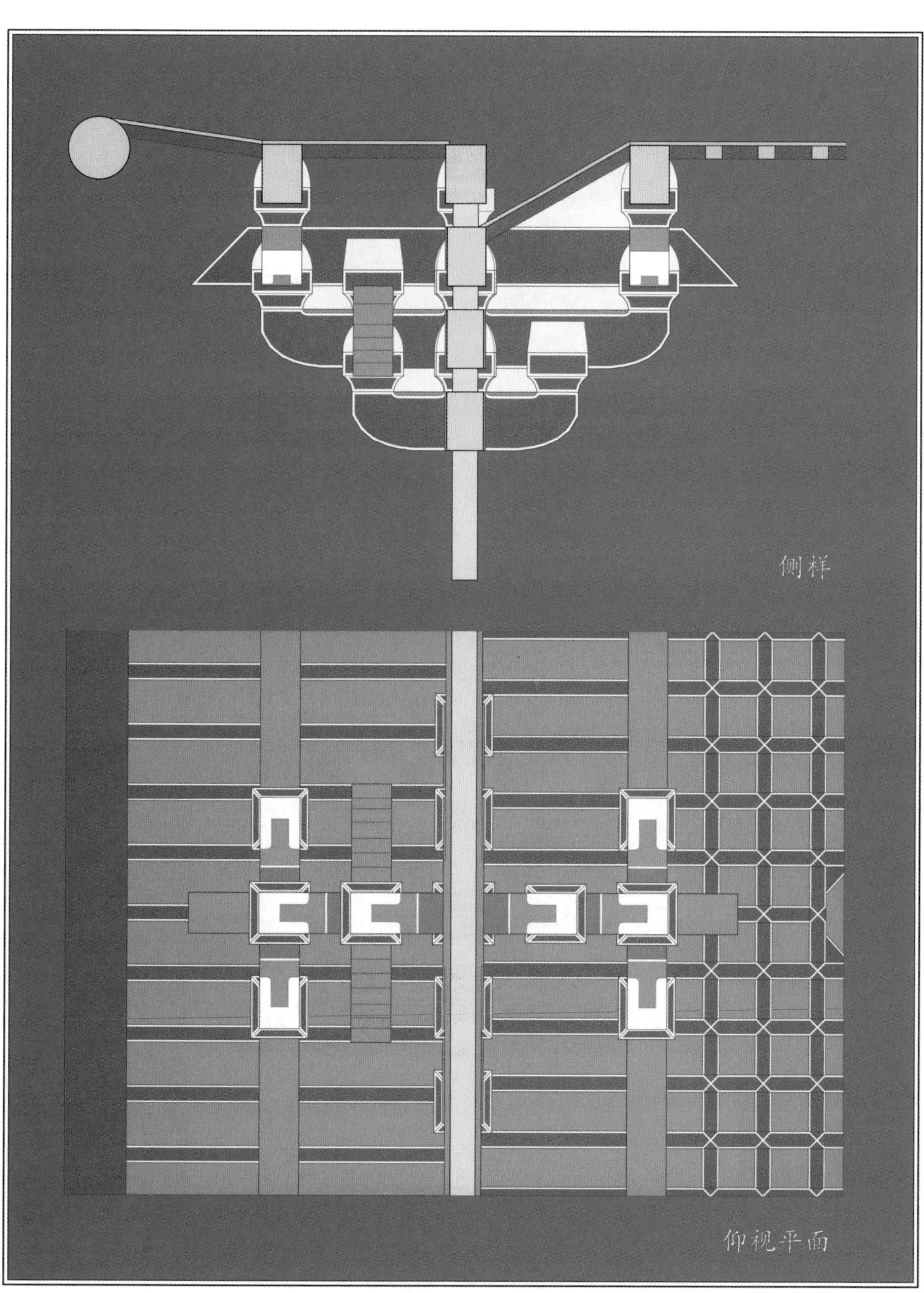

附图 5　佛光寺东大殿外檐补间铺作彩画复原图 1

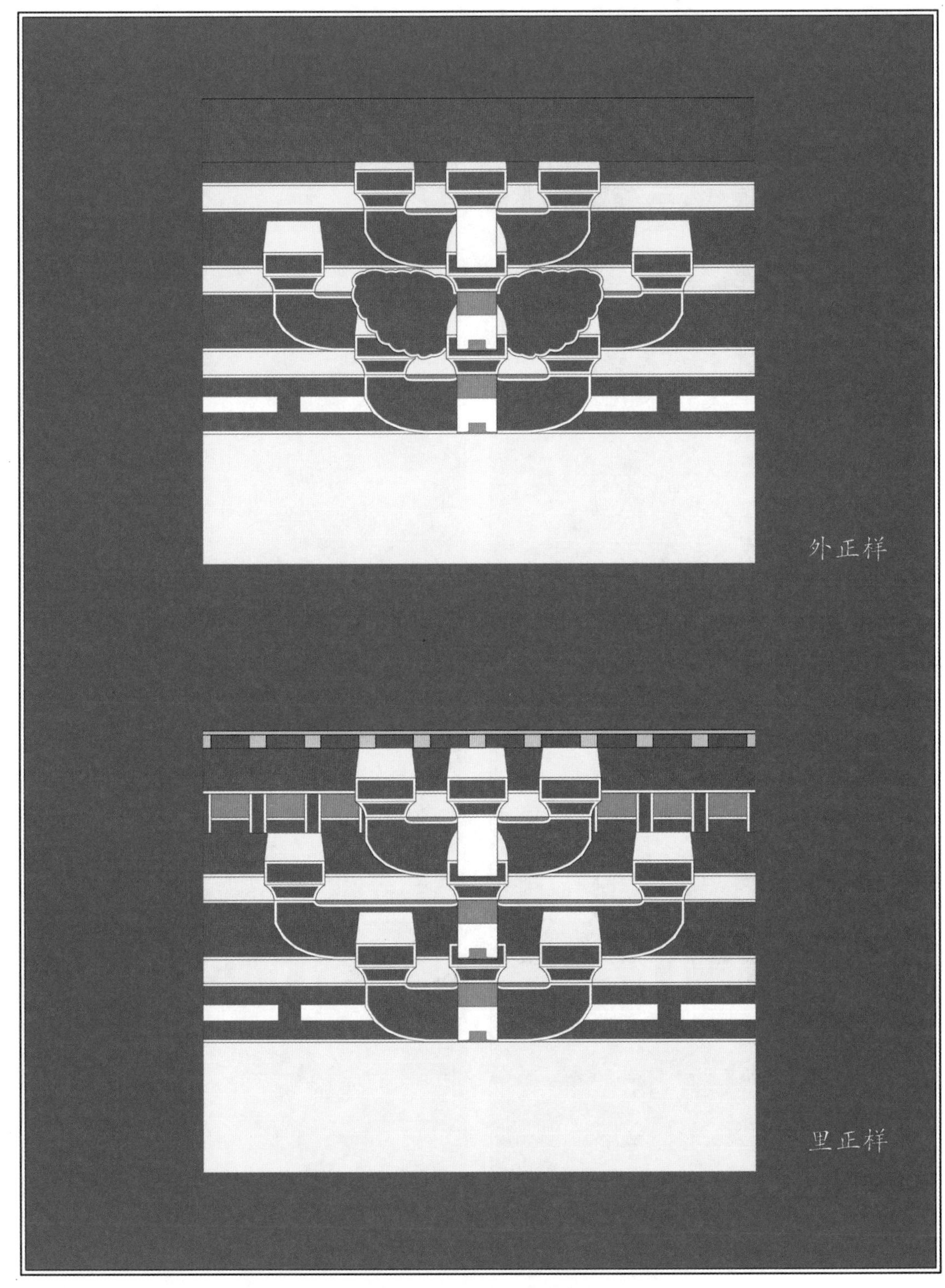

附图 6　佛光寺东大殿外檐柱头铺作彩画复原图 2

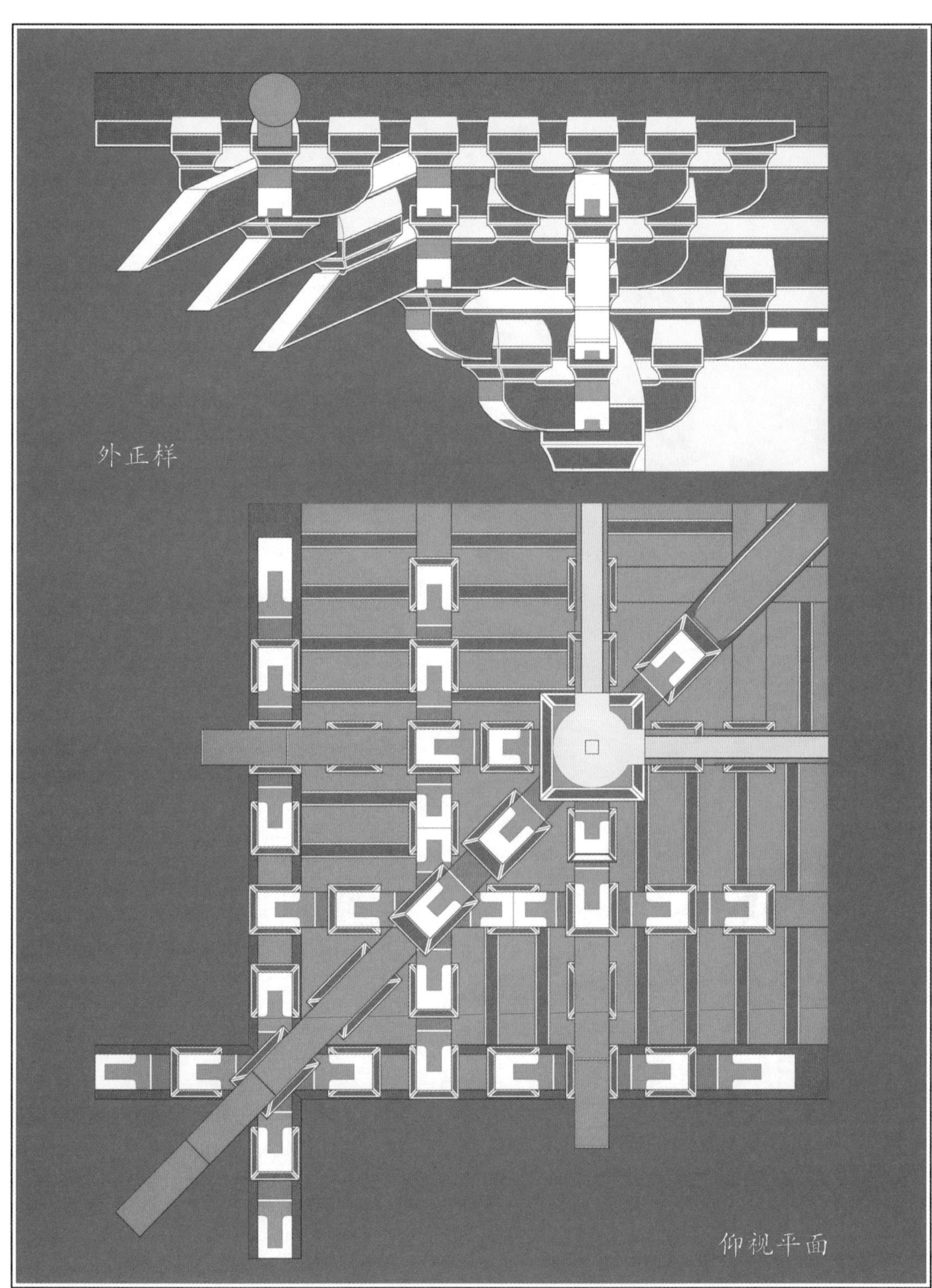

附图 7　佛光寺东大殿外檐转角铺作彩画复原图

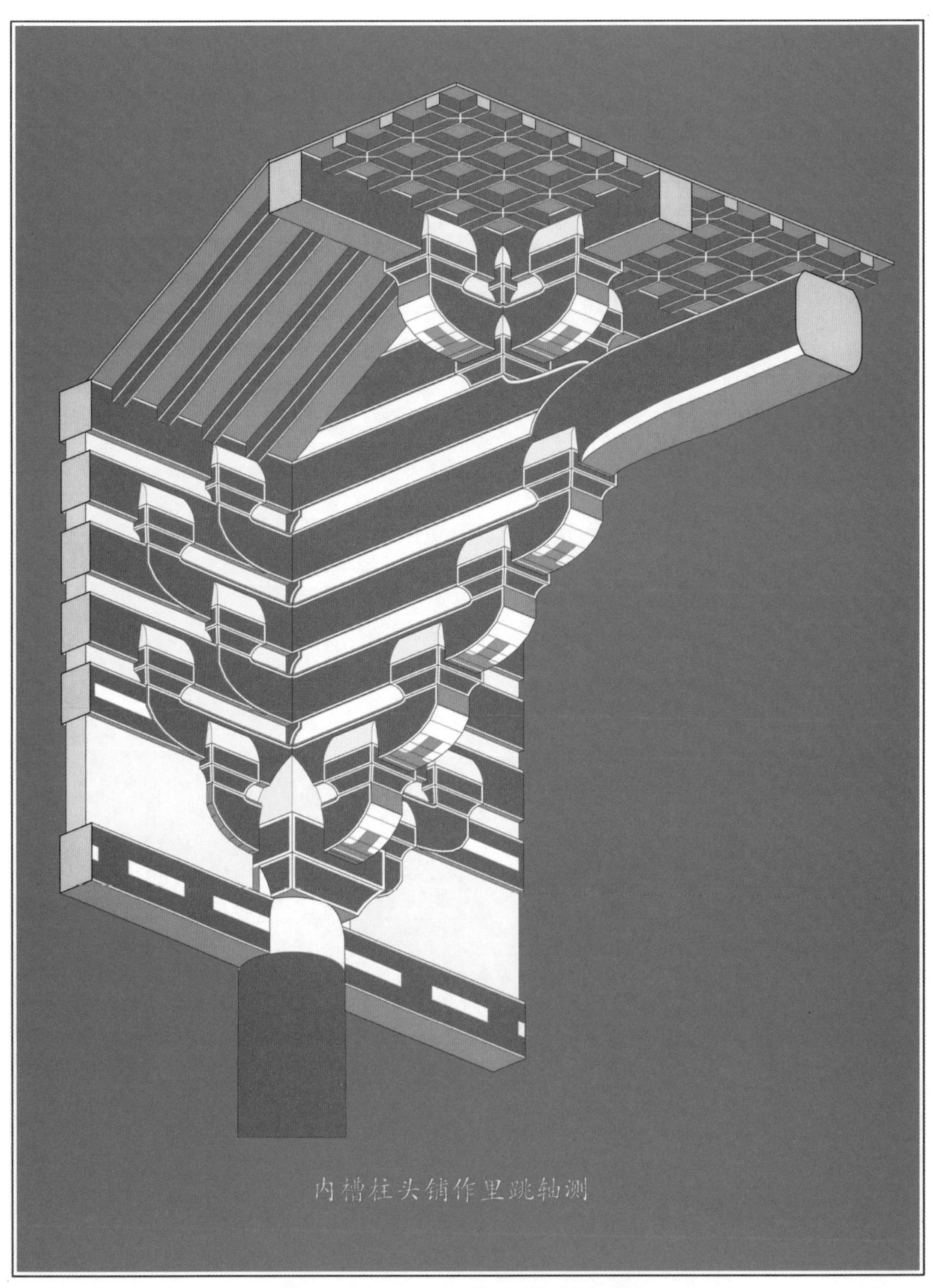

附图8　佛光寺东大殿内槽柱头铺作彩画复原图1

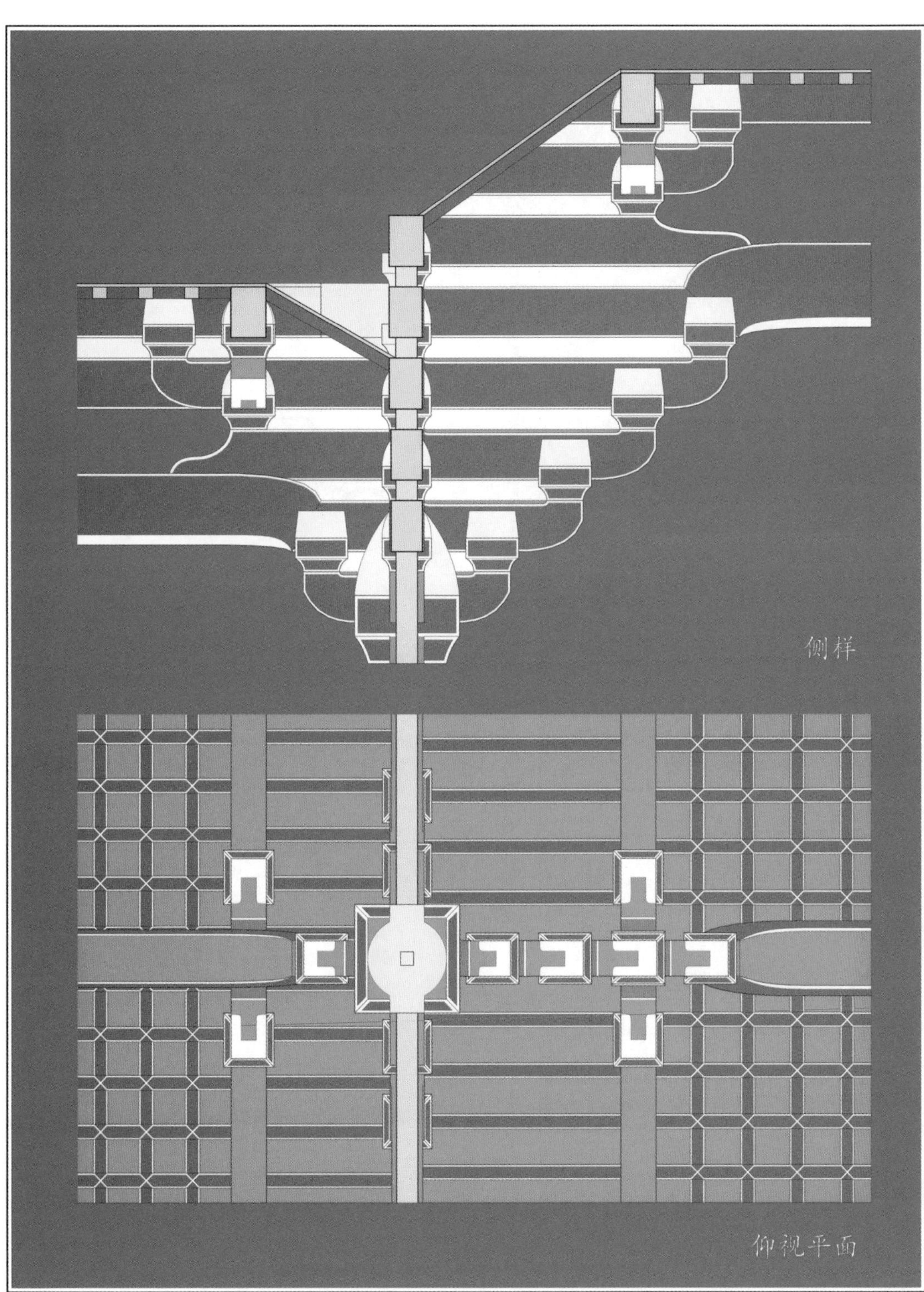

附图 9　佛光寺东大殿内槽柱头铺作彩画复原图 2

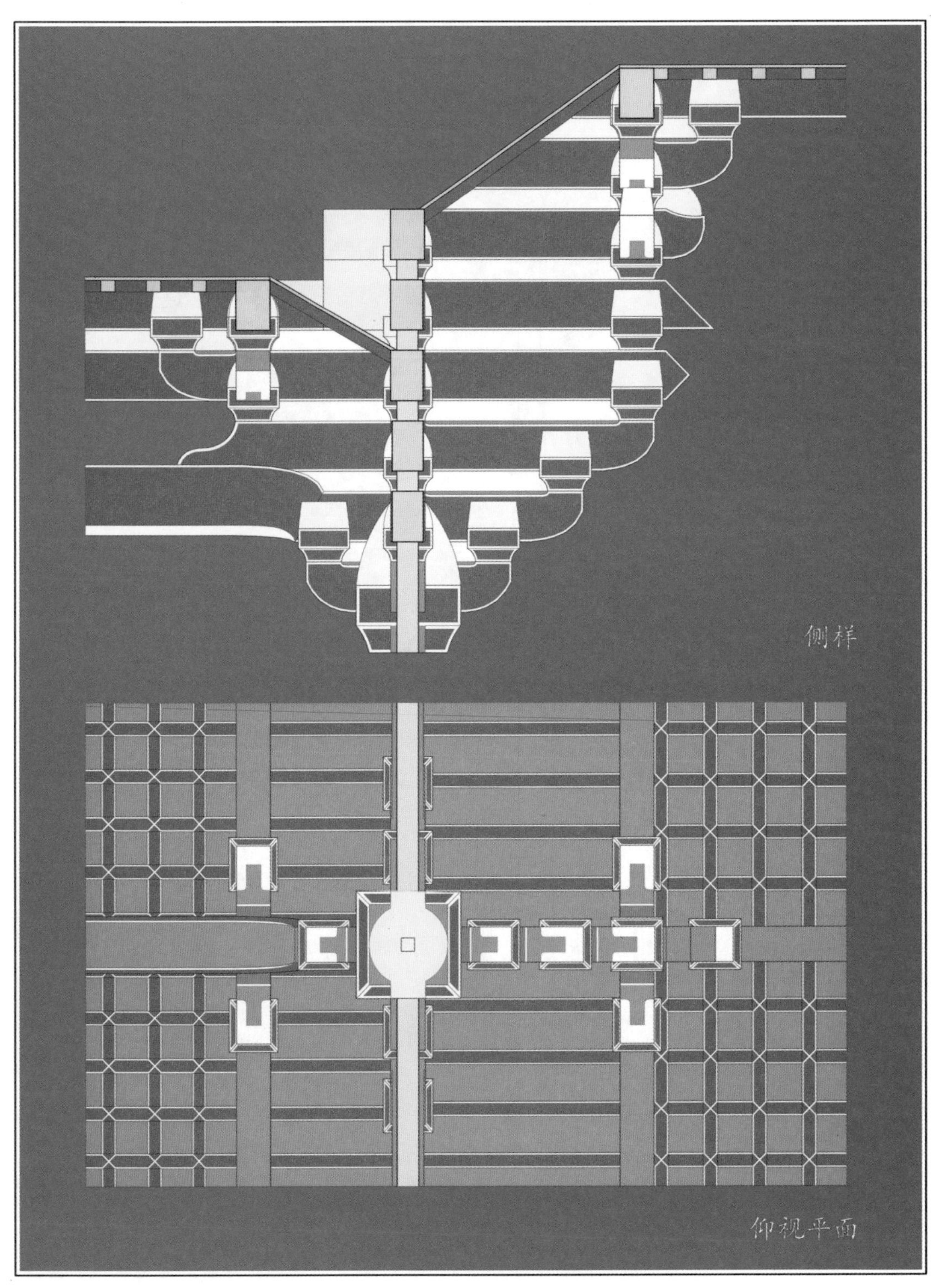

附图 10　佛光寺东大殿内槽山面柱头铺作彩画复原图

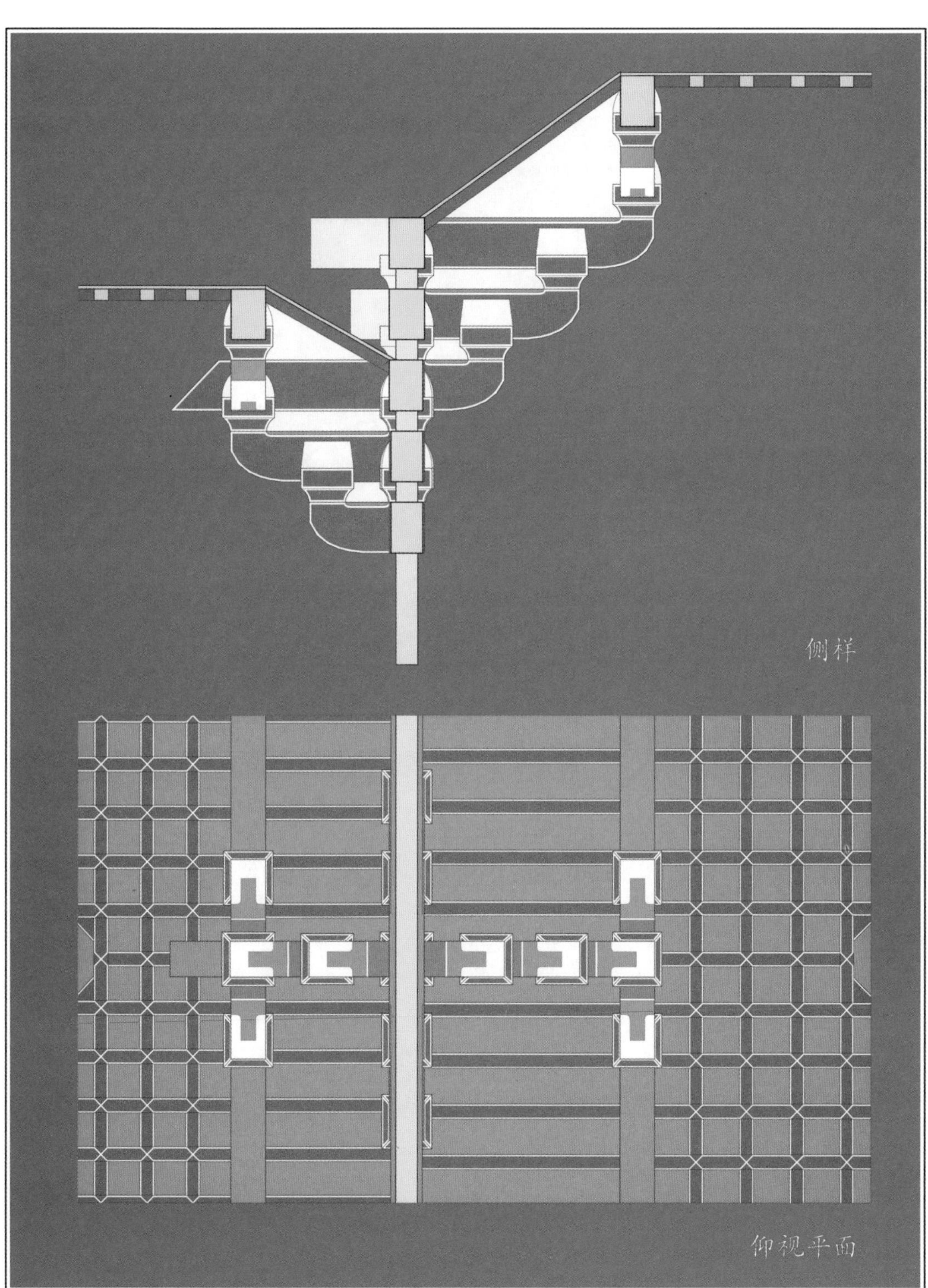

附图 11　佛光寺东大殿内槽补间铺作彩画复原图

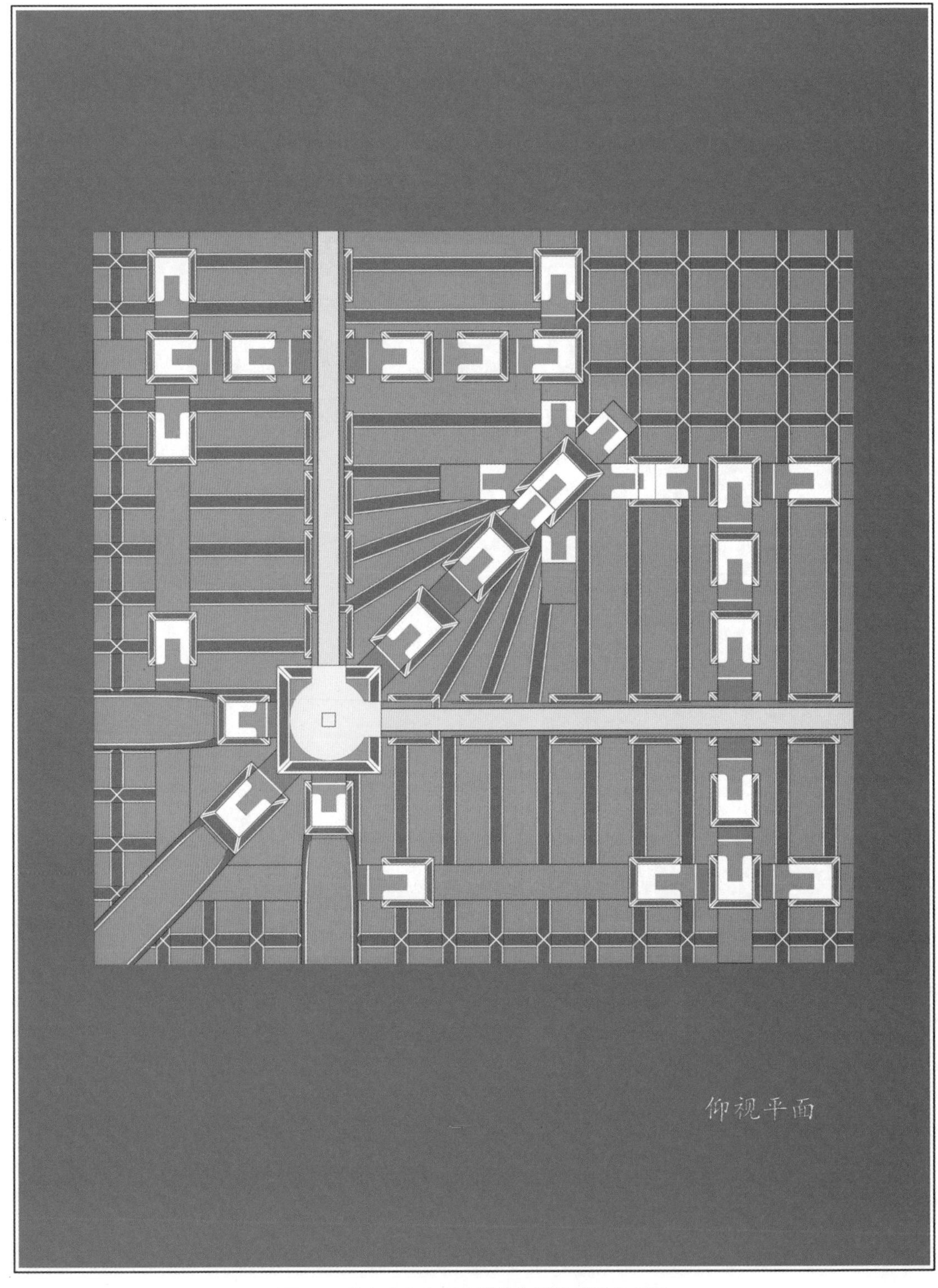

附图 12　佛光寺东大殿内槽转角铺作彩画复原图 1

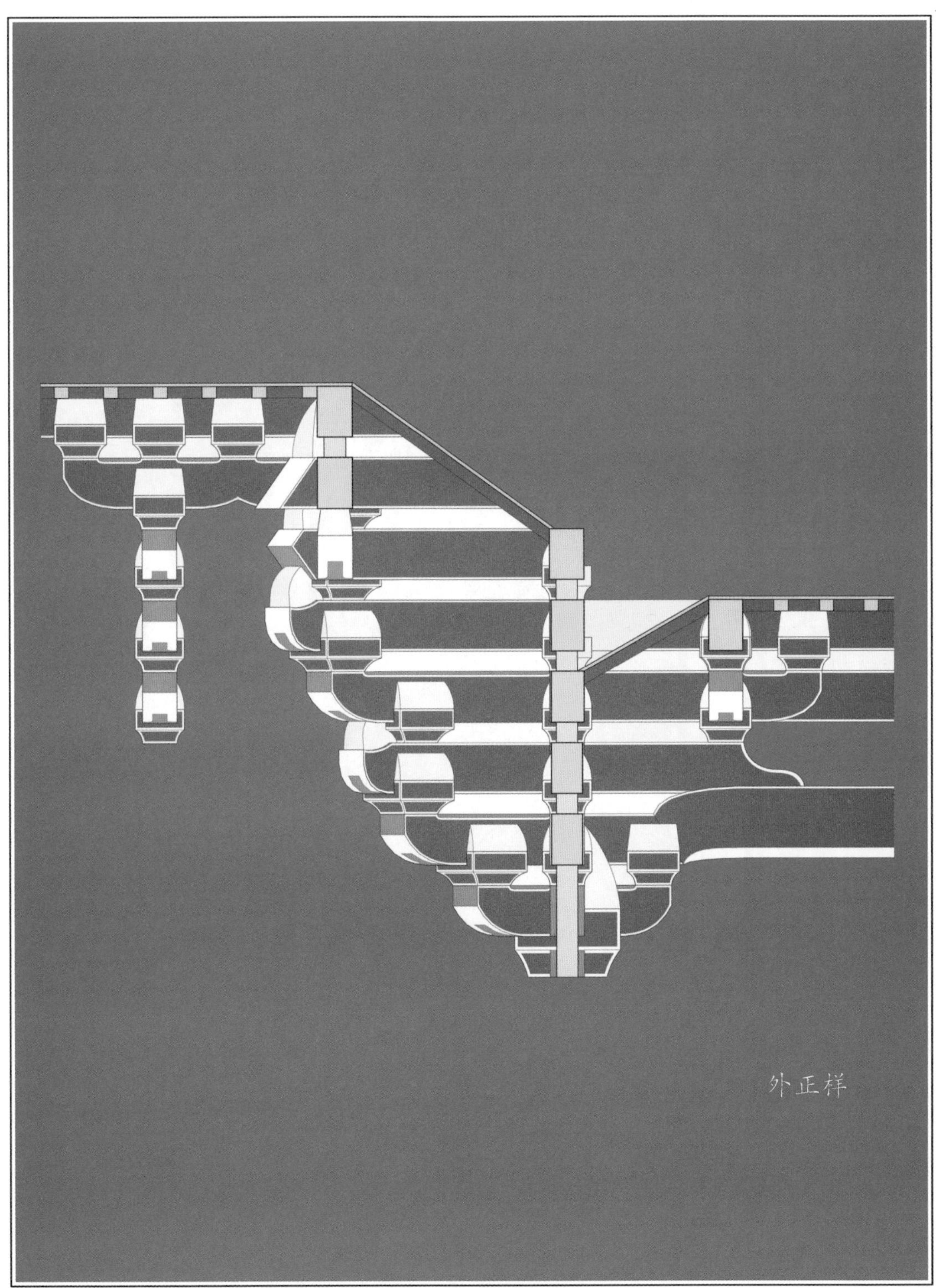

附图 13　佛光寺东大殿内槽转角铺作彩画复原图 2

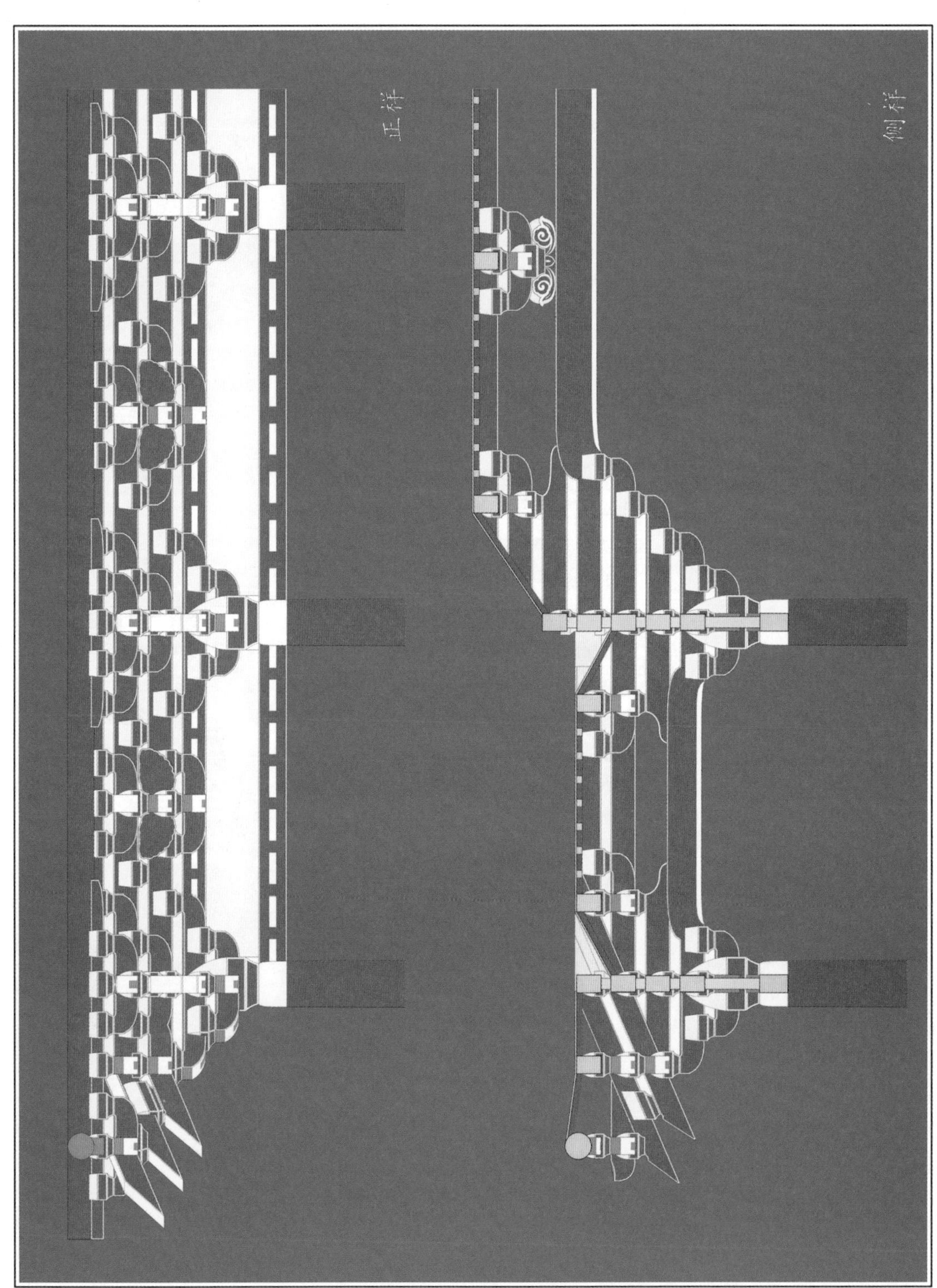

附图 14　佛光寺东大殿外檐及梁架彩画复原图

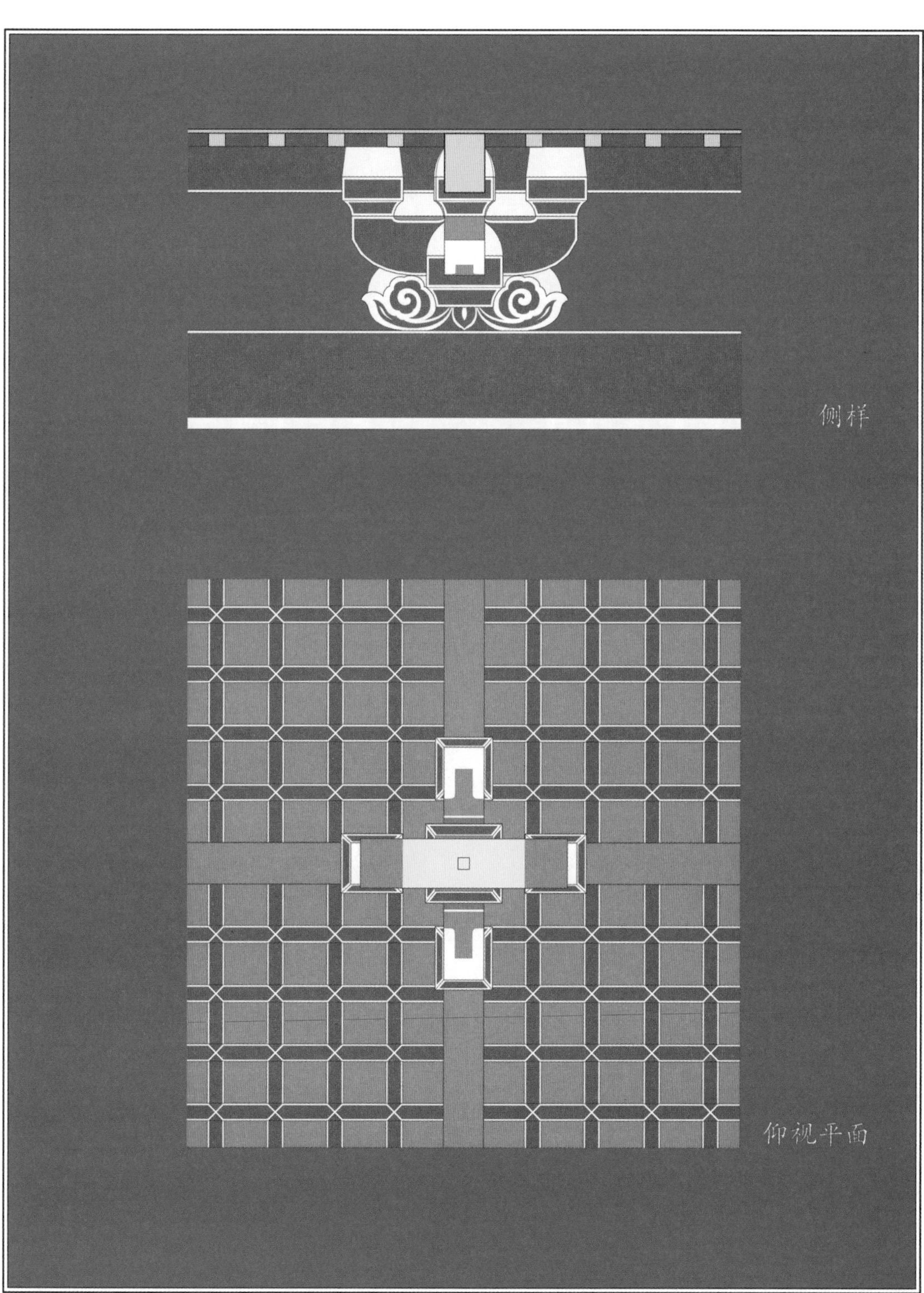

附图 15　佛光寺东大殿驼峰彩画复原图

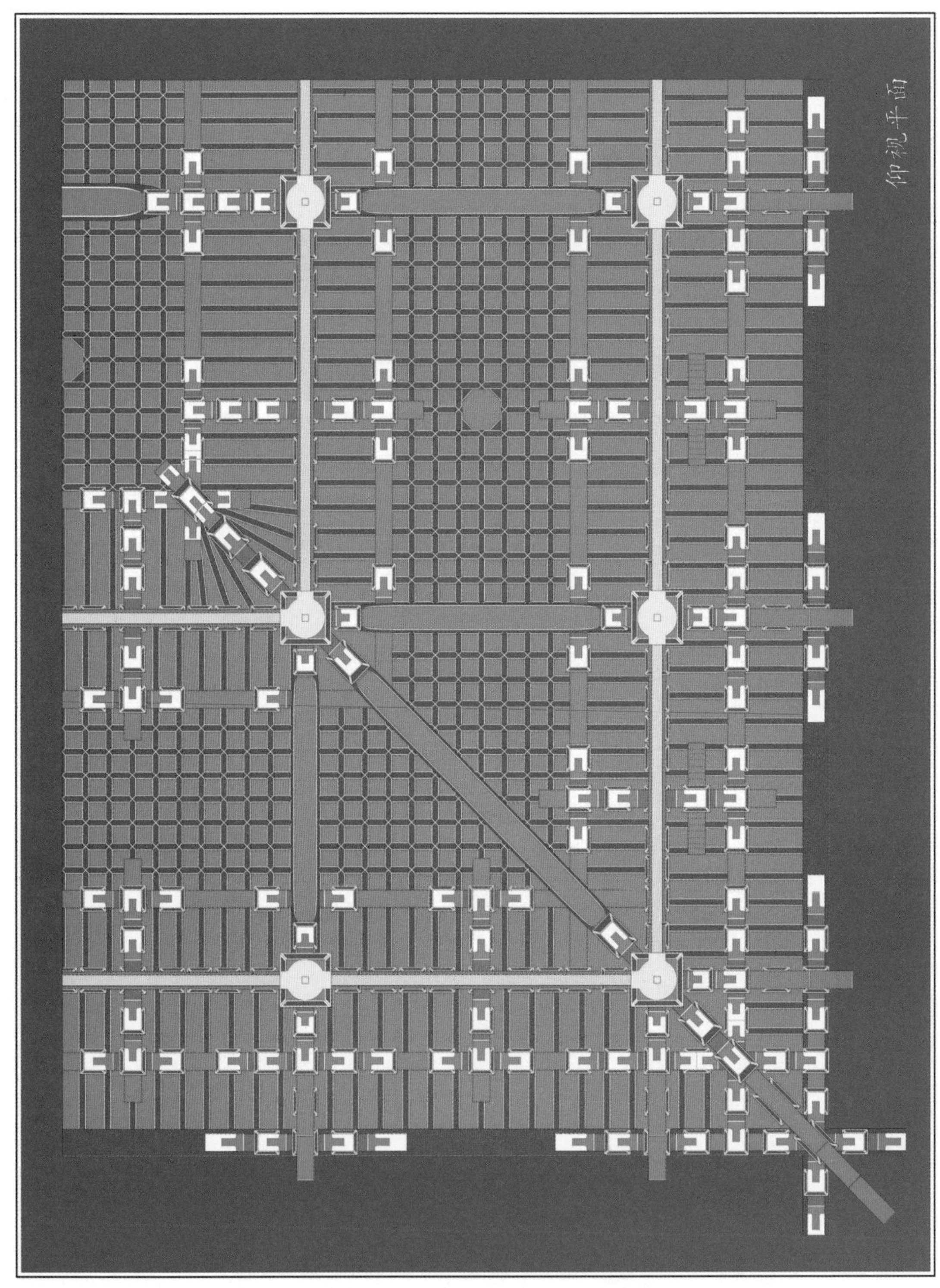

附图 16　佛光寺东大殿平闇彩画复原图

附图 17　佛光寺东大殿额上壁彩画复原图 1

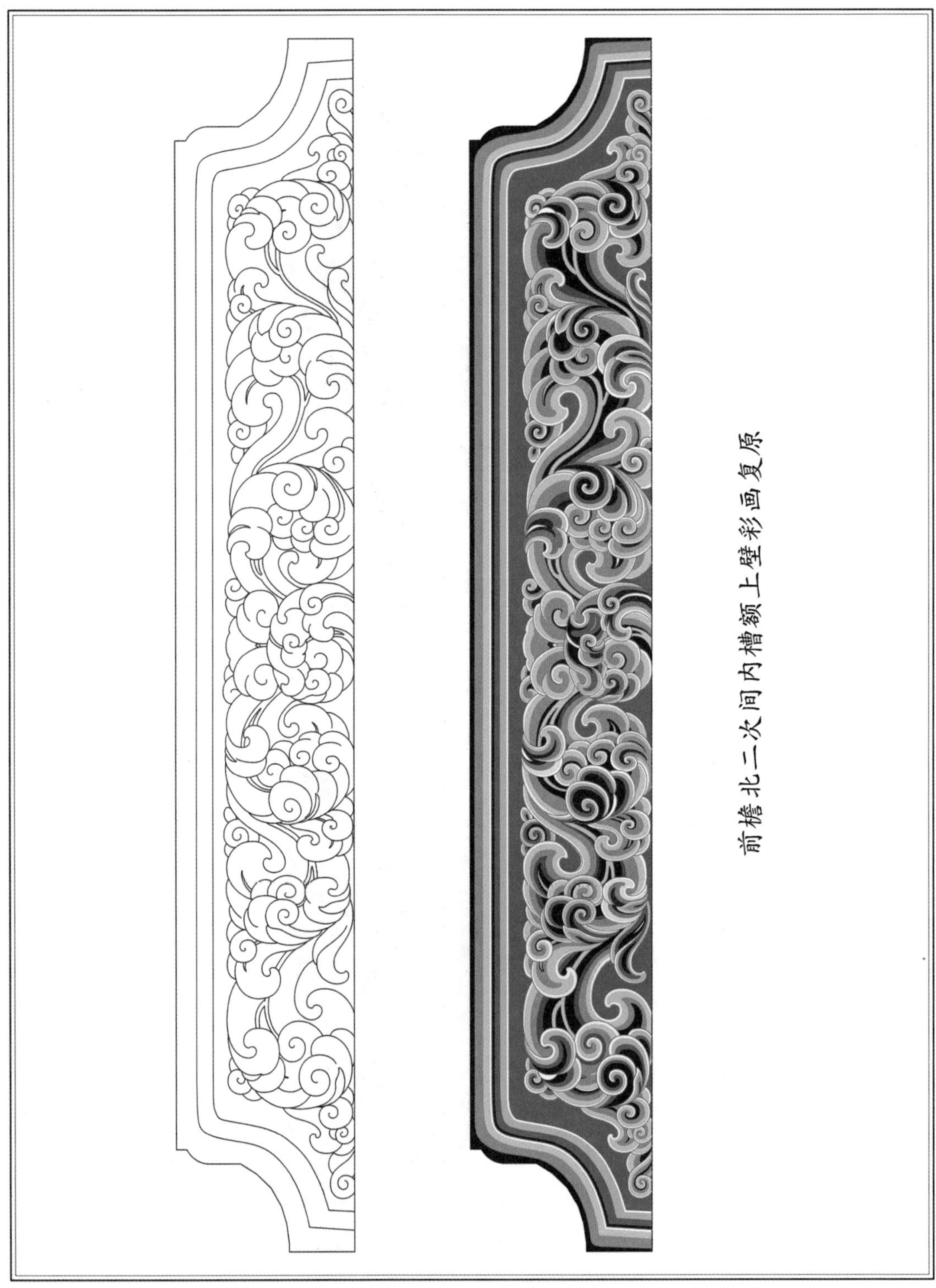

附图 18　佛光寺东大殿额上壁彩画复原图 2

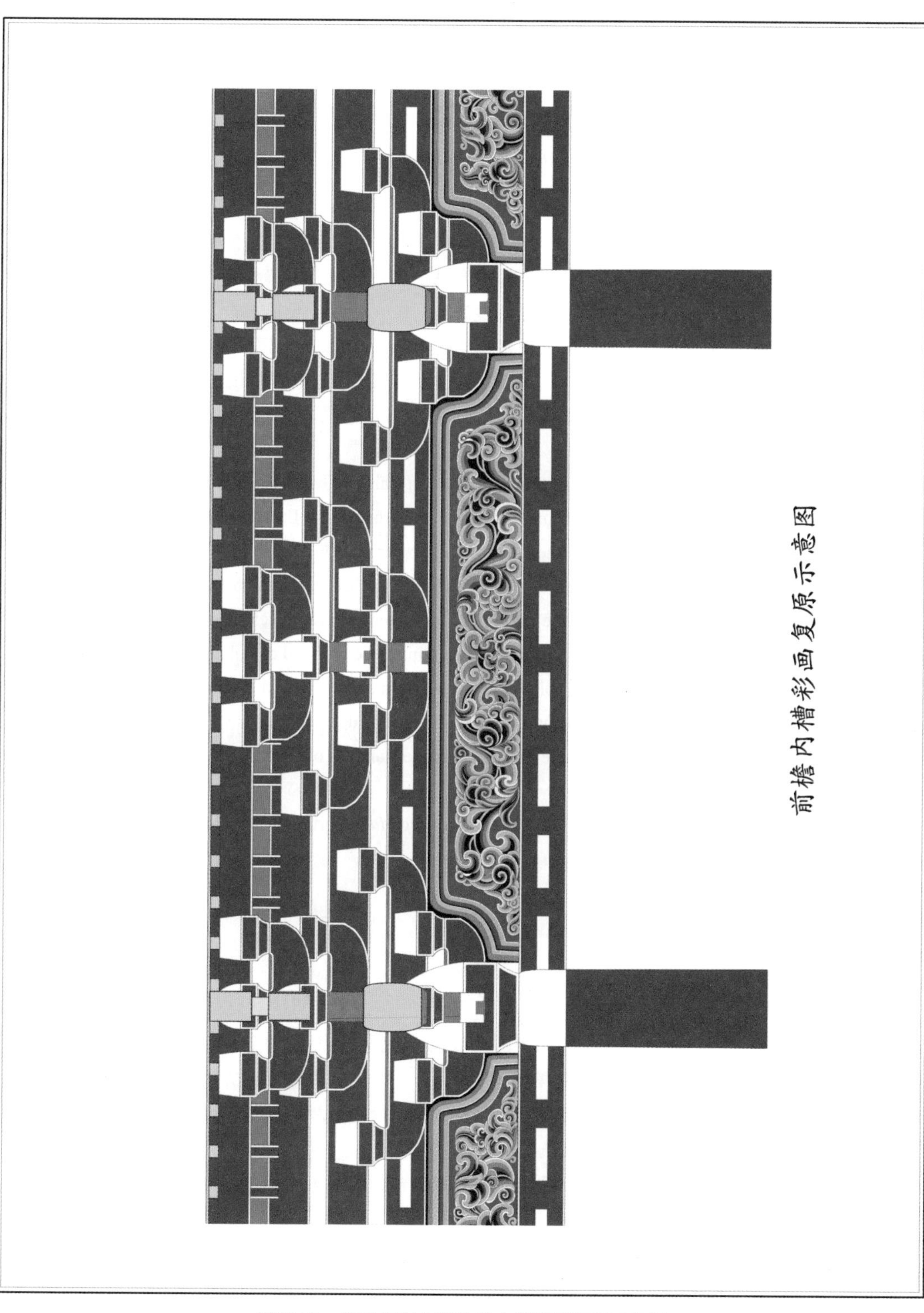

附图 19　佛光寺东大殿前檐内槽彩画复原示意图

基于整数尺法的万荣稷王庙正殿尺度分析 ❶

张毅捷，周何建，黄　磊 ❷

（西南交通大学）

摘要：整数尺法是东亚早期的一种木结构建筑设计方法。根据研究推测这种方法曾应用于我国宋辽及宋辽以前的一些遗构。本文从整数尺法的角度，对北宋遗构稷王庙正殿 2007–2011 年的实测数据进行分析研究，结果表明这栋建筑当初可能曾以 1 尺 =31.5 厘米的营造尺尺长进行设计和施工，而整数尺寸控制现象表现在平面柱网、立面尺寸、剖面尺寸、用材尺寸、斗栱尺寸以及构件尺寸等各个方面。这篇文章深入挖掘了稷王庙正殿的建筑设计细节，对认识整数尺法这一古代建筑设计方法和丰富北宋尺度史研究有一定的意义。

关键词：整数尺法，稷王庙正殿，北宋建筑，尺度史，营造尺

Abstract: The integer scale method (*zhengshu chifa* in Chinese; *kansu hashiraken sei* in Japanese) is a traditional design method for early–period timber–framed structures in East Asia. Previous research has shown that this method was in use until the late Song–Liao period. This paper analyzes the measurement data collected during the 2007–2011 field survey of the main hall of *Jiwangmiao* from the perspective of the integer scale method. The length of the actual foot measurement that the carpenters used (*yingzaochi*) was 31.5 cm. All the building dimensions were based on this basic unit and calculated through the integer scale method. This includes the size of column grid, elevation and section, the basic module of *cai*, and the bracket sets and other principal structural members. Through detailed analysis of architectural details of Jiwangmiao main hall, the authors hope to enhance understanding of the integer scale method and the history of the scale in the Northern Song dynasty.

Keywords: Integer scale method, Main Hall of *Jiwangmiao*, Northern–Song architecture, history of scaled design, carpentry “foot” (*yingzaochi*)

引言

万荣稷王庙位于山西省运城市万荣县西北南张乡太赵村，创建年代不详，元至元二十三年（1286 年）曾重修。❸ 该庙现仅存戏台和正殿，正殿早前公布年代为金代，后经研究被判定为北宋建筑。❹ 正殿面阔五间，进深六椽，单檐庑殿顶，六架椽屋平梁对前后乳栿用四柱。❺

20 世纪 60 年代初万荣稷王庙正殿被文物工作者发现，随后 1965 年被公布为山西省重点文物

---

❶ 国家自然科学基金项目（51978574）；教育部人文社会科学研究规划基金项目（17YJA770022）；中央高校基本科研业务费专项基金科技创新项目 2682017CX014；2018 年研究生学术素养提升计划（科创竞赛培育）专题项目（2018KCJS19）。

❷ 通信作者。

❸ 文献 [1].

❹ 文献 [2].

❺ 文献 [1] 中载录殿内梁架为：“六架椽屋分心用三柱”，有误。参见：文献 [1]。

保护单位。最早对正殿进行探讨的是柴泽俊,他在《平阳地区古代舞台研究》(1983 年)中指出这栋建筑局部存在着金代规制，并认为该建筑为金代所建。[1] 正殿在 1990–1999 年和 2000–2005 年曾经两次抢险维修，2001 年被公布为第五批全国重点文物保护单位。而对这栋建筑全面展开研究的是北京大学，考察始自 2007 年，主要的研究成果如下：徐新云在其硕士学位论文《临汾、运城地区的宋金元寺庙建筑》(2009 年)中，将这栋建筑的斗栱、梁架做法与周边宋元遗构相较判断认为，该建筑原构年代当在北宋熙宁年间(1068–1077 年)之前，该论文首次披露了这栋建筑的实测资料[2]；两年后彭明浩在其硕士论文《山西南部早期建筑大木作选材研究》(2011 年)中，将正殿木料树种与山西已知年代的宋金建筑木料树种相比较，认为该建筑木料选材符合北宋建筑选材特点[3]；同年北大课题组发现“天圣二年(1023 年)”墨书痕迹；同年北大课题组对该建筑 21 件样本进行了 C14 测年，测年结论支持了天圣二年建的结论[4]；次年俞莉娜、徐怡涛对该建筑的大木作尺度进行了研究，该研究从样本量较大的斗栱和柱梁构件尺寸入手复原出该建筑的材等，再以此为基准进行营造用尺尺长的推测，其推测的营造尺长约为 31.4 厘米，与过往的北宋用尺研究结论不悖。[5] 另有贾红艳《浅析万荣稷王庙正殿的建筑特点及价值》(2010 年)也曾对这栋建筑的建筑特点和价值进行剖析，文中也附有该建筑的部分实测数据。[6]

[1] 文献 [3].

[2] 文献 [4].

[3] 文献 [5].

[4] 文献 [6]; 文献 [7].

[5] 文献 [8].

[6] 文献 [9].

通观现存的三套实测数据(徐新云案、北京大学 2016 年案以及贾红艳案)，各有出入，但以北京大学 2016 年专著所录数据最为完整周详，本文以此实测数据为研究对象。

俞莉娜、徐怡涛的研究是目前唯一有关稷王庙正殿尺度复原的相关研究，这一研究与过往的古建筑尺度复原研究不同，是从样本量较大的构件尺寸出发进行复原。虽然大量的样本可以减小误差的干扰，但也存在问题。构件的实际尺寸较小，基于小尺寸的尺度复原往往误差过大。例如尺长 30 厘米和 30.5 厘米的 0.1 寸(构件的最小尺寸单位)只有 0.05 毫米的差别，这一差别在人工测量时并不能被区别；另外，根据统计学理论进行数据处理这个精度也没有多大意义，即相差 0.05 毫米的两个值哪个更真实，难以进行科学判断，没有显著性差别。再者，俞莉娜研究的一个重要前提是，该建筑的用材制度与《营造法式》的规定相吻合。如果这个前提不存在，相关结论的成立也有问题。有鉴于此，本文准备用如下方法对北京大学的实测数据重新进行分析，以便对该建筑的营造尺进行复原，在此基础上对该建筑的一些技术细节进行推测。

一、本文的理论背景与方法

1. 研究的理论背景

本课题的理论背景主要有三个方面：整数尺法、尺度史和木工道具。

1）整数尺法

整数尺法最早源于日本的研究，日文称作“完数柱間制”。即日本学界对奈良时代遗存进行详细实测、复原研究时发现，“这一时期建筑平面开间的尺度构成，以整数尺值为最基本的原则。”❶张十庆据此分析了中国唐、辽、宋的部分遗存发现，这种现象也存在于中国早期建筑。❷即我国早期（宋辽及以前）建筑遗存的开间、进深尺寸中，存在着一种整数尺控制的现象，本文称其为“整数尺法”。张十庆团队后来在对宁波保国寺大殿的尺度分析时，对整数尺法又做了更深层次的发掘。研究表明在保国寺大殿中整数尺控制现象不仅存在于平面柱网，还存在于椽架平长、用材尺寸、柱高尺寸以及屋架举高尺寸等。❸

2）尺度史

中国大约四千年前就开始有尺度的概念，此后历朝历代都十分重视制定尺度的规制，同时史籍中的相关记载和研究也比较丰富。而现代意义上最早涉及历代尺度厘定研究的学者是民国时期的吴承洛❹，1949 年之后还有杨宽、郭正忠、丘光明等，目前有关尺度史特别是北宋尺度史的研究还是比较成熟的。❺天圣二年（1023 年）为宋仁宗初年，属于北宋中期，此时的日常用尺为太府寺尺。根据丘光明的研究，1 太府寺尺 =31.9 厘米。另据统计，目前存世 9 把北宋尺，尺长跨度为 30.8–32.9 厘米，均值为 31.8 厘米。❻

3）作为木工道具的用尺

建筑业可称得上是和尺度密切相关的行业，这是因为建筑的设计和施工都离不开用尺，木工用尺在中国学界被称为营造用尺，是中国尺的三种尺系之一。❼中国学界最早关注营造用尺的是吴承洛，他在 20 世纪 30 年代的专著《中国度量衡史》中描绘了民国时期营造用尺紊乱之现象，并指出这是由于营造用尺“为木工所用，推行较广，故尺寸之流传，自不能尽行一致”❽，也就是说营造用尺作为应用广泛的尺虽然本于官尺，但各地、各个木匠流派，甚至是每栋建筑中的营造用尺尺长略有差异是正常现象。

基于以上的理论背景，笔者考虑从稷王庙正殿现存最为完整的实测数据（即《山西万荣稷王庙建筑考古研究》❾中载录的实测数据）出发，从整数尺法的角度推算其中可能的营造用尺。本文的研究思路和研究方法如下。

2. 研究的思路和方法

本文的研究思路是以北宋尺的约数 30.8–32.9 厘米处理开间、进深尺寸，取各尺寸吻合度较高者为推测值。这里值得注意的是，由于测量的精度以及建筑经年的变形，测量值和推测设计值折算出来的长度之间存在一定的误差是允许的。例如，东南大学近年关于宁波保国寺大殿的尺度研究显示的设计推测值折算的尺寸与实测尺寸如表 1 所示：

❶ 文献 [10]：73.

❷ 张十庆在其博士论文中分析了 2 栋唐代遗构、2 座唐代房屋遗址、5 栋辽代建筑以及 6 栋北宋遗存，发现其中也存在着整数尺控制现象，而部分遗存开间尺寸还涉及半尺。参见：文献 [10]：73–92。

❸ 参见：文献 [11]：102–117。

❹ 文献 [12].

❺ 参见：文献 [13]；文献 [14]；文献 [15]；文献 [16]：426–433。

❻ 参见：文献 [16]：443。

❼ “中国度制以尺为单位，及其为用，有三种分划，即尺之为实用单位有三个系统”，“律用尺”、“木工尺”、“衣工尺（裁尺）”。参见：文献 [12]：58–59。

❽ 参见：文献 [12]：298–303。

❾ 文献 [2].

表 1　宁波保国寺大殿尺度分析——东南大学案

序号	项目		单位	面阔尺寸				进深尺寸			
				西次间	心间	东次间	总面阔	前进	中进	后进	总进深
1	实测尺寸 J	柱头尺寸	毫米	2986	5637	3005	11628	4457	5749	2993	13199
2				2986	5638	3041	11665	4558	5743	3030	13331
3				3021	5621	3080	11722	4550	5746	2879	13175
4				3013	5613	3007	11633	4451	5770	2967	13188
5				均值 3002	均值 5625	均值 3033	11660	均值 4504	均值 5752	均值 2967	13223
6				最大差值 35	最大差值 25	最大差值 75	最大差值 94	最大差值 7	最大差值 27	最大差值 63	最大差值 156
7		柱脚尺寸		2994	5778	3037	11809	4438	5894	3050	13382
8				2993	5833	2987	11813	4412	5980	3086	13478
9				2896	5865	3173	11934	4336	5919	2993	13248
10				3023	5755	3084	11862	4413	5829	3059	13301
11				均值 2976	均值 5808	均值 3070	11854	均值 4400	均值 5906	均值 3047	13353
12				最大差值 127	最大差值 110	最大差值 168	最大差值 125	最大差值 102	最大差值 151	最大差值 93	最大差值 230
13		柱础尺寸		2961	5792	3033	11786	4440	5901	3057	13398
14				2967	5850	2974	11791	4408	6000	3074	13482
15				2890	5886	3172	11948	4333	5950	2935	13218
16				3013	5756	3093	11862	4416	5838	3064	13318
17				均值 2958	均值 5821	均值 3068	11847	均值 4399	均值 5922	均值 3033	13354
18				最大差值 52	最大差值 130	最大差值 198	最大差值 162	最大差值 107	最大差值 162	最大差值 139	最大差值 264
19	推测设计值 S		宋营造尺	10	19	10	39	15	19	10	44
20			毫米	3057	5808	3057	11922	4586	5808	3057	13451
21	实测均值与推测设计值的差值 S–J	柱头	毫米	–55	–183	–2	–262	–82	–56	–94	–228
22		柱脚		–81	0	+23	–68	–186	+98	–10	–98
23		柱础		–99	+13	+11	–75	–187	+114	–14	–97
24	误差率（S–J）/S	柱头	%	1.8	3.2	0.1	2.2	1.8	1.0	3.1	1.7
25		柱脚		2.6	0	0.8	0.6	4.1	1.7	0.3	0.7
26		柱础		3.2	0.2	0.4	0.6	4.1	2.0	0.5	0.7

注：本表第 19 行推测设计值据《宁波保国寺大殿勘测分析与基础研究》❶，推测设计值的毫米折算值据第 19 行数据以及前书研究确定的本建筑的营造尺尺长 1 尺 =30.57 厘米计算得到。实测尺寸 5–7 列以及 9–11 列来自《宁波保国寺大殿勘测分析与基础研究》p39 表 2–6，实测尺寸 8 及 12 列是其左三列数据的总和。误差 =｜折算尺寸－推测设计值｜，误差率 = 误差 / 推测设计值（%）。表中下划线者为误差数据最大者。

❶ 文献 [11].

由上表可见各开间进深尺寸的实测值均值和推测设计值折算的尺寸之间最大有 187 毫米的误差（最大误差率 4.1%），这其中部分是由于当初施工的误差所致，但更大的原因应该是建筑经年的变形。因此在处理实测数据时考虑到当初的施工误差、建筑经年的变形，加上测量误差的影响，笔者认为误差率在 5% 以内是允许和合理的。

二、稷王庙正殿平面柱网尺度分析

稷王庙正殿的开间进深尺寸的具体数值如表 2。

表 2　稷王庙正殿实测尺寸列表（单位：毫米）

面阔				进深			
心间	次间	稍间	总面阔	前进	中进	后进	总进深
5050	3760	3780	20130	3780	5000	3840	12620

注：测量时间 2007-2011 年，测量及记录：山西古建筑研究所。数据来自《山西万荣稷王庙建筑考古研究》。

如前所述，现在存世的北宋尺的尺长范围为 30.8-32.9 厘米。据此尺长范围分析处理上述尺寸如表 3。

表 3　稷王庙正殿平面柱网尺寸分析表一

序号	项目	单位	面阔				进深				尺长（毫米）
			心间	次间	稍间	总面阔	前进	中进	后进	总进深	
1	实测尺寸	毫米	5050	3760	3780	20130	3780	5000	3840	12620	—
2	折算值 1	尺 1	16.31	12.14	12.21	65	12.21	16.14	12.40	40.75	309.7
3	折算值 2	尺 2	16.06	11.95	12.02	64	12.02	15.90	12.21	40.12	314.5
4	折算值 3	尺 3	15.80	11.77	11.83	63	11.83	15.65	12.01	39.50	319.5
5	折算值 4	尺 4	15.55	11.58	11.64	62	11.64	15.40	11.83	38.87	324.7

表 3 中首先取总面阔的整数尺值，反算尺长再折算出其他尺寸的尺值，并衡量各组折算值与整数尺（寸）的误差大小，以整体误差小者为理想折算值。从表 3 来看折算值 2（表中带下划线的数据）与理想的整数尺寸差值最小，即最为理想；据此推测其设计值的尺度构成为：心间、次间、稍间面阔分别为 16 尺、12 尺、12 尺，总面阔 64 尺；前进、中进和后进进深分别为 12 尺、16 尺、12 尺，总进深 40 尺，各折算值与理想值的最大误差为 0.21 尺，约 6.6 厘米。

在该推测设计值下的复原尺尺长分析如表 4。表中分别按各开间进深尺寸的推测设计值折算出尺长，再反推其他开间进深尺寸的公制尺寸，最

表 4　稷王庙正殿平面柱网尺寸分析表二

序号	项目	单位	面阔				进深			
			心间	次间	稍间	总面阔	前进	中进	后进	总进深
1	实测尺寸 J	毫米	5050	3760	3780	20130	3780	5000	3840	12620
2	推测设计值	尺	16	12	12	64	12	16	12	40
3	折算尺寸 Z1	毫米	5050	3788	3788	20200	3788	5050	3788	12625
4	差值 Z1–J	毫米	0	+28	+8	+70	+8	+50	–52	+5
5	折算尺寸 Z2	毫米	5000	3750	3750	20000	3750	5000	3750	12500
6	差值 Z2–J	毫米	+50	–10	–30	–130	–30	0	–90	–120
7	折算尺寸 Z3	毫米	5013	3760	3760	20053	3760	5013	3760	12533
8	差值 Z3–J	毫米	–37	0	–20	–77	–20	+13	–80	–87
9	折算尺寸 Z4	毫米	5040	3780	3780	20160	3780	5040	3780	12600
10	差值 Z4–J	毫米	–10	+20	0	+30	0	+40	–60	–20
11	折算尺寸 Z5	毫米	5120	3840	3840	20480	3840	5120	3840	12800
12	差值 Z5–J	毫米	+70	+80	+60	+350	+60	+120	0	+180
13	折算尺寸 Z6	毫米	5033	3774	3774	20130	3774	5033	3774	12581
14	差值 Z6–J	毫米	–17	+14	–6	0	–6	+33	–66	–39
15	折算尺寸 Z7	毫米	5048	3786	3786	20192	3786	5048	3786	12620
16	差值 Z7–J	毫米	–2	+26	+6	+62	+6	+48	–54	0

注：折算尺寸 Z 分别是根据各实测值大小按推测设计值的比例折算出的尺寸。

后将其与实测尺寸相减，视差值整体较小者为最理想结果。

比较上述折算尺寸与实测尺寸的差值可以看出以稍间面阔或者前进进深实测值 3780 毫米为 12 尺的折算值（表中带下划线者）最接近于实测值——最大误差 60 毫米 =6 厘米，因此暂定本建筑的复原尺尺长为 1 尺 = 3780 毫米 /12=31.5 厘米。

其中几个主要尺寸的误差率为：心间面阔误差率 =10/5040=0.2%，次间面阔误差率 =20/3780=0.5%，总面阔误差率 =30/20160=0.1%，中进进深误差率 =40/5040=0.8%，后进进深误差率 =60/3780=1.6%，总进深误差率 = 20/12600=0.2%。下文将讨论在这一营造尺尺长下其他实测尺寸的情况。

三、稷王庙正殿其他尺寸尺度分析

1. 用材尺寸与斗栱尺寸

《山西万荣稷王庙建筑考古研究》中载录了 23 种构件的详细尺寸，其中有 12 种构件反映了用材尺寸：材广、材厚和足材，而材广、材厚、足材分别对应 12 种、12 种、6 种构件（表 5）。表中计算了各个构件材广、材厚、足材尺寸的均值 μ'，以及剔除特异值[1]之后的均值 μ 和标准差 σ。

[1] 根据统计学理论，如果一个量是由许多微小的独立随机因素影响的结果，那么就可以认为这个量具有正态分布。这里将每种构件的材广、材厚和足材这三个量的分布假定为呈正态分布，那么根据统计学理论，这些物理量发生在 $\mu'\pm 2\sigma'$ 范围内的概率为 95.44%（μ' 为每组原始数据的均值，σ' 则为该组原始数据的均方差）。本文将超出这个范围的数值定义为特异值。

表 5　稷王庙正殿用材实测尺寸整理表

序号	构件			泥 1	泥 2	泥 3	泥 4	令	华 1a	华 1b	华 2	华 3	襻	昂	耍
1	材广	原始状态	样品数	20	20	13	18	21	32	28	12	8	20	9	12
2			均值 μ'	209	210	213	209	205	198	200	215	235	216	212	206
3		剔除特异值之后	样品数	19	19	12	18	21	30	27	12	6	17	9	12
4			均值 μ	200.5	200.9	211.5	209.2	205	199.7	200.7	215.4	234.5	216.5	212.3	206.9
5			标准差 σ	5.10	5.47	10.58	4.76	3.29	8.57	4.97	18.19	70.28	14.70	11.87	5.34
6	材厚	原始状态	样品数	19	19	13	18	21	29	29	12	8	19	9	12
7			均值 μ'	128	124	121	122	127	125	127	127	130	129	123	127
8		剔除特异值之后	样品数	19	18	8	15	21	29	29	12	8	19	9	11
9			均值 μ	130.0	124.7	121.5	125.6	127.7	125.2	127.1	127.5	129.5	126.6	122.1	126.5
10			标准差 σ	5.82	7.17	15.32	9.19	1.53	4.35	3.11	2.54	5.29	7.23	2.42	3.91
11	足材	原始状态	样品数	20	20				32	28	12	8			
12			均值 μ'	284	287				284	287	288	297			
13		剔除特异值之后	样品数	20	19				30	28	8	8			
14			均值 μ	284.7	291.1				287.3	287.9	287.8	296.6			
15			标准差 σ	2.85	4.16				7.27	5.29	33.82	65.08			

注：1. 泥 1~ 泥 4 分别代表：泥道栱、泥道慢栱、泥道第三层枋、泥道第四层栱；令代表令栱；华 1a、华 1b 分别代表《山西万荣稷王庙建筑考古研究》p184 表 2–5 中的华栱里跳和外跳；华 2、华 3 分别代表同书 p184–185 表 2–6、2–7 中的补间内转第二跳华栱；襻代表下平槫襻间构件；昂代表补间第二跳昂；耍代表耍头。

2. 表中均值是所选样品实测值“总和”与“样品数”的比值，实测值取自《山西万荣稷王庙建筑考古研究》p181–187 表 2–1~ 表 2–10、表 3–1 和表 3–2。

3. 均值和标准差单位：毫米，样品数单位：个。

如表 6 所示，材广共有 12 组数据，对这些数据组两两进行 F– 检验 ❶ 得到 66 组 P 值。其中有 47 组 $P<0.05$，占比 71.2%，同样的情况也发生在材厚和足材的各组数据之间（表 6）。说明这三个量的各组数据之间具有不同的方差，不能很好地保证简单总体平均估计量有良好的统计性质，也就是说不能简单地将几组平均值直接求平均，因此本文对三者都用逆方差加权的方式求整体的平均值。

由材广、材厚和足材的各组均值求得逆方差均值分别为 204.7 毫米、126.5 毫米和 287.0 毫米。❷下面用前面推测的营造尺尺长对这三个数据进行处理（表 7）。

可以看到在这一营造尺尺长的折算下，该建筑的材广约为 6.5 寸，与《营造法式》五等材材广 6.6 寸相约；而材厚约为 4 寸，比《营造法式》五等材材厚的 4.4 寸要小。❸ 这栋建筑的材厚与材广之比约为 0.62，小于《营造法式》规定的 2 ∶ 3 ≈ 0.67。从表 7 可见，用材尺寸的推测设计值分别为：材广 6.5 寸，材厚 4 寸，足材 9 寸，实测值与推测设计值折算出来的尺寸最大误差发生在足材广的推测值上，其误差为 3.5 毫米，这个数值相对于足材广 287 毫米来说，处于

❶ F– 检验法是一种用来检验两个以上随机变量平均数差异显著性的统计学方法。

❷ 逆方差加权均值 = $\dfrac{\sum_i \frac{\mu_i}{\sigma_i^2}}{\sum_i \frac{1}{\sigma_i^2}}$，其中 μ_i 和 σ_i 分别为第 i 组数据（剔除特异值）的平均值和标准差。

❸ 李诫 . 营造法式 [G]// 台湾商务印书馆股份有限公司 . 景印文渊阁四库全书（第 0673 册）. 台北：台湾商务印书馆 ,1984.

表 6　稷王庙正殿用材尺寸剔除特异值之后的数据组分析表

序号	项目	材广	材厚	足材广
1	数据组	12	12	6
2	*F*– 检验组数	66	66	15
3	P<0.05 的组数	47	46	13
4	P<0.05 的组数占总组数的百分比	71.2%	69.7%	86.7%
5	P<0.01 的组数	38	38	9
6	P<0.01 的组数占总组数的百分比	57.6%	57.6%	60%
7	P<0.001 的组数	29	25	9
8	P<0.001 的组数占总组数的百分比	43.9%	37.9%	60%

注：1. *F*– 检验组数是将所有数据组两两组合分别进行检验的组数。

2. 各 *F*– 检验的 P 值[1]由 excel 计算得到。

[1] P 值即概率，反映某一事件发生的可能性大小。统计学根据显著性检验方法所得到的 P 值，一般以 P < 0.05 为有统计学差异，P<0.01 为有显著统计学差异，P<0.001 为有极其显著的统计学差异。其含义是样本间的差异由抽样误差所致的概率小于 0.05 、0.01、0.001。

表 7　稷王庙正殿用材尺寸分析表

序号	项目	单位	材广	材厚	足材广
1	原始数据	毫米	204.7	126.5	287.0
2	折算尺寸	寸	6.50	4.02	9.11
3	推测设计值	寸	6.5	4	9
4	误差	寸	0.00	0.02	<u>0.11</u>
5		毫米	0.05	0.5	<u>3.5</u>
6	误差率	%	0.0	0.4	<u>1.2</u>

注：1. 1 营造尺 =31.5 厘米。

2. 折算尺寸 = 原始数据 / 营造尺尺长，误差 = ｜折算尺寸–推测设计值｜，误差率 = 误差 / 推测设计值（%）。

3. 表中下划线者为误差数据最大者。

可以接受的误差范围内（误差率为 1.2%，是可以接受的误差）。也就是说用材尺寸折算成前述营造尺尺长呈现出比较理想的尺寸，亦即整数尺法可能涉及用材尺寸的设计。

下面再来看看斗栱出跳尺寸情况（表 8）。

从表 8 来看各出跳尺寸折算成营造尺寸，与理想尺寸（以半寸为最小单位）之间最大误差 8.65 毫米，最大误差率 2.1%，均处于可以接受的误差范围内。因此初步推测斗栱出跳尺寸有可能也受到整数尺寸的约束。横栱栱长是否也受整数尺寸控制？下面继续分析横栱栱长尺寸如表 9。

从表 9 来看各横栱栱长尺寸折算成营造寸，与理想尺寸（以半寸为最小单位）最大误差为 6.45 毫米，最大误差率 0.7%，也是可以接受的误差范围。综上，初步推测斗栱出跳尺寸和横栱栱长尺寸均有可能曾受整数尺寸的约束。

表 8　稷王庙正殿铺作出跳尺寸表

序号	位置	原始数据（毫米）	折算尺寸（寸）	理想尺寸（寸）	误差（寸）	误差（毫米）	误差率（%）
1	外檐第一跳外跳	379.6	12.05	12	0.05	1.3	0.4
2	外檐第二跳外跳	717.4–379.6=337.8	10.72	10.5	0.22	7.05	2.1
3	外檐外跳总出跳❶	717.4	22.77	22.5	0.27	8.65	0.1
4	柱头第一跳里跳	383.1	12.16	12	0.16	5.1	1.3
5	柱头第二跳里跳	602.3–383.1=219.2	6.96	7	0.04	1.3	0.6
6	柱头里转总出跳	602.3	19.12	19	0.12	3.8	0.6
7	补间第一跳里跳	383.1	12.16	12	0.16	5.1	1.3
8	补间第二跳里跳	679.1–383.1=296	9.40	9.5	0.10	3.25	1.1
9	补间第三跳里跳	996.4–679.1=317.3	10.07	10	0.07	2.3	0.7
10	补间里转总出跳	996.4	31.63	31.5	0.13	4.15	0.4

注：1. 原始数据基于《山西万荣稷王庙建筑考古研究》p58 表 3–6–17 中载录数据计算得到。
2. 1 营造尺 =31.5 厘米。
3. 折算尺寸 = 实测尺寸 / 营造尺尺长，误差 = ｜折算尺寸—推测设计值｜，误差率 = 误差 / 推测设计值（%）。
4. 表中下划线者为误差数据最大者。

表 9　稷王庙正殿横栱栱长尺寸表

序号	位置	实测尺寸（毫米）	折算尺寸（寸）	理想尺寸（寸）	误差（寸）	误差（毫米）	误差率（%）
1	泥道栱	928.6	29.48	29.5	0.02	0.65	0.1
2	泥道慢栱	1491.9	47.36	47.5	0.14	4.35	0.3
3	泥道第四道栱	878.2	27.88	28	0.12	3.8	0.4
4	令栱	872.7	27.70	27.5	0.20	6.45	0.7

注：1. 实测数据基于《山西万荣稷王庙建筑考古研究》p60 表 3–6–21。
2. 1 营造尺 =31.5 厘米。
3. 折算尺寸 = 实测尺寸 / 营造尺尺长，误差 = ｜折算尺寸—推测设计值｜，误差率 = 误差 / 推测设计值（%）。
4. 表中下划线者为误差数据最大者。

也就是说在这栋建筑中，整数尺法有可能曾经涉及用材尺寸、斗栱出跳尺寸和横栱栱长。下文将进行立面尺寸的分析。

2. 立面尺寸

该建筑的立面尺寸包括柱高、铺作高、屋盖举高以及建筑总高，具体如表 10，表中同时将上述尺寸折算成前文认定的营造尺的尺寸值。

❶《山西万荣稷王庙建筑考古研究》列出柱头铺作和补间铺作外跳总出跳有 9 毫米的误差，两者理应一致。据北京大学的分析，此误差为测量误差所致，并取外檐总出跳 717.4 毫米。详见：文献 [2]：58，表 3–6–17。

表 10 稷王庙正殿立面尺寸表

序号	项目	原始数据（毫米）	折算尺寸（尺）	理想尺寸（尺）	误差（尺）	误差（毫米）	误差率（%）
1	平柱高	3177	10.08	10	0.08	27	0.9
2	铺作高（不含普拍枋）	1269	4.02	4	0.02	9	0.7
3	铺作高（含普拍枋）	1385	4.40	4.4	0.00	1	0.1
4	屋盖举高	4125	13.10	13.1	0.00	1.5	0.0
5	铺作高（含普拍枋）+ 屋盖举高	5510	17.49	17.5	0.01	5.5	0.1
6	建筑总高	8687	27.58	27.5	0.08	24.5	0.3
7	檐高（台明至小连檐外下角）	4246	13.48	13.5	0.02	6.6	0.2
8	檐柱缝生起一	3208–3177=31	0.10	0.1	0.00	0.5	1.6

注：1. 原始数据来自《山西万荣稷王庙建筑考古研究》：平柱高来自 p54 表 3–6–11；铺作高数据（含普拍枋高）据 p91 图 C–8——心间前檐铺作高；普拍枋广据 p90 图 C2–7；屋盖举高数据是将 p53 表 3–6–9 各举高数据相加得到；“铺作高（含普拍枋）+ 屋架举高”为本表该单元上面两项数据之和；建筑总高 = 平柱高 + 铺作高（含普拍枋）+ 屋架举高；檐高量自 p91 图 C2–8——心间前檐檐高；檐柱缝生起一由 p54 表 3–6–11 所载次间外柱柱高和平柱高数据相减得到。❶

2. 表中檐高数据分析作为参考——我国未见对此项数据有规定的文献记载，但日本的古建筑修缮工程都会对此项数据进行测量。

3. 1 营造尺 = 31.5 厘米。

4. 折算尺寸 = 实测尺寸 / 营造尺尺长，误差 = ｜折算尺寸 – 推测设计值｜，误差率 = 误差 / 推测设计值（%）。

5. 表中下划线者为误差数据最大者。

从表 10 可见，几个立面高度尺寸折算成营造尺寸都比较理想：平柱高约 10 尺，铺作高（不含普拍枋）约 4 尺，屋盖举高约 13.1 尺，建筑总高约 27.5 尺；檐高约 13.5 尺。其中最大误差出现在平柱高，约为 27 毫米 =2.7 厘米，这个误差相对于 3177 毫米的平柱高来说属于可以接受的误差；而几个尺寸的最大误差率 0.9%，处于可以接受的范围。檐柱缝次间柱子生起约 1 寸，误差为 0.5 毫米，误差率 1.6%。因此这栋建筑在上述立面尺寸的设计中应该也曾受到整数尺寸的约束，即整数尺法曾涉及上述立面尺寸的设计。

3. 剖面尺寸

该建筑的剖面尺寸包括：椽架平长、每架举高以及檐出（具体如表 11）。表中同时将上述尺寸折算成前文认定的营造尺的尺寸值。

从上表可见几个剖面大尺寸都能够折算成比较理想的尺度：

椽架平长（橑风槫 ~ 下平槫）7.25 尺，椽架平长（下平槫 ~ 上平槫）7 尺，椽架平长（上平槫 ~ 脊槫）8 尺，前后橑风槫水平间距 44.5 尺。

橑风槫 ~ 下平槫举高 3.7 尺，下平槫 ~ 上平槫举高 3.9 尺，上平槫 ~ 脊槫举高 5.5 尺，橑风槫 ~ 脊槫举高 13.1 尺。

椽子出 2.85 尺，飞子出 1.15 尺，椽子出加飞子出 4 尺，斗栱出跳 2.25 尺，总檐出 6.25 尺。

❶ 根据《山西万荣稷王庙建筑考古研究》“外檐柱尺寸数据表”可知，两根前檐角柱均在 2011 年初的大修中被替换，因此尽间角柱生起数值不详。详见：文献 [2]：188。

表 11 稷王庙正殿剖面尺寸表

序号	项目	原始数据（毫米）	折算尺寸（尺）	理想尺寸（尺）	误差（尺）	误差（毫米）	误差率（%）
1	椽架平长（橑~下）	2280	7.24	7.25	0.01	3.75	0.2
2	椽架平长（下~上）	2180	6.92	7	0.08	25	1.1
3	椽架平长（上~脊）	2500	7.94	8	0.06	20	0.8
4	前后橑风槫水平间距	13920	44.19	44.5	0.31	97.5	0.7
5	举高（橑~下）	1155	3.67	3.7	0.03	10.5	0.9
6	举高（下~上）	1215	3.86	3.9	0.04	13.5	1.1
7	举高（上~脊）	1755	5.57	5.5	0.07	22.5	1.3
8	举高（橑~脊）	4125	13.10	13.1	0.00	1.5	0.0
9	檐出（椽子出）	897	2.85	2.85	0.00	0.75	0.1
10	檐出（飞子出）	363	1.15	1.15	0.00	0.75	0.1
11	檐出（椽＋飞）	1259	4.00	4	0.00	1	0.1
12	斗栱出跳	708	2.25	2.25	0.00	0.75	0.1
13	总檐出	1967	6.24	6.25	1.96	1.75	0.1

注：1. 原始数据来自《山西万荣稷王庙建筑考古研究》：椽架平长、前后橑风槫水平间距以及各举高尺寸来自该书 p56 表 3-6-15；椽子出、飞子出以及檐出（椽＋飞）根据同书 p90-91 图 C2-8~10 所载，前后檐和山面檐出数值求平均得到；斗栱出跳数据由同书 p58 表 3-6-17，外檐铺作柱头第二跳外跳出跳长度和补间第二跳外跳出跳长度相加求平均得到；总檐出为前两项之和。

2. 1 营造尺 =31.5 厘米。

3. 折算尺寸 = 实测尺寸 / 营造尺尺长，误差 = ｜折算尺寸－推测设计值｜，误差率 = 误差 / 推测设计值（%）。

4. 表下划线者为误差数据最大者。

5. 带框数据为误差较大者。

其中误差比较大的是前后橑檐方水平距离误差——达到了 97.5 毫米 =9.75 厘米，这个误差与北京大学的推定值 13920 毫米[1]相较还是比较小的（误差率 0.7%）。以上几个剖面尺寸的最大误差率为 1.3%（上平槫至脊槫的举高），是可以接受的误差范围。由此可见，在上述剖面尺寸的设计中也应曾受到整数尺寸的约束，即整数尺法曾涉及上述剖面尺寸的设计。

不过整体来看，屋架举高的尺度复原误差都偏大（表 11 中带框的数字，误差全都在 10.5 毫米以上），因此当初是否是这种举屋的做法仍存疑。根据比稷王庙正殿稍晚面世的《营造法式》的记载，其时屋面曲线的做法是通过举折而非举架的方式得到，也就是说先确定屋架总举高，然后在每个槫材的位置依次下折。在对佛光寺东大殿的复原中，笔者发现了一种更加简洁的折屋方式：先确定屋架总举高，然后依次在上平槫、中平槫以及下平槫的位置下折 1 唐尺、1.5 唐尺和 1 唐尺。[2]无独有偶，这种折屋方式与多存古制的岭南建筑传统的折屋方式[3]非常相似，但更简洁。因此笔者又按照《营造法式》和佛光寺东大殿的两种折屋思路对稷王庙正殿的横剖面

❶ 在《山西万荣稷王庙建筑考古研究》所载心间横剖面图中这一数据为 13996 毫米。而根据笔者推测的营造尺长和前后橑风槫水平间距的推测设计值 44.5 尺来计算，复原尺寸为 44.5×315=14017.5 毫米，与前述横断面中所标注的尺寸仅相差 21.5 毫米 =2.15 厘米。

❷ 张毅捷 . 基于整数尺法角度的佛光寺东大殿营造用尺复原研究 [J]. 西部人居环境学刊，2018（2）：85-92.

❸ 程建军 . 南海神庙大殿复原研究（三）南北古建筑木构架技术异同初论 [J]. 古建园林技术，1989（4）：41-47.

用 Autocad 作图的方式进行分析（剖面数据采用北大实测数据）。结果发现，这栋建筑在上平槫和下平槫分位，从檩风槫与脊槫的连线分别下折 273.32 毫米和 196.29 毫米。这两个尺度如果用营造尺长（1 尺 =31.5 厘米）折算，分别相当于 8.75 寸和 6.25 寸，误差分别是 2.3 毫米（误差率 0.8%）和 0.59 毫米（误差率 0.3%）。也就是说，这栋建筑的举折很有可能也采用了与佛光寺东大殿和岭南传统的折屋方式相类似的折屋做法（图 1）。

另外，《营造法式》中有关于屋架总举高 H 的设计方法：

“殿阁楼台”是按前后橑檐方心到心水平距离（L）的 1/3 来作为屋架总举高（H）；

“筒瓦厅堂”则是在 L/4 的基础上再增加 8%；

“筒瓦廊庑”和“板瓦厅堂”则是在 L/4 的基础上增加 5%；

“板瓦廊庑”之类则增加 3%；

“两椽屋”总举高为 L/4；

“副阶”、“缠腰”则是 L/2。

在这栋建筑中，前后檩风槫水平间距为 13920 毫米，总举高 4125 毫米，H=4125≈13920/3.37≈L/4+4.6%L，也就是说这栋建筑的屋架总举高大概介于“筒瓦廊庑”或“板瓦厅堂”与“板瓦廊庑”的规定做法之间，比“筒瓦廊庑”或“板瓦厅堂”的屋架总举高的《营造法式》规定值略低。

下面再来讨论这栋建筑的构件尺寸。

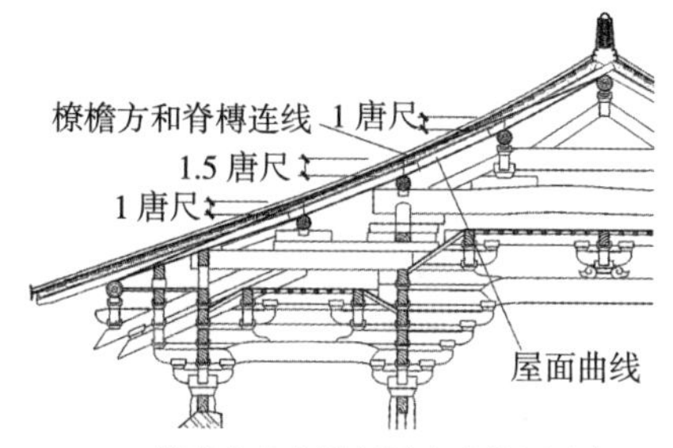

a. 佛光寺东大殿折屋之法推测示意图

（底图取自：文献 [20]: 276–277. “明间横剖面图”）

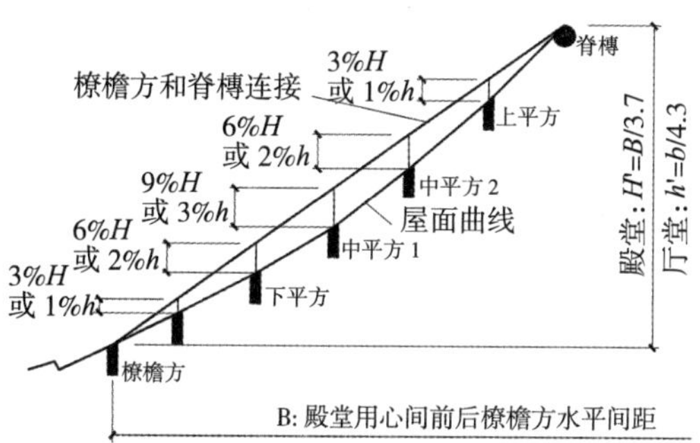

b. 岭南传统建筑折屋之法示意图

（底图模自：文献 [19]: 41. 图 25c）

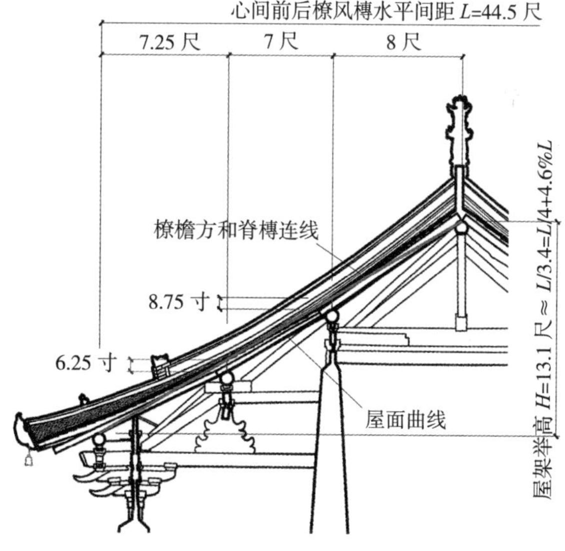

c. 稷王庙正殿折屋之法推测示意图

（底图取自：文献 [2]: 90. 图 C2–8 “1–1 剖面图”）

图 1　稷王庙正殿折屋之法推测示意图

（笔者自绘）

4. 构件尺寸

该建筑的构件尺寸具体如表 12，表中同时将上述尺寸折算成前面认定的营造尺的尺寸值。

表 12　稷王庙正殿构件尺寸表

序号	项目	实测均值（毫米）	折算尺寸（寸）	理想尺寸（寸）	误差（寸）	误差（毫米）	误差率（%）
1	乳栿广	268	8.51	8.5	0.01	0.25	0.1
2	乳栿厚	155	4.92	5	0.08	2.5	1.6
3	劄牵广	210	6.67	6.7	0.03	1.05	0.5
4	劄牵厚	142	4.51	4.5	0.01	0.25	0.2
5	平梁广	364	11.56	11.5	0.06	1.75	0.5
6	平梁厚	270	8.57	8.5	0.07	2.25	0.8
7	驼峰广	848	26.92	27	0.08	2.5	0.3
8	驼峰厚	139	4.41	4.4	0.01	0.4	0.3
9	驼峰长	1161	36.86	37	0.14	4.5	0.4

注：1. 实测均值是将《山西万荣稷王庙建筑考古研究》p188–189 所载实测值求平均得到。
2. 1 营造尺 =31.5 厘米。
3. 折算尺寸 = 实测尺寸 / 营造尺尺长，误差 = ｜折算尺寸－推测设计值｜，误差率 = 误差 / 推测设计值（%）。
4. 表中下划线者为误差数据最大者。

从表 12 可见这些构件尺寸基本都可以折算成比较理想的尺寸值，其中折算结果误差最大的是驼峰长达到了 4.5 毫米，但相对于驼峰长 1161 毫米来说处于可以接受的误差范围内；几个尺寸的最大误差率 1.6%，是可以接受的误差范围。因此可以初步断定，这栋建筑中整数尺法也涉及构件尺寸。

四、基于整数尺法的稷王庙正殿推测设计值

综合以上的分析可知，稷王庙正殿在当初设计时很有可能采用了整数尺法，其营造尺尺长复原为 31.5 厘米，而整数尺法控制的尺度及其推测设计值如下（图 2）。

1. 平面柱网

总面阔 =64 尺 =（16+4×12）尺；总进深 =40 尺 =（12+16+12）尺。

上述数据最大误差 60 毫米，最大误差率 0.8%。

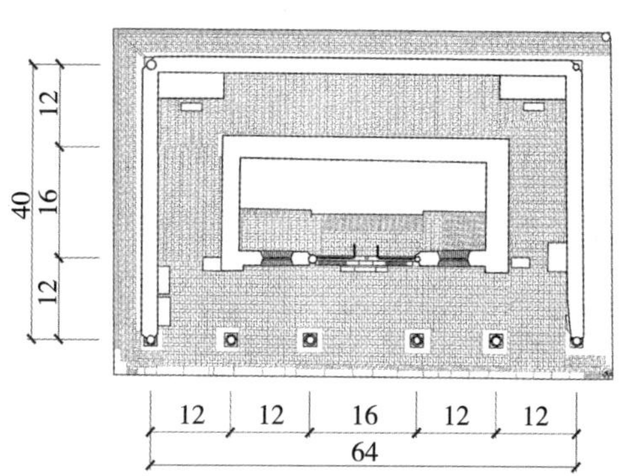

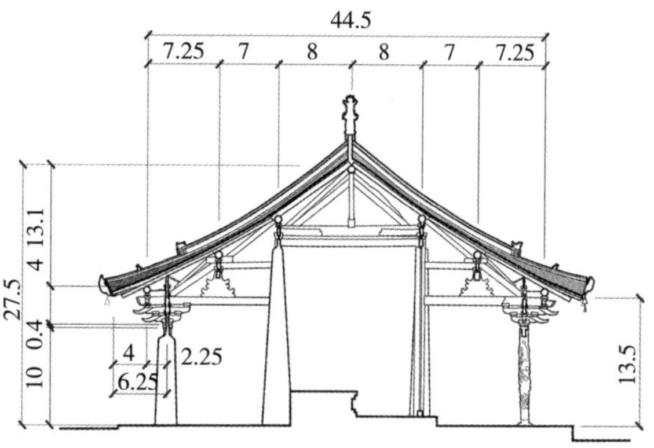

图 2　稷王庙正殿设计尺寸推测图 [单位：尺（1 尺 =31.5 厘米）]

（左，平面图；右，心间横剖面图）

笔者自绘，底图自文献 [2]：88，90. 图 2–3，图 2–8

2. 立面尺寸

平柱高 =10 尺，铺作高（不含普拍枋）=4 尺，铺作高（含普拍枋）=4.4 尺，屋盖举高 =13.1 尺，铺作高（含普拍枋）+ 屋架举高 =17.5 尺，建筑总高 =27.5 尺，檐高 =13.5 尺。

上述数据最大误差 66 毫米，最大误差率 0.9%。

柱子生起：前檐次间外柱生起 1 寸。

误差 0.5 毫米，误差率 1.6%。

3. 剖面尺寸

橑风槫至下平极品槫的椽架平长 =7.25 尺，下平槫至上平槫的椽架平长 =7 尺，上平槫至脊槫的椽架平长 =8 尺，前后橑檐方水平间距 =44.5 尺；

橑风槫至脊槫举高 =13.1 尺 ≈44.5/3.4；上平槫和下平槫自脊槫和橑风槫连线下折 8.75 寸和 6.25 寸；

椽子出 =2.85 尺，飞子出 =1.15 尺，椽子出 + 飞子出 =4 尺，斗栱出跳 =2.25 尺，总檐出 =6.25 尺。

上述数据最大误差 97.5 毫米，最大误差率均为 1.3%。

4. 用材、斗栱及构件尺寸

1）用材尺寸

材广 =6.5 寸，材厚 =4 寸，足材广 =9 寸；

上述最大误差 2.3 毫米，最大误差率为 0.8%。

2）斗栱出跳

外檐铺作外跳第一跳 1.2 尺，第二跳 1.05 尺，总出跳 2.25 尺；

柱头铺作里跳第一跳 1.2 尺，第二跳 0.7 尺，总出跳 1.9 尺；

补间铺作里跳第一跳 1.2 尺，第二、三跳分别为 0.95 尺、1 尺，总出跳 3.15 尺。

上述数据最大误差 8.65 毫米，最大误差率为 2.1%。

3）横栱实长

泥道栱实长 2.95 尺，泥道慢栱实长 4.75 尺，泥道第四层栱实长 2.8 尺，令栱实长 2.75 尺。

上述数据最大误差 6.45 毫米，最大误差率为 0.7%。

4）构件尺寸

乳栿广 8.5 寸，乳栿厚 5 寸，劄牵广 6.7 寸，劄牵厚 4.5，平梁广 11.5 寸，平梁厚 8.5 寸，驼峰广 27 寸，驼峰厚 4.4 寸，驼峰长 37 寸。

上述数据最大误差 4.5 毫米，最大误差率为 1.6%。

综上，在上述基于整数尺法的实测尺寸分析中，所分析的尺度的误差率都在 2.1% 以内，可以初步认为这些项目在当初曾受到整数尺寸约束。

五、结语

从上文分析可知，稷王庙正殿在当初设计时很可能采用了整数尺法，其营造尺尺长复原为 31.5 厘米。根据笔者的研究，在这栋建筑中整数尺法有可能涉及平面柱网、立面尺寸、剖面尺寸（含屋面举折）、用材尺寸、斗栱尺寸以及构件尺寸。在尺寸处理时本研究的最大误差为 97.5 毫米（前后橑风槫水平间距），最大误差率为 2.1%（外檐铺作外跳第二跳跳长）。需要说明的是，本文分析的基础是北京大学 2007–2011 年的实测数据，假如今后实测数据有变，本文的结论也需要随之更新。

致谢

感谢西南交通大学数据分析咨询中心（DACC）提供的帮助。

图表来源

本文所有表格均为笔者自制。本文图纸为笔者绘制，底图来自《佛光寺东大殿建筑勘察研究报告》、《南海神庙大殿复原研究（三）南北古建筑木构架技术异同初论》和《山西万荣稷王庙建筑考古研究》。

参考文献

[1] 国家文物局 . 中国文物地图集・山西分册下册 [M]. 北京：中国地图出版社，2006：1087.

[2] 徐怡涛，等 . 山西万荣稷王庙建筑考古研究 [M]. 南京：东南大学出版社，2016.

[3] 柴泽俊 . 平阳地区古代舞台研究 [R]. 全国第一届古代技术史交流会，昆明：

1983: 3.16-21.

[4] 徐新云．临汾、运城地区的宋金元寺庙建筑 [D]. 北京：北京大学，2009：16-26.

[5] 彭明浩．山西南部早期建筑大木作选材研究 [D]. 北京：北京大学，2011.

[6] 徐怡涛．论碳十四测年技术测定中国古代建筑建造年代的基本方法——以山西万荣稷王庙大殿年代研究为例 [J]. 文物，2014（9）：91-96，70.

[7] 徐新云，徐怡涛．试论建筑形制考古类型学研究成果对碳十四测年数据分析的关键性作用——以山西万荣稷王庙大殿为例 [J]. 故宫博物院院刊，2016（3）：41-54，160.

[8] 俞莉娜，徐怡涛．山西万荣稷王庙大殿大木结构用材与用尺制度探讨 [J]. 中国国家博物馆馆刊，2015（6）：128-146.

[9] 贾红艳．浅析万荣稷王庙正殿的建筑特点及价值 [J]. 文物世界，2010（2）：32-35.

[10] 张十庆．中日古代建筑大木技术的源流与变迁 [M]. 天津：天津大学出版社，2004：64-94.

[11] 东南大学建筑研究所．宁波保国寺大殿勘测分析与基础研究 [M]. 南京：东南大学出版社，2012.

[12] 吴承洛．中国度量衡史 [M]. 上海：商务印书馆，1937.

[13] 杨宽．中国历代尺度考 [M]. 北京：商务印书馆，1955.

[14] 郭正忠．三至十四世纪的中国的权衡度量 [M]. 北京：中国社会科学出版社，1993.

[15] 丘光明，丘隆，杨平．中国科学技术史・度量衡卷 [M]. 北京：科学出版社，2001.

[16] 丘光明．中国物理学史大系・计量史 [M]. 长沙：湖南教育出版社，2002.

[17] 李诫．营造法式 [G]// 台湾商务印书馆股份有限公司．景印文渊阁四库全书（第 0673 册）. 台北：台湾商务印书馆，1984.

[18] 张毅捷．基于整数尺法角度的佛光寺东大殿营造用尺复原研究 [J]. 西部人居环境学刊，2018（2）：85-92.

[19] 程建军．南海神庙大殿复原研究（三）南北古建筑木构架技术异同初论 [J]. 古建园林技术，1989（4）：41-47.

[20] 清华大学建筑设计研究院，北京清华城市规划设计研究院，文化遗产保护研究所．佛光寺东大殿建筑勘察研究报告 [M]. 北京：文物出版社，2011.

平长还是实长

——对《营造法式》“大木作功限”下昂身长的再讨论[1]

赵寿堂

（清华大学建筑学院）

摘要：对《营造法式》[2]“大木作功限”中的下昂“身长”问题，学界有“平长”和“实长”两种不同理解。本文依据“大木作功限”的相关记载，通过复原作图的方法讨论了“实长”的可能性，提出两点假说和两个推论。

关键词：营造法式，大木作功限，下昂，下昂斜度，下昂身长

Abstract: Scholars have two different understandings of the term “body–length” that describes the size of the descending cantilever known as *xia'ang* in the Song–dynasty manual *Yingzaofashi* chapter on labor quota for large–scape construction. Some scholars believe that the term body–length refers to the horizontally projected length of the component, while others believe that it is the actual length measured along the incline. This paper explores the possibility of actual length through relevant restoration drawings, and presents two hypotheses and two conclusions.

Keywords: *Yingzaofashi*, labor quota for large–scape carpentry, descending cantilever (*xia'ang*), *xia'ang* inclination, *xia'ang* length

《营造法式》在“大木作制度”、“大木作功限”、“大木作制度图样”[3]各卷中都有对下昂造斗栱的设计规定。其中，对“功限”中的下昂“身长”问题，学界存在平长[4]与实长[5]两种理解。“平长”说认为“制度”、“功限”、“图样”具有高度的关联性，“制度”对斗栱每跳30分°的长度规定与“功限”中以30分°叠加的下昂“身长”相契合；且下昂斜度并不固定，“平长”比起“实长”更为简洁、稳定。此说初以陈明达先生的研究为代表[6]，近来，在陈彤先生对《营造法式》斗栱的研究中延续和深化。[7]“实长”说以潘谷西先生为代表[8]，他认为“《营造法式》惯例称身长多为实长，尤其是斜构件”，且“功限”中的下昂造斗栱是减跳的，其平长要小于按每跳30分°叠加的计算值，因此“昂长均为实长而非心长（平长）”。对于潘先生的质疑，“平长”说常会认为“功限”的规定是按最大值考虑的，如此则下昂长度足够，可以满足各种实际设计要求。

❶ 本文基金项目：国家社科基金重大项目，《营造法式》研究与注疏（17ZDA185）；清华大学自主科研项目，《营造法式》与宋辽金建筑案例研究（2017THZWYX05）。

❷ 本文的研究主要参照了故宫博物院藏清初影宋钞本《营造法术》和《梁思成全集（第七卷）》。详见：梁思成．梁思成全集（第七卷）[M]. 北京：中国建筑工业出版社，2001.

❸ 为行文方便，下文仅简称为“制度”、“功限”、“图样”。

❹ 或称心长，木作中线间的水平距离。

❺ 除去昂尖，剩余下昂构件的实际长度。或称斜长，即在水平和垂直参照系下，昂身沿其倾斜方向的长度。

❻ 文献 [1]：65-72.

❼ 文献 [2]；文献 [3].

❽ 文献 [4]：101-102.

下昂“身长”关联着“制度”、“功限”、“图样”在《营造法式》文本中的逻辑关系，关联着斗栱自身[1]乃至檐步、屋架的尺度和几何设计，关联着《营造法式》背后的匠作源流，亦可为我们解读木构实例提供参照，可谓意义重大。目前看来，以上两种假说仍各有困境。“平长”说常将“功限”与“制度”、“图样”之间不尽一致的地方归为“功限”的疏失；“实长”说则止于定性讨论，未能给出定量证据。本文认为“功限”中下昂“身长”很可能是“实长”，下文将从复原作图和相关构件的长度解读两方面试作论证。

[1] 诸如跳长、下昂斜度、榫卯细部等。

一、“实长”的论证

论证之前，先说明三个前提。其一，尽管“制度”、“功限”、“图样”之间具有一定的关联性，在未证明如何关联之前，不妨先以各自独立的视角观之，待各自明晰再探讨彼此联系；其二，从“功限”卷十七和卷十八的行文逻辑和所述内容看，两卷具有前后相继的整体性，在定量作图过程中可以互为参照；其三，《营造法式》中的下昂造斗栱为平行下昂构造。[2]

[2] 现存遗构中有一些不平行下昂案例，诸如平遥文庙大殿之七铺作斗栱、屯城东岳庙大殿之六铺作斗栱等。从“图样”看，《营造法式》下昂应为平行下昂。

“功限”卷十七首先给出了以六等材为标准的“斗栱等造作功”的规定，并可以通过一定的折算之法，确定出制作各种构件所用之功。随后，卷十七和卷十八再以“……等数”分条列出不同位置、不同造作斗栱的构件数目和构件长度。若以单位构件用功乘以构件数目，再分类进行累加，便可以计算出用功总数。

那么，“等数”各条是最大限额还是一般标准抑或具体实例呢？仅就构件数目而言，各条均以重栱计心造为例，构件数目最多，然而众多栱长、出跳值却并非“大木制度”中规定的最大值或标准值。若“等数”给出的栱只、华头子、耍头、衬方头等构件长度是准确的，那么与这些构件约束在一起的下昂会有确定的斜度和长度吗？“等数”中的下昂“身长”莫非也是准确度量出来的吗？若果真如此，获取“等数”数据的斗栱样本能被复原吗？

1.“功限”之五铺作下昂造斗栱

下昂斜度[3]是下昂造设计的关键所在，斜度之变可谓牵一发而动全身。因华头子和耍头紧随下昂斜切，两种构件本身又具有水平和垂直方向的可量尺寸，通过构件自身的“抬高”与“平出”值便可计算昂制。不妨以耍头来推算昂制。如图 1 所示，昂制为（21+6）/（L+6）。[4]

[3] 惯以下昂与水平构件夹角之正切值表示，也常简称为“昂制”或“昂斜”。

[4] 这种算法有两个前提，一是外出耍头用足材即 21 分°，二是昂上交互斗底面外楞刚好落于下昂上表皮。算式中 L 为耍头身长，即齐心斗心至耍头尾尖的水平距离。

“功限”对五铺作下昂造耍头的描述有两处：外檐补间铺作“两出耍头一只，并随昂身上下斜势分作二只”，外檐转角铺作“足材耍头二只，六铺作五铺作身长六十五分。”虽然补间铺作未给出耍头的具体长度，从转角铺作可知，在外跳两个正出方向上，各有身长 65 分°的足材耍头一

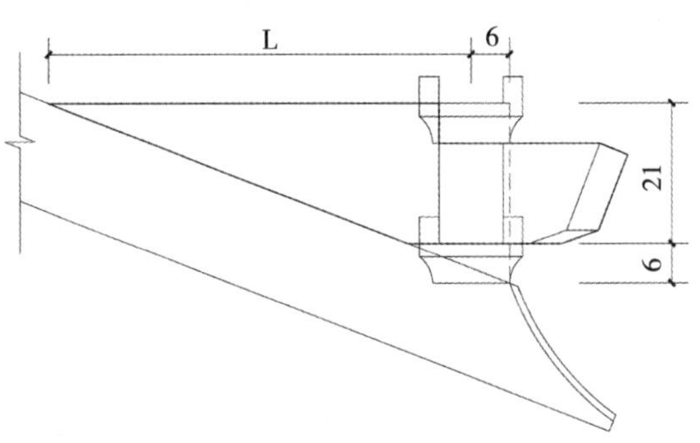

图 1　以耍头身长推算下昂斜度[1]

只。按上图的几何关系，算得昂制为 27/71。[2] 由外檐转角五铺作之“瓜子栱列小栱头分首身长 28 分°”、“华栱列慢栱身长 28 分°”、“令栱列瓜子栱身长 56 分°”，可知正身方向两跳的出跳值均为 28 分°，总出跳 56 分°，试作图如下（图 2）。[3] 再以昂上交互斗斗底心垂线与昂下皮棱线交点 O 为圆心，以 120 分° 为半径画圆，交昂下皮于 A 点，量得 O 点与 A 点的水平距离为 112 分°，若内转两跳等距，则四跳皆为 28 分°，同时量得内耍头身长 60 分°，与外檐转角功限之“五铺作四铺作身长 84 分°”[4] 相吻合（图 3）。值得注意的是，此处的耍头身长是量到尖角处的，若补间铺作用齐心斗且斗内侧有隔口包耳，耍头身长则不足 60 分°。[5]

还需说明的是，“功限”对五铺作下昂造里跳跳长无直接记载，上文是以昂身实长 120 分° 为假说的作图，以内耍头 60 分° 的测量值与转角功限耍头长相吻合作为假说成立的证据。另外，需解释以下几个问题：1）转角功限“角内昂一只身长 175 分°”；2）转角功限“交角昂身长 75 分°”；3）补间功限“衬方头一条、足材、长 90 分°”，转角功限“衬方二条长 90 分°”。

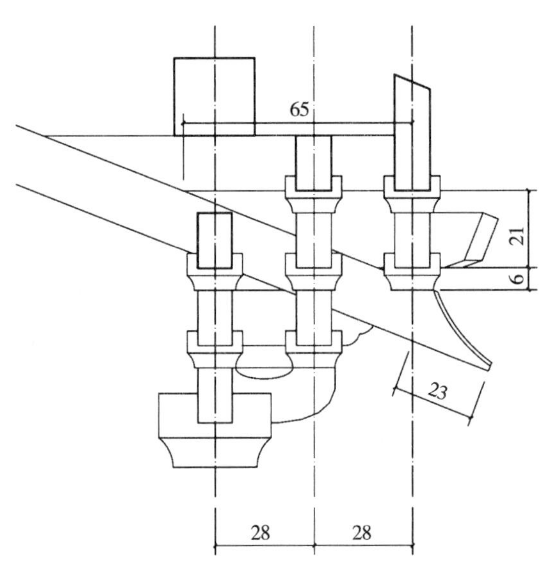

图 2　五铺作下昂造复原作图一

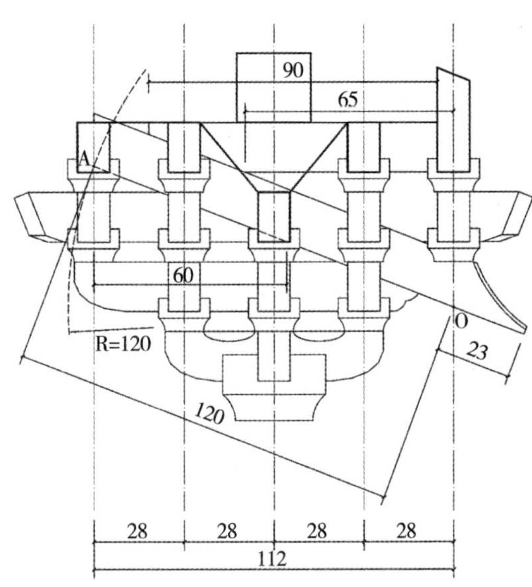

图 3　五铺作下昂造复原作图二

[1] 本文未注来源之图皆为作者自绘。

[2] 陈彤先生曾以同样的方式算过由“制度”和“图样”复原的五铺作斗栱的昂制。参见：文献 [2]: 204。

[3] 为直观起见，本文复原图均作补间侧样。

[4] 角内 45° 方向身长 84 分°，除以 1.4 得 60 分°，即为正出方向补间铺作内耍头身长。

[5] 在“绞割铺作栱昂等所用卯口”分件图中，耍头尖部即放过隔口包耳，止于枋心，切去尖角。转角不用齐心斗，角内耍头身长 84 分° 可算至尖角。

角内昂身长 175 分°，折合正出方向 125 分°[1]，与补间功限下昂身长 120 分°的记载有出入，若 125° 并非 120 分°之误，则可能因转角昂尾构造做法不同而略有伸长。交角昂身长 75 分°，交叉出头构造，不同于“图样”中的合角昂做法。两处衬方头记载略有出入，转角功限记“足材”而补间功限不记[2]，且均记为“长”，按《营造法式》惯例，当指全长。但无论是本文的功限复原图，还是此前学者的制度、图样复原图，全长和心长均非 90 分°。[3]

复原作图的过程虽不是设计的过程，却可以证明一朵与功限记载吻合度极高的五铺作斗栱具有存在的可能性。

2.“功限”之六铺作下昂造斗栱

功限中六铺作下昂造斗栱为单杪双下昂重栱计心造。最简便的设计方法就是在五铺作的基础上叠加一昂，里转再加一跳。[4]若如此，则五、六铺作的昂斜、耍头长度、衬方长度均一致，进一步以昂身实长 150 分°和 240 分°为约束，作图如下（图 4）。以“功限”卷十八中的对应描述进行检验，角内昂一只身长 175 分°（合正出方向 125 分°）、一只身长 336 分°（合正出方向 240 分°），角内耍头身长 117 分°[5]（合正出方向 83 分°）均良好吻合（图 5）。唯有正身第二跳跳长仍需讨论。

就外跳而言，转角功限中，五、六铺作相同长度的构件有：正出方向足材耍头两只，身长 65 分°；衬方两条，长 90 分°；华头子列慢栱两只，身长 28 分°；瓜子栱列小栱头分首二只，身长 28 分°；交角昂两只，身长

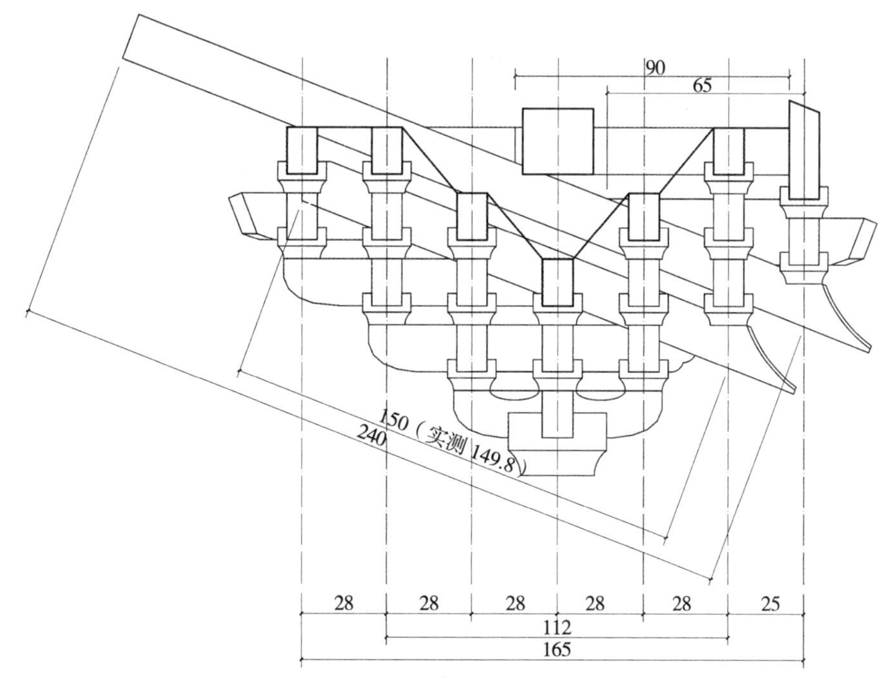

图 4　六铺作下昂造复原作图

[1] 由精确计算可知，当正出下昂斜度为 27/71 时，角内下昂与正出下昂的身长比值约为 1.37，略不足 1.4，匠人很可能“以斜长加之”的 1.4 倍折算；下文六、七、八铺作的角内昂与正出昂长亦以 1.4 倍折算。

[2] 从图样之“下昂上昂出跳分数第三”所绘下昂造侧样看，四至六铺作用单材衬方，七、八铺作用足材衬方。

[3] 或因衬方位于铺作最上层，长度稍有增减对视觉效果和结构稳定无大碍。

[4] 功限原文未明确六铺作里、外第三跳跳长数据。内第三跳跳长以昂身实长反推，昂尾刚好位于跳心时，跳长 28 分°；外第三跳暂取 25 分°。

[5] 六铺作角内耍头比五铺作角内耍头长，原因在于转角六铺耍头压于第一昂昂上，五铺作耍头压于昂底。

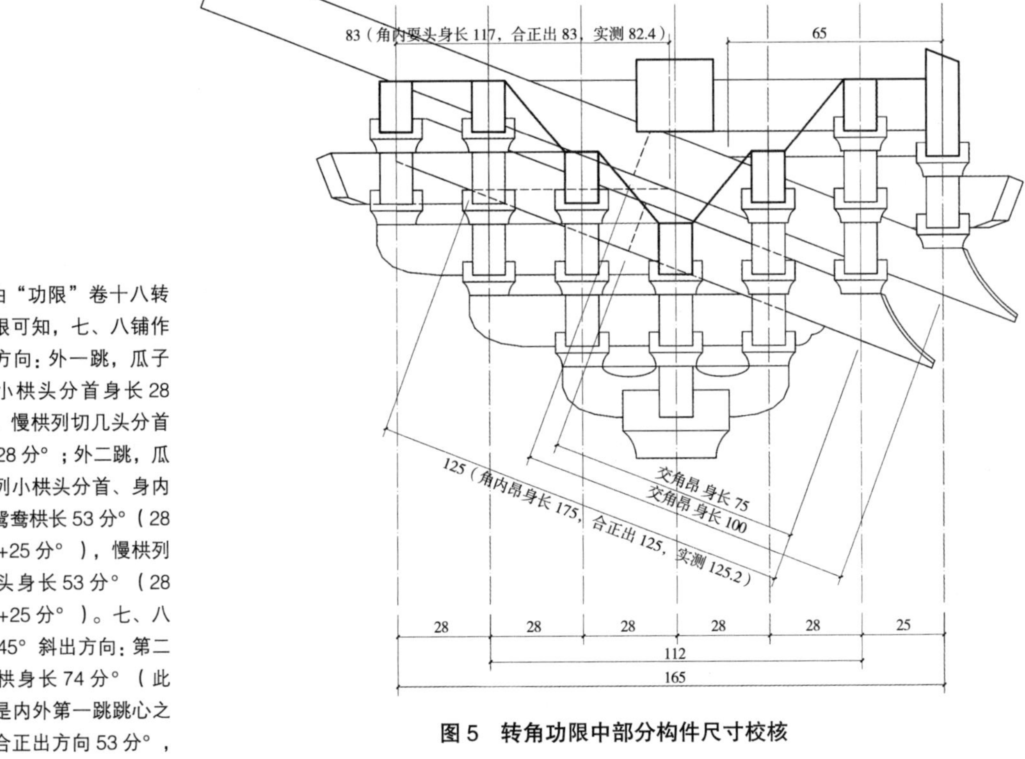

图 5　转角功限中部分构件尺寸校核

75 分°；角内昂一只，身长 175 分°。由以上可知，第一跳均为 28 分°；第二跳若以耍头、衬方、交角昂、角内昂这些等长构件反观，也应与五铺作同为 28 分°。而六铺作与七、八铺作相同长度的构件有：瓜子栱列小栱头分首二只，身长 28 分°；慢栱列切几头两只，身长 28 分°；瓜子栱列小栱头分首二只，身内交隐，长 53 分°。由此看来，六、七、八铺作外一、二跳为 28 分°和 25 分°。那么，六铺作的第二跳究竟是 25 分°还是 28 分°呢？考虑到五、六铺作下昂造在《营造法式》文本中的高度关联，构件长度的众多雷同，实操的便捷性和构造设计的合理性等因素，本文倾向于 28 分°，而 25 分°则是七、八铺作正出第二跳的出跳值，《营造法式》原文在此处似有疏失。

3.“功限”之七、八铺作下昂造斗栱

采用类似的作图复原方法，以外出足材耍头身长 90 分°，确定下昂斜度为 27 ∶ 96；由转角功限可以算得七、八铺作外一至二跳跳长分别为 28 分°、25 分°，里转一至二跳分别为 25 分°、27 分°；八铺作外第三跳为 25 分°，里转第三跳为 26 分°。[1] 考虑到七、八铺作的高度相关性，七铺作外侧第三跳和里转第三跳暂取与八铺作同样长度。至此，可以得到七铺作补间侧样的复原图，并量得内耍头身长刚好 83 分°，与转角功限

[1] 由“功限”卷十八转角功限可知，七、八铺作正出方向：外一跳，瓜子栱列小栱头分首身长 28 分°，慢栱列切几头分首身长 28 分°；外二跳，瓜子栱列小栱头分首、身内交隐鸳鸯栱长 53 分°（28 分° +25 分°），慢栱列切几头身长 53 分°（28 分° +25 分°）。七、八铺作 45° 斜出方向：第二杪华栱身长 74 分°（此长应是内外第一跳跳心之距，合正出方向 53 分°，即内 25 分° 外 28 分°）；第三杪外华头子内华栱身长 147 分°（此长应是内外二跳跳心之距，合正出方向 105 分°，即内二跳 27 分° + 内一跳 25 分° + 外一跳 28 分° + 外二跳 25 分°）。八铺作正出方向：第三跳，慢栱列切几头分首、身内交隐鸳鸯栱长 78 分°（28 分° +25 分° +25 分°）。八铺作 45° 斜出方向：第四杪内华栱、外随昂槫斜身长 117 分°（内至第三跳跳心之距，合正出方向 83 分°，即三跳 26 分° + 内二跳 27 分° + 内一跳 25 分° + 素方之半 5 分°）。补间功限中，八铺作第四跳内华栱长 78 分°，与转角功限的 83 分°（117 分° /1.4）有 5 分° 之差，前者可能是算到了枋心，后者算到了枋外棱。

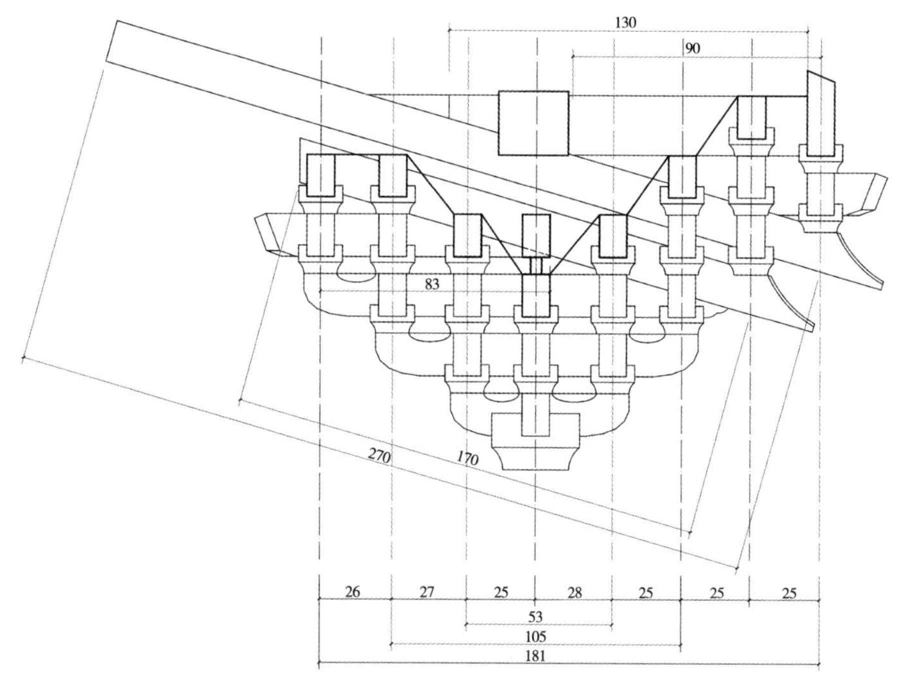

图 6　七铺作下昂造复原作图

角内要头身长 117 分°（合正出方向 83 分°）相吻合。此时，头昂昂尾约与齐心斗外侧平齐❶，昂身实长 170 分°（图 6）。在七铺作基础上，里外各加一跳，跳长 25 分°❷，得到八铺作补间侧样图（图 7，图 8）。

❶ “功限”原文未明确七铺作里、外第三跳跳长数据，而这两跳跳长会引起昂尾位置变化，昂尾与算程方外棱或中线也有对齐等可能。不论哪种位置关系，昂身实长均接近 170 分°。

❷ “功限”原文未明确八铺作外第四、五跳，内第四跳的跳长，暂取每跳 25 分°。

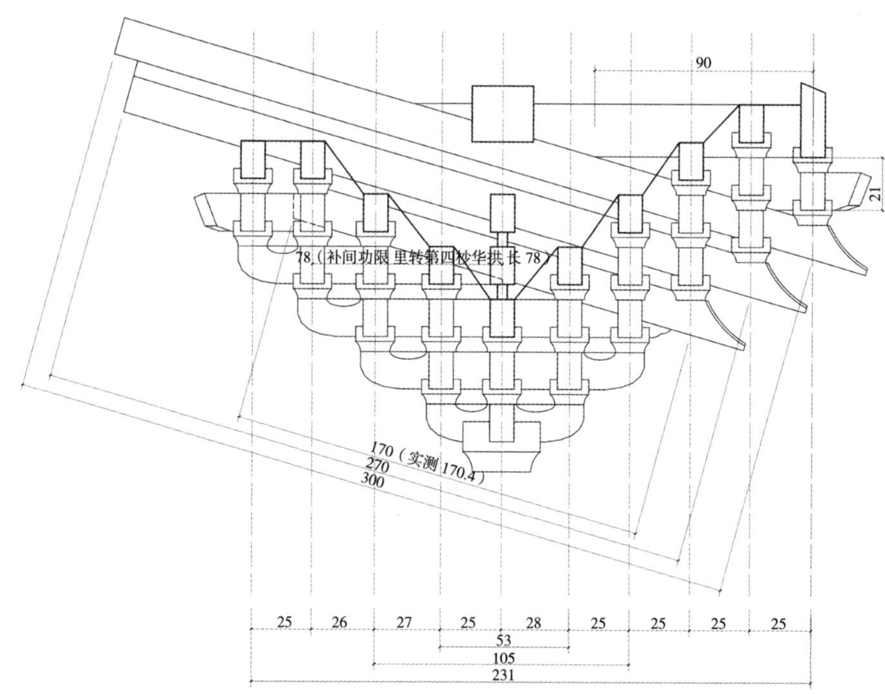

图 7　八铺作下昂造复原作图

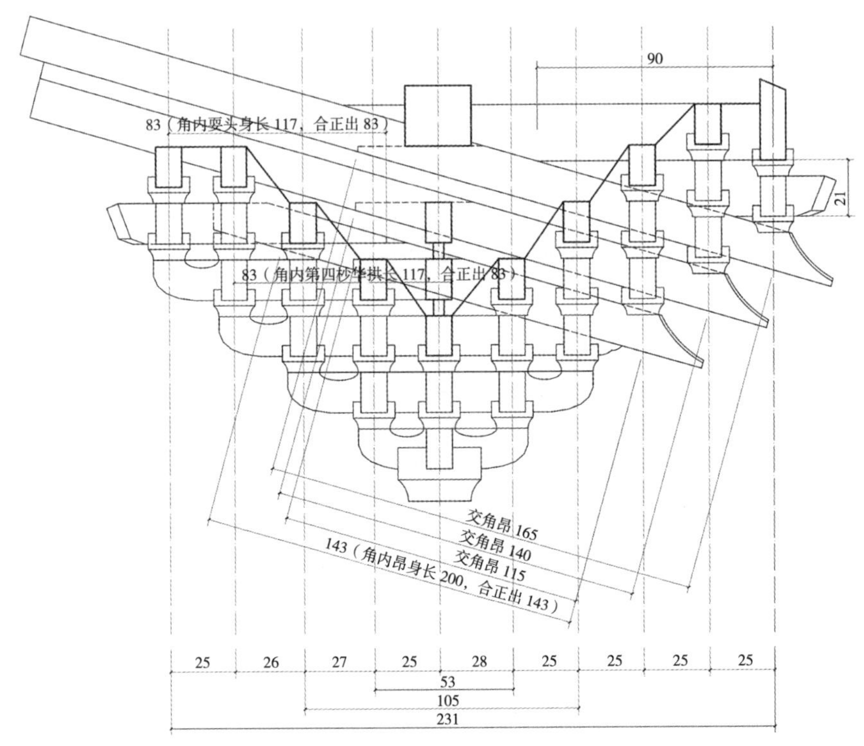

图 8　转角功限中部分构件尺寸校核

4.“功限”之四铺作插昂造斗栱

“功限”对四铺作插昂造斗栱记述较为明确，即补间铺作内外各出一跳，跳长 30 分°，两出耍头身长 60 分°，插昂身长 40 分°。因四铺作插昂造在泥道栱心不用齐心斗，若追求构件交接的严整性，分别选取泥道慢栱内侧下楞 A 点和泥道栱外侧上楞 B 点为圆心，以单材构件为旋转对象，以昂上交互斗归平为约束，得到两个复原图（图 9，图 10）。图 9 昂身实长 40 分°，图 10 实长 41 分°。若将图 10 中突出泥道慢栱的小尖角切除，量得昂身实长恰为 40 分°。究竟哪个复原图更接近原始设计呢？从《营造法式》“图样”看，插昂下皮刚好与泥道栱外侧上楞相合，与图 10 接近（图 11）。从实例看，在泽州坛岭头岱庙[1]的四铺作插昂造斗栱中，插昂下皮也恰过泥道栱外侧上楞，昂尾伸入室内与泥道慢栱里皮切齐，交接关系与图 10 基本一致（图 12，图 13）。应该说，图 9 与图 10 看似差别细微，实则可能出于匠人对某种交接关系的偏爱，甚至关联着昂斜算法。[2]虽如此，两图都将 40 分°的“身长”指向“实长”。

[1] 大殿为金代遗构，檐柱上有金大定庚子年（1180 年）题记。斗栱样式多有《营造法式》化倾向。

[2] 图 9 插昂斜度为 21/37，图 10 为 15/27。

5. 昂尖的长度

昂尖与昂身前后相连，那么昂尖是如何度量的呢？“制度”规定“从斗底心下取直，其长 23 分°”。这里的斗是指坐在昂上的交互斗，“长 23 分°”

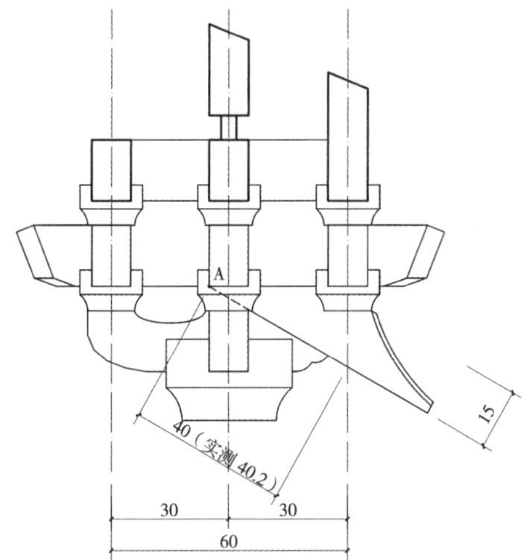

图 9　四铺作插昂造复原作图一

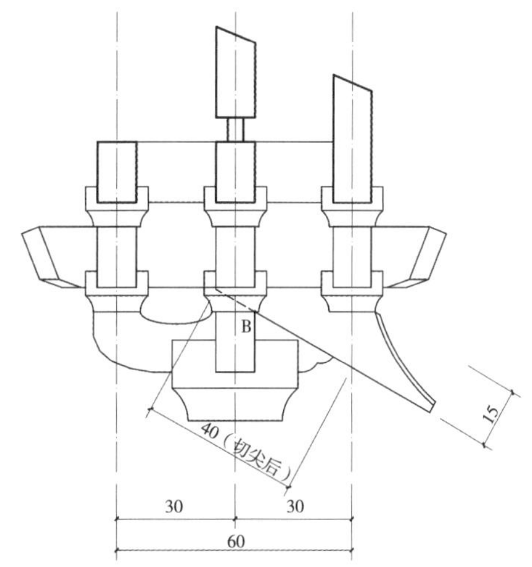

图 10　四铺作插昂造复原作图二

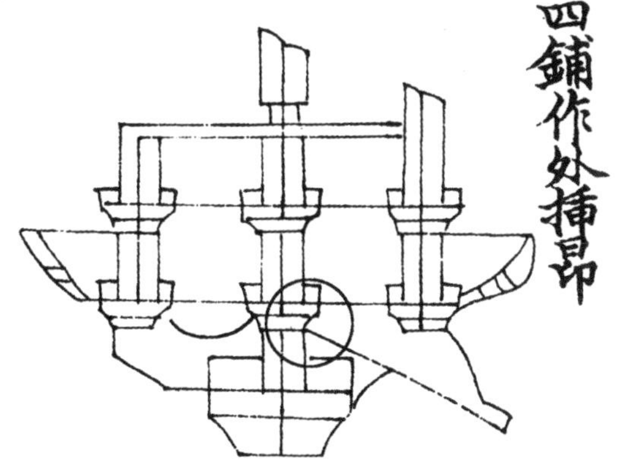

图 11　"图样"中的四铺插昂
（故宫本《营造法式》）

图 12　坛岭头岱庙大殿插昂与泥道栱交接
（作者自摄）

图 13　坛岭头岱庙大殿插昂昂尾交接
（作者自摄）

❶ 此前学者多认为是“平长”。

是平长还是实长却并不明晰[❶]，好在大木图样为我们提供了线索。略举不同版本的昂尖图样如图 14。

从图 14 中可见，昂尖平置，“斗底心下取直”的墨线斜画，昂尖长度的分°度量线与下昂底皮垂直、与斗底心垂线有夹角。以上说明，昂尖“长 23 分°”是“实长”。

此外，就实操而言，从木料一端直接量取实长而无须由斜度换算，较为便捷。而且，从样式风格看，若取平长，昂尖外观则会因为下昂斜度的不同发生较大的变化，实长则更易保持样式风格的稳定（图 15）。

既然昂尖以“实长”度量，处于同一个构件上的昂身理应也按“实长”度量。二者长度之和便是下昂用料的实际长度，更便于准确估料和算功。

6. 耍头与华头子的长度

耍头与华头子随下昂斜切，为何以“平长”度量呢？其实，耍头与华头子虽然有斜切面，但它们本质上是水平构件。制度规定耍头“用足材自斗心出，长二十五分”，斗心之外的头部是平置的，即平长 25 分°，身长也随头部以平长度量。而外出华头子是连着里转栱只的，整个构件以平长度量。实际上，说耍头与华头子以“平长”度量不如说“实长”更为贴切。耍头与华头子的度量方式进一步证明了同一根构件各部位尺度在《营造法式》文中表述的一致性。

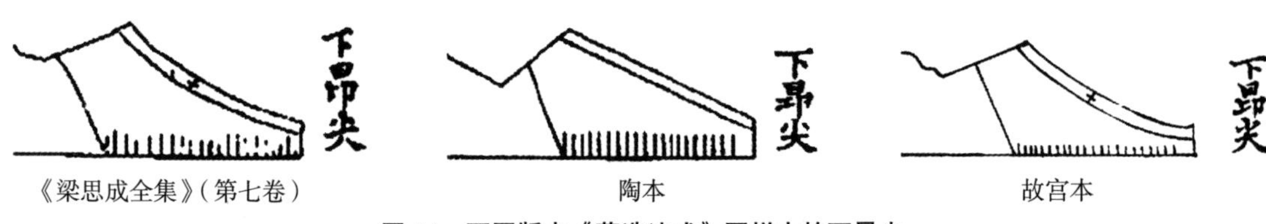

《梁思成全集》（第七卷） 陶本 故宫本

图 14 不同版本《营造法式》图样中的下昂尖

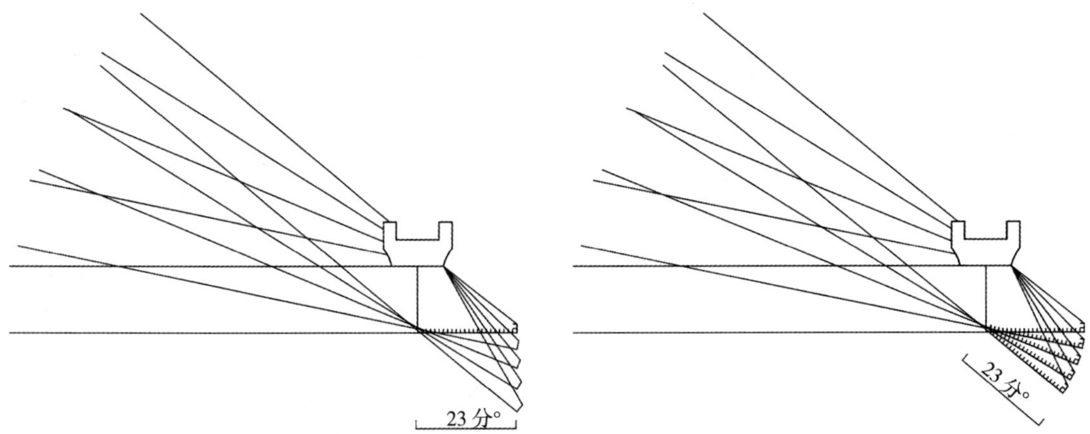

图 15 昂尖“平长”和“实长”在不同下昂斜度下的外观变化

二、"实长"的启示

1. 下昂斜度

学者支持"平长说"的原因之一就是认为下昂斜度具有不确定性，既然下昂斜度不确定，"实长"便无从谈起。而本文的复原作图恰是以下昂斜度确定为立足点的。这个立足点稳固吗？虽不敢断言，但至少有些依据。其一，就实物而言，下昂造斗栱的制作相当精密，在各构件长度确定的情况下，下昂受到众多约束，其斜度与长度必然确定；其二，即便不是实物，一旦某一理想模型的构件长度、构造细节确定，其下昂斜度也将是确定的[1]；其三，如果某个与下昂紧贴的斜切构件的做法和尺寸是确定的，下昂斜度也是确定的；其四，学者在对众多斗栱实例的研究中发现下昂斜度具有相当的稳定性。[2]

前文已述，"功限"四铺作插昂斜度约为15/27，五、六铺作下昂斜度为27/71，七、八铺作下昂斜度为27/96。图16是学者按"制度"和"图样"复原的五铺作下昂造斗栱（图16）。有必要重提一下复原条件：内外不减跳，每跳均长30分°，单材下昂，下昂下皮从齐心斗斗口出，昂上交互斗归平。于是，以齐心斗斗口外楞为轴心，旋转单材下昂，使第二跳归平的交互斗底面外楞刚好落于昂上皮。此时，量得耍头身长65分°，昂斜27/71。需重新说明的是，此处量得的耍头身长虽与"功限"规定巧合，却并不应、也无须是复原的前提和依据，它是复原结果。这个结果不仅说明"制度"中五铺作斗栱的昂斜是确定的，而且表明同一昂斜在减跳的"功限"斗栱中再次使用！遗构实例中的昂斜稳定性在《营造法式》中也有体现[3]！

[1] 文献[2]中根据制度和图样复原的五铺作下昂造斗栱即是证明。

[2] 《营造法式》颁行前的北方七铺作斗栱案例，虽有较大时空跨度，却使用十分相近的昂斜，即第一昂在泥道处约抬高21分°，平出47-48分°。参见：文献[5]；宋金时期山西地区众多五铺作下昂造斗栱使用着约略四举的下昂斜度。参见：文献[6]。

[3] 昂斜的稳定性并不意味着某种牢固不变的法则，它更像是一种习惯，无需被动改变则可因循。

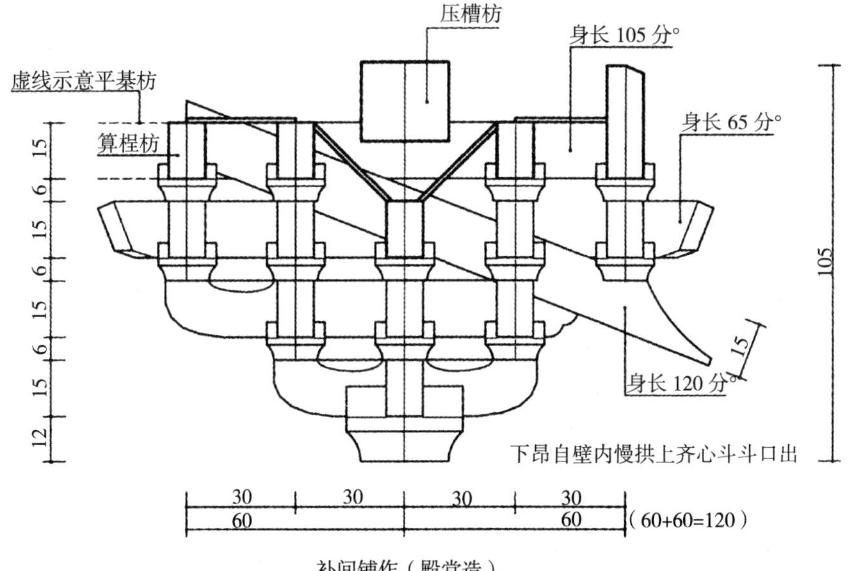

图16 补间五铺作下昂造斗栱侧样图

（文献[3]）

七、八铺作又如何呢？试按“制度”复原，条件如下：七、八铺作外二跳、内一跳、内二跳跳长分别是26分°、28分°、26分°，其余各跳暂取30分°❶；单材下昂；昂上交互斗向下2分°；下昂抬高一足材的位置在柱头方下皮外3分°处。❷采用与五铺作相同的方法作图，得到七铺作复原图（图17）。进一步量得耍头身长90分°，下昂斜度27/96，仍与“功限”七、八铺作一致！

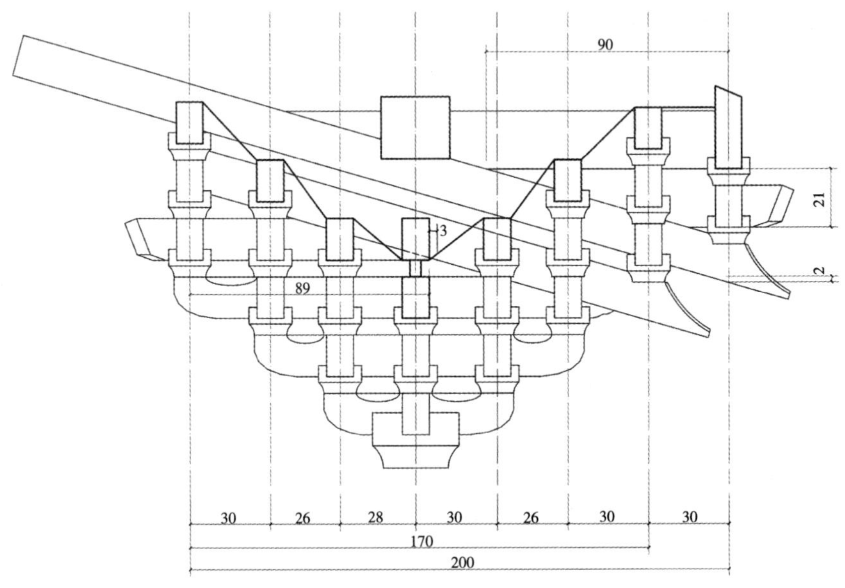

图17 “制度”七铺作下昂造斗栱试复原图

应该指出，按“制度”复原的五铺作下昂造斗栱与原始设计吻合度极高❸，七、八铺作虽然也有较大的合理性，却并无诸如五铺作的分件榫卯图样予以佐证，这有待进一步讨论。

2. 下昂在泥道处与栱、方的交接构造

下昂在泥道处与栱、方的交接关系对下昂斜度的研究至关重要。《营造法式》“造昂之制”中：“若从下第一昂，自上一材下出，斜垂向下……”。暂不纠结“自上一材下出”如何解说，单从现存的下昂实例看，若以承昂交互斗斗口为基准，昂下皮在泥道处的抬升高度大多在1足材左右，即泥道处、华头子上一层栱或方的底皮上下。❹

“制度”中的下昂造斗栱，四铺作插昂下皮在泥道处抬升1单材，不用齐心斗；五、六铺作在泥道慢栱上均使用了齐心斗；而七、八铺作因下两跳为卷头，下昂在泥道处与柱头方直接相交，不用齐心斗。用齐心斗的斗栱，下昂与齐心斗如何交接呢？不用齐心斗，交接关系又将如何？

“图样”的下昂分件图中，泥道处卯口的右下角连着一个小豁口。陈彤先生精准复原了这个小豁口，使之刚好容纳齐心斗的隔口包耳，昂下皮

❶ 其余各跳跳长存在不同理解，制度规定“若铺作多者，里跳减长二分；七铺作以上即第二里外跳各减长四分。”“里跳减长二分”可能有几种理解：其一，里跳共减长2分；其二，里跳每跳均减长2分；其三，里一跳减长2分。“七铺作以上即第二里外跳各减长四分”，《〈营造法式〉注释》、《故宫本〈营造法式〉图样研究（四）》从内外第二跳起，内外各跳均作26分°。本文认同文献[1]中陈明达先生的理解。

❷ 五铺作下昂下皮在泥道处从齐心斗斗口出，即在素方下皮外3分°处。七铺作下昂在对应位置不用齐心斗，本文仅取同样的相对位置。《〈营造法式〉注释》、《故宫本〈营造法式〉图样研究（四）》均令下昂下皮从里转第二跳慢栱上的齐心斗斗口出。

❸ 文献[2]中对斗栱构件的分件复原图与《营造法式》原图几无二致。

❹ 有刚好抬高1足材、略大于或略小于足材等不同案例，总体上波动不大。

从交互斗斗口出（图 18，图 19）。本文按“功限”复原的五铺作斗栱虽也使用齐心斗，但在出跳值、下昂斜度、下昂广、交互斗归平的共同约束下，昂下皮只能从齐心斗的斗平斜出。《营造法式》允许这种“并不完美”的交接方式吗？还是“功限”在此处并不使用齐心斗？若“功限”对五铺作使用五只齐心斗的记载无误❶，则此处当用齐心斗，而且存在上述交接关系。实际上，昂下皮刚好出于齐心斗斗口虽然完美，但却难以保证整朵斗栱中所有的齐心斗与下昂都刚好如此交接，“制度”复原图中五铺作斗栱的昂尾与里跳令栱心处齐心斗交于斗耳位置即是证明。此外，若仔细观察“图样”中的昂身卯口，泥道处容纳齐心斗隔口包耳的缺口要比隔口包耳更宽高一些，若非图样精度略低，则可能是有意扩大卯口，为施工误差留有余地；另一方面，调整斗口局部高度则可以实现齐心斗与下昂的其他交接关系，斗口的开口高度更为直接地关联着下昂的斜度权衡。强使某一位置实现“斗口出”的完美交接是可能的，但若因此而复杂化了整个设计或非明智之举。惯用某一昂制尽管也会因出跳等具体尺度的变化引发某些细部构造的调整，但却更为便捷：几何算法稳定、榫卯开口角度确定、具体的开口位置和大小则可以通过平移等方式略作调整❷，而一些随昂身斜切的构件甚至连尺寸都无需改变。

“制度”中的七、八铺作下昂造，在泥道处虽不涉及下昂与齐心斗的交接问题，却仍有与素方的交接问题。匠人会如何操作呢？会像五铺作在柱头和转角那样，找到对应的控制点❸再细化交接关系（图 20）吗？还是另找一个齐心斗实现昂身从斗口出的完美设计❹（图 21）？抑或还有其他方式，诸如与素方的棱线重合之类？虽难给出明确答案，却仍可进一步讨论：其一，视觉美观、匠作习惯、算法权衡等因素与构造交接相关联，可以多因素综合分析；其二，能否找到可信的构造物证。

❶ 参照复原图和大木图样，里外跳令栱心各一只，泥道重栱二只，里一跳上瓜子栱心一只，计五只。

❷ “制度”规定，隔口包耳高 2 分°宽 1.5 分°。

❸ 柱头五铺作下昂造若不用单材华头子，慢栱心不用齐心斗，要保证与补间铺作一致的下昂设计，就要在华头子上找到与补间铺作齐心斗斗口（或隔口包耳）相对应的位置，以保证下昂下皮从该位置经过。转角铺作在对应位置不用齐心斗，也需找到相应的昂制控制点。

❹ 文献 [3] 在复原七、八下昂造斗栱时，选择里转第二跳慢栱上的齐心斗以出下昂。

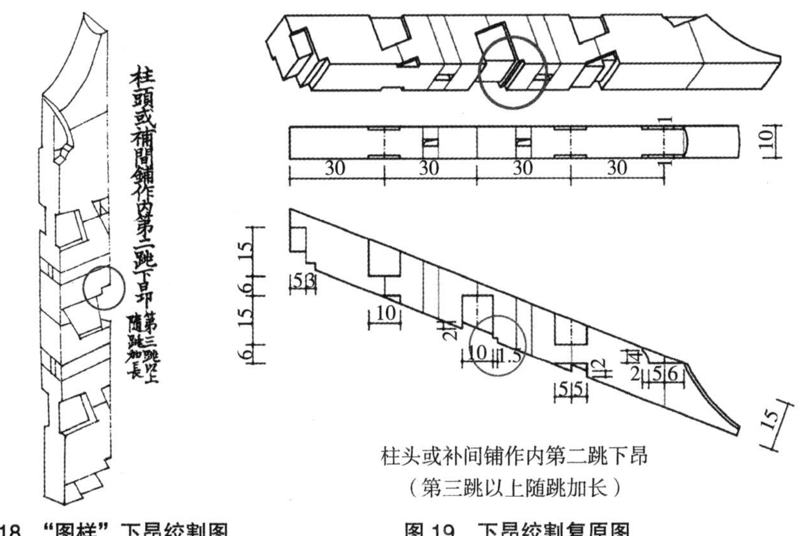

柱头或补间铺作内第二跳下昂
（第三跳以上随跳加长）

图 18 “图样”下昂绞割图
（故宫本《营造法式》）

图 19 下昂绞割复原图
（文献 [2]）

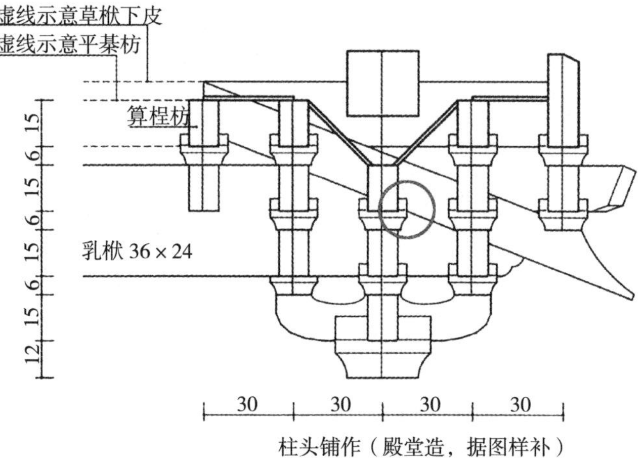

图 20 “制度”柱头五铺作（泥道慢栱心不用齐心斗）

（底图来源：文献 [3]）

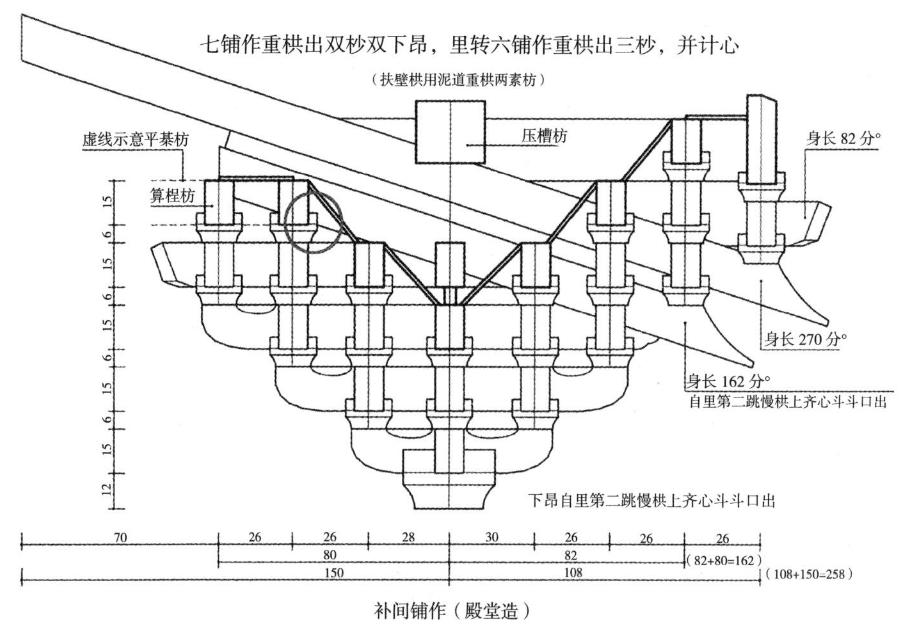

图 21 “制度”七铺作（第一昂下皮从里二跳齐心斗斗口出）

（底图来源：文献 [3]）

三、假说与推论

基于“功限”复原作图和相关构件度量方法的解读，本文提出两点假说：

假说一：“功限”中的下昂造斗栱虽与“制度”和“图样”有一定关联，但在构件尺寸和细节设计上有明显的不同，“功限”下昂造斗栱并非理想模型，也非最大功限的举例。“功限”中对下昂造斗栱“用斗栱等数”的记载准确性很高，极可能来源于斗栱实例或设计模型，可以独立根据所记数据进行斗栱复原。

假说二："功限" 中的下昂造斗栱昂制确定，即四铺作插昂约为15/27，五、六铺作为27/71，七、八铺作为27/96；"功限" 中述及的下昂身长均为实长。

在上述假说的基础上，结合对 "制度" 下昂造斗栱的分析讨论，提出两点推论：

推论一：虽然 "制度" 和 "功限" 两类下昂造斗栱在尺度和细节设计上均有差异，但下昂斜度相同，昂制算法具有稳定性。特定昂制下，整体大木尺度之下的斗栱尺度权衡仍可通过调整构造细节来实现。

推论二：《营造法式》下昂造斗栱的昂制算法可能来源于特定的匠作流派。随着案例研究的不断推进，《营造法式》下昂造斗栱的匠作源流也将更加清晰。

参考文献

[1] 陈明达 . 营造法式大木作研究 [M]. 北京：文物出版社，1981.

[2] 陈彤 . 故宫本《营造法式》图样研究（一）——《营造法式》斗栱榫卯探微 [M]// 王贵祥，贺从容 . 中国建筑史论汇刊第拾壹辑 . 北京：中国建筑工业出版社，2015.

[3] 陈彤 . 故宫本《营造法式》图样研究（四）——《营造法式》斗栱正、侧样及平面构成探微 [M]// 王贵祥，贺从容，李菁 . 中国建筑史论汇刊第壹拾伍辑 . 北京：中国建筑工业出版社，2018.

[4] 潘谷西，何建中 . 营造法式解读 [M]. 南京：东南大学出版社，2005.

[5] 徐扬 . 营造法式刊行前北方七铺作实例几何设计探析 [D]. 北京：清华大学，2017.

[6] 刘畅，徐扬，姜铮 . 算法基因——两例弯折的下昂 [M]// 王贵祥，贺从容 . 中国建筑史论汇刊第拾贰辑 . 北京：中国建筑工业出版社，2015.

佛教建筑研究

晋东南北朝石窟的建筑形制特点及其成因探析❶

贺从容　林浓华

（清华大学建筑学院）

摘要： 对于山西境内众多的古代石窟，人们的认知主要集中在中、北部的大型石窟如云冈石窟、天龙山石窟和龙山石窟，分布在晋东南的许多小型石窟尚未受到关注。晋东南现有不少古代石窟遗存，北朝是其石窟最重要的起源和兴盛阶段。本文通过对晋东南地区北朝时期石窟遗存和文献记录的石窟信息进行整理，仅从建筑学的角度，在选址、规模尺度、建筑形制等方面探讨晋东南北朝石窟的特点，并从时间和空间分布上探讨晋东南地区石窟形成和兴盛的原因。

关键词： 晋东南，北朝石窟，禅窟，建筑形制，石窟文化

Abstract: The large-scale grottoes of the central and northern Shanxi such as the cave grottos located at Yungang, Tianlongshan, and Longshan Grottoes have been well-studied for a long time, whereas the smaller grottos in the southeast have not received much attention. In southeastern Shanxi, the Northern Dynasties are a significant time period for grotto culture and construction, as these dynasties are both the time of formation and of prospering and because they left us a considerable amount of grotto remains. This paper collects and analyses data (actual examples and textual records) of the Northern Dynasties grottoes in southeastern Shanxi, while carefully studing their characteristics in terms of site selection, scale, and architectural form. This will prove useful to explain the mechanism of formation and proliferation of these grottoes in relation to their temporal and spatial distribution.

Keywords: Southeastern Shanxi, Northern Dynasties grottos, Zen grotto, architectural features, propagation of grotto culture

中国的佛教石窟文化的传播路线基本是从西向东扩散。3 世纪左右入新疆，到河西区域；4 世纪中期到平城，向南传入中原地区。山西境内的传播主要从平城向南。对于山西境内众多的古代石窟，人们的认知主要集中在中、北部的大型石窟如云冈石窟、天龙山石窟和龙山石窟，分布在晋东南的许多小型石窟尚未受到关注。

据文物资料和实地考察，笔者统计到晋东南石窟遗迹共 58 处 137 窟。❷除了襄垣县、潞城市和晋城市，其余县市都存有石窟遗迹。这些石窟的总体规模较小，分布较散，其中北朝案例数量最多，共 29 处 69 窟，占比近半，是石窟遗存最密集，也是最重要的阶段。晋东南北朝石窟数量多、分布散、信息少，通过建筑学观察的方法，笔者拟从选址、规模尺度、建筑形制等几个角度探讨它的大致特点。

---

❶ 本文受国家自然科学基金项目“晋东南地区古代佛教建筑的地域性研究”资助，项目批准号：51578301。参加调研工作的还有：何文轩、刘圆方、段然、赵姝雅、龚怡清、王章宇、王文同学。

❷ 由于石窟多散布于山林野间，不排除尚有石窟未被发现的可能性。

一、晋东南北朝石窟的选址意向

晋东南已知的北朝石窟大部分都开凿在较难抵达的山石崖壁间，远离市井的幽静之处。例如长治县的千佛沟石窟、北山石窟、交顶山石窟，沁县的九连山石窟、河止石窟、圣窑沟石窟，都在人迹罕至的山顶或山腰，寻常人极少涉足，不少窟口和周围区域如今已被野草覆盖，难以靠近。也有部分石窟依寺而建，但位于寺院里面最深处，或最幽静的后山上，使坐禅者不被打扰，比如七佛山定林寺后、羊头山清化寺后、陵川宝应寺后的若干石窟。还有少数几例石窟坐落在寺中或紧靠在寺旁，比如碧落寺石窟、郭庄万善寺石窟，但寺院本身选址在人烟稀少处，距离村庄有段距离，环境比较幽静。

根据文物部门资料、文献❶梳理以及现场勘察，笔者将晋东南已知现存北朝石窟的选址位置整理如下（表1）：

❶ 参见：文献[1]，文献[2]，文献[12]，文献[13]。

表1　晋东北朝石窟选址位置表

石窟名称	县市	具体位置
王庆石窟（西窟）	长治县	荫城镇王庆村东南约2千米
千佛沟石窟	长治县	南宋乡北山村西北约1千米的千佛沟半山腰
北山石窟（1、2号窟）	长治县	南宋乡北山村南约800米
交顶山石窟	长治县	西火镇南大掌村西北约500米交顶山
广泉寺石窟	屯留县	渔泽镇寺底村北约1千米
良侯店石窟（1号窟）	武乡县	分水岭勋环沟208国道896—897公里间的路东山坡上
白岩寺石窟	黎城县	停河铺乡元村北约2千米白岩山
沙窟石窟	壶关县	黄山乡沙窟村北
后庄石窟	沁县	松村乡后庄村东北约5千米
九连山石窟	沁县	册村镇东山村东九连山
河止石窟	沁县	册村镇河止村中
圣窑沟石窟	沁县	新店镇北城村北
龙山寺石窟	沁县	新店镇小南沟村北约1.5千米
石梯山千佛洞	沁县	故县镇庙凹村东约8千米石梯山崖上
月岭山石窟	沁县	故县镇月岭山村
贾郭石窟	沁源县	王和镇贾郭村东石窑湾古庄线北侧崖壁
阳坡石窟	沁源县	王陶乡阳坡村东约2千米
吉庆石窟	沁源县	官滩乡吉庆村
高庙山石窟	高平市	南城街道南陈村西南约750米高庙山阴
羊头山石窟	高平市	神农镇西沙院村北部的羊头山上
石堂会石窟（1、2、3号窟）	高平市	陈区镇石堂会村北约50米
釜山石窟	高平市	寺庄镇釜山村北约500米北山上

续表

石窟名称	县市	具体位置
北鱼仙山石窟	高平市	建宁乡建北村北鱼仙山山腰
七佛山石窟	高平市	米山镇米东村七佛山山腰
丹朱岭石窟	高平市	寺庄镇什善村后山自然村北丹朱岭上
碧落寺石窟（西窟）	泽州县	巴公镇南连氏村东约200米
下杨庄石窟	沁水县	柿庄镇杨庄村下杨庄自然村北
郭庄万善寺石窟	沁水县	郑村镇郭庄村北约1000米
东沟宝应寺石窟	陵川县	礼义镇东沟村北关岭山宝应寺北

1. 选址幽静处——接近禅窟修行的原义

人迹罕至，隔离尘世，专心事佛，潜心修行，这样的选址非常符合佛教禅窟的原义。

就印度文化来说，佛教和印度教皆有须弥山的信仰，认为山上带有非常浓厚的宗教神圣感。就石窟的功能而言，幽静的山林利于僧侣的事佛和修禅。在佛教中有“六度”之说，“度”通“渡”，可以理解为六种到达彼岸的方法，或六种修行。其中禅度指的就是禅定，需要非常安静。鸠摩罗什翻译的《禅秘要法经》提到“若修禅定，求解脱者，如病重人随良医教，当于静处，若塚间，若林树下，若阿练若处（即阿兰若处，指寂静的地方），修行甚深，诸贤圣道。”❶说明修禅应于山林静处。佛陀在耆阇堀（即灵鹫山）坐禅，阿难和诸罗汉也都集中在这里坐禅，是非常安静的山林石窟。很多佛教书籍都认可坐禅宜选在幽静之处，尤其是幽静的山岩间。

晋东南的北朝石窟选址就非常符合这种禅窟的原义，在不受干扰的幽静之处造窟、修行。调研访谈中曾听闻以前有僧人入窟坐禅，寺中或村中每月送去点米水，有些僧人甚至好几个月不吃不喝，这种情形常人难以想象。加之晋东南石窟中的环境并不舒适，没有印度炎热气候下对石窟纳凉的需求，可以说带有苦修的意味。《碧落寺皇甫曙诗二首》即有“窟室一僧护香火，严持三衣行苦行”❷之句。

2. 窟寺常相依

从位置来看，晋东南北朝石窟有多窟附近存在寺宇：白岩寺石窟、广泉寺石窟、千佛洞、龙山寺石窟、万善寺石窟、北山石窟、宝应寺石窟、羊头山石窟、七佛山石窟、碧落寺石窟。碧落寺石窟位于寺中，宝应寺石窟位于寺后，七佛山石窟位于定林寺附近，羊头山石窟位于清化寺附近，还有沙窟石窟靠近普云寺，长治县南宋乡北山石窟靠近北山寺（已毁），等等。❸最集中的羊头山和七佛山石窟群都和寺院有段距离，但又有密切的关系，是利于寺中僧侣坐窟修禅的配置。

❶ 禅秘要法经[M]. 鸠摩罗什等译. 南京：金陵刻经处，2009：192.

❷ 文献[20]：14.

❸ 据平顺文物局提供的资料，小岩凹石窟原有崇岩祥院，但由于不知道该院的情况，暂不把案例列入考量。

这些与寺有关的石窟，位置关系大致可以分为3类：即寺中、寺后和散布山中。位于寺中的如：碧落寺石窟位于寺东院（图1，图2），属于寺中深处，位置相对隔离僻静独立。万善寺石窟紧邻寺旁，从寺域角度看，应也算寺中。位于寺后的如：广泉寺石窟，位于寺后的低地东侧（图3，图4）；千佛洞窟也在寺后；宝应寺石窟位于寺后不远的山崖上（图5，图6），类似寺之僻静后院。散布于山中的几例如：七佛山石窟群位于定林寺后山（图7），循寺旁山道而上，主要有3组（图8），个别石窟散落在较远的地方。

图1 碧落寺石窟位置示意图
（林浓华 绘）

图2 碧落寺石窟
（贺从容 摄）

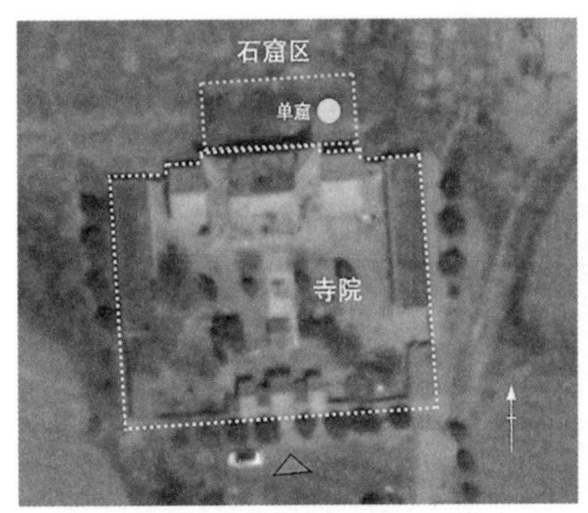

图3 广泉寺石窟位置示意图
（林浓华 绘）

图4 广泉寺石窟
（贺从容 摄）

图5 宝应寺石窟位置示意图
（林浓华 绘）

图6 宝应寺石窟
（贺从容 摄）

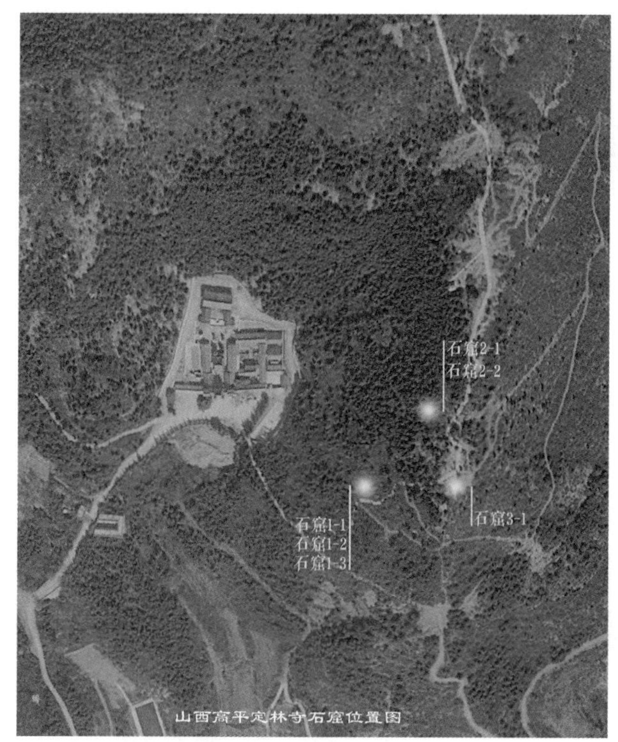

图7　七佛山石窟分布
（周敬砚　绘）

图9　羊头山石窟位置示意图
（文献[20]）

图8　七佛山东1号窟
（贺从容　摄）

羊头山石窟的位置有两类，一类（5—9号窟）位于清化寺一侧（图10，图11），临近寺院；另一类（1—4号窟）位于寺后较高远处（图9）。临近寺院的一组在形制和内容上比较统一，佛像庄严，雕饰隆重，可能具有一定的礼佛功能。距寺较远直至山顶的一组，环境上受干扰较小，处于更利于寺中僧侣坐窟修禅的位置，雕刻装饰较为简朴，或更具禅修意味。

晋东南北朝时期，是先有石窟还是先有寺呢？大部分近窟的佛寺建造年代和缘起不详，甚至已毁，难以准确判断寺窟建造的先后。但时间可考的几处寺窟，竟都是先有石窟后有寺的。例如，黎城县白岩寺石窟，有“永安三年”（530年）的一则题记，证明其开凿于北魏；而白岩

图 10　羊头山 5 号、6 号石窟
（段然　摄）

图 11　羊头山 7 号、8 号石窟
（龚怡清　摄）

寺确切的建造时间，据《黎城县志》，是在唐武德二年（619 年）。[1] 再如，渔泽镇寺底村北的广泉寺古名广川寺，寺中石窟开凿于北魏，寺院创建于唐代。[2] 七佛山石窟创建于北魏，定林寺相传是唐代创建，宋代兴盛。

泽州县柳树口镇老师山上有块元代石碑《重修老师洞记》[3]，其中有段铭文或可帮助我们了解窟寺建造的因果关系。文内提到老师山上有窟称老师洞，唐代为禅师道逸修行居住之所。“当五季清泰改元之初，有禅师道逸，始于此居。”道逸禅师圆寂后，有人为其建塔立碑，有僧侣信士在石窟旁葺堂造像“宅三圣人像而瞻仰之”，后来房屋都毁坏了，洞窟也荒废了一段时间。直到元代，道凝长老常驻石窟，“元九年壬申来游是洞，欣然而驻锡焉。”他修行很高，在当地颇有威望，在家弟子们不忍他住得如此简陋，于是集资盖房，建堂凿像，并立碑请漳州僧人记下来龙去脉。碑文最后，漳州僧对此建造行为的评价并不高，认为最初以石窟修行开始，而后来造像建堂舍本逐末，反而沾染了虚浮之气，违背了石窟的真理：“凡色相妆严之，□有为也，为则虚假浮脆。若真理者，无作无为，无成无坏。”这段话可以看出两层意思，一是先有石窟后有造像和佛堂；二是在当地僧侣心中或还保持着对石窟真义的觉悟。

[1] 参见：黎城县志编纂委员会. 黎城县志 [M]. 北京：中华书局，1994：591。

[2] 广泉寺内存《广泉寺古井碑记》。原寺已毁，今寺为新建，石窟为北朝遗存。据寺底村村志编纂委员会出版的内部资料《寺底村志》、《回忆中的寺底村》图中，广泉寺附近甚至有座高塔，但调研并未发现基址，存疑。

[3] 参见：王丽. 三晋石刻大全：晋城市泽州县上 [G]. 太原：三晋出版社，2012：88。

3. 朝向

关于石窟的朝向，由于受到山崖地形的影响，偏角的情形在所难免，但数据还是明确地体现了晋东南石窟的朝南趋势（参见后文表 3）。晋东南已知北朝石窟中有过半的窟门朝南（11 例）或朝东南（5 例）、西南（7 例），其次为朝西（6 例）或朝东（7 例），只有 3 例朝北。有的石窟顺应山势偏向东南或西南，比如东沟宝应寺石窟，但总体石窟群是坐北朝南的。在晋东南，窟门朝南明显有利于采光和采暖，相对符合晋东南的人居习惯，对居窟修禅比较有利。

二、接近禅窟的石窟规模

从规模来看，晋东南北朝石窟中，集中的窟群很少，多为单窟。就所知的 29 处案例中，单窟的案例 18 处占比最大，两三窟的 9 处，多于 6 窟的石窟群仅 2 处（羊头山、七佛山定林寺）。

晋东南北朝石窟的规模普遍偏小，洞窟尺寸远不及云冈、龙门那样的大型石窟，也比晋东南后来唐代、明代的石窟小很多。通过列表统计，晋东南北朝石窟的长宽高都在 1—2 米左右（表 2）。平均宽 1.97 米，深 1.92 米，高 2.15 米，空间上接近一个正方体，正好能容纳一个人舒适地坐禅。窟门以方形居多，少数圆拱和尖拱，窟门平均高 1.19 米，宽 0.9 米，也刚好是能进一人的尺度。

表 2　晋东南北朝石窟尺寸表

石窟名称	编号	面宽（米）	进深（米）	高度（米）	门宽（米）	门高（米）	门厚（米）	门宽与面宽比
王庆石窟	西窟	2.85	2.7	2.45	0.99	1.4	0.35	0.35
千佛沟石窟	北壁							
	南壁	2.2	2.2	2.27	0.91	1.15	0.16	0.41
北山石窟	1 号							
	2 号							
交顶山石窟		2	2	1.93	0.73	1.22		0.37
广泉寺石窟		1.67	2.02	1.72	0.74	1.05	0.2	0.44
白岩寺石窟		2.8	2.9	2.7				
沙窟石窟	东窟	1.2	1.62	1.58	0.94	1		0.78
	西窟	2.58			1.18	1.2		0.46
良侯店石窟	1 号	3.7	3.6	4	2.57	3.6		0.69
后庄石窟		1.9	1.9	1.8	0.8	1.4		0.42

续表

石窟名称	编号	面宽（米）	进深（米）	高度（米）	门宽（米）	门高（米）	门厚（米）	门宽与面宽比
九连山石窟	1 号	1.45	1.73	1	0.76	0.99	0.37	0.52
	2 号	1.95	1.86	2.2	0.85	1.08	0.3	0.44
	3 号	2.08	1.86	2.2	0.74	1.09	0.25	0.36
河止石窟		2.4	1.8	2				
圣窑沟石窟		1.8	1.7		0.95	1.2		0.53
龙山寺石窟		2	2	2.2				
石梯山千佛洞		1.5	1.5	1.5				
月岭山石窟		0.85	1.5	11.2				
贾郭石窟		0.6—1.11	0.5—1.7	0.8—1.2				
阳坡石窟	1 号	0.7	0.45	1.2				
	2 号			0.6				
吉庆石窟								
高庙山石窟		2.33	2.2	2.1	0.98	1.4	0.32	0.42
羊头山石窟	1 号	2	1.6	1.42			0.25	
	2 号	1.94	1.75	1.95	0.84	0.92	0.24	0.43
	4 号	2.85	2.85	现 2.25	1.16	现 1	0.35	0.41
	5 号	1.2	0.9	现 1.11	0.75	现 0.94	0.1	0.63
	6 号	2.85	2.28	2.8	0.85	1.17	0.28	0.3
	7 号	1.8	0.8	现 0.9	0.8	现 0.5	0.16	0.44
	8 号	2.38	1.68	2.2	0.84	1.04	0.24	0.35
	9 号	2.02	1.59	现 1.53	0.84	现 0.93	0.24	0.42
石堂会石窟	1 号	3.04	2.77	2.71	0.99	1.41	0.19	0.33
	2 号	1.41	1.55	1.51	0.7	1.06	0.15	0.5
	3 号	2.68	2.54	2.69	0.89	1.5	0.27	0.33
釜山石窟								
北鱼仙山石窟③								
七佛山石窟	廉颇庙西窟	1.07	0.9	0.91	0.94	0.91	0.23	0.88
	东窟							
	西上 1 号	1.81	1.63	1.12	0.7	0.94	0.3	0.39
	西上 2 号	1.79	1.44	0.95	0.71	0.92	0.27	0.4
	西中 1 号	2.34	2.4	4.38	0.76	1.18	0.17	0.32
	西中 2 号	2.69	2.7	1.85	0.99	0.98	0.23	0.37
	西中 3 号	1.39	1.36	1.37	0.72	0.89	0.2	0.52
	西中 4 号	1.44	1.45	1.63	0.81	0.93	0.15	0.56

续表

石窟名称	编号	面宽（米）	进深（米）	高度（米）	门宽（米）	门高（米）	门厚（米）	门宽与面宽比
七佛山石窟	西下1号							
	西下2号	1	1.1	1.4				
丹朱岭石窟[④]	东窟							
	西窟							
碧落寺石窟	西窟	2.11	2.51	2.03	0.89	1.1	0.23	0.42
下杨庄石窟								
郭庄万善寺石窟		2.43	2.63	2.48	1.27	1.64	0.38	0.52
东沟宝应寺石窟	1号	1.4	1.3	1.59	0.94	0.9	0.19	0.67
	2号	0.96	1.41	0.91	0.75	0.9	0.19	0.78
	3号	2.51	3.05	2.06				
	4号	2.14	2.1	2.1	0.85	0.98	0.27	0.4
	5号	1.86	4.5	2.38				
	6号	1.48	1.38	1.47	0.75	0.77	0.24	0.51

通过列表观察，在规模和尺度上，晋东南北朝石窟大多符合禅窟的标准，窟内空间略呈立方体，长、宽、高皆为1—2米，符合禅窟的比例。同时，大多石窟的室内外高差不大，门槛不高，通过几级台阶或垫两块石头就能登入，也是方便修行人进入的尺度。

这样的尺度意味着什么呢，刘慧达在《北魏石窟与禅》[1]中总结了禅窟的空间形制，通常略呈方形的平面，其长、宽皆为1米左右，石窟的高度有1米多，窟内可以容纳一人舒适地坐禅。敦煌第285窟南顶壁画就很形象地反映了僧人在石窟中禅修的情形（图12）。晋东南北朝石窟大多符合这种尺度。

[1] 文献[7].

图12　石窟壁画中的石窟禅修情形（敦煌第285窟南顶壁画）
（文献[7]）

石窟禅修在北朝是非常流行的做法，北魏高允的《鹿苑赋》中也提到“凿仙窟以居禅，辟重阶以通术”。❶《高僧传》中，记宋伪魏平城释玄高“是夜三更，忽见光绕高先所住处塔三匝，还入禅窟中”❷;《宋广汉释法成》有“孤居岩穴，习禅为务”。❸在《续高僧传·魏嵩丘少林寺天竺僧佛陀传》中，佛陀禅师游历诸国来到平城，“时值孝文敬隆诚至，别设禅林，凿石为龛，结徒定念。”❹与南朝重视义理相比，北朝更专注于宗教行为，重视修行，倡导民众禅修而非讲论佛经。

从文化环境看，北魏迁都洛阳以前，晋东南附近的佛教中心平城、嵩山早已是造窟坐禅聚集之地，晋东南受其禅修文化影响兴建禅窟也合情合理。

❶ [唐]释道宣．宋思溪藏本广弘明集[M]. 第十二册．卷二十九．北京：国家图书馆出版社，2018：32.

❷ 朱恒夫，王学钧，赵益．新译高僧传[M]. 台北：三民书局，2014：714.

❸ 朱恒夫，王学钧，赵益．新译高僧传[M]. 台北：三民书局，2014：731.

❹ 道宣．续高僧传[M]. 北京：中华书局，2014：564.

三、建筑形制简洁朴素

在晋东南，已知朝代的石窟有超过一半开凿于北朝时期，大部分凿于北魏或具有北魏风格。它们不仅在选址上，在平面、窟顶形制上也展现了佛教禅窟的原义。

根据文物部门资料、笔者现场勘察以及文献❺梳理，将晋东南已知现存北朝石窟的大致情况列表整理如下（表3）：

❺ 参见：文献[1]，文献[2]，文献[12]，文献[13]。

1. 平面形制

从表3中可以看出，在晋东南已知平面形制的北朝石窟中（图13），马蹄形平面的案例有6个。其中晋东南最早的良侯店1号石窟平面即呈马蹄形（图13），接近北朝石窟的早期样式。其他大半以上石窟为方形平面，10例长方形平面（长宽比≥1.2或≤0.8），还有两例利用天然山洞的不规则形平面。整个占比趋势与北朝中原地区的石窟发展总趋势吻合，马蹄形平面比方形平面出现得早，两者平行发展了一段时间以后，后者逐渐在数量上超越了前者。总体而言，晋东南北朝石窟的平面比较简洁，适合禅修。

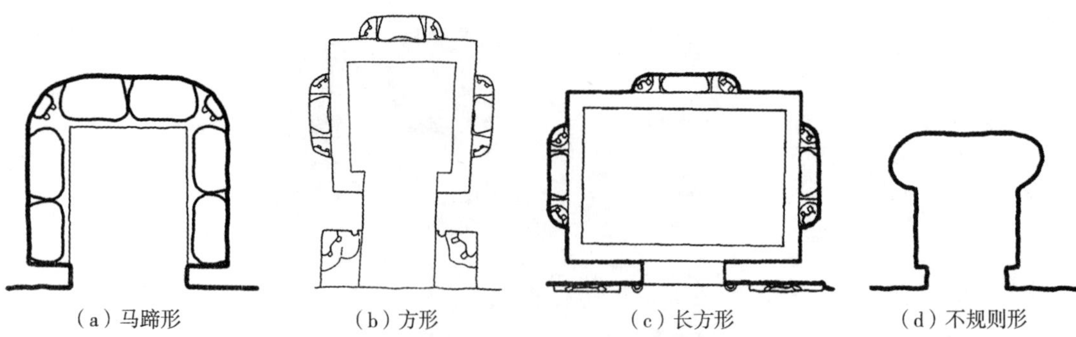

（a）马蹄形　（b）方形　（c）长方形　（d）不规则形

图13　晋东南北朝石窟几类平面形制示意图

（a）良侯店1号窟平面示意图（林浓华 绘）；（b）石堂会2号窟平面图（文献[22]）；（c）羊头山8号窟平面图（文献[13]）；（d）东沟宝应寺2号窟平面示意图（林浓华 绘）

表 3　晋东南北朝现存石窟概况表[①]

石窟名称		造窟时代	朝向	平面形状	窟顶形制	内容形式	主壁内容 / 主像	其他
良侯店 1 号石窟		北魏	西	马蹄形	穹窿顶	三壁造像	二佛并坐，两边各一菩萨	
王庆石窟（西窟）		北魏	南	方形	穹窿顶	三壁三龛	一佛二菩萨	设低坛
千佛沟石窟	北壁	北朝						
	南壁	北朝	南	方形	覆斗顶		一佛二菩萨	雕千佛
北山石窟	1 号	北朝	南	方形			大小造像 36 尊，有佛、菩萨、力士等	
	2 号	北朝	北	方形				
交顶山石窟		北朝	西	方形	覆斗顶	三壁三龛	一佛二菩萨	
广泉寺石窟		北魏	西	方形	平顶		一铺三座	设低坛 雕千佛
白岩寺石窟		北魏	南	方形	覆斗顶	三壁三龛	佛、菩萨、弟子共 9 尊	设低坛
沙窟石窟	东窟	北朝		方形	覆斗顶	三壁三龛	一坐佛	
	西窟	北朝		马蹄形	平顶	三壁造像	一佛二菩萨	设低坛
后庄石窟		北魏		方形	穹窿顶		三尊造像	设低坛
九连山石窟	1 号	北朝	南	方形	平顶		无造像	
	2 号	北朝	南	方形	覆斗顶	三壁三龛	一坐佛	雕千佛
	3 号	北朝	西	方形	覆斗顶	三壁三龛	一佛二弟子	雕千佛
河止石窟		北朝		长方形			一佛二菩萨	
圣窑沟石窟		北齐	北	方形	穹窿顶		一铺三座，两角各加一像	设低坛
龙山寺石窟		北朝		方形			二石立像	
石梯山千佛洞		北朝		方形			一佛二菩萨	雕千佛
月岭山石窟		北朝	北				一佛二菩萨	
贾郭石窟		北朝	南				一佛二菩萨或一佛二弟子	
阳坡石窟	1 号	北魏	南				一佛二菩萨	
	2 号	北魏	南				一佛二菩萨	
吉庆石窟		北朝	西				6 尊石雕	
高庙山石窟		北齐到隋	东	方形	覆斗顶	三壁三龛	一佛二弟子	设低坛雕 供养人像
羊头山石窟[⑥]	1 号	北朝	南	长方形			一佛二菩萨	雕千佛
	2 号	北朝	南	方形	覆斗顶	正壁一龛	一佛二弟子	雕千佛
	4 号	北朝	东	方形	方锥顶		5 小龛，4 坐佛 1 菩萨	雕千佛
	5 号	北朝	东	长方形	方锥顶	三壁三龛	一佛二菩萨	
	6 号	北朝	南	长方形	方锥顶	三壁三龛	一佛二菩萨	
	7 号	北朝	东	长方形	方锥顶	三壁三龛	一佛二菩萨	
	8 号	北朝	南	长方形	方锥顶	三壁三龛	一佛二菩萨	雕千佛
	9 号	北朝	南	长方形	方锥顶	三壁三龛	一佛二菩萨	雕千佛

续表

石窟名称		造窟时代	朝向	平面形状	窟顶形制	内容形式	主壁内容 / 主像	其他
石堂会石窟	1 号	北朝风格	南	方形	覆斗顶	三壁三龛	一佛二胁侍	设低坛 雕千佛
	2 号	北朝风格	南	方形	覆斗顶	三壁三龛	一铺三座	设低坛
	3 号	北朝风格	南	方形	覆斗顶	三壁三龛	一铺三座	设低坛
釜山石窟		北朝风格	西	长方形	覆斗顶	三壁三龛	一佛二菩萨二弟子	雕千佛
北鱼仙山石窟 （北遇仙山石窟）		北魏风格	东	方形			一佛二菩萨	
七佛山（定林寺）石窟	廉颇庙西窟	北魏风格	南	马蹄形	平顶			
	东窟	北魏风格			穹窿顶			
	西上 1 号	北魏风格	东南	马蹄形	平顶		模糊不清	
	西上 2 号	北魏风格	东南	长方形	穹窿顶		模糊不清	设低坛
	西中 1 号	北魏风格	西南	方形	平顶		一佛二菩萨	
	西中 2 号	北魏风格	西南	方形	方锥顶		一铺三座	
	西中 3 号	北魏风格	西南	方形	平顶		无造像	
	西中 4 号	北魏风格	西南	方形	平顶		无造像	
	西下 1 号	北魏风格						
	西下 2 号	北魏风格	东	方形	平顶	三壁造像		
丹朱岭石窟	东窟	北魏风格	南				模糊不清	
	西窟	北魏风格	南					雕千佛
	路下窟	北魏风格					模糊不清	
碧落寺石窟	西窟	北齐	南	长方形	穹窿顶		一佛二弟子二菩萨	雕千佛
下杨庄石窟		北朝风格	东	马蹄形		三壁造像	一佛二弟子二菩萨	
郭庄万善寺石窟		北朝风格	西南	方形	覆斗顶		立千佛造像碑	
东沟宝应寺石窟	1 号	北魏风格	西南	方形	穹窿顶	三壁造像	一铺三座	设低坛
	2 号	北魏风格	西南	不规则	平顶		无造像	
	3 号	北魏风格	东南	方形	平顶		一铺三座	
	4 号	北魏风格	东南	方形	方锥顶	三壁造像	一铺三座	设低坛
	5 号	北魏风格	南	马蹄形	平顶		摆金像	天然洞
	6 号	北魏风格	东南	方形	穹窿顶	三壁造像	二坐佛	设低坛

2. 窟顶形制

以《中国佛教石窟寺遗迹》❶中所见，北朝中原地区石窟窟顶形制发展总趋势是先有穹窿顶、平顶，而后才发展出攒尖顶和覆斗顶，后两者具有明显的汉化建筑特征，发展得比较精致，晋

❶ 宿白．中国佛教石窟寺遗迹：3 至 8 世纪中国佛教考古学 [M]. 北京：文物出版社，2010：91-103.

东南北朝石窟的窟顶形制大体与此相近。首先，北朝常见的四种样式齐全：穹窿顶、平顶、方锥顶（亦称攒尖顶、金字塔顶）和覆斗顶（图 14）都有。其次，四种类型占比相差不大，覆斗顶 14 例略多一点，平顶 12 例居其次，穹窿顶 8 例和方锥顶 8 例再次之。另外，穹窿顶和平顶比较粗糙，方锥顶和覆斗顶比较精致，有工艺发展的趋势。

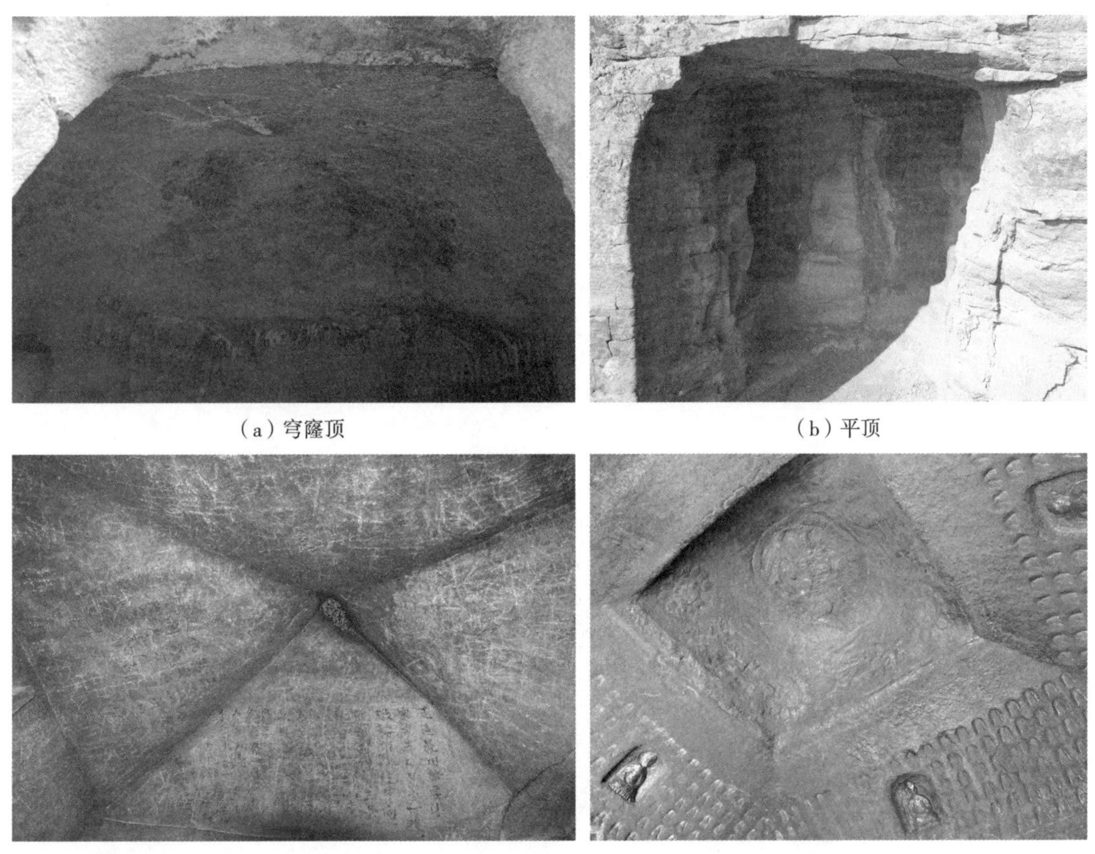

（a）穹窿顶　（b）平顶　（c）方锥顶　（d）覆斗顶

图 14　晋东南北朝石窟几类窟顶形制示意

（a）碧落寺西窟窟顶；（b）七佛山西下 2 号窟窟顶；（c）东沟宝应寺 4 号窟窟顶；（d）九连山 2 号窟窟顶
（作者自摄）

晋东南最早的良侯店 1 号窟顶形态非常粗糙，形制难辨。因没有明确的方锥和覆斗折痕，但有拱心石状构建（图 15），结合总体趋势，疑似穹窿顶。

晋东南北朝石窟的窟顶中，覆斗顶略多，但坡度不大十分平缓，大多穹窿顶的起拱也很小、显得十分低平，所以总体看来，各窟顶形态差异不大，看不出明显的时期倾向。造成这种现象的原因可能有二：1）因规模不大、跨度很小，所以窟顶起拱、起坡不必太大；2）从经济角度考虑，避免增加建造难度。其实，晋东南这些石窟窟顶的建造远不如云冈、龙山那些大型石窟般隆重精致，虽大半窟顶建造还算体面，但有相当一部分窟顶建造比较粗朴，不事装饰，应也是经济原因所致。

图 15　良侯店 1 号窟外观、窟顶与正壁左侧
（何文轩　摄）

3. 窟面与窟内雕像设置

晋东南北朝石窟的窟门，或方形或圆拱形。窟门外，左右门框雕成柱状，两侧最常见的是雕刻二力士或二菩萨，如羊头山 5 号至 9 号窟（图 16 ~ 图 20）。窟内普遍采用三壁三龛的形制，三壁造像常用一铺三座的做法，一佛二菩萨的内容占大多数，也有一佛二弟子、一佛二弟子二菩萨，

图 16　羊头山 5 号窟外观与内部
（林浓华　摄）

图 17　羊头山 6 号窟外立面
（林浓华　摄）

图 18　羊头山 7 号窟正壁造像
（林浓华　摄）

图 19　羊头山 8 号窟正壁一佛二菩萨像与外立面
（林浓华　摄）

图 20　羊头山 9 号窟外壁窟门两侧力士像与正壁一佛二菩萨像
（林浓华　摄）

还有少量一坐佛、二佛并坐、四菩萨的搭配，这些做法在云冈、天龙山的小型石窟中也十分常见。

此外，壁面雕有千佛的石窟案例也不少，比如羊头山 4 号窟内以千佛小龛为主，2 号窟左、右、前壁均雕了成排的千佛小龛（图 21 ~ 图 23），这种做法在北朝也颇为流行。尚未见到雕凿经文的案例，也不见中、印佛教结合的建筑化石窟立面，从这方面来看，晋东南石窟似乎受响堂山石窟影响不大（图 24，图 25）。

总体而言，晋东南北朝石窟的造像内容比较纯粹，基本是佛、菩萨和弟子。雕像配置范式朴素，三壁三龛、一铺三座和千佛小龛，都是北朝石窟常见做法。比之后代，隋唐加入罗汉和三佛，宋代出现老子、孔子三教合一，明代融入各类神仙、水陆法会更趋世俗化，北朝石窟的造像配置要朴素很多。

图 21　羊头山 4 号窟外观与内部
（林浓华　摄）

（a）羊头山 D 区 4 号窟正壁千佛小龛
（林浓华　摄）

（b）羊头山 B 区 2 号窟外观
（林浓华　摄）

图 22　羊头山 4 号、2 号石窟

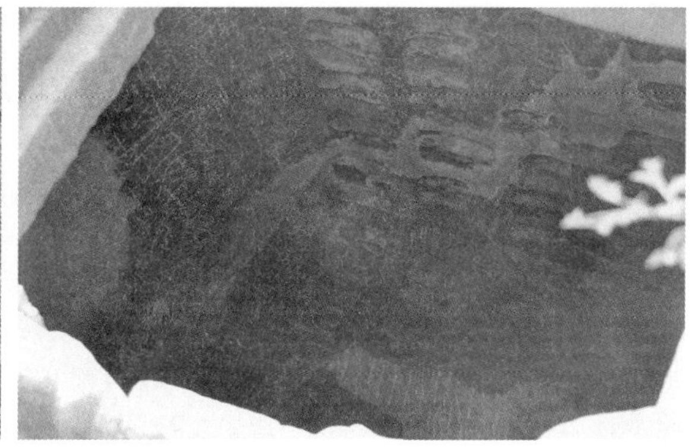

图 23　羊头山 B 区 2 号窟内千佛小龛

（林浓华　摄）

4. 已出现建筑元素

晋东南的北朝石窟，大部分只是简单的独立洞窟（更接近禅窟），主要配置只为遮风避雨、容一人坐禅和设像事佛。但也有一些建筑元素的出现，例如，北魏时期的东沟宝应寺石窟就出现了柱廊（图 24）；总体搭建形式简单：在石台基上设方形石础，础石上立石柱，柱顶咬托石额枋，枋顶铺有条石，端头出挑约 30 厘米。除柱头略施雕饰外，整个柱廊未见其他雕饰，估计更注重其样式和功能。有了柱廊的呵护，石窟内部能够不为日晒雨淋所扰，显得比较宜人。

另外，在同一时期的万善寺石窟、七佛山石窟和北坡北窟中（图 25），窟口上方出现了方洞，应是之前建造木构屋檐所留下的构件插口，其中万善寺石窟的外壁还残存着一些屋瓦。还有先凿个凹口再开门洞的形式，例如釜山石窟和石堂会 3 号窟檐口（图 26）。这些做法都给石窟提供了一个入口过渡空间，也更好地保护石窟入口和窟面外壁的雕饰。

入口设置遮挡是汉地建筑常见的做法，即使没有柱廊，加上屋檐也能有效防止入口淋雨。这些石窟的檐口做法，就很像汉地建筑的入口。换句话说，晋东南北朝石窟窟面中出现的这些建筑元素——柱廊、门框、伸出（或退进）的檐口、插枋，甚至地面的屋瓦残存等——明显具有汉地建筑的特征。这与北朝石窟后期的建筑化倾向趋于一致，石窟形制逐步复杂化，加入了

图 24　宝应寺石窟柱廊

（何文轩　摄）

（a）万善寺石窟
（贺从容　摄）

（b）七佛山西窟群 1 号窟
（贺从容　摄）

（c）北坡北窟
（文献 [2]：271.）

图 25　石窟外壁的小洞口

（a）釜山石窟
（文献 [2]：271.）

（b）石堂会 3 号窟
（贺从容　摄）

图 26　窟前凹进去的檐口

汉地建筑元素，增加了一些装饰。

建筑形制可总结为：晋东南北朝石窟大都是规模小、建筑形制简单朴素的独立洞窟，非常适合遮风避雨、容纳一人坐禅、设像事佛，形制很接近禅窟。

其石窟形制朴素的原因有：1）规模小，尺度差异不大，变化不多；2）受经济因素限制。晋东南地偏人稀，没有大型宗教活动的空间需求，同时经济不发达，很可能为减少建造成本，删繁就简；3）若为禅窟，意在修禅，无须过多装饰。禅窟和佛殿窟的主要差别在于功能，前者以修行为主，后者以奉像为主。虽然禅窟造像的形式也很常见，但终归比佛殿窟的形式简朴。当然，也有禅窟在修行者过世或成道后，人们在窟中凿像供奉的做法，故不能排除禅窟后来变成佛殿窟的形式。

四、晋东南北朝石窟的分布与北魏孝文帝迁都

晋东南北朝石窟这些特点的形成，与晋东南石窟文化的传入是否有所关联呢？回顾石窟文化的传播路线：公元 3 世纪左右入新疆，之后到达以凉州为代表的河西区域；439 年北魏灭北凉，442 年将大量造窟工匠和禅师迁至平城，随后开凿云冈石窟。494 年北魏迁都洛阳，又将凿窟风

气带至南方，大大削减了云冈的石窟建造，却在洛阳兴起了另一股造窟风潮，开凿龙门石窟。❶

晋东南现知最早的石窟，武乡县良侯店 1 号石窟，即是在这两个大型石窟的开凿时间点之间即北魏太和年间（477–499 年）建造。❷ 其他大部分北朝石窟建于北魏时期或具北魏风格，确定为北齐开凿的仅 3 窟。所以晋东南的造窟活动大致始于 4 世纪末，比平城、太原略晚一点。晋东南北朝石窟中，北魏时期的数量最多，形制齐全，应当是受北魏造窟文化影响较大，尤其是受到晋东南附近几个石窟文化中心（平城、太原、洛阳）的辐射。

将晋东南北朝石窟所在地标注在地图上会发现，晋东南北朝石窟的分布明显呈现出沿南北交通主线分布的趋势（图 27），交通枢纽沁县和高平最多，偏僻的黎城和沁源基本没有。而这条南北交通主线与北魏孝文帝南伐的路线有着巧合的重叠（图 28）。

史载，北魏迁都洛阳受到了巨大的阻力，孝文帝为强力推动迁都之举，采取了迂回的策略。太和十七年（493 年），孝文帝假意“讨伐南朝”，带领大军从平城南下，故意选择崎岖不平的山路，经朔州、忻州到太原，穿过上党地区（即今晋东南，太行山南段）的连绵山脉，渡过黄河来到洛阳。乘南伐大军长途跋涉疲惫不堪，孝文帝让将领们在南伐和迁都中二选其一，

❶ 参见：宿白．中国佛教石窟寺遗迹：3 至 8 世纪中国佛教考古学 [M]. 北京：文物出版社，2010：16-20.

❷ 参见：刘永生．武乡勋环沟良侯店石窟调查简报 [J]. 文物世界，2008（1）：9-13.

图 27　晋东南北朝石窟分布示意图
（林浓华　绘）

图 28　北魏南伐路线与晋东南北朝石窟分布示意图
（林浓华　绘）

半强迫性地定下了迁都洛阳的计划。这就是《魏书》中所说的“外示南讨，意在谋迁”❶。

有趣的是，之后孝文帝在494年正式迁都洛阳，走的却是河南境内道路平坦的东线。南伐路线（在此暂称为西线），既能让将士们感受到路险和疲惫，也利于隐藏行踪保护大军安全。而迁都的东线所经之处多为平川，虽然路途略远，但比南伐的西线平坦得多，行军运输舒适便利得多。根据已有历史研究❷，笔者将北魏孝文帝南伐和迁都的路线与现在所对应的位置列于表4：

❶ [北齐]魏收．魏书[M]．北京：中华书局，1974：464.

❷ 白艳芳《试探孝文帝迁洛之动机及所走的路线》中，根据《通监纪事本末》、《魏书·高祖纪》第七下、《中国历史地图集·东晋十六国·南北朝时期》和《中国文物考古词典》进行整理。参见：文献[11]。

表4　北魏孝文帝南伐与迁都路线对照表

南伐（493年）		迁都（494年）	
古	今	古	今
平城	山西省大同	平城	山西省大同
朔州	山西省朔州	浑源	山西省大同市浑源县
肆州	山西省忻州	灵丘	山西省大同市灵丘县
并州	山西省太原	定州中山郡唐湖	河北省定县，唐县
上党郡	山西省长治	冀州长乐郡之信都	河北省冀县
长平郡	山西省高平	邺	河北省临漳县
高都郡	山西省晋城	汲郡	河南省卫辉市
怀州	河南省沁阳	渡黄河	
渡黄河		洛阳郡	
洛州		洛阳	
洛阳			

这两条路线的微妙之处就在于，晋东南境内的南伐路线只是个幌子，是孝文帝暂时的障眼法，图上直线距离最短，看着有直奔南方的气势，但山地难走，折返难度高，便于劝说将士们选择在洛阳留下，并不是两都之间的交通主线。然而对于晋东南，却是个短暂且史无前例的文化传入的重要契机。史上第一次，北朝领袖率领主力部队途经晋东南。

孝文帝以佛教治国，北魏举国信佛，孝文帝494年正式迁都，493年即开始开凿洛阳龙门石窟。试想，南伐军队中有大量的佛教信徒，南伐途中很可能会有举行宗教仪式、祈祷、告慰、教义传播讲解等需求，沿途提供服务的僧侣也会需要临时的修行场所。石窟文化有可能就在此前后被带入晋东南。另外亦有可能，南伐路线提高了晋东南在佛教信徒中的知名度，其后亦有僧侣沿途寻找合适的地址造窟修行。

晋东南的北朝石窟，大部分都非常巧合地分布在这条路线上。偏僻幽静的黎城和沁源一个都没有，而交通枢纽沁县和长平（高平），却都是北朝石窟比较集中的地方。这条线路的最北端，出现了晋东南最早的石窟：

武乡县的良侯店 1 号石窟。而且武乡县良侯店 1 号石窟的开凿时间——北魏太和间（477–499 年），与北魏孝文帝南伐的时间太和十七年（493 年）也十分巧合。这样的巧合不禁令人联想推测，石窟文化正是顺着晋东南这条南北路线，随着北魏孝文帝的南迁活动，包括大军南伐的经历而传入晋东南，在适合开凿石窟的山地盛行开来。这与后来隋唐时以长安、洛阳为佛教中心向外辐射，汉化严重的龙门石窟形制从南向北传入晋东南相映成趣。

在已知朝代的晋东南石窟中，北朝石窟占比最大，大部分北朝石窟建于北魏时期或具北魏风格，都反映出晋东南的石窟文化，起源于北魏迁都洛阳前后。其存量和形制上，都不能低估北魏的影响，尤其是两个佛教中心（平城、洛阳）的辐射影响。北魏南迁活动、平城 – 洛阳两都之间频繁的佛教文化交流，对于石窟文化传入两都之间的晋东南，应有较大的影响。550 年，北齐定邺城为上都，晋阳（今太原市晋源区）为下都，这两都与晋东南更近，但从晋东南北朝石窟数量和风格来看，响堂山和龙山石窟对晋东南的影响，应逊于北魏。

五、总结

总体而言，晋东南北朝石窟从选址、规模、尺度、建筑形制等几个建筑特点来看，符合中原北朝石窟演变的大趋势，但并不具备大型石窟那种观赏性和仪式感。大部分规模小，单窟多，形制简单且朴素，具有较浓的禅修气质。

其一，平面方形、矩形居多，非常适合禅修；重复性很高的三壁三龛式、一铺三座的内容，都是北朝中原石窟中常见的做法。平面形态更倾向于小型的佛殿窟和禅窟，未发现精舍窟（生活用窟）、塔庙窟（宗教活动用窟），大抵与石窟经费及事佛规模有关，地偏人稀，没有那么大的宗教活动规模和石窟空间需求。

其二，窟顶建造，穹窿顶、平顶、方锥顶和覆斗顶样式齐全，同属北朝常见，但都规模不大，起拱不高，雕饰不多，甚至没有任何装饰。

其三，造像内容相对比较纯粹，基本是佛、菩萨和弟子。与云冈、天龙山的小型石窟相似，常用一佛二菩萨、二弟子的搭配和千佛小龛的样式。之后，隋唐才加入罗汉，宋代又出现老子、孔子，而明代更是融合了各式各样的佛、道鬼神以及民间信仰的人物，趋于世俗化、地方化。

其四，窟面建设加入了汉地建筑元素：柱廊、门框、伸出（或退进）的檐口、插枋，以及屋瓦等，具有汉化倾向和建筑化特征。

结合晋东南北朝的石窟开凿时间、分布以及石窟文化传播路线分析，晋东南北朝石窟的建造应当受到了北魏南迁的影响，甚至受到平城 – 洛阳两都间佛教文化交流的影响和辐射。

其特点（小、单、素、禅）形成的原因，除了受晋东南经济不发达、地偏人稀、没有大型宗教仪式需求的因素影响之外，亦可能与孝文帝南迁尤其是南伐的短暂性需求有关。

参考文献

[1] 国家文物局．中国文物地图集：山西分册 [M]. 北京：中国地图出版社，2006.

[2] 刘金锋．晋城文物通览：遗址墓葬石窟造像卷 [M]. 太原：山西经济出版社，2011：262–304.

[3] 卢秀文．中国石窟图文志：中 [M]. 兰州：敦煌艺术出版社，2002：489–490.

[4] 常青．石窟寺史话 [M]. 北京：社会科学文献出版社，2012.

[5] 陈丽萍，王妍慧．中国石窟艺术 [M]. 长春：时代文艺出版社，2007.

[6] 王恒．雕凿永恒：山西石窟与石雕像 [M]. 太原：山西人民出版社，2005.

[7] 刘慧达．北魏石窟与禅 [J]. 考古学报，1978（3）：337–352.

[8] 宿白．中国佛教石窟寺遗迹：3 至 8 世纪中国佛教考古学 [M]. 北京：文物出版社，2010：7–24.

[9] 李崇峰．中印佛教石窟寺比较研究：以塔庙窟为中心 [M]. 北京：北京大学出版社，2003：1–62.

[10] 宿白．中国石窟寺研究 [M]. 北京：文物出版社，1996.

[11] 白艳芳．试探魏孝文帝迁洛之动机及所走的路线 [J]. 中原文物，1997（1）：82–85.

[12] 刘永生．武乡勋环沟良侯店石窟调查简报 [J]. 文物世界，2008（1）：9–13.

[13] 张庆捷，李裕群，郭一峰．山西高平羊头山石窟调查报告 [J]. 考古学报，2000（1）：63–68.

[14] 贺世哲．敦煌莫高窟北朝石窟与禅观 [J]. 敦煌学辑刊，1980：41–52.

[15] 张法．空间形式与象征意义：佛教石窟从印度到汉地的演化 [J]. 浙江学刊，1999（1）：72–87.

[16] 于飞．泽州碧落寺石窟调查简报 [J]. 文物世界，2012（4）：45–49.

[17] 王中旭，邵菁菁，罗亚琳．山西晋城碧落寺石窟调查记 [J]. 文物，2005（7）：82–90.

[18] 李裕群，张庆捷．山西高平高庙山石窟的调查与研究 [J]. 考古，1999（1）：60–73.

[19] 常书铭．三晋石刻大全：晋城市高平市卷上 [G]. 太原：三晋出版社，2011.

[20] 王丽．三晋石刻大全：晋城市泽州县卷上 [G]. 太原：三晋出版社，2012.

[21] 申树森．三晋石刻大全：长治市平顺县卷 [G]. 太原：三晋出版社，2013.

[22] 李裕群，衣丽都．山西高平石堂会石窟 [J]. 文物，2009（5）：67–85.

中日转轮藏建筑形制的考古学研究❶

俞莉娜

（北京大学中国考古学研究中心）

摘要：转轮藏作为佛教寺院中藏经设施的一种，因其转动读经的特征而受到中日学者的关注。在日本中世时期（相当于中国南宋晚期至元代初期），转轮藏这类特殊的小木作建筑伴随着禅宗佛教的传播进入日本。本文以中日两国现存转轮藏遗构及两国建筑技术书中所见的转轮藏设计规定为研究对象，主要解决了中日转轮藏的结构体系和型式划分、日本转轮藏的分期试论及地区差异等问题，从而借此对中世时期中日两国的建筑技术交流史进行初步考察。

关键字：转轮藏，型式分类，建筑技术书，营造法式，中日交流史

Abstract: The rotating sutra cabinet is a particular type of wooden revolving bookshelf used for storing sutras in Buddhist temples. In the medieval period, *Zen* Buddhism was introduced into Japan from China and swiftly spread all over the country. Under such circumstances, the rotating sutra cabinet quickly became popular.This paper explores actual examples of rotating sutra cabinets that have survived in China and Japan, as well as the theoretical guidelines of construction recorded in technical books on Japanese architecture. Focus of research is: first, the structural system and typology of rotating sutra cabinets; second, the stylistic development over different time periods in Japan; and third, regional differences in Japanese construction. This discussion will prove helpful in understanding the historical cultural exchange between China and Japan and the specifics of rotating sutra cabinet construction in each country.

Keywords: Rotating sutra cabinet, typological study, technical books, *Yingzao fashi,* historical exchange between China and Japan

一、绪论

转轮藏，为佛教寺院中所见的转动式藏经建筑。学界普遍认为，转轮藏最初是由梁朝学者傅大士所发明❷，其不仅具有书架功能，还因为受到“推转轮藏等同于诵读一部大藏经”之思想的影响，转轮藏同时也成为佛教世俗信仰支持下的礼拜对象。❸

中国寺院配置转轮藏的现象在唐代文献中多有记载，发展至宋元时期，伴随着大藏经的多

❶ 本文为日本学术振兴会特别研究员奖励费“日中寺院における蔵経建築の比較研究”（18J14286）、国家社会科学基金重大项目“两宋建筑史料的编年研究”（19ZDA199）的研究成果。

❷ 古文献中对于傅大士发明转轮藏的记载有，《善慧大士语录》（［唐］楼颖编）：“大士在日，常以经目繁多，人或不能遍阅，乃就山中建大层龛，一柱八面，实以诸经，运行不碍，谓之轮藏”；《佛祖统纪》（［南宋］释志磐撰）：“轮藏，梁傅大士愍世人多故，不暇诵经及不识字，乃于双林道场创转轮藏以奉经卷”等。然而，近年也有学者通过梳理历代记录傅大士生平事迹的各类文献，认为《善慧大士语录》等文献中对于傅大士的记录多为后人杜撰，从而认为傅大士发明转轮藏之事也并非确凿事实。参见：永井政之．傅大士と輪蔵 [J]. 曹洞宗宗学研究所紀要，1994（8）：13–30。

❸ 有关转轮而积功德的说法，可见《善慧大士语录》卷一：“仍有愿言：‘登吾藏门者，生生世世不失人身；从劝世人，有发菩提心者，志诚竭力，能推轮藏不计转数，是人即与持诵诸经功德无异，随其愿心，皆获饶益’。”参见：［唐］楼颖．善慧大士语录．大正藏版。

次刊刻出版，转轮藏的建造十分兴盛。❶日本镰仓时期从中国南宋江南地区引入了禅宗佛教，带动了日本禅宗寺院的修建高潮。中国宋元时期的建筑样式及技术也伴随着这一次文化传播对日本建筑界产生影响，诞生了“禅宗样”❷建筑样式。转轮藏作为中国江南禅寺建筑的一部分，也伴随着此次文化传播的浪潮而传入日本。

中国仅存转轮藏遗构 10 例，年代分布在北宋中前期至清代末期。❸而日本则保留有丰富的转轮藏遗构，自室町时期至明治以前，可确认形制的遗构有 121 例（附表 2）。❹此外，中日两国古代建筑技术书中，都见有对转轮藏这类特殊建筑形式的记录，中国北宋建筑技术专书《营造法式》卷六“小木作制度 转轮经藏”条，见有对于转轮藏的详细规定。此外，日本近世木割书《匠明》❺、《诸记集》❻、《建仁寺派家传书》❼、《甲良宗贺传来目录》❽、《柏木家秘传书》❾、《中川直道木割文书》❿等，也见有对转轮藏的图文记录。

中日两国学者的先行研究中对于转轮藏的关注主要基于以下三个方面。一为对转轮藏个例的调查及研究⓫；二为对转轮藏起源及发展的历史学、建筑史学研究⓬；三为在技术史的视点下对

❶ 椎名宏雄指出：“宋代是禅宗发展的鼎盛期，而刻本大藏经正好也在此时不断涌现。”其在宋元时期文献中梳理出 192 条寺院修建经藏的记录，其中约 70 条提及转轮藏。参见：椎名宏雄．宋元时期经藏的建立 [J]. 藏外佛教文献，2010（01）：315-351。此外，南宋学者叶梦得也对当时寺院修建转轮藏的盛况有所记录：“比年以來，所至大都邑，下至穷山深谷号为兰若，十而六七，吹蠡伐鼓，音声相闻，繈負金帛，蹥蹑户外，可谓甚盛。”参见：[宋]叶梦得．建康集 [M]. 卷四 .[清]钦定四库全书本。

❷ 禅宗样，也称唐样，是日本镰仓时代伴随着禅宗佛教的传入而新产生的木构建筑样式。此样式在吸收了中国东南沿海地区建筑形制特征的基础上，表现出柱间使用补间铺作、屋檐用扇垂木、柱间多用串等连接材、建筑表现细长的内部空间等形制特征，与日本传统和样建筑并立，成为影响至日本江户时期的建筑样式。

❸ 中国转轮藏遗构有：正定隆兴寺转轮藏（北宋中前期）、江油云岩寺转轮藏（1181 年）、大足北山石刻转轮藏（南宋）、大足宝顶山毗卢道场窟（南宋）、北京智化寺转轮藏（1444 年）、平武报恩寺转轮藏（1446 年）、颐和园佛香阁转轮藏（清）、雍和宫转轮藏（清）、五台山塔院寺转轮藏（清）、承德须弥福寿之庙（清）。

❹ 《自在院一切经堂・轮藏保存工事报告书：附全国之轮藏》中收集了日本现存转轮藏的遗构目录，自中世至明治以前约有遗构 120 例，明治至今另见有遗构约 100 例。参见：阿住義彦．自在院一切経堂・輪蔵保存工事報告書：附全国の輪蔵 [M]. 福島：真言宗豊山派自在院，2007。

❺ 伊藤要太郎．匠明 [M]. 東京：鹿島出版会，1971.

❻ 日本静嘉堂文库藏。

❼ 河田克博．近世建築書 - 堂宮雛形 [M]. 京都：大龍堂書店，1988.

❽ 同上。

❾ 日本竹中大工道具馆藏。

❿ 东京都立中央图书馆藏。

⓫ 中国转轮藏的个例研究见有：《正定隆兴寺转轮藏》（赵献超．正定隆兴寺转轮藏 [J]. 石窟寺研究，2011：289-303）、《我国现存最早的转轮藏——正定隆兴寺宋代转轮藏浅析》（刘友恒，杜平．我国现存最早的转轮藏——正定隆兴寺宋代转轮藏浅析 [J]. 文物春秋，2001（3）：52-55.）、《云岩寺飞天藏及其宗教背景浅析》[左拉拉．云岩寺飞天藏及其宗教背景浅析 [M]// 贾珺．建筑史（第 21 辑）. 北京：清华大学出版社，2005：82-92.]、《江油县圌山云岩寺飞天藏及藏殿勘查记略》[辜其一．江油县圌山云岩寺飞天藏及藏殿勘查记略 [J]. 四川文物，1986（04）：9-13.]、《四川平武明报恩寺勘察报告》（向远木．四川平武明报恩寺勘察报告 [J]. 文物，1991（04）：1-19.）、《北京智化禅寺转轮藏初探——明代汉藏佛教交流一例》[闫雪．北京智化禅寺转轮藏初探——明代汉藏佛教交流一例 [J]. 中国藏学，2009（01）：211-215.]。日本轮藏遗构中，见有修缮及调查报告书的有园城寺轮藏、金刚峰寺轮藏、日光东照宫轮藏、京都妙心寺轮藏、京都本圀寺轮藏、京都知恩院轮藏、京都仁和寺轮藏、滋贺长寿院轮藏、德岛丈六寺轮藏、福岛自在院轮藏、福冈永照寺轮藏、福冈圣福寺轮藏等。

⓬ 有关中日轮藏起源及发展的历史学研究有：《傅大士研究》（张勇．傅大士研究 [M]. 成都：巴蜀书社，2000.）、《傅大士と輪蔵》[永井政之．傅大士と輪蔵 [J]. 曹洞宗宗学研究所紀要，1994（8）：13-30.]、《日本の輪蔵についての覚書》（野崎準．日本の輪蔵についての覚書 [J]. 黄檗文華，2007：231-240.）、《宋代転輪蔵とその信仰》（金井徳幸．宋代転輪蔵とその信仰 [J]. 立正史学，2008：1-18.）、《经藏与转轮藏的创始及其发展源流辨析》[黄美燕．经藏与转轮藏的创始及其发展源流辨析 [J]. 东方博物，2006（02）：66-72.]、《中世の寺社と輪蔵—中国文化としての受容と拡大》（大塚紀弘．中世の寺社と輪蔵—中国文化としての受容と拡大 [M] // 東京大学大学院人文社会系研究科．中世政治社会論叢：村井章介先生退職記念．東京：東京大学大学院人文社会系研究科・文学部日本史学研究室，2013：29-43.）等。针对中日轮藏的建筑史研究，见有《中日佛教转轮经藏的源流与形制》[张十庆．中日佛教转轮经藏的源流与形制 [M]// 张复合．建筑史论文集（第 11 辑）. 北京：清华大学出版社，1999：60-71.]。

《营造法式》中转轮藏规定的考察。❶

综合来看，笔者认为前人研究中对转轮藏所体现建筑形制的研究尚不充分。具体来说，首先，虽然日本保留有丰富的转轮藏遗构，但现有研究中尚未见有对其系统的类型划分，对转轮藏所体现的时代变迁和地区差异的考察也不充分。其次，就研究对象而言，先行研究中对遗构及建筑书规定的综合考察尚不充分，从而无法就古代工匠对转轮藏的结构及技术认识做出客观评价。此外，综合中日两国转轮藏遗构及相关文献记录，对于两国转轮藏的技术影响和各自发展过程尚未见有系统梳理。

综上，本文着眼于中日转轮藏遗构及古代文献，以考古类型学方法及木构建筑形制年代学方法为主要理论支持❷，对两国转轮藏进行型式划分。在此基础上，就日本各时期转轮藏所体现的时代差异进行分期探讨，并对转轮藏的地域特征进行简要分析。因此，本文旨在东亚建筑史视野下重新考量转轮藏建筑的地位及其型式分类在时代变化中的意义，并结合中日交流史和社会发展史之背景，对转轮藏所体现的建筑技术交流史进行新的认识。

二、中日转轮藏的型式分类

有关转轮藏的形式分类，张十庆先生曾将中国转轮藏的形制结构划分为“部分转动式”和“整体转动式”两类。❸《自在院一切经堂・轮藏保存工事报告书》中将日本转轮藏分为“筒型”和“独乐型”（陀螺型）两类，“筒型”又根据基座部分形状的不同分为“圆形”和“八角”两型。❹对比两者的分类依据，前者以内部受力结构为分类基准，后者则以外部形态为主要依据。本节在吸收前人分类成果的基础上，将以现存已知的年代记载确切，或年代范围可知的中日转轮藏遗构为主要对象，并同时参考中日建筑技术书中对于转轮藏形态记载的文字和图像材料，以转轮藏的主体回转构造，外形特征等主要依据进行型式分类的再探讨。

1. A 型（《营造法式》型）

《营造法式》卷十一“小木作制度六 转轮经藏”条是现存最早的关于转轮藏建筑结构形式及细部尺度的全面详细记录。根据原文规定顺序，转轮藏从构造上分为外槽、里槽及转轮的三部分。外槽自下而上为帐身❺、腰檐、平座及天宫楼阁四部分。内槽自下而上分为须弥式基座、帐身。外槽柱头、腰檐以及内槽基座和柱头均施有复杂斗栱，内槽柱间置有格子门，整体体现了对大木建筑的高度模仿。内槽内部的独立转轮结构为转轮经藏的可旋转部分，当心立轴，轴身穿插辐条，整体呈筒形结构。经卷则置于每层辐条间的格状空间内，因此《营造法式》所规定的转轮经藏，其藏书和旋转的功能都由中心的转轮完成。

---

❶ 对《营造法式》“转轮经藏”条进行注释及复原的研究有：《営造法式の研究 2》（竹島卓一．営造法式の研究 [M]. 東京：中央公論美術出版，1970.）。

❷ 徐怡涛．文物建筑形制年代学研究原理与单体建筑断代方法 [M]// 王贵祥，贺从容．中国建筑史论汇刊・第贰辑．北京：清华大学出版社，2009：487-494.

❸ 张十庆．中日佛教转轮经藏的源流与形制 [M]// 张复合．建筑史论文集（第 11 辑），北京：清华大学出版社，1999：60-71.

❹ 阿住義彦．自在院一切経堂・輪蔵保存工事報告書：附全国の輪蔵 [M]. 福島：真言宗豊山派自在院，2007.

❺ 《营造法式》文字部分未对外槽基座进行规定，但图样部分外槽柱下置莲花柱础，其下有“寿山福海”纹样的低矮基座，此类基座现存实例有杭州灵隐寺经幢、双塔，以及杭州闸口白塔、梵天寺经幢等。

遗憾的是，现存实例中并无一例与《营造法式》转轮藏形制相符。仅在若干较《营造法式》时代为早的唐代文献中见有此类形制转轮藏的描述。一为《邠国公功德铭》，“又于堂内造转轮经藏一所，刻石为云，凿地而出，方生结构，递□□缘。立无数花幢，窃比兜率；造百千楼阁，同彼化城……于是方表含轮，虚中不滞。”[1] 可知此转轮藏底部也见有同《营造法式》图样类似的“寿山福海”式基座，整体结构为转轮与外装分离之式样，为了保证转轮正常运转，建造时需注意“虚中不滞”。二为《苏州南禅院千佛堂转轮经藏记》：“上盖下藏，藏盖之间转九层，佛千龛，彩绘金碧以为饰。环藏盖悬镜六十有二，藏八面，面二门，丹漆铜锴以为固。环藏敦集作敷座六十有四。藏之内，转以轮，止以柅。”[2] 可见在如《营造法式》转轮藏一样的分离式结构中，内部转轮被称为“轮”，外部小木建筑被称为“藏”，而转轮藏顶部诸如“天宫楼阁”等装饰部分被统称为“盖”。张十庆先生曾指出，《营造法式》所规定的转轮藏做法，是早期转轮藏主要结构形式的体现，此后转轮藏体量逐渐变小，同时实现了技术进步，这类内部旋转的转轮藏类型逐渐遭到摒弃。[3] 参考中国现存最早的转轮藏遗构——正定隆兴寺转轮藏，可知至少在北宋中前期，也就是《营造法式》刊行前半个世纪之时，中国已经发展出“轮”和“藏”一体的转轮藏形式[4]，因此《营造法式》小木作制度中对于分离式转轮藏形制的记录，或可能是对于“古式”转轮藏形式的表现。

综上，《营造法式》所记的转轮藏形式突出转轮藏旋转取书的功能，体现出分离式的构造形式，本文将这类转轮藏命名为“《营造法式》型”（图 1）。

2. B 型（金山寺型）

《五山十刹图》被普遍认为是日本入宋僧历访南宋五山十刹、图写禅院规矩礼乐及样式规制的产物，是中世日中建筑交流史的重要物证，同时也是日本建筑禅宗样发生源流的证据之一。[5] 其中，第 42 幅“镇江金山寺样”图勾绘了南宋镇江府金山寺藏殿内的八角转轮藏形象。转轮藏以剖面图的形式体现，地盘规模约占藏殿主屋的三分之二，高度约与上檐柱相当，转轮藏中心为一立轴，立轴上下穿插多根水平及斜向的辐条，作为转轮藏的构造骨架。外部的装饰部分依附于骨架而做成，自下而上分为基座、内外槽帐身及天宫楼阁三个部分。从外部形象上来说，金山寺转轮藏与《营造法式》小木作转轮经藏类似，均反映出基座、内外槽帐身及天宫楼阁的三段式布局，但从结构机制上看，金山寺转轮藏立轴上部与藏殿大梁连接，并通过在中心立轴上穿插骨架材料，实现了“轮”与“藏”的结合，与《营造法式》转轮经藏存在本质不同。值得注意的是，此转轮藏立轴底部的铁鹅台桶子置于一扁平状铁制平台上，平台缘部做出起翘与上部转轮藏基座底部基本平行，可见转轮藏底部几乎与地面相接，转轮藏内部的立轴及辐条等

---

[1] ［清］董诰等编 . 孙映逵等点校 . 全唐文 [M]. 太原：山西教育出版社，2002.

[2] ［唐］白居易，著 . 顾学颉，等，点校 . 白居易集 [M]. 北京：中华书局，1976.

[3] “从转轮藏形制演变的角度而言，部分转动式应是早期转轮藏结构的主要形式。……随着转轮藏的体量逐渐趋于小型化以及转动机轴性能的改进，转动更为直观、形制更为简洁的整体转动式转轮藏，则取而代之，成为转轮藏的主要形式。”参见：张十庆 . 中日佛教转轮经藏的源流与形制 [M]// 张复合 . 建筑史论文集（第 11 辑），北京：清华大学出版社，1999：60-71。

[4] 北宋文献中关于这类一体式转轮藏的记录也并不少见，如宋陈舜俞《秀州资圣禅院转轮经藏记》（1054 年）：“是名经藏，毂运环循，电走雷振”。参见：［宋］陈舜俞 . 秀州资圣禅院转轮经藏记 .［清］钦定四库全书本；《吉州隆庆禅院转轮经藏记》：“机发于踵，大车左旋，人天圣凡东出西没，鬼工神械耀人心目”。参见：［宋］黄庭坚 . 豫章黄先生文集 . 四部丛刊初编本；《真州长芦寺经藏记》：“建大轴两轮，而栖匦于轮间”。参见：［宋］王安石 . 临川集 [M]. 北京：中华书局 .1966。

[5] 《五山十刹图》绘于 13 世纪中叶，内容涉及禅宗寺院布局、单体建筑形式、建筑内部装饰、佛具样式等。田边泰、横山秀哉、关口欣也、张十庆等学者对于其内容所反映的建筑信息均有研究。

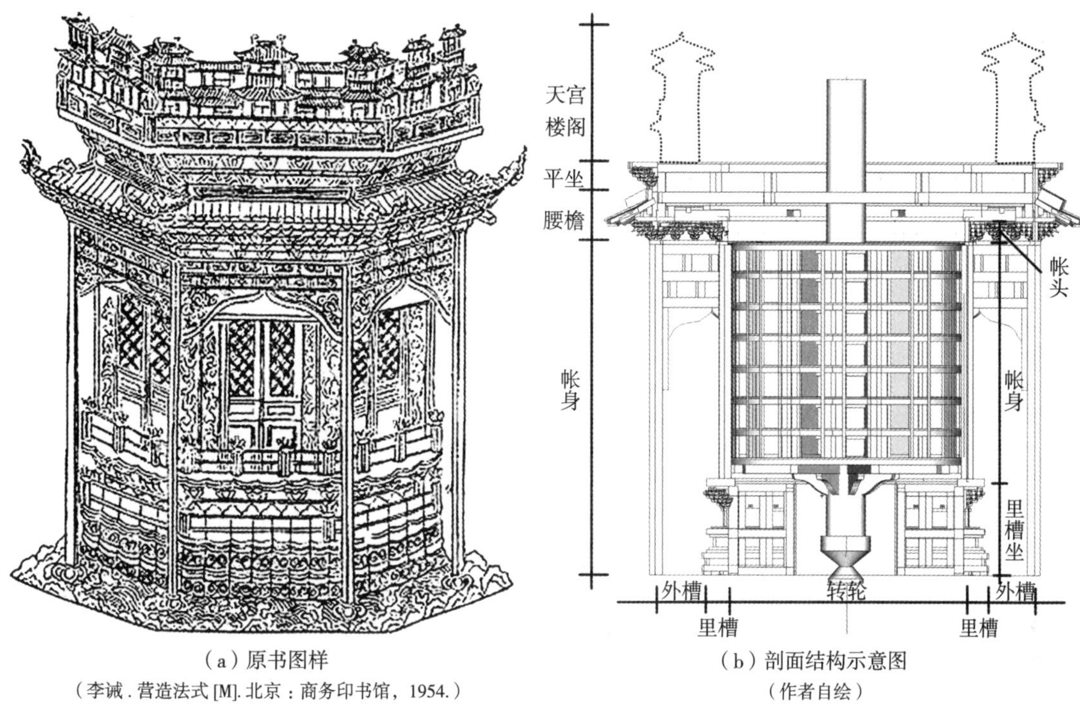

（a）原书图样
（李诫 . 营造法式 [M]. 北京：商务印书馆，1954.）

（b）剖面结构示意图
（作者自绘）

图 1 《营造法式》卷十一“转轮经藏”

结构性构件为外部装饰性构件完全遮蔽，因此在不转动时，转轮藏整体表现为藏殿内部的一座小建筑的形象（图 2）。

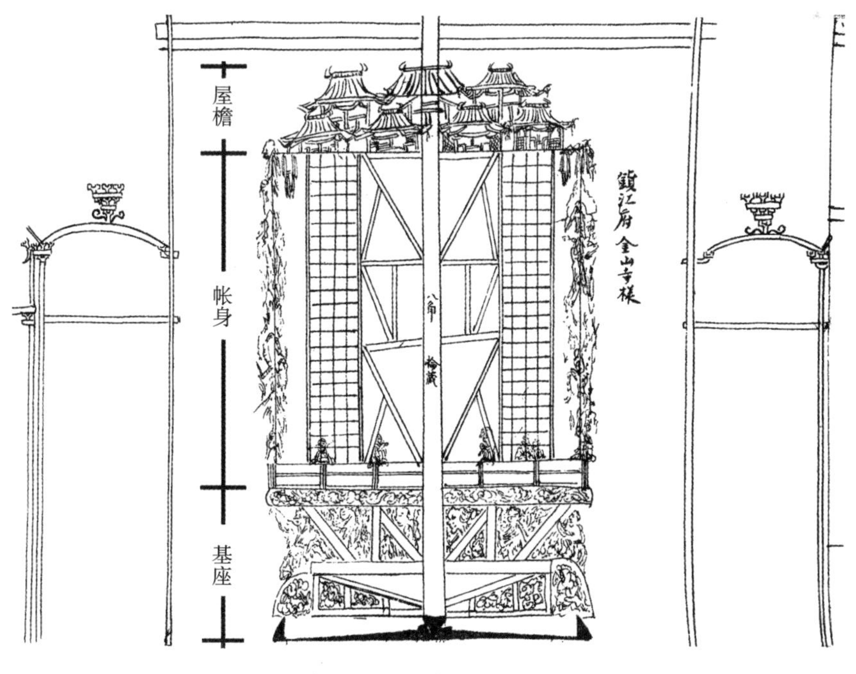

图 2 《五山十刹图》“镇江金山寺样”
（大乘寺本）

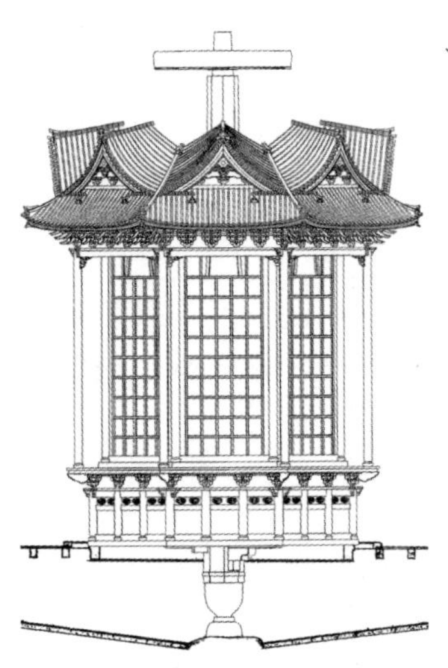

（a）滋贺园城寺转轮藏
（滋贺県教育委員会事務局文化財保護課．重要文化財園城寺一切経蔵（経堂）・食堂（积迦堂）保存修理工事報告書 [M]. 大津：滋贺県教育委員会，2012.）

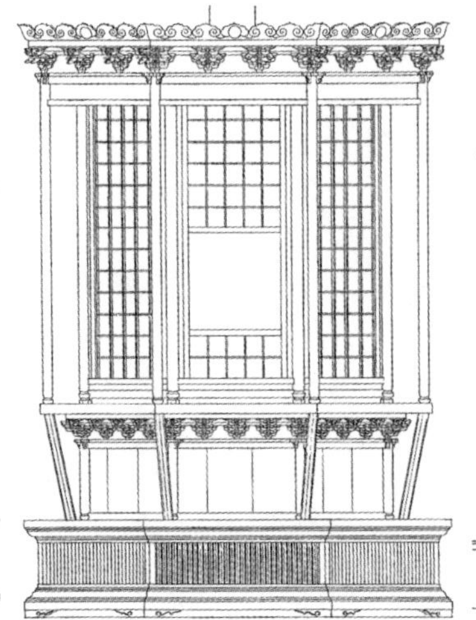

（b）岐阜安国寺转轮藏
（文化厅．国宝・重要文化財実測図集）

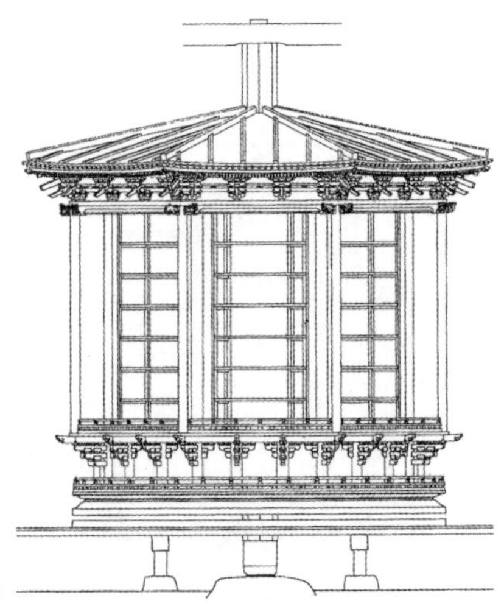

（c）和歌山金刚峰寺
（和歌山県文化財研究會．重要文化財金剛峯寺奥院経蔵修理工事報告書 [M]. 和歌山：高野山文化財保存会，1978.）

图 3　日本中世转轮藏实例

纵观中日转轮藏遗构，中国自北宋至清代所见的 9 例转轮藏遗构均同图 2 所示的结构形式相似。日本遗构中，现存中世时期的 3 例遗构——滋贺园城寺转轮藏（1402—1410 年）、岐阜安国寺转轮藏（1404 年）、和歌山金刚峰寺转轮藏（1599 年），均为此结构形式（图 3）。由此可见，《五山十刹图》所绘南宋金山寺转轮藏的形象应是自北宋时期发展而来的中国转轮藏建筑的标准形态，也是伴随禅宗佛教的传播而传入日本的转轮藏建筑的祖形之一。本文将这种整体旋转、表现为对大木建筑高度模仿形态的转轮藏，命名为“金山寺型”。

根据形态结构的不同，“金山寺型”转轮藏还可被分为三式。

I 式为单层双槽形式。即金山寺转轮藏的样式。表现为帐身部分安置内外双层柱，以制作出回廊空间，经卷放置于内槽柱间，内槽柱间或安装格子门，或直接表现经匣的形态。从实例来看，前述正定隆兴寺转轮藏当为此结构类型，只是此实例采用重檐建筑式样代替了天宫楼阁的“盖”式样。重庆大足宝顶山毗卢道场的石造仿木构转轮藏也为此形式。此例顶部突出表现“天宫楼阁”形象，与同期《五山十刹图》中的形象高度一致。而日本现存已知的转轮藏遗构中，采用此结构形式的超过总量的三分之一。除前文所述的中世晚期三座遗构外，中世晚期至江户前期的京都地区大寺院，诸如本圀寺、妙心寺、仁和寺、西本愿寺等，均采用此类转轮藏形式。日本近世木割书中，《匠明》[1] 堂记集“轮藏之鞘　五间四面堂之图”，及《诸记集》[2]“中之轮藏之图”、《建仁寺派家传书》[3]“内轮藏（但缘颊有）”，以及《柏木家秘传书》[4]“轮藏”等条目均反映了此类转轮藏的结构形式（图 4）。

1 伊藤要太郎．匠明 [M]. 東京：鹿島出版会，1971.
2 日本静嘉堂文库藏。
3 河田克博．近世建築書－堂宮雛形 [M]. 京都：大龍堂書店，1988.
4 日本竹中大工道具馆藏。

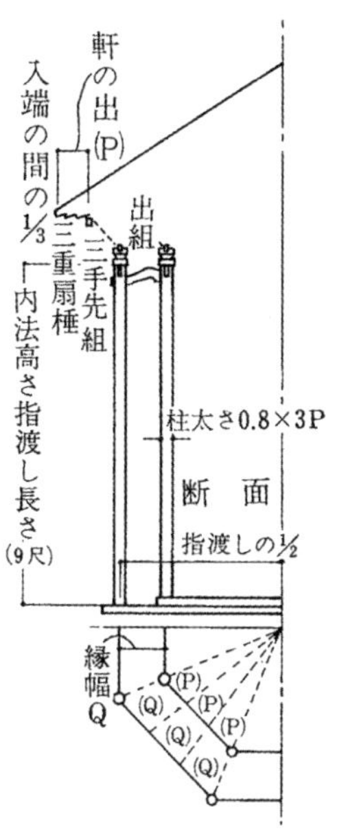

（a）《匠明》“轮藏之鞘　五间四面堂之图”复原
（伊藤要太郎．匠明五卷考[M]．東京：鹿島出版会，1971.）

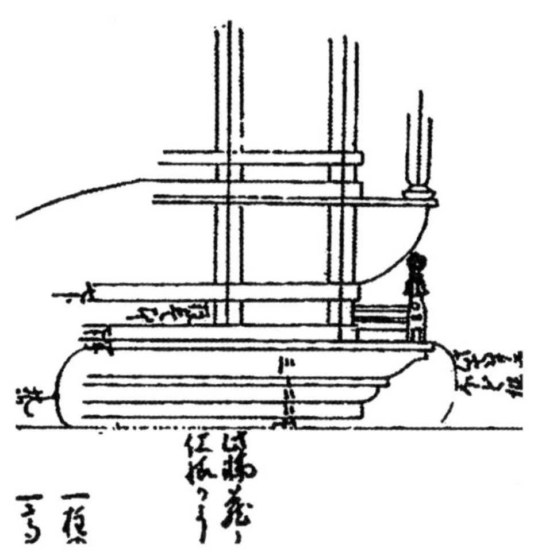

（b）《柏木家秘传书》“轮藏”
（竹中大工道具馆藏）

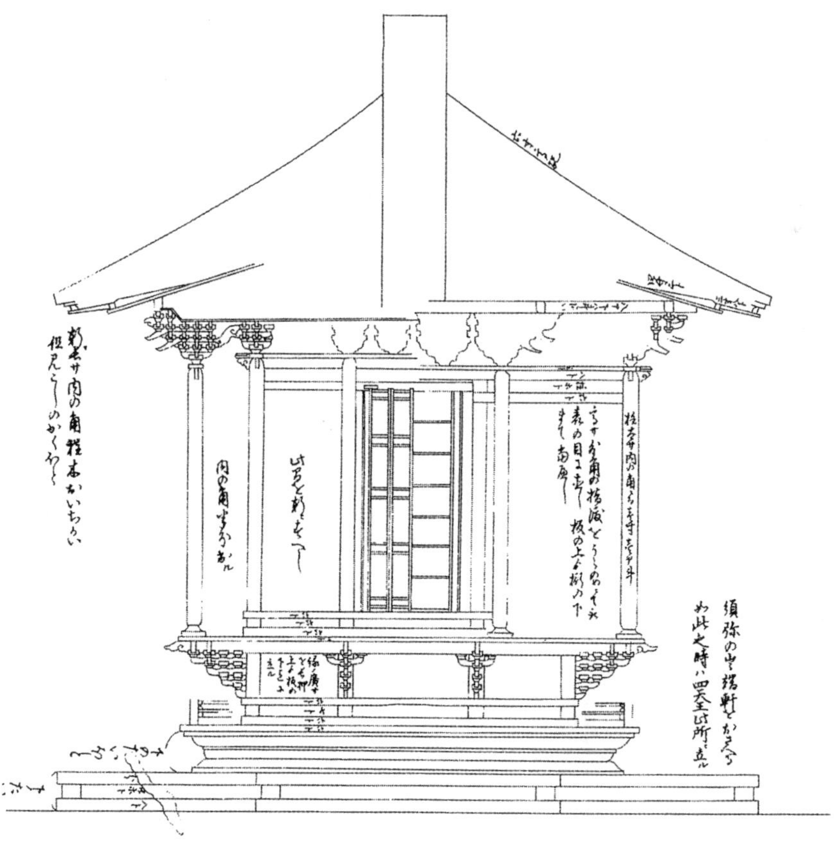

（c）《甲良宗贺传来目录》“内轮藏”
（河田克博．近世建築書－堂宮雛形[M]．京都：大龍堂書店，1988.）

图4　日本近世建筑技术书所见B-I型转轮藏

除顶部天宫楼阁被舍弃外，日本单层双槽式转轮藏遗构同南宋金山寺转轮藏形象高度一致，可见这类中世时期直接从中国传入的结构形式在日本近世仍然得到了很好的继承，可以认为是日本转轮藏建筑的普及标准形态。

II 式为单层单槽式。即帐身不做回廊的转轮藏形式。日本年代最早的遗构为京都大德寺转轮藏（1636 年），此转轮藏基座部分每面出柱三根，其上承床板并悬挑勾栏，帐身柱置于床板之上，与基座柱同处一垂直线。此转轮藏当为 I 式转轮藏的简化形态，18 世纪后在日本逐渐流行。此外，在 18 世纪的建筑技术书《中川直道木割文书》[1] 中可见有关 B–II 型轮藏木割图文记录，其转轮藏形态与大德寺转轮藏如出一辙。中国明代智化寺转轮藏形态与此形式类似，此例在石质基座上置木质帐身，仿木形态较弱，且此例转轮藏不具备旋转功能，仅作藏书之用，因此只能算作中国转轮藏建筑的特例（图 5）。

[1] 东京都立中央图书馆藏。

III 式为多层式。即帐身表现为多层楼阁式建筑的形式。此做法仅见于中国实例中，南宋江油云岩寺转轮藏、明代平武报恩寺转轮藏、清代颐和园转轮藏、清代雍和宫转轮藏均属于此类形式，可见此形式最迟在南宋时期由传统单层转轮藏结构改良而来，一直发展至中国清代时期。这几例转轮藏外观均为 5—6 层楼阁建筑的样式，首层较高并出回廊，其上每

（a）中国北京智化寺转轮藏（1444 年）
（作者自摄）

（b）日本京都大德寺转轮藏（1636 年）
（京都府教育庁指導部文化財保護課，京都府教育委員会 . 重要文化財大徳寺経蔵及び法堂・本堂（仏殿）修理工事報告書 [M]. 京都：京都府教育委員会，1982.）

图 5　中日 B–II 型转轮藏实例

（a）江油云岩寺转轮藏（1181 年）
（作者自摄）

（b）江油云岩寺转轮藏内部构造
（作者自摄）

（c）平武报恩寺转轮藏（1446 年）
（李林东　提供）

（d）平武报恩寺转轮藏内部构造
（李林东　提供）

图 6　B-III 型轮藏实例

层底部做出平座栏杆，檐下出复杂斗栱装饰，每层柱间多安装格子门并做出雕刻装饰。但这几例转轮藏均已不做藏经之用，仅具有旋转式建筑的功能，由于不需要制作放置经匣的空间，转轮藏构造实现轻量化。多层式转轮藏的主体骨架结构与单层转轮藏相同，仍为立轴间穿插各层辐条的形式。转轮藏内部骨架外镶嵌木板，外部仿大木建筑的装饰材料均依附木板而装配。这种转轮藏形式伴随着寺院世俗化的进程而产生[1]，转轮藏藏经功能弱化，其视觉效果更得到关注。此外，明代时期见有禅宗寺院将经藏殿与转轮藏殿并置的现象[2]，可见自此时期，藏经功能已逐渐从转轮藏中脱离，转轮藏的旋转功能更被重视（图 6）。

---

❶　有学者指出，宋代以降，轮藏被“认为是救济和敬畏的对象，并当作具有异能的大灵像而信仰。因此将回转轮藏当作诵读和书写经典的意义逐渐减弱，转轮藏本身作为灵应的一种证明”。参见：金井徳幸．宋代転輪蔵とその信仰 [J]. 立正史学，2008：1-18。

❷　《帝京景物略》卷一“大隆福寺”：“大隆福寺，恭仁康定景皇帝立也。三世佛、三大士，处殿二层三层。左殿藏经，右殿转轮，中经毗卢殿，至第五层，乃大法堂。”参见：[明] 刘侗等撰．孙小力注解．帝京景物略 [M]. 上海：上海古籍出版社，2001。

3. C 型（增上寺型）

江户初期，日本转轮藏的建筑形式在“金山寺型”的基础上出现了变异，主要表现为转轮藏底部基座部分被舍弃，取而代之的是采用在立轴中伸出多重插栱或云栱承托上部帐身的结构；帐身以下的部分呈倒锥型，立轴裸露在外，立轴底部多用莲花装饰的柱础。东京增上寺转轮藏（1613 年）及栎木日光东照宫转轮藏（1635 年）为这种形式的早期实例，除了底部采用倒锥型构造外，上部帐身及屋顶部分与上述“金山寺型”并无差别。值得注意的是，增上寺与东照宫均为与德川幕府密切相关的建筑[1]，从建造组织背景来看，增上寺在庆长年间的营造活动，由幕府大工头[2]中井正清主持，根据其与增上寺住持的来往书信及增上寺古图，可知原转轮藏位于大殿后方，于庆长 18 年（1613 年）完成修建。日光东照宫于元和年间始建，此次营造活动也由中井正清主持，根据其工程记录文书[3]，可以确定东照宫在元和时期已经建有转轮藏，加上现存转轮藏立轴上的“元和六年”（1621 年）墨书题记，可知虽然东照宫各建筑经过后世重建—— 一般被认为现存遗构为宽永年间（1635 年）遗物——此转轮藏形制应当可以上溯到元和年间（图 7）。

从技术源流来看，立轴出插栱承托缘板之做法，应当受到了日本传统神社建筑的床板支持技术的影响。室町时期的小规模神社建筑多见有从底部蜀柱伸出插栱支撑地面板的现象。此后，战国时代至江户初期灵庙建筑中流行的“权现造”社殿[4]类型中普遍使用斗栱支撑地面板的做法。中井正清及其工匠团队作为幕府的御用工匠，想必对“权现造”社殿的建造技术十分熟悉，进而将这种地面板支撑技术引入作为小木建筑的转轮藏之中，创造出同传统“金山寺型”轮藏相异风格的新转轮藏类型。本文将这类立轴外露的转轮藏类型称为“增上寺型”（图 8）。

同 B 型转轮藏类似，C 型转轮藏也可分为两式。

I 式为双槽式。这类转轮藏应由 B–I 型，也就是“金山寺样”转轮藏的形式直接发展而来，规模也与 B–I 型转轮藏相当，所在寺院也规模较大。除上述的两例外，栎木鑁阿寺转轮藏、长野善光寺转轮藏都为这一类型的典型实例。

II 式为单槽式。从现存遗构的年代来看，C–II 型出现的时间与 B–II 型接近，推测单槽转轮藏的发生即是在这一时期。《建仁寺派家传书》[5]除记录了前述 B-I 型转轮藏外（直径 1.414 丈），同时还记述了 C–II 型转轮藏（直径 7.8 尺）。可见在当时工匠的认识下，B–I 型为大规模转轮藏的代表，而 C–II 型为小规模转轮藏的代表，这与现存遗构的面貌基本一致（图 9）。

[1] 增上寺为德川幕府菩提寺（供奉祖先的寺院），东照宫为幕府初代德川家康的灵庙。

[2] 大工头，江户幕府工匠职位之一，为最高工匠技术长官。

[3] “元和五年二荒山此度東照宮……御本社御拜殿其外御迴廊護摩堂御神樂所陽明門御門神輿舍御厩御本地堂輪蔵惣體仰付之通り繩張いたし繪圖面仕差上申候（元和五年二荒山始建东照宫，绘制本社、拜殿、外回廊、护摩堂、神乐所、阳明门、大门、神舆舍、马厩、本地堂、轮藏殿等全体建筑图样）。”参见：大熊喜邦．江戸建築叢話 [M]. 東京：東亜出版社，1947。

[4] 权现造社殿：本殿和拜殿连为一体，整体体现“工字形”平面布局的神社建筑形式。其技术源流尚不明了，年代最早的实例是同作为德川家康灵庙的静冈久能山东照宫社殿（1617 年）。

[5] 河田克博．近世建築書－堂宮雛形 [M]. 京都：大龍堂書店，1988.

（a）

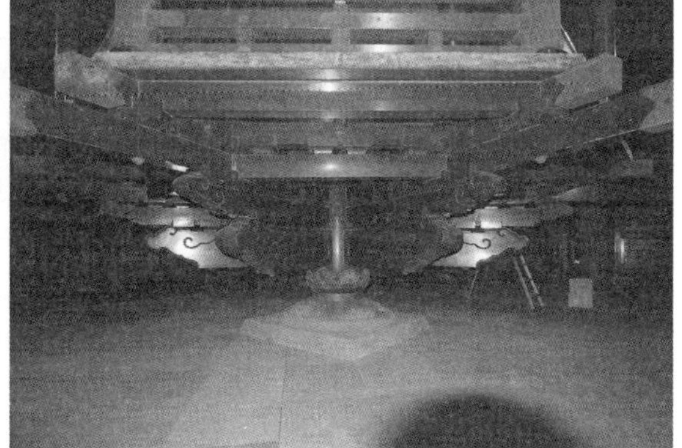

（b）

（c）

（d）

（a）东京增上寺转轮藏
（作者自摄）
（b）增上寺转轮藏底部结构
（作者自摄）
（c）日光东照宫转轮藏
（日光社寺文化財保存会.重要文化財経蔵・鼓楼・鐘楼修理工事報告書[M].日光：日光東照宮，1975.）
（d）东照宫转轮藏底部结构
（日光社寺文化財保存会.重要文化財経蔵・鼓楼・鐘楼修理工事報告書[M].日光：日光東照宮，1975.）

图7　C型转轮藏早期实例

（a）

（b）

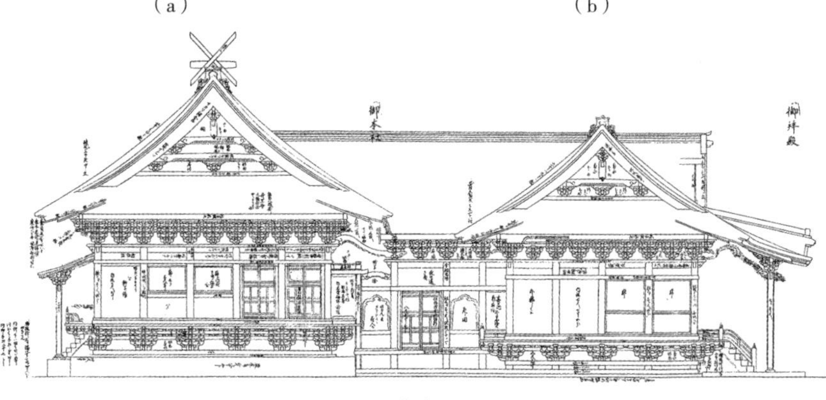

（c）

（a）兵库欢喜院圣天堂（1411年）
（兵库县三木市政府主页）
（b）福冈太宰府天满宫志贺社（1458年）
（作者自摄）
（c）权现造社殿——日光东照宫本殿古图
（国立歴史民俗博物館.古図にみる日本の建築[M].東京：至文堂，1989.）

图8　日本中近世地面板支撑构造实例

（a）京都清凉寺转轮藏
（作者自摄）

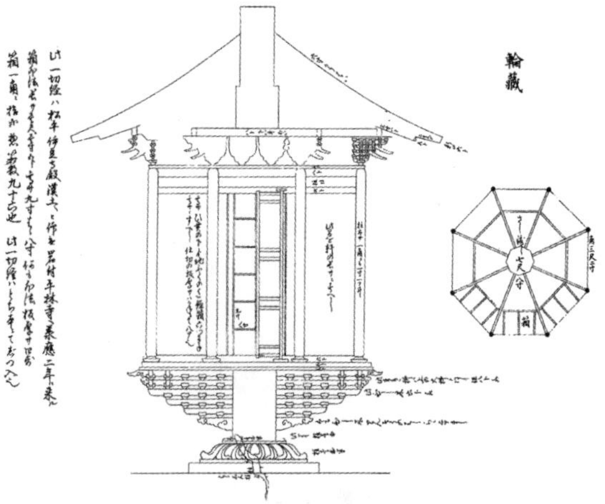

（b）《甲良宗贺传来目录》“轮藏”图
（河田克博．近世建築書－堂宮雛形 [M]. 京都：大龍堂書店，1988.）

图 9　C-II 型转轮藏实例

三、日本转轮藏分期试论

本部分将基于现有形制已知的日本转轮藏遗构，在前文的型式划分基础上考察各型式转轮藏的时代分布，并着眼于转轮藏构造特点和细部形制特征，同时结合日本中近世对外交流史、佛教发展史等背景因素，尝试对转轮藏的时代变迁进行分期。

根据附表 2 的形制排比，本文将日本转轮藏的发展脉络分为镰仓时期－庆长 8 年（13 世纪中叶—1603 年以前）、庆长 8 年－元禄 16 年（1603–1704 年）、宝永元年－享和元年（1704–1801 年）、享和元年－明治时期以前（1801–1867 年）四期（图 10）。

图 10　日本转轮藏时代分布密度图
（作者自绘）

1. 第一期：镰仓时期—庆长 8 年（13 世纪中叶—1603 年）

如前文所述，转轮藏最初于镰仓时期传入日本，而直至室町中后期才见有遗构。前述中世时期的 3 例转轮藏遗构——滋贺园城寺经藏、岐阜安国寺经藏以及和歌山金刚峰寺奥院经藏，基本延续了“镇江金山寺样”所传来的转轮藏形式，表现为底部基座、中部帐身、上部屋檐的三段式仿木构小建筑形象，藏身部分做出回廊，与中国自南宋传入的转轮藏形制相符。与中国转轮藏所见的进行复杂雕刻装饰的现象不同，日本中世转轮藏较少进行额外装饰，屋檐部分也与大木建筑几乎相同，并未体现出天宫楼阁的形象，檐下斗栱也仅做 2—4 朵补间斗栱，基座仅出斗栱两朵，与《营造法式》及正定隆兴寺转轮藏所体现的密集布置截然不同。

从表现的形制特征来看，三例所体现的柱头卷杀、阑额普拍枋出头并雕刻花纹、斗栱扶壁跳头重栱、耍头出头并雕刻纹样、琴面起棱、内外柱间使用月梁、柱间普遍用贯（穿枋）连接等现象，均与中世引入日本的禅宗样建筑形式相符。可见，由于日本转轮藏是以禅宗建筑的传播为契机发展而来，其最初形制以恪守中国传入的禅式样建筑形式为正统，体现了与日本中世传统和样建筑截然不同的建筑形式。

从转轮藏的建造背景来看，转轮藏作为以收藏大藏经为主的书架建筑，其营建行为与大藏经的发行活动密切相关。中世日本并无制作大藏经刻版的记录，其国内所藏大藏经均为从朝鲜半岛或中国输入。镰仓时期，日本的入宋、元僧在传播禅宗佛教的同时，也多次从中国向本国输入大藏经。根据文献统计，输入日本的大藏经起初为北宋开宝藏，此后由于东禅寺版和福州版大藏经的开版，传入日本的多为这两部南宋民版大藏经。从施入寺院的记录来看，入宋僧传来的大藏经多被施入当时京都及镰仓的五山十刹禅寺中，地方大名支配下的大寺院也略有施入。镰仓时期直接对转轮藏营建有所记录的寺院有京都泉涌寺、三圣寺、镰仓建长寺、圆觉寺、下野长乐寺、武藏称名寺等，除三圣寺外均为中央及地方的大型禅寺。[1]

南北朝时期见有修建转轮藏文献记录的寺院有：京都天龙寺、建仁寺、定福寺、镰仓禅兴寺、陆奥实相寺、丰后罗汉寺等。[2] 其中，《明月院绘图》（1394 年）见有对于镰仓十刹之一的禅兴寺转轮藏的图写记录，表现出 B-I 型的形象，是日本寺院古绘图中关于转轮藏的最早记录（图 11）。此外，明宋濂《日本瑞龙山重建转法转轮藏禅记》中详细记录了京都转轮藏禅寺的转轮藏形制，并记录了住持文珪受后圆融天皇之命赴明请来大藏经的事

❶ 大塚紀弘．中世の寺社と輪蔵—中国文化としての受容と拡大 [M]// 東京大学大学院人文社会系研究科．中世政治社会論叢：村井章介先生退職記念．東京：東京大学大学院人文社会系研究科・文学部日本史学研究室，2013：29-43.

❷ 同上。

图 11 《明月庵境内绘图》（1394 年）

（神奈川県教育委員会．神奈川県文化財図鑑 [M]. 横浜：神奈川県教育委員会，1972.）

迹。可见，日本镰仓至南北朝时期，转轮藏的营建伴随着自中国传入大藏经的活动而兴起，其配置寺院多见于幕府及朝廷支配下的京都和镰仓禅院。

室町时期，在海禁的影响下，日本同中国的交流减弱，大藏经的官方输入转而依托于与朝鲜的交流。除足利幕府多次向朝鲜请求大藏经外，凭借交通之便，地方大名周防国大内氏、对马宗氏、壹歧源氏也多次从朝鲜输入大藏经。室町时期寺院对大藏经的请求安置活动，作为地方大名领国统治的一环，具有相当的政治色彩。此时期文献所见的转轮藏建造较前代分布更广，东海、关东地区也多见有记录，然而仍多集中在特权阶级所支配的禅宗寺院之中。[1] 进一步推测，建设转轮藏的工匠也依附于中央和地方的特权势力而存在。这或可解释中世转轮藏恪守宋元中国转轮藏样式，并使用纯粹禅宗样样式的原因。

2. 第二期 庆长 8 年—元禄 16 年（1603—1704 年）

此阶段相当于江户前期，自德川家康开创江户幕府至元禄年间结束。

从转轮藏的类型来看，此阶段初期，以德川家菩提寺和德川家康灵庙的建设为契机，诞生了前述立轴外露的 C 型转轮藏。同时，京都大德寺转轮藏首见有不做外廊的藏身做法，表现为对传统 B–I 型转轮藏的简化处理。但 C–II 型转轮藏并没有马上普及，中世以来的 B–I 型转轮藏仍然占据绝对主流的位置。

从细部样式来看，此阶段的转轮藏遗构，其屋檐多用二重扇形椽，斗栱大多表现为五铺作单杪单昂或六铺作单杪双昂的形式，补间做斗栱两朵；B 型转轮藏的基座部分也多使用五铺作斗栱。虽然部分地方地区的转轮藏遗构，开始使用把头绞项作等简单的斗栱形态，但整体上体现的面貌相对统一。与中世显著不同的是，此阶段转轮藏藏身的柱间连接构件，开始普遍流行日本传统和样建筑中的长押构件。[2] 斗栱细节上也开始出现和样中普遍使用的鬼斗、蟇股（驼峰）等构件（图 12）。

从建造背景来看，除前述增上寺与东照宫为与德川幕府直接相关的营造项目以外，此期现存所见其他遗构的营建也大多与官家相关。例如，知恩院作为德川家京都菩提所，其元和年间营造也由二代将军秀忠发愿，营造时间与增上寺及东照宫创建几乎同期，从同期修建的知恩院三门的栋札墨书来看，知恩院元和期的修建是以幕府大栋梁为中心完成的。此外，仁和寺经藏为幕府大栋梁中井家主持修建。妙心寺经藏墨书所见的大工“藤原香美宇兵卫尉清信”之名，为妙心寺藤原家大工之第六代，据文献所记这一大工集团得到御大工中井家的官方认可。地方转轮藏遗构所在寺院也多受到地方藩主的庇护。[3] 虽然日本在宽永年间刊行了国内首部独立刊刻的大藏经“天海版一切经”[4]，但因为其具有官方典籍的性质，并未得到大量流通。因此，江户前期的转轮藏营建延续了室町时期的特征，大多包含了官方营造的性质，其制作工匠也代表了当时顶级的建造水平。除增上

[1] 大塚紀弘．中世の寺社と輪蔵—中国文化としての受容と拡大 [M]// 東京大学大学院人文社会系研究科．中世政治社会論叢：村井章介先生退職記念．東京：東京大学大学院人文社会系研究科・文学部日本史学研究室，2013：29–43.

[2] 长押为柱间贴附于壁面，并包镶柱身的构件，是日本和样建筑的特征构件之一。

[3] 该期遗构中，开善寺为藩主真田家祈愿寺（附表 2，No.11）、曹源寺为冈山藩池田家菩提寺（附表 2，No.18）、长寿院为彦根藩井伊家发愿建立（附表 2，No.19）。

[4] 宽永 14 年，由宽永寺住持天海发愿刊刻的大藏经，以南宋思溪版为底本，用木活字版刊印而成。此大藏经的刊刻得到了江户幕府三代将军德川家光的支持，为日本初次刻版印刷的大藏经。

（a）禅宗样五铺作 – 京都仁和寺转轮藏
（京都府教育庁指導部文化財保護課 . 重要文化財仁和寺鐘楼・経蔵・遼廓亭修理工事報告書 [M]. 京都：京都府教育委員会，1993.）

（b）禅宗样六铺作 – 日光东照宫转轮藏
（日光社寺文化財保存会 . 重要文化財経蔵・鼓楼・鐘楼修理工事報告書 [M]. 日光：日光東照宮，1975.）

（c）把头绞项作斗栱 – 京都大德寺转轮藏
[京都府教育庁指導部文化財保護課，京都府教育委員会 . 重要文化財大徳寺経蔵及び法堂・本堂（仏殿）修理工事報告書 [M]. 京都：京都府教育委員会，1982.]

图 12　第二期日本转轮藏斗栱实例

寺和东照宫转轮藏在幕府大栋梁中井家的影响下发展出了新类型之外，其他的转轮藏基本都延续了中世以来所流行的 B–I 型。

宽永时期，黄檗宗僧人铁眼以救世济人为已任，并怀有让更多普通民众能诵读经文的愿望，以明万历版大藏经为底本，发愿并主持了大藏经的刊刻活动。1678 年首次将新刊大藏经呈于后水尾法皇，1681 年大藏经的刊刻全部完成。与此前刊行的“天海版一切经”有所不同，此套作为“民版”大藏经得到了广泛的传播。虽然刊行之初由于幕府的反对，传播受到了阻碍，但在完成后的 20 年间，在铁眼及宝洲禅师的努力下，“黄檗版大藏经”❶已发行 450 套之多，遍布日本各地。❷此外，江户时代发展至元禄年间（1688–1704 年），伴随着商业的繁荣，庶民阶层逐渐兴起。在佛教“现世”思想的感染下，民众出资发愿建造转轮藏的行为开始出现，由此日本寺院的转轮藏建筑从“官”走向“民”，进入了新的发展阶段。

❶ 一切经即大藏经，都是佛教经书的总称，有天海版、黄檗版等版本。
❷ 服部俊崖 . 鉄眼禅師 [M]. 東京：鳳林社，1923.

3. 第三期：宝永元年—享和元年（1704-1801 年）

由于黄檗版大藏经的流通，18 世纪后日本转轮藏的建造数量显著增加，地域分布也较此前更为广泛。

从类型上看，第二期仍然占绝对主流地位的 B-I 型转轮藏地位显著下降，取而代之的是无外廊的 B-II 型转轮藏的流行。此外，C 型转轮藏也开始流行，成为与原有 B 型转轮藏并肩的形式。细部形制方面，和样因素在转轮藏中所占的比例显著增加，如轴部固定使用“地长押 - 足元长押 - 内法长押 - 头贯（阑额）- 台轮（普拍枋）”的组合，斗栱也不再限于禅宗样形式，檐下斗栱使用斗口跳，把头绞项作的做法已十分普遍，也出现了使用六铺作纯和样形式斗栱的遗构。

在外观装饰方面，前两个阶段所见的“官式”转轮藏遗构，均在藏身施有复杂精致的彩画装饰。18 世纪以后，转轮藏外部装饰出现了显著的变化。首先表现为雕刻装饰的出现和流行，雕刻主要分布于隔扇、耍头、柱身、泥道以及 C 型转轮藏的基座部插肘木等构件之上。但另一部分遗构表现出了完全相反的风格，即除转轮藏本体的必备构件外，几乎不进行额外外装。这些遗构一部分只在转轮藏表面涂装纯漆，另一部分则干脆保持木色。❶

❶ 该期遗构中，转轮藏施复杂雕刻的实例有兵库观音寺（附表 2，No.69）、山梨妙了寺（附表 2，No.42）、山梨永昌院（附表 2，No.59）转轮藏。与此相对，体现朴素式样的转轮藏实例有京都善峯寺（附表 2，No.20）、山口大照院（附表 2，No.43）、佐贺西福寺（附表 2，No.72）转轮藏。

可以推测，在“黄檗版一切经”发行之后，由于民间力量开始参与转轮藏的建设，转轮藏的形态（特别是装饰处理）与发愿者的经济实力密切关联，又因为地域工匠的加入，转轮藏所反映的地域特征也开始明显。自此，日本转轮藏摆脱了中世从中国传入形态样式的桎梏，体现出了较前阶段更为多样化的外部形式，进入了独立发展的阶段。

4. 第四期：享和元年—明治时期以前（1801-1867 年）

19 世纪延续了 18 世纪建设转轮藏的热潮，日本各地都广泛分布有转轮藏遗构。从类型来看，B-I 型带外廊的转轮藏遗构进一步减少，单槽转轮藏占据绝对主流。基座结构的选择方面，C 型转轮藏也超越传统的 B 型，成为主流形式。此前几乎不见有 C 型转轮藏的西日本地区，在进入 19 世纪后也出现了多座 C 型转轮藏实例。自此，前述甲良家木割书《甲良宗贺传来目录》中所载的简略型 C-II 型转轮藏因为满足了民间小规模转轮藏的营造需要，上升为日本转轮藏最为广泛的形式。

从细部样式来看，这一时期的部分转轮藏实例进一步表现为仿木性质的弱化，出现了不做出仿木细节，只进行雕刻装饰的实例，使得转轮藏在整体样式上形成了传统仿木小建筑形态和新发展而来的雕塑品形态的对立。

此四个阶段转轮藏分布见图 13。

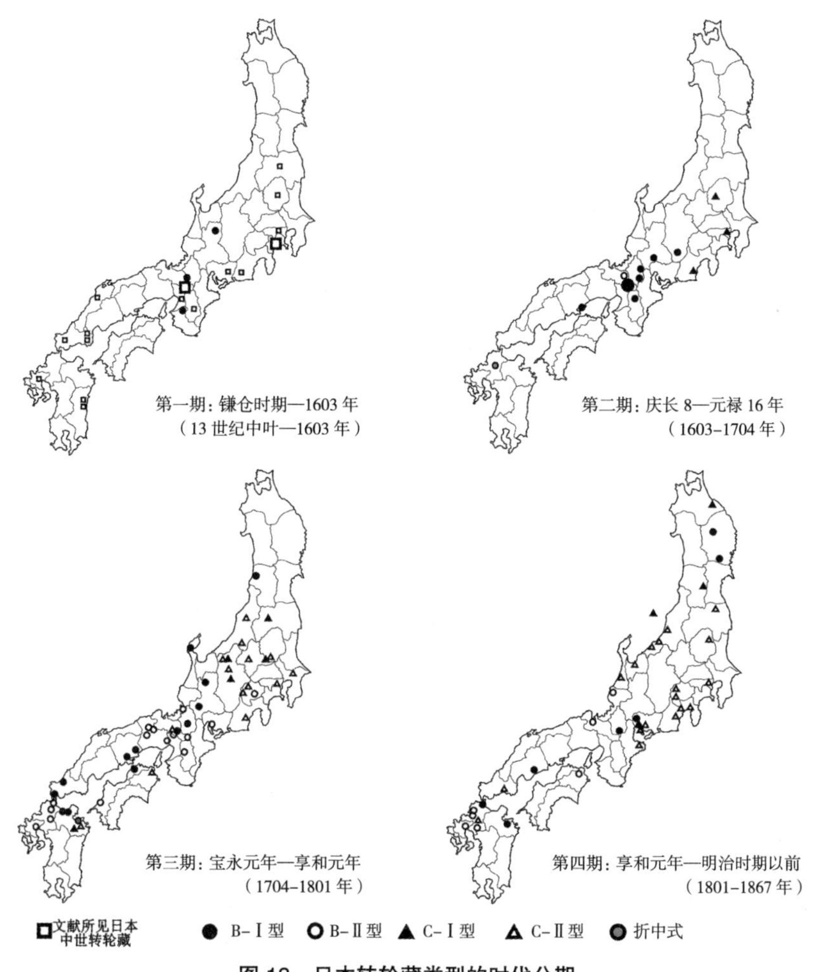

图 13 日本转轮藏类型的时代分期
（作者自绘）

四、日本转轮藏的地域差别

根据日本各地转轮藏类型统计表，可以将日本转轮藏遗构分为四个区域（表 1）。

表 1 日本转轮藏的地域分布

	近畿	东北	关东	中部	中国	四国	九州	合计
B-I 型	13	4	0	8	8	2	5	40
B-II 型	9	0	0	5	2	2	11	29
C-I 型	0	3	4	5	0	0	1	13
C-II 型	2	1	7	20	1	1	2	34
折中式	0	0	0	0	0	0	5	5
合计	24	8	11	39	10	5	24	121

（表格来源：作者自制）

❶ 此处指日本地域中的一个大区域概念，其位于日本本州岛西部。

1. B 型主流区——近畿、中国[❶]及四国地区

京都所在的近畿地区，因作为日本禅宗寺院的发源集中地以及室町时期的政权中心区，应当较其他地区更为集中地输入了外来大藏经，并率先集中性地开始转轮藏的营造活动。从现存遗构来看，京都及周边的近江、纪伊等地区，转轮藏的形态以 B–I 型为绝对主流，可见这种中世自中国传来的转轮藏造型为日本京都地区的官家工匠所接受，成为固定做法一直延续至近世后期。

作为室町时期对朝交流的窗口，中国地区因大内氏的活动，成为日本较早输入大藏经的地区，从而也催生了转轮藏建筑在该地区的发展。现存的转轮藏实例除 19 世纪的岛根云松寺转轮藏采用立轴开放的形式外，其余均为 B–I 型做法，体现出与近畿地区一脉相承的风貌。

四国地区在上述两个地区的影响下，也表现出以 B 型带基座转轮藏为主流的面貌。同上述两个地区所不同的是，四国地区的转轮藏遗构多见不带外廊的 B–II 型形态，装饰细节表现也较为简略，整体体现出朴素的风格。

2. C 型主流区——关东、东北地区

作为中世镰仓幕府的政权核心区，转轮藏伴随着镰仓五山禅院的修建，进入了镰仓的佛寺之中。由于关东地区未留存中世时期的转轮藏遗构，其形制特征不得而知。所幸前述南北朝时期的镰仓《明月院绘图》中可见转轮藏为底部有基座的 B–I 型，由此推测，关东地区在中世时期同近畿地区一样也采用自《五山十刹图》而来的转轮藏形式。江户幕府成立之后，关东地区以江户为中心成为日本的政权核心区域，因江户初期官方营造而产生的 C 型转轮藏，迅速成为关东地区的典型样式，并占据了绝对主流的地位，这同幕府的权力支配是不无关系的。东北地区因受到关东作为政权核心区的影响，其转轮藏形式也以立轴开放的 C 型为主流。

3. 混合类型区——中部地区

中部地区为现有日本转轮藏保存数量最多的区域，从转轮藏的类型区分来看，该地区同时保留有数量相近的 B 型和 C 型转轮藏。但从时代变迁来看，19 世纪以前两种类型的转轮藏数量几乎相当，而 19 世纪之后 C–II 型转轮藏明显占据了主流的地位。可见，江户中期以前，中部地区因其地理位置的特殊性，同时受到近畿和关东两地区的影响。以区域内部来看，以静冈为中心的东部地区因受到德川幕府的较大影响，转轮藏遗构几乎全为立轴开放的 C 型。而以名古屋为中心的西部区域，B 型转轮藏的比例相对较高。

4. 折中区——九州地区（图 14）

从转轮藏的组成部分来看，同本州的转轮藏遗构相同，九州地区的转轮藏也可以分为基座部、藏身部和屋檐部三个部分。部分转轮藏遗构体现出了与本州地区转轮藏相同的 B 型和 C 型形式。

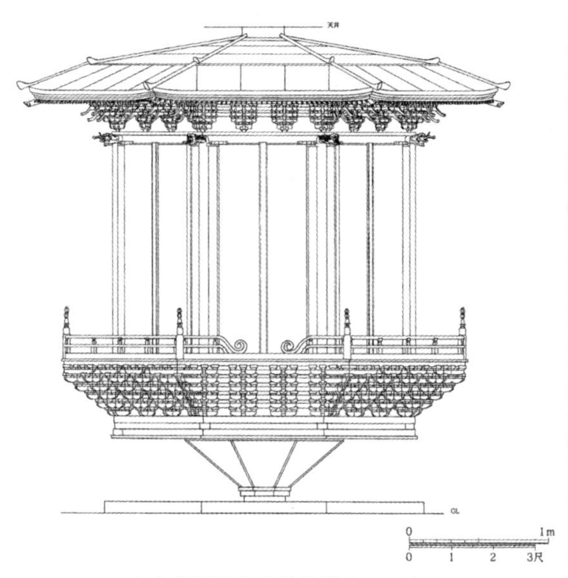

（a）福冈圣福寺转轮藏（1682 年）
（佐藤正彦 . 聖福寺の建造物 . [M] 福岡：福岡市教育委員会，2007.）

（b）大分万寿寺转轮藏（1717 年）
（大分県教育委員会 . 九州地方の近世社寺建築 2 [M]. 東京：東洋書林．2003.）

图 14　九州地区折中式转轮藏实例

然而，九州地区转轮藏遗构的基座部分体现出了极具地方性的特点。主要表现为，藏身床板下部做出层层缩进的叠涩状基座形式，并做出多跳斗栱承托床板。斗栱底部或做出向外叠涩若干层的下基座（如福冈伯东寺），或向内收缩做出陀螺形态，与 C 型转轮藏一致（如福冈圣福寺转轮藏、大分万寿寺转轮藏等），体现出了对 B 型和 C 型转轮藏的折中做法，应当是九州当地工匠在吸收外来形式后自我创造的产物。

日本轮藏的地区分布见图 15。

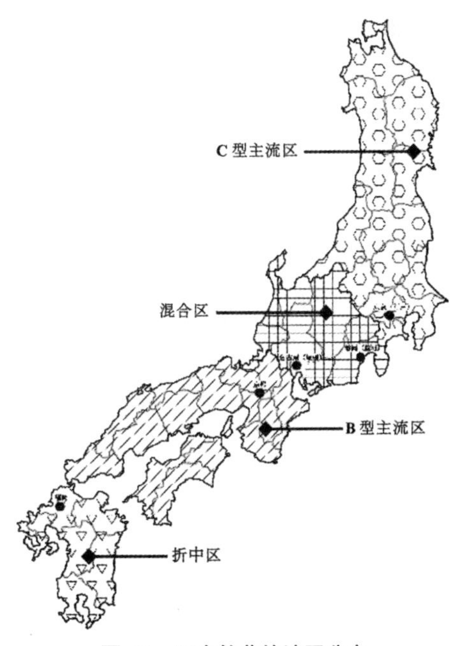

图 15　日本轮藏的地区分布
（作者自绘）

五、结语

根据以上的分析，可以对日中转轮藏的基本发展过程进行简要总结。发源于中国的转轮藏，起初强调了旋转藏书架的功能，表现为《营造法式》的分离型和《五山十刹图》“镇江府金山寺样”的一体型，其外形均表现出对大木作建筑的极力模仿。遗构则以正定隆兴寺转轮藏为中国早期转轮藏建筑的代表。伴随着禅宗佛教的传入，“金山寺型”转轮藏成为日本转轮藏之滥觞，中世后期及近世初期在日本流行并普及。

然而，此后中日转轮藏在“金山寺型”的基础上均实现了形态上的转变。

信众旋转轮藏等同于施行功德的思想得到宣扬，同时转轮藏作为信仰对象的理念也逐渐加强，旋转轮藏所得收入成为寺院经济收入的重要来源。在此背景下，中国转轮藏的藏书功能逐渐弱化，其旋转功能得到增强，在“金山寺型”转轮藏的基础上发展出了不具有藏书功能的多层式转轮藏（B-III型），现存的七例转轮藏遗构中有四例均属此类型。

日本转轮藏的形态发展与大藏经的传入和刊刻过程有密切关联。江户以前，因大藏经的输入掌握在特权阶级手中，转轮藏的营造也同幕府及大名支配下的工匠集团有关，其形态大多忠实模仿了中国南宋“金山寺型”转轮藏，细部表现也以忠于来自中国的禅宗样建筑式样为正统。江户以后，作为德川幕府政权中心区的关东地区首先发展出了立轴开放的C型转轮藏。18世纪后，伴随着“黄檗版一切经”的发行，转轮藏在民间得到迅速普及，建造数量迅速增长，地域分布也较此前更为广泛。形态上不做回廊的B-II型转轮藏逐渐占据主流，地域分布上也形成了东日本以C型为主、西日本以B型为主、九州地区体现折中风格的差异局面。从样式的表现上来看，禅宗样细节的表现从江户中期以后逐渐弱化，转轮藏中的和样因素逐渐增多，转轮藏也不再执着于对于大木建筑的模仿，转而着重于在藏身表面施以雕刻装饰。因发愿者经济力量的不同，同时并存有实行复杂装饰的“雕刻品”转轮藏以及几乎不实行装饰的朴素型转轮藏两种类型。

自此，本文通过利用类型学分析法实现了对中日两国转轮藏的类型分化及对日本转轮藏的时代分期和地区划分，从而对于转轮藏建筑产生了新的认识。首先，转轮藏在模仿大木建筑的同时注重彩画和雕刻装饰，同时具有建造物和工艺品的双重性格。其独有的将藏书空间和转动功能结合的构架形式也是古代工匠智慧的体现。中国宋元及日本近世中期（18世纪初），两国均出现了转轮藏建造的高峰。民间力量参与大藏经发愿和转轮藏营造的现象是转轮藏建造高峰出现的重要成因。两国在不同时期出现的类似现象，体现了世俗信仰的发达对于转轮藏形态变化和地区分布的影响。此外，转轮藏伴随着禅宗佛教的传播，作为“宋朝异风”的一部分传入日本，日本转轮藏所体现的类型及形制特征的演变，特别是其发展过程中同作为“上代风仪”[1]的日本和样建筑式样的碰撞和吸收过程，与同时期大木建筑的形制演变过程一脉相承，其意义在中日建筑交流史的研究中不可忽视。

（本文原载于《日本建筑学会计画系论文集》第740号2017年10月号，译成本稿时有增补与修正。）

[1] 担任江户幕府大栋梁职的甲良家所编纂的建筑技术书《建仁寺派家传书》，其开篇即对日本自中世以来的和、禅宗样建筑样式进行说明，其中，和样样式被称为“上代风仪”；禅宗样样式作为自南宋引入的新建筑风格，被称为“宋朝异风”。参见：河田克博．近世建築書－堂宮雛形 [M]. 京都：大龍堂書店，1988。

附表 1　中日转轮藏发展脉络示意图

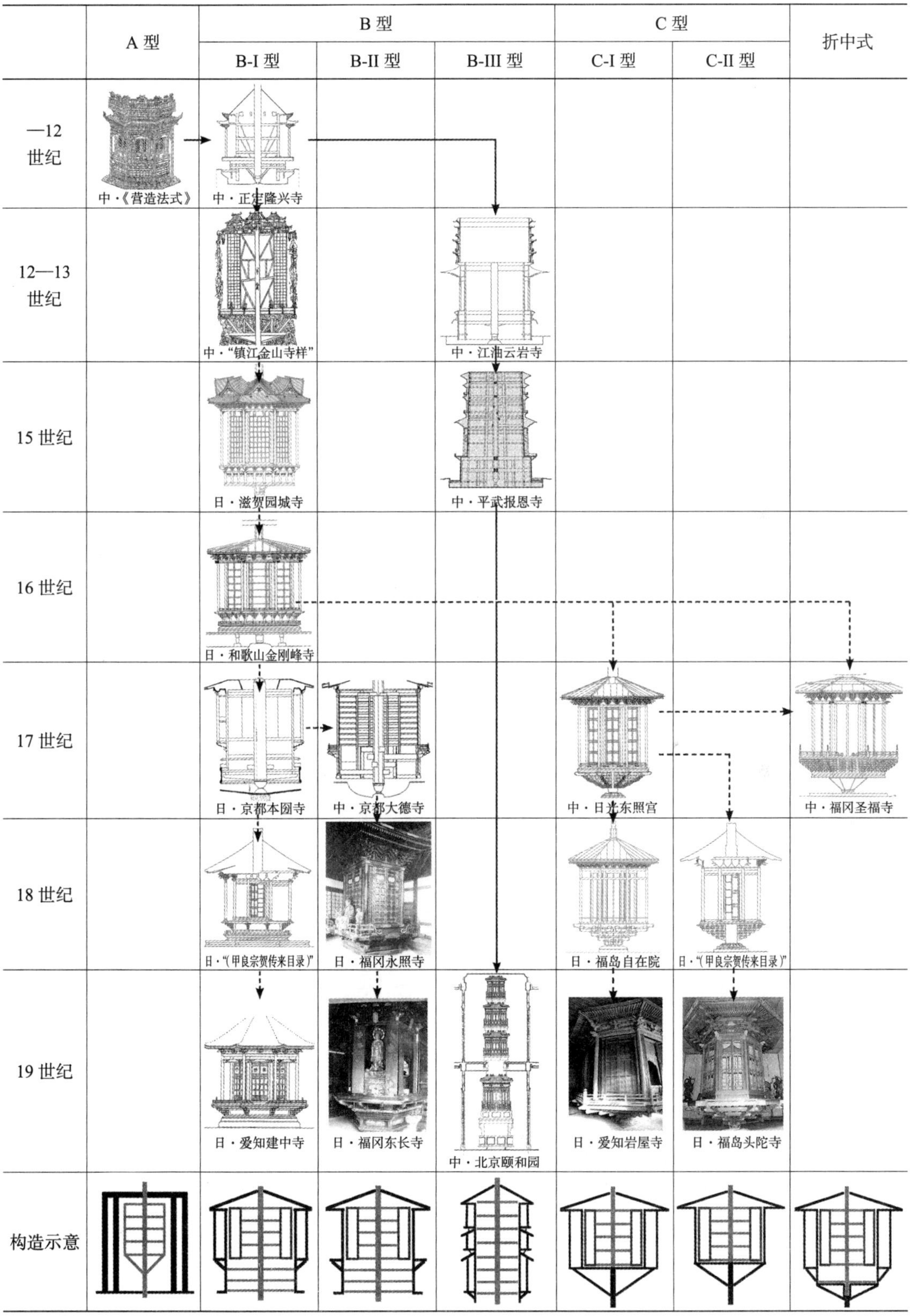

	A 型	B 型			C 型		折中式
		B-I 型	B-II 型	B-III 型	C-I 型	C-II 型	
—12 世纪	中·《营造法式》	中·正定隆兴寺					
12—13 世纪		中·"镇江金山寺样"		中·江油云岩寺			
15 世纪		日·滋贺园城寺		中·平武报恩寺			
16 世纪		日·和歌山金刚峰寺					
17 世纪		日·京都本圀寺	中·京都大德寺		中·日光东照宫		中·福冈圣福寺
18 世纪		日·"(甲良宗贺传来目录)"	日·福冈永照寺		日·福岛自在院	日·"(甲良宗贺传来目录)"	
19 世纪		日·爱知建中寺	日·福冈东长寺	中·北京颐和园	日·爱知岩屋寺	日·福岛头陀寺	
构造示意							

注：实线：中国转轮藏的发展脉络；虚线：日本转轮藏的发展脉络。

附表 2　日本转轮藏遗构形制排比表（室町时期—明治时期以前）

分期	编号	版本	名称	地区	年代	宗派	平面	型式	回廊	基座	基座形状	立轴	腰檐斗栱	檐下斗栱	补间	柱间构造	屋檐	纹样雕刻	栏杆
第一期	1	高丽版	圆城寺（三井寺）	滋贺	1404–1420 年；1602 年移建	天	8	B–I	有	有	圆	隐藏	4（1g）	6（g+2a）	4	地袱 – 阑 – 普	二重扇	阑、要	无
	2	普宁藏	安国寺	岐阜	1408 年	临	8	B–I	有	有	八角	隐藏	5（2g）	5（g+a）	2	地袱 – 足固贯 – 飞贯 – 阑 – 普	山花蕉叶	阑、要	无
	3	高丽藏	金刚峰寺	和歌山	1599 年	真	8	B–I	有	有	圆	隐藏	6（3g）	5（g+a）	2	地长 – 内法长 – 普	二重扇	阑	和
第二期	4	高丽版	本圀寺	京都	1607 年	日	8	B–I	有	有	圆	隐藏	6（3g）	2（5（2g））	2	地袱 – 足固贯 – 内法贯 – 阑 – 普	二重扇	阑、要、普	和
	5	宋 / 元 / 高丽版	增上寺	东京	1613 年	净	8	C–I	有	无	–	外露	云 +g	6（g+2a）	2	地袱 – 飞贯 – 阑 – 普	二重扇	要	禅
	6	高丽版	知恩院	京都	1621 年	净	8	B–I	有	有	圆	隐藏	7（4g）	6（g+2a）	2	地袱 – 内法贯 – 阑 – 普	二重扇	阑、要	和
	7	高丽版	日光东照宫	栃木	1635 年	灵庙	8	C–I	有	无	–	外露	4 云	6（g+2a）	2	地袱 – 足固贯 –– 普	二重扇	要	禅
	8	写经	大德寺	京都	1636 年	临	8	B–II	无	有	八	隐藏	云	把	2	地袱 – 足固贯 – 内法贯 – 阑 – 普	二重扇	阑、要、普	禅
	9	天海版	仁和寺	京都	1641 年	真	8	B–I	有	有	圆	隐藏	7（4g）	5（g+a）	2	地袱 – 足固贯 – 内法贯 – 阑 – 普	二重平行	阑、普、要	和
	10	天海版	开善寺	长野	1660 年	真	8	B–I	有	有	八角	隐藏	5（2g）	4（1g）	2	地长 – 内法长押	二重平行	无	无
	11	写经	妙心寺	京都	1673 年	临	8	B–I	有	有	圆	隐藏	7（4g）	6（g+2a）	3	内法长 – 阑 – 普	二重扇	阑、要、普	和
	12	万历藏	永源寺	滋贺	1676 年	临	8	B–I	有	有	圆	隐藏	8（5g）	不明	不明	不明	不明	不明	不明
	13	天海版	西本愿寺	京都	1678 年	净	8	B–I	有	有	圆	隐藏	6（3g）	5（g+a）	2	地袱 – 内法贯 – 阑 – 普	二重扇	阑、普、要	和
	14	黄 1757 年	圣福寺	福冈	1686 年	临	8	折中式	无	有	八	隐藏	8（5g）	7（2g+2a）	2	阑 – 普	二重扇	阑	和
	15	黄 1691 年	龙泰寺	岐阜	1688 年	曹	8	B–I	有	有	圆	隐藏	云	把	1	地长 – 内法长 – 普	二重平行	阑、要、普	和
	16	黄 1697 年	静居寺	静冈	1689 年	曹	8	C–I	有	有	八角	隐藏	8（5g）	5（g+a）	1	地袱 – 阑 – 普	二重扇	阑、要、普	和
	17	宋版	长谷寺	奈良	1692 年	真	6	B–I	有	有	不明	隐藏	不明	不明	不明	不明	不明	不明	不明
	18	黄 1699 年	曹源寺	冈山	1698 年	临	8	B–I	有	有	圆	隐藏	5（2g）	5（g+a）	2	地 – 内法长 – 普	二重扇垂木	阑、要、普	和
	19	黄 1699 年	长寿院	滋贺	1699 年	真	8	B–I	有	有	圆	隐藏	云	5（g+a）	1	地长 – 内法长 – 阑 – 普	二重扇	阑、普	禅

续表

分期	编号	版本	名称	地区	年代	宗派	平面	型式	回廊	基座	基座形状	立轴	腰檐斗栱	檐下斗栱	补间	柱间构造	屋檐	纹样雕刻	栏杆
第三期	20	黄 1705 年	善峰寺	京都	1705 年	净	8	B–II	无	有	–	隐藏	云	替木	1	阑 – 普	二重平行	阑、普	–
	21	黄檗版	万寿寺	大分	1717 年	临	8	折中式	有	有	圆	外露	5（2g）	不明		不明	不明	不明	和
	22	黄 1714 年	慈眼寺	兵库	1718 年	真	8	B–II	无	有	不明	隐藏	云	不明	不明	不明	不明	不明	不明
	23	黄 1715 年	自在院	福岛	1718 年	真	8	C–I	有	无	–	外露	7（4g）	4（1g）	2	地长 – 内法长 – 阑 – 普	二重扇	要	和
	24	黄 1716 年	鑁阿寺	栃木	1719 年	真	8	C–I	有	无	–	外露	2 云 +2g	5（2g）	1	地长 – 内法长 – 阑 – 普	二重扇	阑、要、普	和
	25	黄 1716 年	广禅寺	三重	1719 年	曹	8	B–II	无	有	不明	隐藏	云	5（g+a）	1	内法长	二重扇	阑、要	–
	26	黄 1720 年	永照寺	福冈	1720 年	净真	6	B–II	无	有	六角	隐藏	6（3g）	6（g+2a）	2	地长 – 足固长 – 内法长 – 阑 – 普	二重扇	阑、要、普	禅
	27	黄 1720 年	光福寺	福冈	1720 年	净真	6	B–II	无	有	六角	隐藏	无	不明	不明	地长 – 内法长 – 阑 – 普	二重扇	不明	禅
	28	黄 1712 年	净土寺	广岛	1723 年	真	8	B–II	有	无	八角	隐藏	云	无	0	地长 – 足固长 – 内法长	无	无	禅
	29	黄檗版	新胜寺	千叶	1723 年，1806 年重修	真	8	C–II	无	无	–	外露	5（2g）	6（g+2a）	1	地长 – 内法长 – 阑 – 普	二重扇	要	禅
	30	黄 1724 年	瓦屋寺	滋贺	1725 年	临	8	B–I	有	有	不明	隐藏	6（3g）	不明	不明	不明	不明	不明	不明
	31	万历藏	丈六寺	德岛	1727 年	曹	8	C–II	无	无	–	外露	6（3g）	斗口跳	1	地长 – 内法长 – 阑 – 普	一重扇	阑 – 要	和
	32	黄檗版	伯东寺	福冈	1729 年	净真	8	折中式	无	有	六角	隐藏	8（5g）	6（g+2a）	2	地长 – 内法长 – 阑 – 普	二重扇	不明	和
	33	黄 1732 年	归一寺	静冈	1733 年	临	6	C–II	无	无	–	外露	不明	不明	不明	不明	不明	不明	不明
	34	黄 1793 年	如法寺	爱媛	1735 年	临	8	B–II	无	有	八	隐藏	云	6（g+2a）	1	地长 – 内法长 – 阑 – 普	不明	要、普	禅
	35	黄 1751 年	松严寺	长野	1739 年	曹	6	C–II	无	无	–	外露	8（5g）	不明	不明	不明	不明	不明	不明
	36	黄 1751 年	善导寺	福冈	1743 年	净	8	C–I	有	无	八	外露	2 云 +2g	6（g+2a）	1	内法长 – 阑 – 普	二重扇	阑、要、普	不明
	37	黄檗版	总持寺祖院	石川	1743 年	曹	8	B–I	有	有	八	隐藏	7（4g）	6（g+2a）	2	足固长 – 阑 – 普	二重扇	阑、要、普	禅
	38	黄 1807 年	地藏院	冈山	1744 年	临	8	B–I	有	有	八	隐藏	6（3g）	5（2g）	2	足固长 – 内法长 – 阑 – 普	二重扇	要	禅
	39	黄 1744 年	福生寺	冈山	1746 年	真	8	B–I	有	有	不明	隐藏	不明	5（g+a）	1	X– 内法长 – 阑 – 普	二重扇	阑、要、普	不明
	40	万历藏	光莲寺	福冈	1747 年	净真	8	B–II	无	有	–	隐藏	7（4g）	5（2g）	1	地长 – 内法长 – 阑 – 普	二重扇	阑、要、普	禅

续表

分期	编号	版本	名称	地区	年代	宗派	平面	型式	回廊	基座	基座形状	立轴	腰檐斗栱	檐下斗栱	补间	柱间构造	屋檐	纹样雕刻	栏杆
第三期	41	黄 1715 年	东光寺	岐阜	1751 年	临	8	B–I	有	有	不明	隐藏	6（3g）	不明	不明	不明	不明	不明	不明
	42	黄 1755 年	妙了寺	山梨	1755 年	日	8	C–II	无	无	–	外露	云	斗	0	足固长 – 内法长 – 阑 – 普	二重扇	阑、普	无
	43	黄 1721 年	大照院	山口	1755 年	临	8	B–I	有	有	八	隐藏	云	角：斗；诘：蟇股	0	地长 – 足元长 – 内法长 – 阑 – 普	二重扇	阑、普	和
	44	黄 1756 年	西光寺	大分	1756 年	真	8	折中式	有	无	–	外露	云	替	0	地长 – 足元长 – 内法长 – 阑 – 普	二重扇	阑、普	不明
	45	黄 1737 年	萓山寺	滋贺	1758 年	真	8	B–II	无	有	圆	隐藏	云	5（g+a）	0	足元长 – 内法长 – 阑 – 普	二重扇	阑、隅要	禅
	46	黄 1694 年	善光寺	长野	1759 年	净	8	C–I	有	无	–	外露	5 云	1（肘）	2	地长 – 内法长 – 普	二重扇	阑、要	和
	47	黄 1766 年	养贤寺	大分	1767 年	临	8	B–II	有	无	八角	隐藏	无	6（g+2a）	2	地长 – 足元长 – 阑 – 普	二重扇	阑、普、要	和
	48	黄 1769 年	林叟院	静冈	1771 年	曹	6	C–II	无	无	–	外露	云＋5（2g）	不明	不明	地长 – 足元长 –X	不明	不明	和
	49	黄 1763 年	真宗寺	岐阜	1771 年	真	8	B–I	有	有	不明	隐藏	6（3g）	不明	不明	不明	不明	不明	不明
	50		法乐寺	兵库	1771 年	曹	6	B–II	无	有	–	隐藏	云	不明	不明	不明	不明	不明	不明
	51	黄 1775 年	三谷寺	香川	1777 年	真	8	B–I	有	有	不明	隐藏	6（3g）	不明	不明	不明	不明	不明	不明
	52	黄 1694 年	温泉寺	长野	1780 年	临	8	C–I	有	无	–	外露	8（5g）	6（g+2a）	1	地长 – 内法长	二重扇	飞贯、要	无
	53	黄 1780 年	凤仙寺	栎木	1783 年	曹	8	C–II	无	无	–	外露	云 +3g	不明	不明	不明	不明	不明	禅
	54	天海版	池上本门寺	东京	1784 年	日	8	C–II	无	无	–	外露	7（4g）	6（g+2a）	1	地长 – 足元长 – 内法长 – 阑 – 普	二重扇	要	禅
	55	黄 1783 年	贞照院	爱知	1785 年	净	8	B–II	无	有	圆	隐藏	云	不明	不明	地长 – 足元长 –X	不明	不明	禅
	56	黄 1764 年	教觉寺	大分	1786 年	真	8	B–I	有	有	八角	隐藏	6（3g）	不明	不明	不明	不明	不明	不明
	57	佛像	水泽寺	群马	1787 年	天	6	C–II	有	无	–	外露	云 +2g	4（1g）	0	阑 – 普	一重扇	阑、普、要	和
	58		莲城寺	大分	1788 年	真	8	折中式	无	无	–	外露	不明	不明	不明	不明	不明	不明	不明
	59	黄 1796 年	高源寺	兵库	1790 年	临	8	B–II	无	有	–	隐藏	不明	不明	不明	不明	不明	不明	不明
	60	黄 1782 年	永昌院	山梨	1792 年	曹	8	C–II	无	无	–	外露	云	5（g+a）	1	地长 – 足元长 – 内法长 – 阑 – 普	二重扇	要	禅

续表

分期	编号	版本	名称	地区	年代	宗派	平面	型式	回廊	基座	基座形状	立轴	腰檐斗栱	檐下斗栱	补间	柱间构造	屋檐	纹样雕刻	栏杆
第三期	61		大信寺	山形	1791 年	净真	8	B–I	有	有	八角	隐藏	4（g）	5（2g）	2	地长 – 足元长 – 内法长 – 阑 – 普	二重扇	要	–
	62		本善寺	奈良	1792 年	净真	8	B–II	无	不明	八角	不明	云	6（2g+a）	1	*– 内法长 – 阑 – 普	二重扇	阑、普	不明
	63	宋版	东福寺	京都	1792 年	临	8	B–I	有	有	八角	隐藏	云	把	2	地长 – 足元长 – 内法长 – 阑 – 普	二重扇	阑、要	禅
	64	黄 1791 年	合元寺	大分	1793 年	净	8	B–I	有	有	八角	隐藏	5（2g）	不明	不明	不明	不明	不明	不明
	65	黄 1744 年	正福寺	山梨	1794 年	真	8	B–II	无	有	八角	隐藏	6（3g）	不明	不明	不明	不明	不明	不明
	66	黄 1800 年	安楽寺	长野	1794 年	曹	8	C–II	无	无	–	外露	云 +4g	6（3g）	1	足元长 – 阑 – 普	二重扇	阑、普、要	无
	67	黄 1797 年	慈光寺	新潟	1794 年	禅	8	C–II	无	有	不明	隐藏	无	无	无	足元长 – 内法长	二重扇	–	无
	68	黄 1713 年	海晏寺	山形	1797 年	曹	8	B–I	有	有	圆	隐藏	云	不明	不明	不明	不明	不明	不明
	69	黄 1744 年	关兴寺	新潟	1798 年	临	8	C–II	无	无	–	外露	不明	6（g+2a）	0	足元长 – 内法长 – 阑 – 普	二重扇	阑、普、要	和
	70	黄 1781 年	观音寺	兵库	1798 年	临	8	B–II	无	有	八角	隐藏	云	无	0	足元长 – 腰长 – 内法长 – 阑 – 普	彫刻	–	和
	71	黄 1799 年	功山寺	山口	1799 年	曹	8	B–I	有	有	八角	隐藏	6（3g）	5（g+a）	2	阑 – 普	二重扇	阑、普、要	和
	72		四日寺别院	大分	1799 年	真	8	B–II	有	无	八角	隐藏	无	一斗三升	0	地长 – 足元长 – 内法长 – 阑 – 普	二重扇	–	无
	73		西福寺	佐贺	170X 年	曹	8	B–II	有	无	八角	隐藏	云	把	0	普	二重扇	–	无
	74	明南藏	快友寺	山口	173X 年	净	8	B–II	有	无	八角	隐藏	云	把	1	地长 – 普	二重扇	–	无
	75		觉圆寺	福冈	179X 年	真	8	B–II	有	无	八角	隐藏	4（g）	不明	1	地长 – 足元长 – 内法长 – 阑 – 普	一重扇	阑、普	无
	76		家原寺	大阪	18 世纪	真	6	B–II	有	无	六角	隐藏	不明	不明	不明	不明	不明	不明	不明
	77	明版	清凉寺	京都	18 世纪	净	8	C–II	无	无	–	外露	5（2g）	5（2g）	1	地长 – 足元长 – 内法长 – 阑 – 普	二重平行	–	禅
	78		西宝寺	大分	18 世纪	真	8	C–II	无	无	–	外露	云 +3g	5（g+a）	1	地长 – 足元长 – 内法长 – 阑 – 普	二重扇	阑、普、要	禅

续表

分期	编号	版本	名称	地区	年代	宗派	平面	型式	回廊	基座	基座形状	立轴	腰檐斗栱	檐下斗栱	补间	柱间构造	屋檐	纹样雕刻	栏杆
第四期	79	黄 1698 年	寂照寺	三重	1801 年	净	8	C–II	无	无	–	外露	8（5g）	把	0	地长 – 足元长 – 内法长 – 阑 – 普	二重扇	阑、要	和
	80	明版	大雄寺	栃木	1803 年	曹	8	C–II	无	无	–	外露	插栱	4（1g）	1	地长 – 足元长 – 阑 – 普	二重扇	阑、要	无
	81	黄 1775 年	吉祥寺	东京	1804 年	曹	8	C–II	无	无	–	外露	9（6g）	不明	不明	不明	不明	不明	禅
	82		安福寺	佐贺	1804 年	天	6	B–II	无	有	不明	隐藏	不明	不明	不明	不明	不明	不明	不明
	83		胜兴寺	富山	1805 年	净真	8	B–II	无	无	–	外露	不明	6（g+2a）	2	地长 – 足元长 – 内法贯 – 阑 – 普	二重扇	要	禅
	84	黄 1809 年	光明寺	山口	1806 年	真	8	B–I	有	有	不明	隐藏	不明	不明	不明	不明	不明	不明	不明
	85		地藏寺	德岛	1810 年	不明	8	B–II	无	有	不明	隐藏	不明	无	无	地长 – 足元长 – 内法长	一重扇	无	无
	86	黄 1792 年	净泉寺	静冈	1810 年	净	6	C–II	无	无	–	外露	云	5（2g）	0	地长 – 腰长 – 内法长 – 阑 – 普	二重扇	要、普	禅
	87		庆宫寺	新潟	1811 年	真	8	C–I	有	无	–	外露	云 +2g	7（4g）	0	地长 – 足元长 – 内法长 – 阑 – 普	二重扇	阑、普、要	无
	88		一乘寺	静冈	1813 年	曹	8	C–II	无	无	–	外露	不明	不明	不明	不明	不明	不明	不明
	89		法泉寺	山梨	1813 年	临	8	C–II	无	无	–	外露	不明	不明	不明	不明	不明	不明	不明
	90	宋版	岩屋寺	爱知	1815 年	真	8	C–I	无	有	–	外露	云＋3g	4（1g）	1	X– 内法长 – 阑 – 普	二重扇	阑、要、普	和
	91		佛通寺	广岛	1816 年	临	8	B–I	有	有	不明	隐藏	不明	4（1g）	2	地长 – 足元长 – 内法长 – 阑 – 普		阑、要、普	和
	92		慈观寺	山梨	1816 年	曹	8	C–II	无	无	–	外露	不明	不明	不明	不明	不明	不明	不明
	93		正藏寺	爱知	1816 年	曹	8	C–II	无	无	–	外露	不明	不明	不明	不明	不明	不明	不明
	94		教尊寺	大分	1817 年	真	8	B–I	有	有	圆	隐藏	6（3g）	5（2g）	2	地长 – 足元长 – 内法长 – 阑 – 普	无	阑、要、普	和
	95	黄 1810 年	头陀寺	福岛	1817 年	曹	8	C–II	无	无	–	外露	4 云	6（g+2a）	0	地长 – 足元长 – 内法长 – 阑 – 普	二重扇	阑、普	无
	96	黄 1810 年	教育大学	新潟	1823 年		8	C–II	无	无	–	外露	不明	不明	不明	不明	不明	不明	不明
	97	黄 1821 年	福圆寺	福井	1823 年	真	8	B–II	无	有	不明	外露	不明	不明	不明	不明	不明	不明	不明
	98	黄 1824 年	本誓寺	岩手	1826 年	真	8	B–I	有	有	不明	隐藏	不明	不明	不明	不明	不明	不明	不明

续表

分期	编号	版本	名称	地区	年代	宗派	平面	型式	回廊	基座	基座形状	立轴	腰檐斗栱	檐下斗栱	补间	柱间构造	屋檐	纹样雕刻	栏杆
第四期	99	黄 1787 年	祥云寺	岩手	1828 年	临	8	B–I	有	有	八角	隐藏	7（4g）	5（g+a）	2	地长 – 足元长 – 内法长 – 阑 – 普	不明	阑、要、普	禅
	100	黄 1825 年左右	建中寺	爱知	1828 年	净	8	B–I	有	有	圆	隐藏	7（4g）	5（g+a）	1	地长 – 足元长 – 内法长 – 阑 – 普	二重扇	要	禅
	101	黄 1789 年	长久寺	大分	1838 年	真	8	B–I	有	有	不明	隐藏	不明	不明	不明	不明	不明	不明	不明
	102		月桂寺	大分	1841 年	临	8	B–I	有	有	八角	隐藏	云 +4g	不明	不明	不明	不明	不明	–
	103	黄 1733 年	云松寺	岛根	1842 年	曹	8	C–II	无	无	–	外露	不明	不明	不明	不明	不明	不明	不明
	104	黄 1713 年	东长寺	福冈	1842 年	真	6	B–II	有	无	六角	隐藏	云	6（g+2a）	2	地长 – 内法长 – 阑 – 普	无	阑、要、普	禅
	105		满德寺	静冈	1843 年	真	8	C–II	无	无	–	外露	不明	不明	不明	不明	不明	不明	不明
	106		太龙寺	德岛	1856 年	真	8	不明	有	不明	不明	不明	不明	6（g+2a）	2	XX– 内法长	二重扇	要	不明
	107	黄 1852 年	出生寺	新潟	1857 年		6	C–II	无	无	–	外露	不明	不明	不明	不明	不明	不明	不明
	108	黄 1856 年	大慈寺	青森	1858 年	曹	8	C–I	无	有	–	外露	云	把	1	地长 – 足元长 – 内法长 – 阑 – 普	二重扇	阑、要、普	和
	109		梅林寺	福冈	1858 年	临	8	B–II	无	有	不明	隐藏	不明	不明	不明	不明	不明	不明	不明
	110	黄 1856 年	安乐寺	福冈	1860 年	真	8	B–II	有	无	不明	隐藏	5（2g）	不明	不明	不明	板状	不明	和
	111	黄 1853 年	即往寺	滋贺	1862 年	真	8	B–I	有	有	不明	隐藏	不明	不明	不明	不明	不明	不明	不明
	112	黄 1835 年	云观寺	爱知	1862 年	真	8	C–II	无	无	–	外露	云	4（1g）	0	地长 – 足元长 – 内法长 – 阑 – 普	二重扇	要	禅
	113	天海版	实相寺	静冈	1862 年	日	8	C–II	无	无	不明	外露	不明	不明	不明	不明	不明	不明	不明
	114		立石寺	山形	1863 年	天	8	C–I	有	有	–	外露	7（4g）	5（g+a）	2	地长 – 足元长 – 内法长 – 阑 – 普	二重扇	要、阑	禅
	115	黄 1713 年	崇福寺	福冈	1864 年	临	8	B–II	有	无	不明	隐藏	不明	不明	不明	不明	不明	不明	不明
	116	黄 1779 年	圆长寺	石川	1865 年	真	8	C–II	无	无	–	外露	云 +2g	把	0	地长 – 内法长 – 阑 – 普	二重扇	–	禅
	117	黄 1864 年	东福院	新潟	1867 年	曹	8	C–II	无	无	–	外露	8（5g）	不明	不明	地长 – 足元长 – 内法长 – 阑 – 普	二重扇	阑、要、普	禅

续表

分期	编号	版本	名称	地区	年代	宗派	平面	型式	回廊	基座	基座形状	立轴	腰檐斗栱	檐下斗栱	补间	柱间构造	屋檐	纹样雕刻	栏杆
第四期	118	黄 1807 年	兴元寺	山口	184X 年	曹	8	B–I	有	有	不明	隐藏	不明	不明	不明	不明	不明	不明	不明
	119		香传寺	新潟	186X 年	曹	8	B–I	有	有	不明	隐藏	不明	不明	不明	不明	不明	不明	不明
	120		弘经寺	茨城	19 世纪	净	8	C–II	无	无	–	外露	不明	不明	不明	不明	不明	不明	不明
	121		长谷寺	神奈川	19 世纪	净	8	C–I	无	有	–	外露	云 +5g	6（g+2a）	1	地长 – 足元长 – 内法长 – 阑 – 普	二重扇	阑	–
	122		西本愿寺	岐阜	19 世纪	真	8	B–II	有	无	不明	外露	不明	6（g+2a）	1	地长 – 足元长 – 阑 – 普	二重扇	不明	禅

注：表格缩略语说明：

1. 版本一栏为各转轮藏遗构所藏大藏经的版本，其中“黄 + 年号”表示该寺院所藏大藏经为黄檗版，年号为大藏经施入年份；

2. 宗派一栏：

临——临济宗；曹——曹洞宗；真——真言宗；净——净土宗；日——日莲宗；净真——净土真宗；天——天台宗；

3. 腰檐斗栱及檐下斗栱一栏：

括号外数字为铺作数，括号内 g——栱，a——昂。例：6（g+2a）——六铺作单杪双昂；5（2g）——五铺作双杪；

把——把头绞项作；斗——斗口跳；云——云形栱；

4. 柱间构造一栏：地长——地长押；足元长——足元长押；内法长——内法长押；阑——阑额；普——普拍枋；

5. 屋檐一栏：一重扇 - 屋檐用一重椽子，翼角用扇形椽；

二重扇 - 屋檐用两重椽子，翼角用扇形椽；

6. 纹样雕刻一栏：阑——阑额出头；普——普拍枋出头；耍——耍头；

7. 栏杆一栏：和——和样形式栏杆；禅——禅宗样形式栏杆；

8. X—无法观察到的柱间构造。

古代园林研究

《园冶》列举的造园忌弊与俗套辨析[1]

贾 珺
（清华大学建筑学院）

摘要： 明代造园名著《园冶》在阐述相关营造和赏析理论的过程中，列举了很多当时园林在选址、布局、建筑、装修、掇山、植栽等环节中普遍存在的各种缺陷，主要分为忌弊和俗套两大类，予以严厉批评，并提出相应的改进措施或正确的处理方法，对于今人理解传统造园艺术和现代景观创作都有较高的借鉴价值。本文结合相关实例，对《园冶》中批评性的论述进行梳理辨析，并在此基础上进一步讨论其理论意义。

关键词： 园冶，造园，忌弊，俗套

Abstract: *Yuanye*, a masterpiece of garden theory compiled in the Ming- dynasty, lists and criticizes numerous disadvantages and formulaic patterns of landscape architecture ranging from site selection and layout to the specific architecture, decoration, rockery, and plants of a garden. The book also puts forward tools and strategies for improvement, which have great reference value for traditional garden study and modern landscape design. The author then presents a critical exposition of *Yuanye* and explores its significance for garden theory.

Keywords: *Yuanye*, landscape architecture, disadvantage, formulaic pattern

引言

在中国历代古典园林著述中，若论体例之完备、论述之丰富，首推明代末叶刊行的《园冶》。《园冶》作者计成是一位艺术修养深厚且具有实际工程经验的造园家，长期生活在园林艺术鼎盛的江南地区，见闻广博，积淀深厚，故书中所论皆能独出机杼，别具风骨。

值得注意的是，《园冶》不但从正面阐述了造园的若干要旨和手法，而且从反面对很多园林中普遍存在的缺陷作了尖锐批评。书中所贬斥的败笔主要分为两大类，其一属于理当避免的忌弊，其二为应该摒弃的俗套。本文结合相关实例，对《园冶》中批评性的论述进行梳理辨析，有益于进一步理解此书的理论观点与时代特征，而且对于今天的景观创作也有直接的参考价值。

一、忌弊

《园冶》中列举的造园常见忌弊有 23 条之多，涉及总论、相地、立基、屋宇、装折、栏杆、墙垣、门窗、掇山、选石各个方面，大多源自作者平时的悉心观察和工程实践，属于宝贵的经验之谈。

[1] 本文为国家自然科学基金项目“基于古人栖居游憩行为的明清时期园林景观格局及其空间形态研究”（项目编号 51778317）资助的相关成果。

“相地”是造园的第一个环节，主要从选址角度确定造园基地，并作初步规划设想。书中将园林用地分为6种情况，以“城市地”为最下，认为“市井不可园也”[1]，即繁华闹市、坊巷之地不宜营造园林。但这一原则也有通融余地，选择相对幽偏的位置可以在一定程度上缓解喧杂的弊端，故云：“如园之，必向幽偏可筑，邻虽近俗，门掩无哗。”[2]此处与东晋陶渊明《饮酒》诗中“结庐在人境，而无车马喧。问君何能尔，心远地自偏”[3]的意思相似。中国自古以来以山林郊野为造园上佳之地，而城市宅园往往用地局促、环境不佳，南朝谢灵运《山居赋》所列举的四种主要园居形式甚至不包含城内之园。但城市宅园具有往来生活方便的特殊优势，唐宋以来在私家园林中占据了越来越大的比重，现存明清江南名园也大半居于城中，因此“城市地”无法完全放弃，只能通过精心设计以求优化。

计成在《园冶·自序》中讲述自己为江西布政使吴玄在其故乡武进设计私园，发现地形特点是“其基形最高，而穷其源最深”，提出此处不宜作叠山，而是应该向下挖土——“此制不第宜掇石而高，且宜搜土而下。”[4]这是在相地过程中根据实际情况提出的方案，其法则也可应用于类似的地形改造工程。

“屋宇”篇专述建筑营造事务，在几处细节上提出警告。江南庭院尺度大多偏小，两侧的厢房往往遮挡在正房次间、稍间之前，使得院落变得很窄，有碍采光，所谓“当檐最碍两厢，庭除恐窄。”[5]不过江南也有些宅园故意设置这样的天井小院，以取咫尺空间的幽暗之趣。计成反对整齐一律的建筑形式，要求厅堂开间应有大小变化：“凡厅堂中一间宜大，傍间宜小，不可匀造。”[6]书斋是园林中相对隐秘的地方，“盖藏修密处之地，故式不宜敞显。”[7]几乎与《园冶》同时问世的《帝京景物略》也说过：“宏敞不宜著书”[8]，可见此理南北皆通。

江南园林厅堂喜在前檐添加一卷，如果檐口过低，会导致室内光线昏暗，故而《园冶》有云：“如添前卷，必须草架而轩敞，不然前檐深下，内黑暗者，斯故也。”[9]这种前卷空间可以单独设置屋顶，但会与主体建筑的屋顶之间形成一条天沟，施工较为复杂，且在多雨地区容易损坏，因此江南园林多在同一屋檐下通过草架、重椽搭置轩顶的方式来解决这一问题，正如书中所说：“凡屋添卷，用天沟，且费事不耐久，故以草架表里整齐。”[10]又云：“前添敞卷，后进余轩，必有重椽，须支草架；高低依制，左右分为。”[11]（图1）

掇山置石是中国古代造园最重要的环节，《园冶》对此所列忌弊条文最多。从立基开始，就提出“假山之基……最忌居中，更宜散漫。”[12]。江南园林中的假山大多居于庭院之侧或角落，很少位居中央，否则难免显得蠢笨突兀。同一组山峰，中间者称“主石”，两侧者称“劈峰”，但很多时候主石不宜安放在正中的位置，劈峰也不一定要用，所谓“主石虽忌于居中，宜中者也可；劈峰总较于不用，岂用乎断然。”（图2）[13]楼前可叠高兀假

[1] 文献[6]：53.
[2] 文献[6]：53.
[3] 文献[1]. 卷3. 饮酒（其五）.
[4] 文献[6]：36.
[5] 文献[6]：71.
[6] 文献[7]：98.
[7] 文献[6]：75.
[8] 文献[7]：56.
[9] 文献[6]：85.
[10] 文献[6]：88.
[11] 文献[6]：71.
[12] 文献[6]：70.
[13] 文献[6]：197.

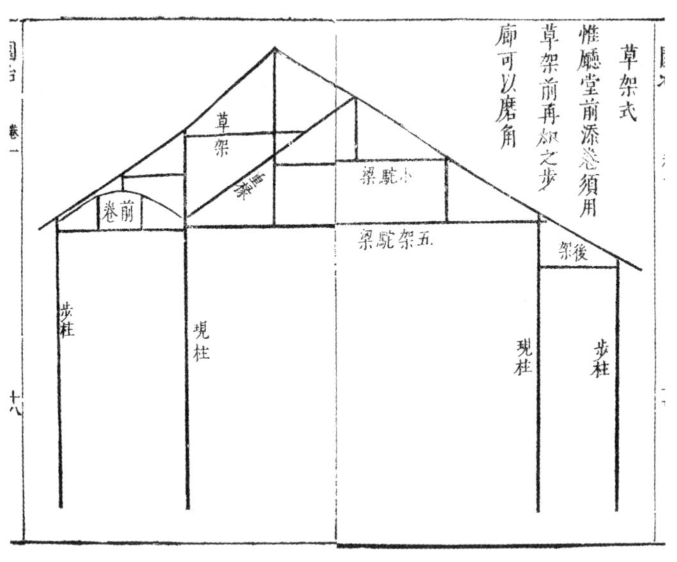

图 1 《园冶》中的厅堂草架剖面图
（文献 [5]）

山，但不能距离过近，以免产生压抑之感：“楼面掇山，宜最高，才入妙，高者恐逼于前，不若远之，更有深意。”❶较高的丘峦一般包含几个连绵的山头，“不可齐，亦不可笔架式，或高或低，随致乱掇，不排比为妙。”❷假山应尽量与水系相融合，否则缺少意趣：“假山依水为妙，倘高阜处不能注水，理涧壑无水，似少深意。”❸

在假山堆筑施工过程中，需要注意一些技术细节，以防止偏斜不稳，如“（石）如压一边，即罅稍有丝缝，水不能注，虽做灰坚固，亦不能止，理当斟酌”❹、“（石）稍有欹侧，久则逾欹，其峰必颓，理当慎之。”❺类似情况在叠山实际操作过程中经常出现，一些园林假山发生坍塌现象，往

❶ 文献 [6]：202.

❷ 文献 [6]：208.

❸ 文献 [6]：211.

❹ 文献 [6]：206.

❺ 文献 [6]：208.

图 2 无锡寄畅园九狮台假山
（作者自摄）

往因为之前设计不周，触犯了这些禁忌。同时，考虑到不同的山石材料质地差异很大，有些名石形态虽好，却不宜用来叠山，如“（宜兴石）有色白而质嫩者，掇山不可悬，恐不坚也”[1]、“（青龙山石）或点竹树下，不可高掇”[2]均为经验之谈。

对于装折、栏杆、墙垣、门窗之类装饰性的环节，计成也提出了一些禁忌，有的出于实用考虑，如“或有将栏杆竖为床槅，斯一不密，亦无可玩。”[3]更多则从艺术审美角度来评判，认为栏杆不宜以篆字为饰，尤其反对在斗栱、门枕、门洞、墙垣上添加各种复杂的雕镂图案，如“近有将篆字制栏杆者，况理画不匀，意不联络”[4]、“升栱不让雕鸾，门枕胡为镂鼓”[5]、“切忌雕镂门空，应当磨琢窗垣”[6]、“封顶用磨挂方飞檐砖几层，雕镂花鸟仙兽不可用，入画意者少。”[7]此处以是否符合“画意”作为标准，反映了作者的艺术品位（图 3）。

❶ 文献 [6]：218.
❷ 文献 [6]：219-220.
❸ 文献 [6]：106.
❹ 文献 [6]：129.
❺ 文献 [6]：71.
❻ 文献 [6]：163.
❼ 文献 [6]：179.

图 3　苏州沧浪亭粉墙漏窗
（作者自摄）

二、俗套

除忌弊而外，《园冶》对于各种造园俗套更为厌弃，往往贬斥甚过。所谓“俗套”，一般指流行的庸常套路、僵化模式，或者过分堆砌、炫耀造作的笨拙手法，成为文人所标榜的“雅致”的对立面。《园冶》中列举的俗套有 19 项，涵盖总论、相地、屋宇、装折、栏杆、墙垣、铺地、掇山、选石各个方面，主要从审美角度来加以评判。

园林建筑营造讲究随宜变通，如果拘泥于定规，就会直接沦为俗套。《兴造论》云：“假如地基偏狭，邻嵌何必欲求其齐，其屋架何必拘三、五间，为进多少？”、“匠惟雕镂是巧，排架是精，一梁一柱，定不可移，俗以‘无窍之人’呼之，甚确也。”[8]对此计成反复强调“体宜因借”的重要性，如厅堂并非一定要面阔三间，“须量地广窄，四间亦可，四间半亦可，

❽ 文献 [6]：41.

再不能舒展，三间半亦可”[1]，变化自如，方成佳构。江南园林中经常出现半间亭轩小筑，正是出于这一道理（图4）。

[1] 文献[6]：65.

《掇山》篇“曲水”条称：“曲水，古皆凿石槽，上置石龙头喷水者，斯费工类俗，何不以理涧法，上理石泉，口如瀑布，亦可流觞，似得天然之趣。”[2]所谓“曲水”即流杯渠，自魏晋以降，历代园林多有设置，但至明代此种纯人工方式打造的流杯渠已经被视为俗套，袁宏道《兰亭记》称：“盖古兰亭依山依涧，涧弯环诘曲，流觞之地，莫妙于此。今乃择平地砌小渠为之，俗儒之不解事，如此哉！”[3]现存明清江南园林很少流杯渠遗存，但清代北京地区的皇家苑囿、王府花园和敕建寺院仍多置此类景致，如紫禁城宁寿宫花园的禊赏亭（图5）、中南海流水音、绮春园寄情咸畅亭、潭柘寺流觞亭、恭王府花园沁秋亭、醇亲王退潜别墅流觞亭内都设有石制流杯渠，尺度、形状各异。另外圆明园坐石临流、避暑山庄曲水荷香（图6）均以自然形态的叠石做成溪流水道，在其上直接建亭，类似于《园冶》所谓“理涧法”，较富自然之趣。

[2] 文献[6]：211.

[3] 文献[4]：445.

中国古代园林素来重视匾额题名，认为好的景名可以为景致添彩，反之则令景致失色。明代张岱曾曰：“造园亭之难，难于结构，更难于命名。

图4　苏州网师园冷泉亭
（作者自摄）

图5　北京紫禁城宁寿宫花园禊赏亭流杯渠
（作者自摄）

图6　承德避暑山庄曲水荷香
（作者自摄）

盖命名，俗则不佳，文又不妙。”[1] 北宋《洛阳名园记》曾批评洛阳胡氏水北园“亭台之名皆不足载，载之且乱实。”[2] 计成也将不佳的题名称为“俗笔”，感叹：“韵人安亵，俗笔偏涂。”[3]

明代造园，装修、栏杆、墙垣、铺地都喜欢采用一些特殊的花纹图案，如回文、万字、连钱、鱼鳞等，或雕镂、拼合出禽兽花草，被计成视为大俗，在书中多次提及：“雕镂易俗，花空嵌以仙禽。”[4]“（仰尘）多于棋盘方空画禽卉者类俗。”[5]“古之回文、万字，一概屏去，少留凉床、佛座之用，园屋间一不可制也。”[6]“历来墙垣，凭匠作雕琢花鸟仙兽，以为巧制，不第林园之不佳，而斋堂前之何可也。雀巢可憎，积草如萝，祛之不尽，扣之则废，无可奈何者。市俗村愚之所为也，高明而慎之。”[7]“古之瓦砌连钱、叠锭、鱼鳞等类，一概屏之。”[8]“（乱石路）有用鹅子石间花纹砌路，尚且易俗。”[9]“（鹅子地）如嵌鹤、鹿、狮毬，犹类狗者可笑。”[10] 但类似装饰纹样在明清南北园林中几乎随处可见（图 7），始终流行不辍，道光年间钱泳《履园丛话》亦载：“屋既成矣，必用装修，而门窗槅扇最忌雕花。古者在墙为牖，在屋为窗，不过浑边净素而已，如此做法，最为坚固。试看宋、元人图画宫室，并无有人物、龙凤、花卉、翎毛诸花样者。又吾乡造屋，大厅前必有门楼，砖上雕刻人马戏文，玲珑剔透，尤为可笑，此皆主人无成见，听凭工匠所为，而受其愚耳。”[11] 观点与计成正合。

图 7　苏州拙政园铺地纹饰

（作者自摄）

在掇山理水方面，计成最反对当时流行的土山竖峰和规整方池的手法，对此强烈抨击：“排如炉烛花瓶，列似刀山剑树；峰虚五老，池凿四方；下洞上台，东亭西榭。罅堪窥管中之豹，路类张孩戏之猫；小藉金鱼之缸，大若丰都之境。”[12]“自来俗人以此（青龙山石）为太湖主峰，凡花石反呼为‘脚石’。掇如炉瓶式，更加以劈峰，俨如刀山剑树者，斯也。”[13] 将这些追求缩微效果的石峰贬为“炉烛花瓶”、“刀山剑树”，讥其状若金鱼

❶ 文献 [8]：226.
❷ 文献 [3]：13.
❸ 文献 [6]：57.
❹ 文献 [6]：71.
❺ 文献 [6]：105.
❻ 文献 [6]：129.
❼ 文献 [6]：176.
❽ 文献 [6]：179.
❾ 文献 [6]：188.
❿ 文献 [6]：189.
⓫ 文献 [10]：326.
⓬ 文献 [6]：197.
⓭ 文献 [6]：219-220.

图 8　湖州南浔述园楼厅前的三石峰
（作者自摄）

缸、丰都鬼城。庭院于正厅前并列三座石峰，也是江南园林常见之景（图8），计成却云："人皆厅前掇山，环堵中耸起高高三峰排列于前，殊为可笑。加之以亭，及登，一无可望，置之何益？更亦可笑。"[1]

在山石选择方面，古人一向追求昂贵秀巧的品种（图9），甚至标榜炫富猎奇的风尚。《邵氏闻见后录》记载北宋洛阳私园最喜收罗来自唐代牛僧孺园和李德裕平泉山居的名石，所谓"今洛阳公卿园圃中石，刻'奇章'者，僧孺故物；刻'平泉'者，德裕故物，相半也。"[2] 计成对此持否定态度："世之好事，慕闻虚名，钻求旧石，某名园某峰石，某名人题咏，某代传至于今，

[1] 文献 [6]：201.

[2] 文献 [2]：221.

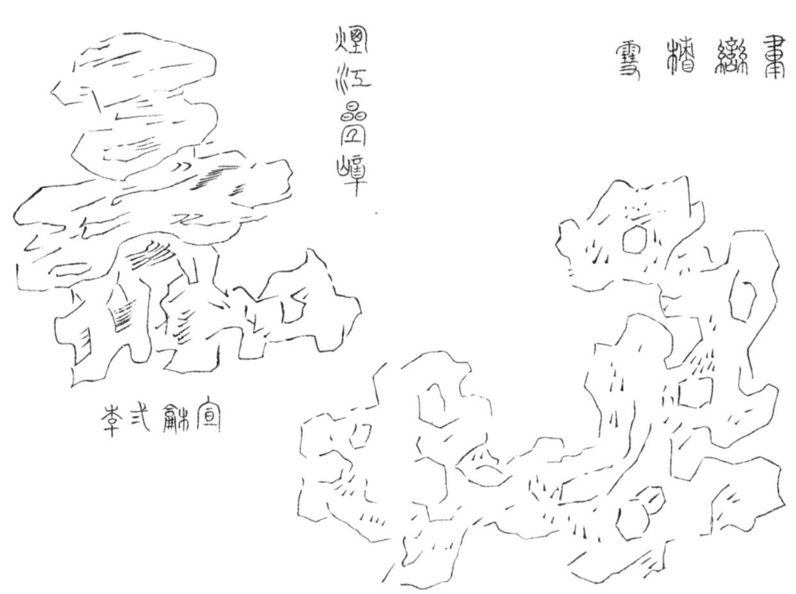

图 9 《素园石谱》中的古代名石
[（明）林有麟 . 素园石谱 [M]. 扬州：广陵书社，2006.]

斯真太湖石也，今废，欲待价而沽，不惜多金，售为古玩还可。又有惟闻旧石，重价买者。”❶同时，也对当事人一味追求湖石之类却不识黄石的好处表示异议：“俗人只知（黄石）顽劣，而不知奇妙也。”❷“古胜太湖，好事只知花石；世遵图画，匪人焉识黄山。”❸应该承认，这些论断都是很高明的见解。

❶ 文献 [6]：228.
❷ 文献 [6]：227.
❸ 文献 [6]：214.

计成具有浓郁的文人艺术情怀，讲究有定法无定式，构屋、掇山乃至装折、栏杆、门窗、墙垣无不追求新颖别致、变化奇妙，不喜蹈人旧辙。书中反复强调这一基本思想，如“园说”篇称：“窗牖无拘，随意合用，栏杆信画，因境而成。制式新番，裁除旧套。”❹“屋宇”篇称：“探奇合志，常套俱裁。”❺在记述造亭之制时声称：“造式无定，……随意合宜则制，惟地图可略式也。”❻“诸亭不式，惟梅花、十字，自古未造者，故式之地图，聊识其意可也。”（图 10）❼“装折”篇称：“风窗两截者，不拘何式，关合如一为妙。”❽“门窗”篇曰：“门窗磨空，制式时裁。不惟屋宇翻新，斯谓林园遵照雅。”❾“铺地”篇曰：“路径寻常，阶除脱俗”❿，“意随人活，砌法似无拘格”⓫。不拘一格、随宜而创由此成为“脱俗”的主要途径。

❹ 文献 [6]：44.
❺ 文献 [6]：71.
❻ 文献 [6]：81.
❼ 文献 [6]：100.
❽ 文献 [6]：102.
❾ 文献 [6]：163.
❿ 文献 [6]：186.
⓫ 文献 [6]：189.

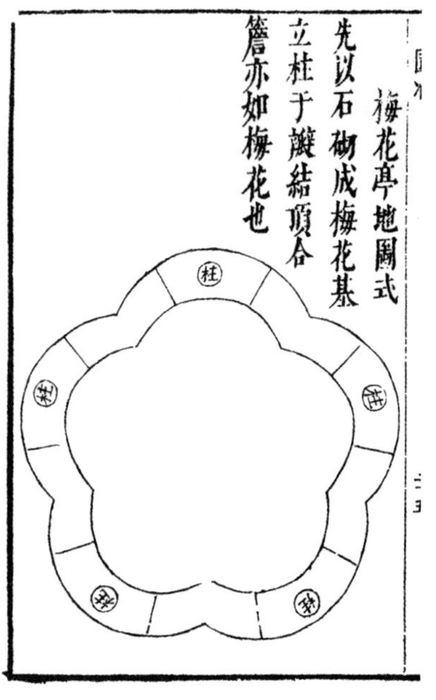

图 10 《园冶》中的梅花亭平面图
（文献 [5]）

余论

古代文人在诗文笔记中经常品评园林，有褒有贬，其情形正如诗论、画论，北宋李格非《洛阳名园记》，明代文震亨《长物志》与刘侗、于奕正《帝京景物略》，明末清初张岱《陶庵梦忆》，清代李渔《笠翁一家言》与沈复《浮生六记》，无不如此。郑元勋在给《园冶》的《题词》中也批评了一些不顾自身条件限制、强求造景的现象：“若本无崇山茂林之幽，而徒假其曲水；绝少鹿柴、文杏之胜，而冒托于辋川。不如嫫母傅粉涂朱，只益之陋乎？”⓬相比而言，《园冶》中包含的批判性论述数量最多，涵盖的范围也更广，并且具有更高的理论意义。尤其可贵的是，作者在批评的同时往往提出相应的改进措施或正确的处理方法，更有启发借鉴价值。

⓬ 文献 [6]：31.

日本造园名著《作庭记》的年代比《园冶》要早得多，其中同样罗列若干禁忌内容，但主要出于类似风水的避凶趋吉观念，颇有迷信色彩，且行文明显比较粗陋直白，如其中“立石禁忌”称：“作庭立石，多有禁忌，据云，若犯其一，则家主常病，终至丧命，其家荒废，必成鬼神之栖所。其所禁忌者：忌将原来之立石卧倒，或将原来之卧石竖立，如是行之，其石必成灵石作祟。将原来伏卧之平石竖立，无论高低何处，若冲对家屋，则不问远近，皆成灵作祟。……”❶《园冶》中所述禁忌主要出于造园审美，文字精要审慎，性质差异很大。

❶ 文献 [11]：66.

计成是典型的江南文士，擅长诗文书画，在书中非常注意维护自己的文人立场，对“执斧斤”操作施工的工匠多有贬低甚至充满偏见，称之为“鸠匠”（拙劣的匠人）、“无窍之人”（不通之人），将相当一部分忌弊与俗套看作是工匠不高明的操作手法所导致的结果。开篇“兴造论”强调“三分匠七分主人”，将选择不胜任的工匠充当设计者视为第一号造园禁忌，谓“世之兴造，专主鸠匠”实属错误，“第园筑之主，犹须什九，而用匠什一……体宜因借，匪得其人，兼之惜费，则前工并弃。”❷此种观点在明清时期文人中颇为常见，如钱泳《履园丛话》亦称：“盖厅堂要整齐如台阁气象，书房密室要参错如园亭布置，兼而有之，方称妙手。今苏、杭庸工皆不知此义，惟将砖瓦木料搭成空架子，千篇一律，既不明相题立局，亦不知随方逐圆，但以涂汰作生涯，雕花为能事，虽经主人指示，日日叫呼，而工匠自有一种老笔主意，总不能得心应手者也。”❸

❷ 文献 [6]：41.

❸ 文献 [10]：326.

更重要的是，计成所生活的明末时期是中国造园史上重要的革新年代，园林建筑、掇山、理水、植栽等方面的理念与手法均有很大变化，更容易视旧式的造园风格为流俗庸习。其中以江南园林的掇山艺术变化最大，以张南垣为代表的新一代造园巨匠推崇截溪断谷、平冈小坂、土石相间，仿大山之余脉，讲究可游可入，对之前流行上千年的缩微式假山大为排斥，如吴伟业《张南垣传》记载张南垣曾称此种假山“以盈丈之址，五尺之沟，尤而效之，何异市人抟土以欺儿童哉？”❹同时，江南园林也舍弃了开凿方池的几何化理水手法，以曲岸回沙的自然形态池溪为主流。《园冶》的相关论断正是当时变革之风的典型反映。

❹ 文献 [9]. 卷 52.

造园艺术本身具有鲜明的时代特征，所谓忌弊和俗套都只能相对而论，前代的新颖妙笔，也许到了后世就成了僵滞败笔，包括《园冶》中正面提出的一些构屋掇山手法，也曾经受到清代造园家的批评。例如计成论掇山时介绍“理洞法”：“起脚如造屋，立几柱著实，掇玲珑如窗门透亮，及理上，前理岩法，合凑收顶，加条石替之，斯千古不朽也。”❺明末清初以降，中国园林叠山日渐注重营造洞穴，明显有建筑化的倾向，往往山腹中空，留出洞穴，山体犹如墙壁、石柱，洞穴犹如房间，石间罅孔如窗户，山顶则相当于屋顶平台，至苏州狮子林假山为登峰造极。为了保持稳固，洞口和石室顶部常常施加规整的条石，宛如房梁。此举虽然解决了技术问题，却难免不如真山洞那样自然混成。因此钱泳《履园丛话》曾记录嘉庆间江南著名造园家戈裕良的言论：“狮子林石洞皆界以条石，不算名手。”（图 11）❻此语与《园冶》所论堪为对照。

❺ 文献 [6]：210.

❻ 文献 [10]：330.

图 11　苏州狮子林条石砌筑的假山山洞
（作者自摄）

此外，造园艺术又有地域上的延续性和差异性，某些手法可能在江南地区已被舍弃，但在其他地区仍大行其道，如前述之流杯渠、方池，至今北地园亭依然可见（图 12）；同时，受审美习惯和物产气候条件的限制，某些手法在江南地区备受推崇，但在其他地区却并不被看重，如《园冶》中列举的栏杆式样以及若干山石品种在北方园林中都比较少见。

图 12　济宁荩园方池
（作者自摄）

尽管如此，《园冶》中所列举的造园败笔大多仍具有普遍性的意义，不但对今人理解古代造园思想有很好的提示作用，而且对现代风景园林设计也有重要的借鉴意义——对于任何时代的景观创作而言，努力追求完美、探寻新意，尽量避免出现忌弊或沦为俗套，都应该是共同追求的方向。

参考文献

[1] [晋]陶潜．陶渊明全集[M]. 上海：中央书店，1935.
[2] [宋]邵博撰．刘德权，李剑雄点校．邵氏闻见后录[M]. 北京：中华书局，1983.
[3] [宋]李格非．洛阳名园记[M]. 北京：中华书局，1985.
[4] [明]袁宏道，著．钱伯城，笺校．袁宏道集笺校[M]. 上海：上海古籍出版社，1981.
[5] [明]计成．园冶（明刻本）[M]. 北京：中国建筑工业出版社，2018.
[6] [明]计成著．陈植注释．园冶注释[M]. 北京：中国建筑工业出版社，1981.
[7] [明]刘侗，于奕正．帝京景物略[M]. 北京：北京古籍出版社，1980.
[8] [明]张岱著．夏咸淳校点．张岱诗文集[M]. 上海：上海古籍出版社，1991.
[9] [清]吴伟业．梅村家藏集[M]. 上海：上海书店，1989.
[10] [清]钱泳．履园丛话[M]. 北京：中华书局，1979.
[11] 张十庆．《作庭记》译注与研究[M]. 天津：天津大学出版社，1993.
[12] 顾凯．明代江南园林研究[M]. 南京：东南大学出版社，2010.

附录

表1 《园冶》中列举的造园忌弊

编号	忌弊	出处
1	予观其基形最高，而穷其源最深……此制不第宜掇石而高，且宜搜土而下	自序
2	世之兴造，专主鸠匠。……体宜因借，匪得其人，兼之惜费，则前工并弃	兴造论
3	市井不可园也，如园之，必向幽偏可筑，邻虽近俗，门掩无哗	相地
4	假山之基……最忌居中，更宜散漫	立基
5	当檐最碍两厢，庭除恐窄	屋宇
6	（斋）盖藏修密处之地，故式不宜敞显	
7	如添前卷，必须草架而轩敞，不然前檐深下，内黑暗者，斯故也	
8	升栱不让雕鸾，门枕胡为镂鼓	
9	凡屋添卷，用天沟，且费事不耐久，故以草架表里整齐	
10	凡厅堂中一间宜大，傍间宜小，不可匀造	
11	或有将栏杆竖为床槅，斯一不密，亦无可玩	装折
12	近有将篆字制栏杆者，况理画不匀，意不联络	栏杆
13	切记雕镂门空，应当磨琢窗垣	门窗
14	封顶用磨挂方飞檐砖几层，雕镂花鸟仙兽不可用，入画意者少	墙垣
15	主石虽忌于居中，宜中者也可；劈峰总较于不用，岂用乎断然	掇山
16	楼面掇山，宜最高，才入妙，高者恐逼于前，不若远之，更有深意	
17	（石）如压一边，即罅稍有丝缝，水不能注，虽做灰坚固，亦不能止，理当斟酌	
18	（石）稍有欹侧，久则逾欹，其峰必颓，理当慎之	

续表

编号	忌弊	出处
19	峦，山头高峻也，不可齐，亦不可笔架式，或高或低，随致乱掇，不排比为妙	掇山
20	假山依水为妙，倘高阜处不能注水，理涧壑无水，似少深意	
21	（昆山石）宜点盆景，不成大用也	选石
22	（宜兴石）有色白而质嫩者。掇山不可悬，恐不坚也	
23	（青龙山石）或点竹树下，不可高掇	

表 2 《园冶》中列举的造园俗套

编号	俗套	出处
1	润之好事者，取石巧者置竹木间为假山，予偶观之，为发一笑	自序
2	若匠惟雕镂是巧，排架是精，一梁一柱，定不可移，俗以“无窍之人”呼之，甚确也	兴造论
3	假如地基偏狭，邻嵌何必欲求其齐，其屋架何必拘三、五间，为进多少？	
4	韵人安亵，俗笔偏涂	相地
5	雕镂易俗，花空嵌以仙禽	屋宇
6	（仰尘）多于棋盘方空画禽卉者类俗，一概平抑为佳，或画木纹，或锦，或糊纸……	装折
7	古之回文、万字，一概屏去，少留凉床、佛座之用，园屋间一不可制也	栏杆
8	历来墙垣，凭匠作雕琢花鸟仙兽，以为巧制，不第林园之不佳，而斋堂前之何可也。雀巢可憎，积草如萝，祛之不尽，扣之则废，无可奈何者。市俗村愚之所为也，高明而慎之	墙垣
9	古之瓦砌连钱、叠锭、鱼鳞等类，一概屏之	
10	（乱石路）有用鹅子石间花纹砌路，尚且易俗	铺地
11	（鹅子地）如嵌鹤、鹿、狮毬，犹类狗者可笑	
12	排如炉烛花瓶，列似刀山剑树；峰虚五老，池凿四方；下洞上台，东亭西榭。罅堪窥管中之豹，路类张孩戏之猫；小藉金鱼之缸，大若酆都之境	掇山
13	人皆厅前掇山，环堵中耸起高高三峰排列于前，殊为可笑。加之以亭，及登，一无可望，置之何益？更亦可笑	
14	曲水，古皆凿石槽，上置石龙头喷水者，斯费工类俗。何不以理涧法，上理石泉，口如瀑布，亦可流觞似得天然之趣	
15	苏州虎丘山，南京凤台门，贩花扎架，处处皆然	
16	古胜太湖，好事只知花石；世遵图画，匪人焉识黄山	选石
17	自来俗人以此（青龙山石）为太湖主峰，凡花石反呼为“脚石”。掇如炉瓶式，更加以劈峰，俨如刀山剑树者，斯也	
18	俗人只知（黄石）顽劣，而不知奇妙也	
19	世之好事，慕闻虚名，钻求旧石，某名园某峰石，某名人题咏，某代传至于今，斯真太湖石也，今废，欲待价而沽，不惜多金，售为古玩还可。又有惟闻旧石，重价买者	

绛州署园林初探

赵雅婧

（北京大学考古文博学院）

摘要：近年来，学界针对古代衙署园林的研究渐多，这些研究往往孤立地探讨衙署园林的性质、功能与布局等，鲜有将其作为衙署、城市组成部分的论述。本文综合运用考古、文献、石刻等材料，以“context”（背景）和“scale”（尺度）理念为指导，分时段依次复原绛州署园林、绛州衙署、绛州城的形态并探究了园林、衙署、城市的互动关系。衙署园林之于微观衙署具有附属性，衙署园林之于中观城市布局也具有附属性，结合衙署主轴线及城市布局的变迁将绛州署园林的发展历程划分为两期五段。本文初步揭示了绛州署园林的考古学分期，并探讨了各时段的功能变迁，是从考古学视角分析地方衙署园林的尝试，或可对相关研究理念的更新与方法的完善有所裨益。

关键词：绛州署园林，绛州署，绛州城，尺度

Abstract: In recent years, there has been an increase in research on gardens of local government offices (*yashu*). However,these studies usually emphasize the garden as an isolated architectural feature, discussing its distinct character, function and layout, while ignoring the garden’s role as power manifestation of local government and part of the urban fabric. Based on materials and methods borrowed from archeology, history and literature studies, this paper explores the development of the city of Jiangzhou, the local government office (*shu*) in Jiangzhou, and the garden of the local government office (*shuyuanlin*), with respect to their “context” and “scale”. The paper then analyzes their mutual interdependence and demonstrates the garden’s relationship with the local governments office and the city. Considering the change of axis of government office and city layout, the author suggests a division of the garden’s history into two long periods and five short periods, and discusses the site condition and functional change in each period. Since this paper looks at the garden from the perspective of archeology, this refines and refreshes the traditional research concepts and methods.

Keywords: Jiangzhou government office garden (*shuyuanlin*), Jiangzhou government office (*shu*), Jiangzhou city, context

绛州位于山西省西南部、运城地区北部的新绛县，地处临汾盆地南缘、汾河西折流入黄河处，北枕九原依吕梁山，南襟峨岭（今称峨嵋岭），汾浍二河环绕于东南，雄视三晋。西北与乡宁县连界，东北与襄汾县和闻喜县接壤，东与侯马市相接，西与稷山县为邻。绛州为晋文公称霸的发祥地，其陆路水路交通发达，为历史上有名的水旱码头，长安至雁门关驰道经由绛州，自州入境到达城东金台驿，明洪武年间（1368-1398 年）改称官道。水道沟通秦晋要道，水流平缓航运颇胜。自北魏太武帝始光年间（公元 424-427 年）在柏壁一带置东雍州，北周武成二年（公元 560 年）改东雍为绛州，隋开皇三年（公元 583 年）徙至今衙署处，自此沿袭，未曾中断。绛州于 1994 年被评为国家级历史文化名城，现存的绛州衙署大堂——帅正堂，始建于隋唐，重建于元，是全国目前现存最早、保存最完整的元代州府大堂之一。除大堂外还留存了二堂、钟楼、鼓楼、乐楼等

历史建筑，以及附属园林遗迹，故被列为全国重点文物保护单位。绛州大堂北部的绛州署园林是全国现存唯一的保留有隋代遗韵的官家园林，也是北方历史较为悠久的一座园池。唐宋以来，绛州署园林因其美轮美奂的四时之景，成为文人墨客吟咏歌颂的对象，以唐绛州刺史樊宗师的《绛守居园池记》为代表，岑参、范仲淹、欧阳修等人的佳作名篇举不胜举。

一、研究历程回顾

绛州署园林声名在外，围绕其展开的学术研究数量众多，基本涵盖三个维度：

其一，研究绛州署园林本体，即在复原园林全貌的基础上，从园林造景艺术、理园思路等方面进行讨论。20 世纪 50 年代，国家文物局王冶秋先生在晋南调查，首先以游记的形式描绘了绛守居园的胜景，[1]引起了学术界对该园遗址的关注。皇甫步高先生对遗迹现状进行了描述，并从文学和园林观赏的角度进行了景观分析。[2]陈尔鹤先生依托现存园林，对明清、宋、唐时园林的整体布局及内涵进行了考证，讨论了园池各期的艺术特色及始建、兴衰历程。[3]为复建绛州署园林，1992 年山西省考古研究所在园林内 8 条探沟进行小范围的试掘，此次考古工作确定了园林的始建年代和部分重要建筑的位置。赵慎以绛州署园林为例分析了北方园林从自然山水园林发展到建筑山水园林，又进一步演变为明清写意山水园林的历程。[4]吕俊良对绛州署园林进行了艺术化的文学性解读，文章探讨了居园池的布景艺术，由此推断出早期山水画产生的背景，儒释道三教合流直接影响着园林景致的布设。[5]严山艾依据文献按照时代梳理了绛州署园林的发展历程，从城市与礼制的角度探讨了园池承载的功能，并提出了相应的文物保护的意见，尽管其复原结果多为描述性表达，缺乏论证过程，但这一探索意义重大。[6]

其二，将绛州署园林作为最具典型性的衙署园林进行研究。衙署园林是一个晚近的概念，其学术研究历程较短，学界对于衙署园林的定义存在争议，其内涵和外延也没有达成共识，话语体系自成一体。侯迺慧早在 1997 年就提出郡圃是唐宋时期公园的典型的重要论断。[7] 2001 年，潘谷西提出了唐宋以降各地掀起了在官衙中兴建郡圃风潮的观点。[8]周维权认为隋唐绛州署园林虽然是中国古代园林全盛期的代表，但衙署园林仅是中国古典园林非主体、非主流的园林类型，并不能代表园林的主流发展趋势，自然就不能与“宋代为中国园林的第一段成熟期、元明清初为园林第二段成熟期”的宏论完美契合。周维权依据位置不同将衙署园林分为两类：一是以绛州衙署为代表的衙署园林，二是在衙署内眷属住房后院建制宅园；依等级又可分为两京中央政府衙署和地方政府衙署，这一分类角度奠定了衙署园林学术发展的基调。[9]傅熹年将唐代的官署园林分为“附在官署内”

[1] 王冶秋．拨开“涩”雾看园池 [N]. 人民日报，1962年2月13日，第五版.

[2] 皇甫步高．绛守居园池今昔谈 [M]// 中国建筑学会，建筑历史学术委员会．建筑历史与理论．南京：江苏人民出版社，1984.

[3] 陈尔鹤．新绛县绛守居园池考 [J]. 文物世界，1989（1）:64-72；陈尔鹤，赵慎．新绛县绛守居园池续考 [J]. 文物世界，2005（6）: 21.

[4] 赵慎．绛守居园池的考据方法和研究历程 [J]. 文物世界，2014（3）: 33.

[5] 吕俊良．雪中观园池——浅论山西省新绛县绛守居园池造园特点 [J]. 文物世界，2008（4）: 77.

[6] 严山艾．绛守居园池历史探索即修复对策 [D]. 武汉：华中科技大学，2013.

[7] 侯迺慧．诗情与幽境——唐代文人的园林生活 [M]. 台北：东大图书公司出版，1991.

[8] 潘谷西．江南理景艺术 [M]. 南京：东南大学出版社，2003.

[9] 周维权．中国古典园林史 [M]. 北京：清华大学出版社，2008：21，249.

和“择地另建”两类，二者均作游赏与宴会之用。[1] 傅熹年还在《中国科学技术史——建筑卷》中对唐以降的宋代衙署园林进行了补充阐释。[2] 宋代官署中园林一般称为郡圃，郡圃在节日期间对公众开放。高介华的《中国古代苑园与文化》一书在“儒家文化与邑郊风景园林以及村落园林”一章中单辟两节写“州官‘与民同乐’的州府邑郊风景园林”[3]，此处对衙署园林的定义应等同于傅熹年所提“择地另建”的一类衙署园林。侯迺慧在后续宋代园林的研究中提出了狭义和广义的郡圃，这一提法是具有划时代意义的，自此之后凡论及郡圃，各家基本采纳这一分类方法：各级地方政府的办公单位所在地以及地方官吏的宿舍内大多造有广大的园林，并将局部开放供民众游赏参观。此外，在各地方的山水优美处也往往有官方建造的大型公园供民众游乐，其治理管辖权归地方政府所有，地方政府也常常在此建造一些可供官吏住宿休憩的住所，因而其也在广义的郡圃范围之内，这种现象普遍存在于宋代每个郡县之中。而文内论述部分则采用了狭义的说法，称谓包括郡（县）圃 、郡（县）斋。[4] 永昕群部分沿用了侯迺慧的概念，将郡圃作为衙署公共园林的典型，并以官产园林、官家园林统称，其中虽以官署园林为主体，却也包含了武侯祠、草堂、望丛祠、三苏祠等皇家官管园林。[5] 毛华松将郡圃划归为宋代官方投资建设的城市园圃基本类型，郡圃一般设在州治、郡治、府治等子城内，特指紧邻地方长吏官署的附属园林，别圃、州园、州圃、军圃等意义相同但脱离衙署建筑而独立在城内外的园圃也包含其中，并认为用“衙署园林”命名宋代的郡圃会有字不达意之嫌。[6] 赵鸣、张洁以绛守居园为例将地方官署或中央机关职能部门牵头兴建的园林定义为衙署园林。[7]

其三，在明确衙署园林定义的基础上，相关研究进一步讨论了衙署园林的布局、特征、功能等内容。以单个案例作为讨论对象，刘祎绯以北宋边疆重镇定州郡圃众春园与阅古堂为例，分析表明唐代郡亭反映了文人“中隐”的思想，同时兼顾休憩、雅集、游赏的功能，在宋代园林中呈现出公共性、开放性[8]，王劲韬认同这一观点。[9] 川西地区衙署园林学术史发展类同于绛州署园林的研究历程，基于崇州罨画池的复原研究[10]，探索原新繁东湖的缘起、发展历程，再进一步分析其造景艺术特征与造园思路。[11] 尽管针对新繁东湖的建园时间尚存争议，但不失为在追根溯源方面的有益探索。[12] 张渝新探究了营造园林的经费来源与其后的经营方式，极具新意。[13] 周柯佳强调了园林的衙署属性，从衙署建制、官员配备等方面对其背景沿革进行了充分的解析，并提炼出川西衙署园林的特征。[14] 李闻杰从空间布局与宋代府州治所选址、城市规划布局方面深

---

[1] 傅熹年 . 中国古代建筑史（第二卷）[M]. 北京：中国建筑工业出版社，2008.
[2] 傅熹年 . 中国科学技术史· 建筑卷 [M]. 北京：科学出版社，2008：406.
[3] 高介华 . 中国古代苑园与文化 [M]. 武汉：湖北教育出版社，2003.
[4] 侯迺慧 . 宋代园林及其生活文化 [M]. 中国台北：三民书局股份有限公司，2010.
[5] 永昕群 . 两宋园林史研究 [D]. 天津：天津大学，2003.
[6] 毛华松 . 城市文明演变下的宋代公共园林研究 [D]. 重庆：重庆大学，2015.
[7] 赵鸣，张洁 .《绛守居园池记》释义 [J]. 中国园林，2000（4）：79-81.
[8] 刘祎绯 . 北宋城市园林的公共性转向——以定州郡圃为例 [J]. 河北大学学报（哲学社会科学版），2013（3）：23-28.
[9] 王劲韬 . 中国古代园林的公共性特征及对城市生活的影响——以宋代园林为例 [J]. 中国园林，2011（5）：68-72.
[10] 廖嵘，侯维 . 唐代衙署园林——崇州罨画池 [J]. 中国园林，2004（10）：11-18.
[11] 廖嵘，谢娟 . 晚唐名园——新繁东湖 [J]. 中国园林，2008（3）：47.
[12] 张渝新 . 新繁东湖缘起考 [J]. 四川文物，2001（3）：48-49；房锐：《新繁东湖缘起考》辨析 [J]. 四川文物，2005（5）：80-81；廖嵘，谢娟 .《新繁东湖缘起考》再辨 [J]. 蜀学 , 2008（3）：261-267。
[13] 张渝新 . 从新都桂湖的经费来源看古代官产园林的经营方式 [J]. 四川文物，2004（6）：52-55.
[14] 周柯佳 . 川西衙署园林艺术探析 [D]. 雅安：四川农业大学，2012.

入时代阶层的演变，论述园林文化的地区性发展。[1] 杨雨璇、杨洁二人进一步强化了衙署园林的地域性特征，但文章依旧偏重释读造园的艺术风格。[2] 安阳郡园是除川西外学者重点关注的园林，申淑兰、杨芳荣就郡园的历史沿革进行了考察，分析了北宋时期园林的艺术价值。[3] 王金平、张海英讨论了山西古代的衙署花园布局与形制特点，突出了衙署园林区别于皇家园林和私家园林的特殊性，并提及不同等级间衙署园林的差异。[4] 谷云黎从地方城市建设的角度解读园林，有很大的参考价值。[5] 在上文提及侯迺慧所著唐宋两本大作中，作者认为衙署园林所反映的复合性功能唐宋有别，宋代郡圃一方面提供了舒适的办公环境，既提供了闲暇时家居游赏去处，也为广大民众提供了休憩空间；另一方面，园林与政治生活紧密结合，园林被赋予了政治意义。[6] 齐君根据宋代文献总结圃类园林是以农业生产要素为核心的园林类型，至明清同化为一般性的园林。[7] 毛华松在前人的研究上有很大突破，他特别提出了隋唐起始、两宋鼎盛、明清式微的城市园圃演进历程，认为郡圃发展至宋已经相对独立且成熟。郡圃多在州县地方长吏官衙后面或一侧，结合州（县）治选址良好的自然山水环境创造出层次丰富的园林美景。其在布局上独立于官员理政的“治”和居住的“宅”，是官员偃休、雅集和游赏的主要区域，同时兼有一定的菜圃、园地生产功能，并定期向民众开放，纵民游观。这呈现了园圃亦公亦私的复合性功能，还呈现了“治—宅—圃”的功能层次关系，内部公共区域与私人区域加以区分亦呈现不同的功能分区，即“园中分区”和独特的园林景物营建方式。[8]

通过对以上学术史的梳理，我们不难发现，近 20 年来开展的衙署园林研究步步深入，收获颇丰，但仍旧存在一些问题：一是研究材料存在孤立性，地面园林遗迹年代越早数量越少，地下考古工作也非常薄弱，仅依靠文献材料研究中古园林使其研究成果略显单薄；二是研究方法存在孤立性。从时间纬度来看，断代史研究会导致对园林演进历程缺乏宏观认识，或从“唐宋变革论”、“中世纪城市革命”等固有框架结论出发，希图暗合历史走势。空间上的孤立性体现在就园林论园林，仅对单体园林内部因素进行解构，缺乏园林之于衙署、园林之于城市的背景对照。三是研究目的多局限于园林本身的复原及感官上的意蕴探讨，对于衙署等级、制度的探索不够深入。政治史观的长时期缺位削弱了对于其“衙署”核心属性的理解。

本文以“context”（背景）和“scale”（尺度）理念为指导，对绛州署园林展开通史性研究，试图打破所谓绝对年代（朝代）的阶段性分界，而从衙署园林所在“衙署与地方城市”出发，归纳客观要素，总结其演变规律，沿着时间轴探索衙署园林功能的转变和其反映的内在政治制度。研究时间自隋唐至清末民国，研究空间分为三个层次：绛州衙署园林—绛州衙署—绛州城。研究材料主要涉及以县志（州志）为主的古代文献、图志图像石刻及航拍照片，以及亲自踏查所获考古材料。

[1] 李闻杰．宋代巴蜀郡圃空间布局及其特点初探 [J]. 内江师范学院学报，2016（11）：80–85；李闻杰．宋代巴蜀郡圃兴盛及其原因浅析 [J]. 四川民族学院学报，2016（3）：37–43。

[2] 杨雨璇，杨洁．地域语境下的衙署园林场所特征探析——以罨画池为例 [J]. 安徽农业科学，2012（32）：51–54.

[3] 申淑兰，杨芳荣．北宋廨署园林——安阳郡园初探 [J]. 华中建筑，2010（7）：190–192.

[4] 张海英，王金平．浅析山西古代的衙署花园 [J]. 山西建筑，2006（8）：336–337；张海英，王金平．地方衙署花园布局特征初探 [C]// 中国建筑史学国际研讨会．全球视野下的中国建筑遗产：第四届中国建筑史学国际研讨会论文集．上海：同济大学，2007：262.

[5] 谷云黎．南宁古城园林与城池建设的关系 [J]. 中国园林，2012（4）：85–87.

[6] 侯迺慧．宋代园林及其生活文化 [M]. 台北：三民书局股份有限公司，2010.

[7] 齐君．宋代园林自发性类型学研究 [J]. 中国园林，2016（12）：112–116.

[8] 毛华松，张兴国．城市文明演变下的宋代公共园林研究 [J]. 西部人居环境学刊，2016（2）：118.

二、绛州署园林的发展历程

“园林”自有唐一代便在诗文中普遍使用，是指山、水、花木与建筑的空间组合范围，其基本含义似同今日所言“园林”。最早系统介绍治园理论的《园冶》就引用了“园林”的说法。林园与园林意涵基本相同，唐人也用具有经济意向的“别庄”作园林。诸如园庭、园亭、园囿、园池、林泉、山池、别业、山庄、草堂，或以亭、台、阁、居等建筑的具体称谓代指整个园林，这些命名反映了其造园手段有所偏重。唐多称园林为“郡亭”，宋多称为“郡圃”，元明以后称谓更是纷繁，甚至还有以具体建筑代称园林的情况，本文采纳侯迺慧对园林的狭义定义，并以接受更符合当代学术研究习惯的中性词——园林统称。刘敦桢认为园林是兼具居住与艺术功能的综合体，李允鉌则认为园林是“宅、居”综合体。“绛守居园”总体把重点放在居住功能，而仍含有园林的意味，对于功能的考察也将贯穿本文。

1984 年，山西农业大学测绘并复原了唐、宋、清三个时期绛州署园林布局；1992 年，山西省考古研究所开展了小规模的发掘工作（图 1）[1]，汪菊渊、陈尔鹤、严山艾以文献材料为依据绘制了园林主要时期的复原图。本文以考古材料为基础，结合文献材料，按照年代顺序梳理绛州署园林的发展历程。本文将绛州署园林视为一个整体进行考察，不涉及园林内亭台池榭等具体建筑形制的探讨，仅考察其对园林整体布局的影响。

[1] 山西省考古研究所．山西考古四十年 [M]. 太原：山西省人民出版社，1994：257-261.

始光年间（公元 424-427 年），北魏太武帝在柏壁一带始置东雍州；北周武成二年（公元 560 年）改东雍州为绛州；隋开皇三年（公元 583 年），州治徙至现存衙署处。隋开皇十六年（公元 596 年）引水开渠，大业元年（公元 605 年）因防御修池。《（民国）新绛县志》记其事道：“池则由隋大业，间附汉王谅，反者为绛人薛雅（《隋书》作粹），闻喜人裴文安，伐土为台

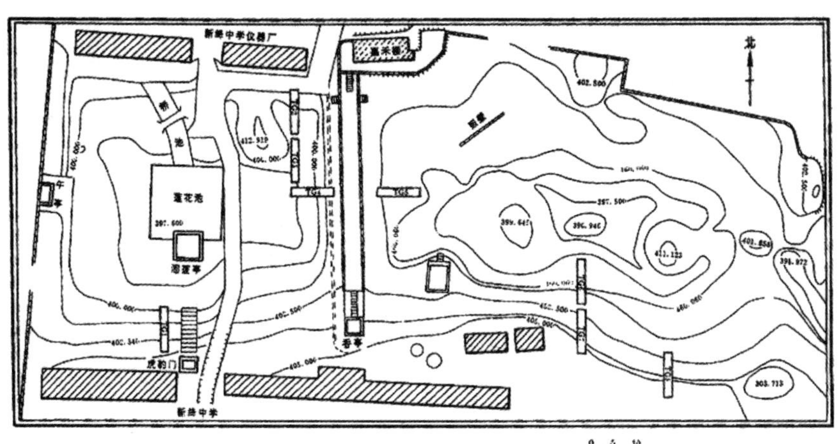

图 1　1992 年绛州署园林考古发掘平面图
（山西省考古研究所 . 山西考古四十年 [M]. 太原：山西省人民出版社，1994.）

（注：盖划北齐斛律光冢增筑之，今冢连池东南），拒周罗侯，之诛几比《礼·檀弓》所云，污其宫而猪（潴）焉者。”[1] 因此，绛州署园林曾在大业元年之前高筑墓冢，之后铲冢为池，防御工事的营建奠定了区域的地形基础。

唐代绛州署园林最完备的文献材料当属唐穆宗长庆三年（公元 823 年）樊宗师所作《绛守居园池记》（以下简称《樊记》）。[2]《樊记》文义艰深，历代注疏达十几种，相关研究引用古本时往往忽略其版本和注疏的分歧，不加甄别地应用，研究结论自然不可采信，本文以岑仲勉的《樊记》点校本 [3] 为准。考古工作已探明园林入口——“虎豹门”柱础石所在位置。大池东缘当在现存甬道西侧，大池北侧有一段南北向的砖墙，砖墙东侧底部有铺砖，应为唐代地面。此段墙体高度现已无从知晓，唐代大池水量丰腴，由此推测该墙为大池护堤或同类遗迹。甬道东侧深 5 米以上的水浸土中包含具有唐代特征的莲花纹、兽面纹瓦当,《樊记》“子午梁贯”，由此推测墙界为子午梁西缘。园林南端的亭、台、轩舍及水渠等在今新绛一中东西排房位置。大池南北宽 50 米左右，北侧今仪器场位置唐时有风亭，两侧接土堤，直上城墉。园林四至多以亭台为界标，东南角高处为柏亭，可“北俯渠”，“南连轩井阵，中踴曰香”[4]，香亭东南面有新亭，新亭南直连堂庑，“承守寝睟思”连接守居园池南侧和居住区名为“睟思”的区域。董逌《广川书跋》卷八、《园池记别本》[5]（以下简称《董跋》）一篇认为“苍塘”为亭名而非池塘名，其意见是正确的。

宋咸平六年（1003 年），绛州通判孙冲撰写的《重刻绛守居园池记序》（以下简称《孙序》）[6] 是记叙唐宋园林变迁最翔实的文字。此外，欧阳修、梅尧臣、范仲淹、富弼等人也集聚于此以诗写景。通过诗文中的只言片语虽可一掠宋时绛州署园林旧貌，但文字的模糊性导致园林的复原结果产生分歧（图 2）。宋代考古遗迹相比唐代更为丰富：唐宋“虎豹门”的位置没有发生变化，甬道东侧探沟有一排长约 3 米的东西向排砖，根据窗棂装饰推定年代为宋。排砖西端连接活摆的二层砖，砖南北两侧有路土，东部为水浸土。对照唐代子午梁位置及叠压关系，由此推断宋代子午梁的位置东偏且渐宽。若以南北向路土位置为轴线，发掘报告所称“路土砖面与园池南大堂形成一线,并由此认为其为唐宋时期子午梁位置”的说法实属不妥。大池南北向的宽度有所扩张。据《孙序》记载，“其亭为今之所存者，惟香亭与望月焉，按其出处又非旧也。”因此，香亭位置的移动也佐证了子午梁位置东偏且渐宽，子午梁应直接与堤岸相连接。原望月亭位置改建其他亭台建筑并重新命名，东南角四望亭靠近唐柏亭。西北角有姑射亭与其相对，新增嵩巫亭具体位置不详。东侧池堤已然不见，园林因东部大池的荒废，干涸的凹地依稀可辨，重心西偏。此时的园林有两条轴线：一是向北连接仁丰厅的浩然亭，二是虎豹门、横桥及桥上水心亭。

宋金之交的大规模战争导致包括园林在内的衙署遭到毁灭性破坏，绛州城在金末元初和元末明初都遭受了较大的破坏，以往研究均

[1] ［民国］徐昭俭修．杨兆泰纂．新绛县志 [C]. 卷九“金石考”．民国十八年（1929 年）铅印本 //《中国方志丛书· 华北地方·第二三号》影印本．台北：成文出版社有限公司，1976：922.

[2] ［唐］樊宗师．绛守居园池记 [M]// 全唐文．卷七百三十“樊宗师”．清嘉庆内府刻本．

[3] 岑仲勉先生按照时序梳理流传的十一注疏，以时间较早的内容为依据，重合者予以保留，矛盾者以早期记录为准，详见：岑仲勉．绛守居园池记集释（附绛守居园池记句解书目提要）[C]// 国立中央研究院历史语言研究所．历史语言研究所集刊．第十九册．南京：江苏古籍出版社，1948：621.

[4] ［唐］樊宗师．绛守居园池记 [M]// 全唐文．卷七百三十“樊宗师”．清嘉庆内府刻本．

[5] ［宋］董逌．广川书跋 [M]. 卷七．明津逮秘书本．

[6] ［宋］孙冲．重刊绛守居园池记序 //［清］胡聘之．山右石刻丛编．卷十一．清光绪二十七年（1901 年）刻本．

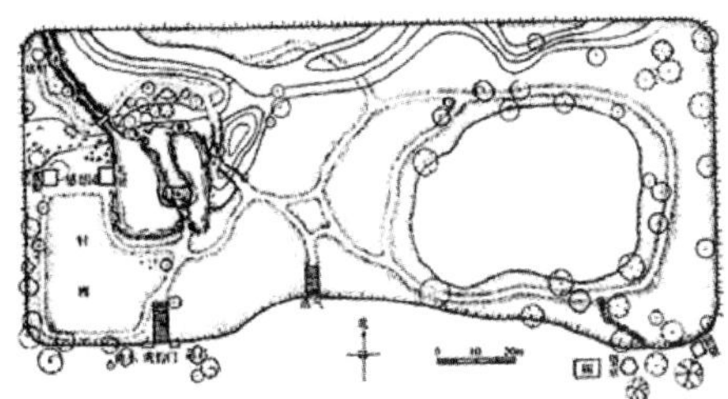

（a）汪菊渊绘宋代绛州署园林复原图
（汪菊渊 . 中国古代园林史 [M]. 北京：中国建筑工业出版社，2006.）

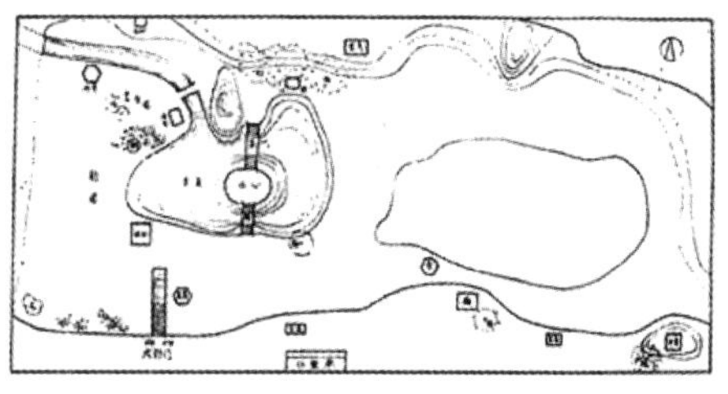

（b）陈尔鹤绘宋代绛州署园林复原图
[陈尔鹤 . 新绛县绛守居园池考 [J]. 文物世界，1989（1）：64-72.]

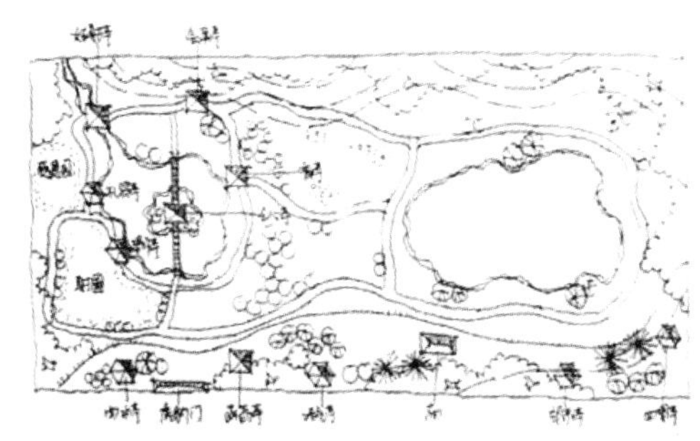

（c）严山艾绘宋代绛州署园林复原图
（严山艾 . 绛守居园池历史探索即修复对策 [D]. 武汉：华中科技大学，2013）

图 2　不同学者所绘宋代绛州署园林复原图

忽略这一历史时期。然而，文献鲜有记载，遗迹较少，这种现象本身恰恰反映了此期绛州署园林的特征。金代明令禁止一切些增葺修缮工程，“大定庚子岁，州阙节度使同知石公摄领郡事，以谓兴滞废君子之能事，莅政之始已有意增葺。时朝廷□旨禁绝淫祠，州之境内毁彻者不啻数百屋。”[1]除修葺重建城市衙署等必需事务性机构，仅见绛州署园林重修斛律光墓。《斛律光墓记》载“王以有功于国，故得庙貌一新。公复命壁间皆绘王之勋业，所起至于祖穆之事，则故不待形容而后知也。仆因并书其始末以释后人之惑，使得专祀王之功而无愧焉。”[2]除此之外，金大定二十三年（1183 年）孙镇撰《金重修斛律王庙碑》，石琮立石正书于绛州城内州治。[3]

元代更是明令裁撤宴席、郡圃场所：“爰自混一，崇朴汰奢，凡偃息游宴之所，壹皆撤去，漕所戎司，更治易局。”[4]绛州署园林在此期间没有大规模的建设，是为情理之中，陈尔鹤虽认同元代园林未经过统一性的规划和整体性整修[5]，但未说明园林荒芜的原因。元代记载绛州署园林

[1] 王新英 . 全金石刻文辑校 [M]. 长春：吉林文史出版社，2012：242.

[2] 《斛律光墓记》由乡贡进士孙镇书，男守贞奉命书，于金大定二十年（1180 年）由中议大夫、同知绛阳军节度使、兼绛州管内观察使、上骑都尉、武威县开国子、食邑五百户、赐紫金鱼袋、权州事石玢立石。详见：王新英 . 全金石刻文辑校 [M]. 长春：吉林文史出版社，2012：242.

[3] ［民国］徐昭俭修 . 杨兆泰纂 . 新绛县志 [M]. 卷九“金石考”. 民国十八年（1929 年）铅印本 //《中国方志丛书 · 华北地方 · 第二三号》影印本 . 台北：成文出版社有限公司，1976：972.

[4] ［元］俞希鲁 . 至顺镇江志 [M]// 李修生 . 全元文 . 南京：凤凰出版社，2004：515.

[5] 陈尔鹤 . 新绛县绛守居园池考 [J]. 文物世界，1989（1）：64-72.

的诗文寥寥无几。郭元履的《绛州怀古》重现了元代绛州署园林的寂寥之景“东雍城端步绿苔，更堪千里暮云开。西山凤舞天边去，北水龙飞掌上来。池沼盛隋余瓦砾，绮罗全晋变蒿莱。兴亡欲问无人语，满目秋风野鸟哀。”[1]元大德三年（1299年）由绛州都目王说立石刊有此一文。[2]元人偰玉立作《居园池诗有序》是元时对绛守署园林记载最为详尽的一篇，该篇刊刻为碑《登绛守居园池》碑，于至正六年（1346年）由绛州达鲁花赤帖木儿等在园林立石：“昔日亭墅，悉已湮没，独洄涟亭[3]，花萼堂复构，以还旧观。流泉莲沼，犹仍故焉，堤柳荫翳，迳花鲜妍。庭竹数竿，清风冷然，有尘外之思，即是赋诗曰：……”[4]由此可见，至元代园林几近损毁，仅有洄涟亭、花萼堂复构。此外，元代造园强调营造植物景观，大面积地种植柳树、花卉风靡一时，偰诗“堤柳荫翳，迳花鲜妍”的景象也只能留于笔下，难见于遗存。

明代留存至今的地方志材料为园林复原工作提供了较为充分的依据，因而学界形成了相对统一的认识。陈尔鹤认为《绛州嘉禾楼记事》碑中“一如旧制”及《新绛县志》“重事与筑园池台榭依然复古”[5]均指明代的绛州署园林景观。成化六年（1470年）言芳《增修记》补遗考古材料：“又如富郑公者，昔官于此，功著于民，碑记虽存，祠堂莫在。似此废弛不治宁可救□……”。[6]现存最早的《（正德）绛州志》上承明正德以前的绛州旧志[7]，与方立诚修《（万历）绛州志》所载内容一致[8]：“前为委蛇厅事，厅东为仕优馆，有小池，居园池记，宋孙冲刻碑今移置于东壁，西为吏舍，同后东西为园，西园为射亭，有井曰甃亭，俱正德十六年（1521年）立。宅北为花萼堂。堂前有小池曰思，理桥其上。堂后为池，池上有亭曰洄涟。引鼓堆水而来，亭创自隋唐之间。元至治间（1321-1323年）知州刘名安重构，废久，至我朝正德七年（1512年）知州韩辙重建。池北高阜有楼曰静观。”[9]明正德中知州韩辙重修洄涟楼，洄涟亭匾额“动与天游”记于明正德十四年（1519年），由李文洁立，于万历十年（1582年）李赋直复立。现存明代嘉禾楼及《绛州嘉禾楼纪事》石碑为明代遗构，这一时期绛州署园林考古材料非常丰富，但发掘报告刊布内容却很少，仅有“甬道东侧的探沟上层明砖用石灰勾缝，面积较小，延伸到甬道之下”一条记录。[10]

[1] ［元］郭元履．绛州怀古 // 中国人民政治协商会议新绛县委员会文史资料委员会．新绛文史资料．运城：政协新绛县文史资料委员会出版社，1984（6）:140.

[2] 皇甫步高．绛守居园池今昔谈 [M]// 中国建筑学会，建筑历史学术委员会．建筑历史与理论·第三、第四辑．南京：江苏人民出版社，1984：181-183.

[3] 元至治间（1321—1323年）知州刘名安重构洄涟亭。明《（永乐）绛州志》，此书大部分已佚失，仅存关于形胜的描述，《（成化）山西通志》卷二引二条。详见：［明］李文洁．（永乐）绛州志 [M]// 李裕民．山西古方志辑佚．文渊阁书目．卷二十“新志”．太原：山西地方志编纂委员会办公室，1991：510.

[4] ［元］偰玉立．居园池诗有序 [M]// 张学会．河东水利石刻·石刻精华版．太原：山西人民出版社，2004：105.

[5] ［民国］徐昭俭修．杨兆泰纂．新绛县志 [M]. 卷九“金石考”．民国十八年（1929年）铅印本 //《中国方志丛书·华北地方·第二三号》影印本．台北：成文出版社有限公司，1976：789.

[6] 成化六年(1470年)言芳《增修记》转引自：李志荣．华北华中地区元明清衙署研究 [D]. 北京：北京大学，2004：37.

[7] ［明］李文洁，吕经修．王珂纂．（永乐）绛州志 [M]// 李裕民．山西古方志辑佚．文渊阁书目．卷二十“新志”．太原：山西地方志编纂委员会办公室，1991：510.

[8] 成书于万历八年(1580年)的《(万历)绛州志》大部分已佚失，仅存卷首孙光祐序一篇。详见：[明]田子坚修．赵桐纂．(万历)绛州志 [M]// 李裕民．山西古方志辑佚．文渊阁书目．卷二十“新志”．太原：山西地方志编纂委员会办公室，1991：510-511。

[9] ［明］李文洁，吕经修．王珂纂．（正德）绛州志．嘉靖四十二年（1563年）刻本（现藏于中国台湾图书馆）．卷三“建置志·州内·公署”．

[10] 山西省考古研究所．山西考古四十年 [M]. 太原：山西省人民出版社，1994：257-261.

清代绛州署园林在明代园林的基础上整治增修，清乾隆十八年（1753 年）、清光绪二十五年（1899 年）对园林进行了大规模的改建。考古发掘现存园池表土层下叠压有大量明清时代的瓦砾、瓷片。[1] 赵师尹记绛州署园林“纵二十丈，横四十八丈”[2]，园中部有高出东西两侧约 1 米的砖铺甬道，甬道西侧正中为莲花池，池北为蓄水池，池南为洄涟亭，西侧倚墙有半亭，凹地外缘有拙亭、孤岛亭的夯层，东北角有宴节楼遗迹，近年倾倒垃圾而堆砌形成了园池南面的土坡。《（乾隆）直隶绛州志》补充：“静观楼在署后园。明正德十六年（1521 年）知州李文洁建有记。乾隆十八年（1753 年）张成德因颓圮重修。署旧有公楼，楼后有花萼堂，堂后有居园池，池上有亭曰洄涟，轩曰香承，西南门曰虎豹，东南亭曰‘新前’，舍曰‘槐负’，渠曰‘望月’。又东南有‘仓塘风堤’（光绪六年《直隶绛州志》《城池·官署》记为：又东南有“仓塘风堤”鳌鼽白滨诸名胜）。唐刺史樊宗师有记，今废。课花厅，在二堂西，雍正十二年（1734 年）知州童绂建。”[3]

民国期间，绛州署园林因抗日战争而毁弃。1949 年学校接管园林，在保持园林原貌的基础上清理了垃圾堆积。原甬道东西照壁及原园西水渠两侧所建牌坊及半圆亭（嵩巫亭）都已毁。1960 年，拆毁园东北角的清代宴节楼，此时园池东部及园北部部分土垣已毁。1984 年，园池北开辟西大街，由鼓堆引渠水入城的土堤及水渠遗址不存，学校在园内建水塔，园北面建教学仪器厂（图 3）。

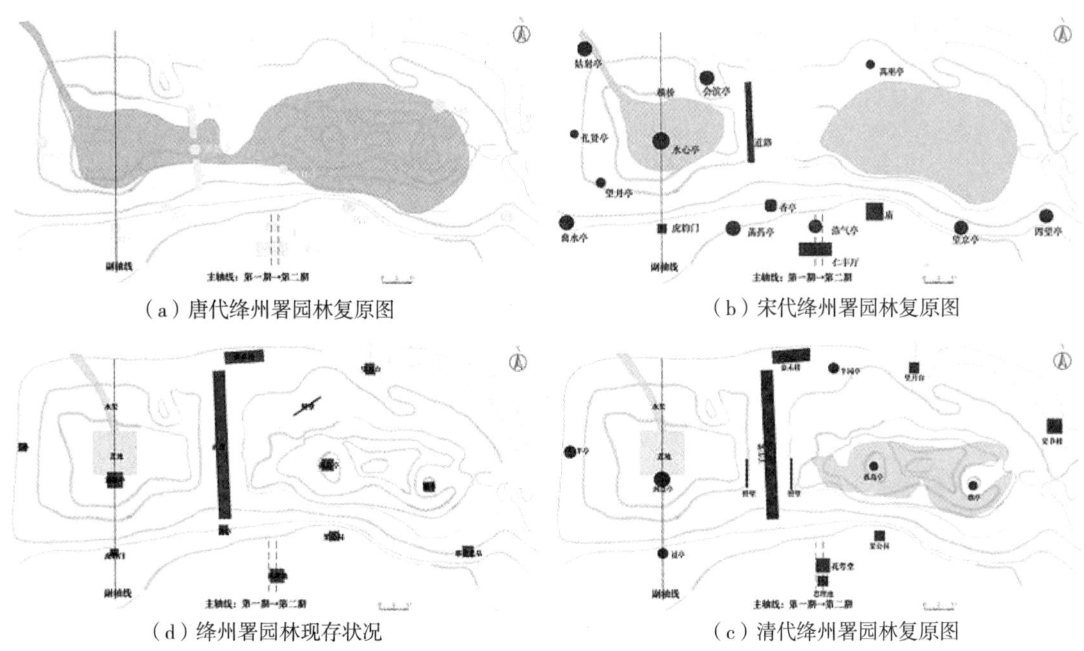

（a）唐代绛州署园林复原图　（b）宋代绛州署园林复原图

（d）绛州署园林现存状况　（c）清代绛州署园林复原图

图 3　各时期绛州署园林示意图

（作者自绘）

---

[1] 原报告根据表土层下的瓦砾瓷片直接推定其兴建年代最早为清末，不甚合理，详见：山西省考古研究所．山西考古四十年 [M]. 太原：山西省人民出版社，1994：257-261.

[2] ［清］赵师尹．绛守居园池记句解．详见：岑仲勉．绛守居园池记集释（附绛守居园池记句解书目提要）[C]// 国立中央研究院历史语言研究所．历史语言研究所集刊．第十九册．南京：江苏古籍出版社，1948：602.

[3] 现存清代各时期地方志对绛州署园林的描述内容基本一致，详见：［清］刘显第修．陶用曙纂．（康熙）绛州志．康熙九年（1670 年）刻本；［清］张成德，李友洙，张成观．（乾隆）直隶绛州志．乾隆三十年（1765 年）刻本；［清］李焕杨修．张于铸纂．（光绪）直隶绛州志．光绪五年（1880 年）刻本．

三、绛州署园林“in context”（在背景中）

1. 绛州署园林之于绛州衙署的附属性

衙署是中国古代官吏办理公务的处所，《周礼》称为官府，汉代称为官寺，唐代以后多称衙署、公署、公廨、衙门，唐五代多称为牙城。衙署是一个兼具空间与功能的复合性概念，二者的匹配关系并非自始至终都弥合无虞。因此，既要重视从历时性角度探讨其空间范围，又要以考古学常用的“context”（背景）理念进行释读，探究“园林”之于空间组合的功能性意义。

绛州署园林坐落于绛州大堂、二堂、内宅之北，从空间布局、活动内容以及营建顺序来看，绛州署园林是衙署居寝、宴饮、决事、教化、社交功能的延伸，园林修葺往往迟滞于衙署行政主体建筑的营建。不同历史时期园林营建的重点往往寓示着不同时代国家及地方的施政特点，衙署园林的政治性尤为突出。

其一，从空间布局来看，园林是居寝的延伸，园林之于衙署有显著的附属性。就整体布局而言，考古材料揭示了帅正堂主体月台部分经历了宋、元、明的三次扩建，宋元时期月台轴线与绛州大堂所在轴线重合，月台及大堂甬道在元明之际向西移动约 3.5 米。[1] 对照园林近水处南北向路面的两次调整：唐宋之际，子午梁向东偏，变为道路，应当是配合水体变化的小规模边界整修。明清时期再次调整布局，在子午梁东修建甬道。园池主轴线元明之际有所调整：隋唐至金元，园林的主轴线为帅正堂所在衙署主体中轴线上，明代向西移至思理池所在中轴线上，因时而变以体现衙署园林礼制。“设门有待来宾”住宅区与园林区毗邻，实现了园居生活的一体化。园林的副轴线稳定在衙署西路建筑的延长线上，副轴线所在路径说明了对外游览路线的稳定，“留径可通耳室”以便接待宾客。

就具体建筑关系而言，自唐以降，绛州衙署园林是郡守居寝的延伸。这不同于以往“唐宋园林还不是宅居生活的组成部分，而仅为供园主在宴会时的娱乐场所”的认识。[2]《樊记》元人许谦注（以下简称《许注》）“割守居北之半以为园”[3]，园池是居室功能的延伸，空间划分反映了观念中“池”与“居室”的紧密联系。园林南侧新亭和名为“睟思”寝房相连，从横向看二者的界限不甚明确，但从纵向看共同构成了园林的主轴线。因此，完整的居室空间范围应集寝、游于一体。宋代仁丰厅与浩气亭的关系亦是如此。明清园林的附属性进一步增强，据明正德《绛州州志》建置志载：“（知州）宅北为花萼堂，堂前池曰思理，有小桥其上。”[4] 宅院北半部与居园南缘间的距离远比大堂与二堂间的距离长，考古材料也证明了两个含有炉灶的房间北部设池设桥。[5] 虽然园林北部因近现代学校建筑的叠压无法获知其具体情况，但宅区北部庭院具有房前院的意义，基本属性应为私人属性。

❶ 山西省考古研究所．山西考古四十年[M]．太原：山西省人民出版社，1994：257-261.

❷ 张家骥．中国造园论[M]．太原：山西人民出版社，2003：81.

❸ ［清］赵仁举，许谦．正误补道．详见：岑仲勉．绛守居园池记集释（附绛守居园池记句解书目提要）[C]//国立中央研究院历史语言研究所．历史语言研究所集刊．第十九册．南京：江苏古籍出版社，1948：621.

❹ ［明］李文洁，吕经修．王珂纂．（正德）绛州志．嘉靖四十二年（1563年）刻本（现藏于中国台湾图书馆）．卷三“建置志·州内·公署”．

❺ 中轴线北端清理出一座残存砖砌建筑遗迹，其保存现状较为完整，整体呈长方形，南北向拱形桥面已经残断，四周墙体保留较多，池体北壁镶嵌一青石碑，中间楷书“思理池”，落款为“正德十四年（1519年）春正月二十日”。

其二，从衙署园林的活动内容来看，园林也是衙署宴饮、决事、教化、社交功能的延伸，营建内容体现了不同时期地方的施政特点，并如前文所言园林修葺往往迟滞于衙署行政主体建筑的营建。

隋唐以降，绛州衙署园林"可宴可衙"，具有宴饮和决事的双重功能。聚众于此的原因众多，规模可大可小。可以如《许注》所言"可会宾避暑气"，也可以"可四时合奇士，观云风霜露雨雪所为发生收敛，赋歌诗。"有关宾客汇聚一堂的情形，张庚注记（以下简称《张注》）[1]曾提及"宾客围集则乐如是，故怜，若乖则失此乐，故憎"。聚众规模没有限制，三五成群可在亭台避暑气，人多势众则有"可大客，旅锺鼓乐，提鹏挈鹭"。除了直接描写宴饮场景，对场所的描绘可勾勒出宴饮的图景："南楯楹，景怪烛，蛟龙钩牵，实龟灵麈，文文章章，阴欲垫救，烟渍雾耿，桃李兰惠，神君仙人，衣裳雅冶。"

在衙署园林处理府衙之事也尤为重要。衙，赵仁举解释为"决事"，胡世安训"间适"，张庚训"行游"，岑仲勉引《玉篇》释"衙，参也。"另外，《海篇》也有"早晚衙集"一说。赵、胡二人以为处理府衙之事，张、岑二人认为是强化宴聚之意。本文取前者决断衙事之意，在后文论述"衙"字的演变过程可证其真伪。魏晋南北朝时期华林园成为皇帝听讼审判最普遍的场所，并在一定程度上将其制度化。[2]隋唐杭州郡治郡圃——虚白堂为太守治事办公的场所，白居易有记"平旦起视事，亭午卧掩关。除亲簿领外，多在琴书前。况有虚白堂，坐见海门山。潮来一凭栏，宾至一开筵。"[3]卢照邻在《宴梓州南亭诗序》一诗中描绘了城池亭台"梓州城池亭者，长史张公听讼之别所也。"[4]在制高点听讼断事也说明了营建亭台的政治意味，此证暗合樊记所提"监控"并非莫须有的考量。由此可见，衙署园林的"决事"功能唐以前便有，绛州署园不是孤例。

宋代绛州署园林延续宴饮的功能。宋人李垂在诗文中提及"临流好鼓瑟，待月堪浮觥。濯足思余绿，洗心思雪清。"[5]观景自然是不能满足诸位雅兴，觥筹交错成为宴聚常态。景德四年修葺此园，新增曲水亭"清欢曾祓禊，雅饮几盘筵……曲水之名，盖流杯之□□，且今俗以上巳修禊事，觞于兹亭以为常……"[6]元符年间（1098-1100年）淄川周侯自尚书刑部阆中守绛录事参军张为菡萏亭池生并蒂莲撰文[7]，在绛州署仪门内西，宣和三年朝请郎权州军事李浩亦曾撰文吟诵。[8]欧阳修等作诗描绘虎豹门前的意趣"胡筋虎搏岂足摹，纪录细碎何区区。羲氏八卦画可图，禹汤皋虺暨唐虞。"[9]金元之后，绛州署园林虽有衰落，但依旧延续其宴饮的功能，以张念祖文为证"十亩园池竹树环，公余六月憩清寒。亭台建置今非昔，诘曲奇文一展看。"[10]金以降绛州署园

[1] ［清］张庚．绛守居园池注记．详见：岑仲勉．绛守居园池记集释（附绛守居园池记句解书目提要）[C]// 国立中央研究院历史语言研究所．历史语言研究所集刊．第十九册．南京：江苏古籍出版社，1948：536.

[2] （日）渡边信一郎．中国古代的王权与天下秩序——从日中比较史的视角出发 [M]. 徐冲译．北京：中华书局，2008：114-120.

[3] ［唐］白居易．白居易集 [M]. 北京：中国戏剧出版社，2002：106-107.

[4] ［唐］卢照邻．宴梓州南亭诗序 [M]// 周绍良．全唐文新编．第一部第三册．长春：吉林文史出版社，2000：1932.

[5] ［宋］李垂．观德堂 [M]//［清］陆心源．宋诗纪事补遗．卷九"李垂".

[6] ［宋］雷孝仙．曲水亭诗并序 [M]// 张学会．河东水利石刻·石刻精华版．"湖水篇"．太原：山西人民出版社，2004：97.

[7] ［民国］徐昭俭修．杨兆泰纂．新绛县志 [M]. 卷九"金石考"．民国十八年（1929年）铅印本 //《中国方志丛书·华北地方·第二三号》影印本．中国台湾：成文出版社有限公司，1976：790.

[8] ［宋］李皓．潜心堂记 [M]//［清］胡聘之．山右石刻丛编．卷十八．清光绪二十七年（1901年）刻本．

[9] ［宋］欧阳修．守居园池 [M]// 中国人民政治协商会议新绛县委员会文史资料委员会．新绛文史资料 6：48-49.

[10] ［清］张念祖．园池台榭 [M]//［清］李焕扬修．张于铸纂．（光绪）直隶绛州志．卷十九"艺文"．中国台湾：成文出版社有限公司影印本影印版，1971.

林依旧承载着休憩的功能，发展至明清成为主官休憩之地。

绛州署园林还是地方主官设置纪念性建筑、教化民众的场所。自唐始，宋金两代尤为重视，元以后承袭前朝。《孙序》中提到了斛律光庙，该庙在《樊记》中未曾提及，宋文也仅以方位示人“依斛律光庙之东曰望京”。斛律光字明月，为北齐社稷功臣，为朔州敕勒部人，墓葬并非五代、宋迁建移入州治，唐代已存，《新绛县志·金石考》记载后晋新修斛律王庙碑在绛州城内州治东偏，于天福五年立碑。[1] 金大定二十年（1180 年）《斛律光墓记》对于往事又有追记“祭法□有功于民者祀也。咸阳王可谓能保全国家，有大功于民，宜在祀典者也。……王之祠堂，旧在州衙子城东北隅……谨按《守居园池记》云，池由于炀反者雅文安发土筑台为拒诛，则庙基正台之遗址，殆长庆以后，守土者悯王之勋业，死非其罪，因即其地而建为影堂。晋天福间，刺史张廷蕴增大其宇乎。不然，樊宗师号为记录细碎，曾不一言及此，固可见也。然绵愿久远，由五季迄于今，数百年间祭祀不绝，吏民益敬而屡有灵应。但时代浸远，栋宇倾弊，不庇风雨者，积有年矣。”[2] 由此可见，庙墓在隋废弃，唐又重设，于宋扩建。横向比较其他衙署园林，唐已有庙宇设置，宋代南康郡圃还举行了礼天之仪，祈雨以安民生“胡书遇此，颇蒙尊念旧为一日晋不受移疱，常礼迁临郡圃，语至夜分，以尝蒙尊念，不敢不布，旬馀缺雨炭，高田遂以旱告。”[3] 在园林寺庙中侍奉具有地方影响力的特殊人物既体现了极具地方特色的教化方式，也表达了官民希冀厚土安康的真实愿景。因此，毛华松先生关于“教化性祠庙在宋代首次和园林结合”[4] 的说法可以提前，在衙署内设立纪念性建筑以布施教化始见于隋唐。以贤良名宦为主题的祠庙是市民祭祀中的主体部分，也是地方官德治的重要手段，更是地方强调礼制的体现。

宋代绛州署园林还州官礼贤下士之地，射圃是施行教化之所。《孙序》中园林建筑的命名就直接反映了这一点，如“又北限条竹沟水，曰礼贤”，又如“南对引曰射圃，可以习射”的记载。[5]《象山县志》记载“射圃自孔子射于矍相之圃，而习射之地皆以圃名。”[6]《中国书院辞典》释读为古代学校或书院诸生习射练武之所，然而这一狭义解释应是明清以后的说法。[7] 射圃在先秦时期就设于郊野的苑囿内，并置射庐、水池等设施[8]，之后，地方的射圃常设于衙署内，绛州射圃便是如此，宋以后射圃才由衙署内迁至儒学署西南。早在唐代即将射圃视为理学之地，如“请八月五日为千秋节敕旨”中提到“比夫曲水禊亭重阳射圃”。[9] 宋代射圃功能承袭前代并兼具游憩功能“西畴筑圃，弭橐鞬，矍相佳游此，比肩自是序宾观德处，故宜百发不虚弦。后注圃为射圃。[10] 只不过，唐代射圃主要服务于皇家、官吏等一行人游乐。而宋代营建射圃意在教化，正如朱熹甫行有言“又创受成斋，教养武生员，新射圃时督

---

[1] ［民国］徐昭俭修．杨兆泰纂．新绛县志 [M]. 卷九“金石考”. 民国十八年（1929 年）铅印本 //《中国方志丛书 · 华北地方 · 第二三号》影印本．台北：成文出版社有限公司，1976：940.

[2] 王新英．全金石刻文辑校 [M]. 长春：吉林文史出版社，2012：241.

[3] ［宋］陈宓．复斋先生龙图陈公文集 [M]. 卷十一．清钞本．

[4] 毛华松．城市文明演变下的宋代公共园林研究 [D]. 重庆：重庆大学，2015：88.

[5] ［宋］孙冲．重刊绛守居园池记序 [M]//［清］胡聘之．山右石刻丛编．卷十一．清光绪二十七年（1901 年）刻本．

[6] ［民国］陈汉章．象山县志 [M]. 中册卷十四“教育考”．北京：方志出版社，2004：779.

[7] 季啸风．中国书院辞典 [M]. 杭州：浙江教育出版社，1996：721.

[8] 孙华．中国先秦的园林建筑艺术 [C]// 东亚建筑遗产的历史和未来——东亚建筑文化国际学术研讨会· 南京 2004 优秀论文集．南京：东南大学出版社，2006：183-186.

[9] ［唐］张说．张说之文集 [M]// 张说．张燕公集．卷第十五．四库丛刊本．

[10] ［宋］曹勋．松隐集 [M]. 第二册卷十九．北京：文物出版社，1982：105.

之射。”[1]射圃公共性、共享性增强。与此同时，射圃的军事培养职能逐步凸显，成为诸生精进武艺之地。《象山县志》记载“宋熙宁中，行三舍法，武学附选有圃以习射。舍法罢，圃与武学俱废。孝宗颁射学义于学宫，皇子魏王制州，度地筑射圃于学官之前，俱在州治，而邑无闻也。宋治平间，邑令林旦设射圃于西谷”。[2]象山射圃的兴废历程反映了射圃在宋代经历的功能性演变。但对绛州署射圃而言，鲜有宋代诗文描绘与民同乐的场景，所谓施行教化的场所——射圃，可能因其规模较小则仅服务属官及其亲友，习射也属于交游活动中的一个项目。因此，对于绛州署园林来说，宋代园林转向公共性的说法尚可斟酌。

[1] ［清］魏荔彤.（康熙）漳州府志 [M]. 卷十九“宦绩·朱熹”. 清康熙五十四年（1715 年）刻本.

[2] ［民国］陈汉章. 象山县志 [M]. 中册卷十四“教育考”. 北京：方志出版社，2004：779.

2. 绛州衙署的发展历程

相关考古工作沿中轴线展开，重点发掘了帅正堂前[3]、后[4]两片区域，现今二堂正处在复建阶段。明清时期，可以详尽的文献资料和发掘结果为证，对绛州衙署进行比较全面的复原。对于古今叠压型衙署遗址，实际发掘常常止于保留相对完整的遗存平面，换句话说，以展示为导向的非完整性揭露存在局限性，发掘区呈现的往往是后代的主要布局以及后代次要区域内碎片化的前代遗迹信息，此种发掘方式自然难以全面获悉绛州衙署的兴废历程。因此，应加强对剖面和局部地区的解剖性发掘与研究，尤其是衙署园林与衙署非园林区域相连接的区域。另外，绛州衙署 I 区、II 区地层划分基本一致，但结合年代学考证所得时期不一致，经走访山西省考古研究所获悉，现已将地层归并为四层：明清文化层—元代文化层—金代文化层—宋代文化层，宋代文化层下有宋以前夯土层，其发掘情况见图 4，以下将分时代对绛州衙署进行说明。

[3] 杨及耘，王金平. 考古发掘确定山西绛州衙署遗址年代和布局 [N]. 中国文物报，2014-5（T08）.

[4] 山西省考古研究所. 山西新绛绛州衙署遗址 [W]. 中国文物信息网，2016-2-18.

图 4　绛州署考古发掘现场
（作者自摄）

隋唐五代的绛州署布局很不明晰，考古发掘工作对于时间的定位不明确，按照严格的地层关系，只能将其描述为宋以前建筑遗迹。现在只能通过部分夯土确定遗迹的存在性，而不能划定具体的区域范围，所以这一时期需参考同类遗迹。隋唐州府官廨规模和布局留下的文字资料很有限，资料集中于中晚唐时期，唐中期以前的布局鲜有记载，对于地方城市的勘察发掘也少之又少。江都（扬州）的发掘仅限于子城城墙，城内、衙署等布局尚不清楚。流传至今的文献主要以厅壁记为主，多数研究是在宋代子城图的基础上结合文献对中晚唐的衙署布局进行复原。牛来颖❶、袁琳二人均以袁州厅壁记、鄂州新厅记和抚州布局为基础提出了主体建筑“三扃三厅、大寝小寝”的布局设想，《湖州录事参军新厅记》❷、《泉州六曹新都唐记》❸、《黔州观察使厅壁记》❹亦可作为补充。因此，笔者推测绛州衙署也为堂前庭后，宅前斋后，设厅周回廊院的布局。

宋代绛州署的情况仍不太明朗，文献资料仅有明万历《绛州志》卷二《宫室・官治・堂阁》记载宋代遗留建筑若干条。宋正平令孙申有记富公祠位于仪门东，后由言芳、易谟、屈大升加以修葺。❺根据已经开展的考古工作可知现存大堂前是宋代月台及台口两侧踏道，大堂院落东侧有至少四组排列整齐的柱础，疑为两进式厢房。宋月台东南转角处有一小段南北向墙体，被明清时期东侧的道路打破，该墙体若向北延伸则在东侧厢房西面，且距离月台极近。所以，窃以为该段墙体可能为元代耳室的西侧墙体。中轴线上明清南北向甬道两侧有宋代的地面。大堂后宋代文化层及以前文化层揭露出的遗迹为夯土砖包建筑，具体形态尚不能确定，但月台前沿范围基本可以确定。

同类宋代衙署材料非常丰富，主要以地方志附图为主，学界已普遍认同南宋遗留衙署沿袭北宋布局。❻前人对各个基本要素的分析已经十分深入，本文更注重整体的区域性划分：扬州子城范围以谯楼为标志，牙城治所以仪门为标志，衙署至少分五路建筑，州圃居右二路；严州❼子城分三路，州圃在中路州治之北；常州子城前中部分三路，曲尺形园圃贯通后部。宋代衙署多在唐的基础上一路变多路，郡圃的位置也相对灵活，但其必与知州、通判办公治所相邻，其中沿袭唐五代布局的州治多由方形郡圃改为曲尺形。以往多数文章的讨论首先进行三进式的院落解构：第一进为府、州门和府、州属办事机构，第二进是府、州衙大厅，第三进是府、州后宅、郡圃。❽若仅解构中轴线上各建筑的平面布局，此三进的分解是合理的。但如若以整个子城为背景进行探讨，整体的平面布局解构就应当是横纵相结合，在多路多轴线分布的基础上按照三进式布局。孙华先生认为近古时期的官署基本要素与前代相同，官署也分中、左、右三路，前、中、

❶ 牛来颖认为唐宋的衙署布局基本一致，对唐宋材料不加区分，甚至以宋代唐。以大厅、设厅、小厅的相对位置为代表，唐中期以后留存的文献均表述唐时大小厅为东西布置，一旦介入宋代文献的记载，其二者关系就不甚清晰。文中所引吕温《道州刺史厅后壁记》为宋人掌禹锡所作，建议不予采纳。详见：牛来颖．唐宋州县公廨及营修诸问题 [M]// 唐研究．第十四卷“天圣令及所反映的唐宋制度与社会研究专号”．北京：北京大学出版社，2008：345-351。

❷ ［唐］杨夔．湖州录事参军新厅记 [M]//［宋］李昉等．文苑英华．卷八零三．明刻本．

❸ ［唐］欧阳詹．泉州六曹新都唐记 [M]//［宋］李昉等．文苑英华．卷八百四“厅壁记八”．明刻本．

❹ ［清］董诰，等．全唐文 [M]. 卷四百九十四．清嘉庆内府刻本．

❺ ［民国］徐昭俭修．杨兆泰纂．新绛县志 [M]. 卷九“金石考”．民国十八年（1929 年）铅印本 // 中国方志丛书・华北地方・第二三号．影印本．台北：成文出版社有限公司，1976：805.

❻ 江天健．宋代地方官廨的修建 [C]// 转变与定型：宋代社会文化史学术研讨会论文集．中国台湾：台湾大学历史系，2000：447.

❼ 陈公亮．淳熙严州图经 [M]. 子城图 // 宋元方志丛刊．北京：中华书局，1990：4281.

❽ 陈凌．宋代府、州衙署建筑原则及差异探析 [C]// 宋史研究论丛．第 17 辑．保定：河北大学出版社，2015：141-158.

后三进，只是更加制度化和规范化，不同时期也有一些变化。即便存在多路并存的特例，但往往也只限于宋代新建的府衙中。由此，笔者推测绛州署便是在多路多轴线分布的基础上沿袭三进式布局。

金代衙署布局时常被忽略，而元以后衙署建筑形制研究因资料的丰富而基本达成了一致的认识，但对衙署的研究往往限于衙署建筑单体研究，对整体性的布局研究少之又少。《新绛县志》记载在绛州城内州治东，立有观察使韩子端撰书的《南园记》，我们只知道南园、无邪堂、快轩、花萼堂在州治内，其具体位置无从得知。❶书于至正十四年（1354 年）的杨俊民居园池诗石刻立于州治仪门内，其具体内容未可知。❷金大定二年（1162 年）孙镇记载治内有庆安亭。民国《新绛县志》"金石考"著录了金大定二十三年（1183 年）的《绛州复建州衙南门记》。至于考古材料，二堂后发掘区可见复杂的金代排水系统，在宋代的基础上有所增广，而大堂前发掘区金代地层并无代表性遗迹现象。依元代遗留的大堂，可基本推定州署中路的轴线，依元代遗留的鼓楼，可以推定东西轴线和中轴线的交叉点稍北的位置为明代州署的正门，基本与今中学大门位置重合，由此确定大堂前近 68 亩的土地范围。自大堂院落内元代中轴线上南北向甬道的南端，厚生土层向北平缓延伸，路面呈弧线形，南北甬道中部和东西向砖铺路面交会处有带顶建筑，甬道向北连接月台。甬道西侧仅保留一个柱础，位置不与宋代厢房对应，且开间面积较西侧厢房面积更大。元代衙署，南北变化小，东西路因政事的繁简有所变化。现存仅有霍州州署的大堂及院落基本保持了元代的布局，绛州州署大堂、临晋县衙大堂仅留存单体建筑。元上都一处元代衙署在以往轴线布局、坐南朝北、复道重门、院落围合、突出主体建筑的传统外还呈现出向心式布局倾向。❸《圣元宁国路总管府兴造记》记载："谯楼仪门，厅以听政，堂以燕处；厅翼两室，右居府推，左居幕府、吏列两庑；架阁、交钞、军资诸库与夫庖厩，各自为所。"❹又有《元典章》记述路级衙署由正厅、司房、门楼组成，州衙由正厅附东西耳房、东西司房三间组成。❺元代文献记录的元代州署布局与现存的元代永乐宫、元大都后英房等大型元代建筑群建筑布局均以甬道贯通院落的形式连接，这在晋西南地区是比较普遍的。❻

绛州衙署发掘区可见明清文化堆积层遗迹保存较多，发现有房址、道路、地面、排水、厕所、灰坑等，具体情况静待简报发布。中轴线中部区域清理出一座清代的房屋基址应是居宅，建筑以青砖砌筑，面阔三间。两稍间内还清理出两座位置对称的灶台，其形制为炉口居中，前端为长方形的出灰口，另一端为长约 2 米的烟道，推测或为房屋内的取暖设施。二堂后宅院北半部到居园南缘的距离远比大堂到二堂的距离长，两个含有炉灶的房间北部设池设桥，再北因为近现代学校建筑的叠压无法获知其具体情况。但由此观之，住宅区北部庭院具有房前院的意义，应为私人属性，房

❶ ［民国］徐昭俭修．杨兆泰纂．新绛县志 [M]. 卷九"金石考"．民国十八年（1929 年）铅印本 // 中国方志丛书· 华北地方· 第二三号．影印本．台北：成文出版社有限公司，1976：790-791，972.

❷ ［民国］徐昭俭修．杨兆泰纂．新绛县志 [M]. 卷九"金石考"．民国十八年（1929 年）铅印本 // 中国方志丛书· 华北地方· 第二三号．影印本．台北：成文出版社有限公司，1976：977.

❸ 高星．元代建筑形制研究：以霍州与绛州大堂为例 [D]. 西安：西安建筑科技大学，2014：73.

❹ ［元］姚燧．圣元宁国路总管府兴造记 [M]// 牧庵集．卷 6. 北京：中华书局，1985.

❺ "路的衙署，正厅一座五间，七檩五椽；司房东西各五间，五檩四椽；门楼一座，三檩两椽。州衙正厅一座，五檩四椽，并附设东西耳房各一间；司房东西各三间，三檩两椽。县衙正厅一座，五檩四椽，没有耳房，司房与州衙相同。"详见：陈高华，张帆，刘晓，党宝海．元典章 [M]. 卷 59. 工部二· 造作· 公廨．天津：天津古籍出版社，2011.

❻ 李志荣．霍州大堂与霍州州署的布局 [J]. 文物，2007（3）：35-41.

前院同时也作为住宅区和园囿区的过渡部分。进一步对比可知，帅正堂后三进院之间分界明显，而宅院院落与园池的界限是相对模糊的。中轴线北端清理出一座残存的砖砌长方形建筑遗迹，其保存现状较为完整，南北向拱形桥面已经残断，池体北壁镶嵌一青石碑，中间楷书“思理池”，落款为“正德十四年春正月二十日”，由、“绛州知州江西贵溪李文洁立、贡士州人李萼立”。据明正德《绛州州志》建置志载：“（知州）宅北为花萼堂，堂前池曰思理，有小桥其上。”

明清之际，文献资料极为丰富，经梳理获悉现存最早的绛州地方专志为明正德十六年（1521 年）的《绛州志》，初为 7 卷，后有嘉靖修补本 6 卷，由吕经、李文洁修，王珂纂，现藏于台北图书馆；明万历八年（1580 年），田子坚修、赵桐等编纂《续修·绛州志》；明万历三十七年（1609 年）方立诚修、黄一中等编纂《绛州志》共 8 卷，现藏于中国科学院图书馆；康熙九年（1670 年）刘显第修、陶用曙等纂《绛州志》续修 4 卷，现藏于北京图书馆；雍正二年（1724 年）绛州改为直隶绛州，乾隆三十年（1765 年）张成德修、李友洙、张我观纂《直隶绛州志》共计 20 卷，仅首 1 卷留存于山西省图书馆；清光绪五年（1879 年）李焕扬总修、张于铸纂修、张祖均协修《续修·直隶绛州志》，现藏 7 卷于新绛县文史馆、图书馆。此外，辛亥革命后改州为县，民国九年至民国十五年（1920—1926 年）由徐昭俭总修《新绛县志》；中华人民共和国成立后，又先后于 1997 年、2015 年出版了《新绛县志》。以下结合各个时期的地方志进行细致讨论，并制作表格说明其位置与兴替。

光绪五年（1879 年）和乾隆三十年（1765 年）对衙署的描述基本一致，在此期间仅有心适轩废弃。康熙九年（1670 年）刻本虽未提及康熙七年（1668 年）所修的寅宾馆，但对大堂的描述进一步细化，成化六年（1471 年）知州言芳增缮。堂后次公楼于康乾之间废弃。楼北有知州宅，宅后有堂，由此可见康熙时其堂—楼—宅—堂—池的并列关系。大堂东西乾隆时大堂东西扩建吏舍，改建銮架库[1]和幕厅。州判、同知、吏目核心活动地区称谓由宅变署，其事务性功能加强。忠爱坊改为敬爱坊（图 5）。康熙年间建筑类型更加丰富，包括仓、学、关、铺、院、园。地方志对其他地区衙署的程式化叙述体现其建制的规范性与统一性。万历年间，行文描述顺序体现了建筑的组织特点：明代以中轴线上建筑为中点，同左右路建筑组成一个院落单位的描述方式区别于清代以轴线为线索、先纵后横的描述方式。换句话说，清代以纵轴线为基准组织东西两路建筑，明代则是团块式串联。二堂原是串联帅正堂和次公楼，经顺治四年（1647 年）的整修后堂升级。明代分别以外门、仪门、帅正堂、次公楼、知州宅为团块中心向东西拓展。每个团块为东西长、南北短的矩形，院落间隔墙分割团块。园圃由以签厅为中心的厅东居园池部分、厅西射圃，以及以花萼堂为核心的园圃部分组成。明正德十六年

[1] 清代銮仪为储存皇太后仪架、皇帝大架卤簿之所；库头为司寺内的出纳者。

（1521 年）《绛州志》与明万历八年（1580 年）《绛州署》对衙署的记载基本一致，后者进一步说明了州署的范围。成化年间衙署进行了大规模的扩建，但保持着基本格局。对衙署进行大规模整修的时间恰与地方志修纂时间一致，整修成果或为修纂地方志的动因之一。由此可以看出，东中西三路的中路分割理念滞后于中轴线上团块式、院落式布局理念。东西两路的建制虽有设立，但无疑是附属性的，西路判官宅的废弃导致了整体建筑内置权力偏置。通往园囿的路径可窥见由明到清地方核心权力二元向一元过渡。

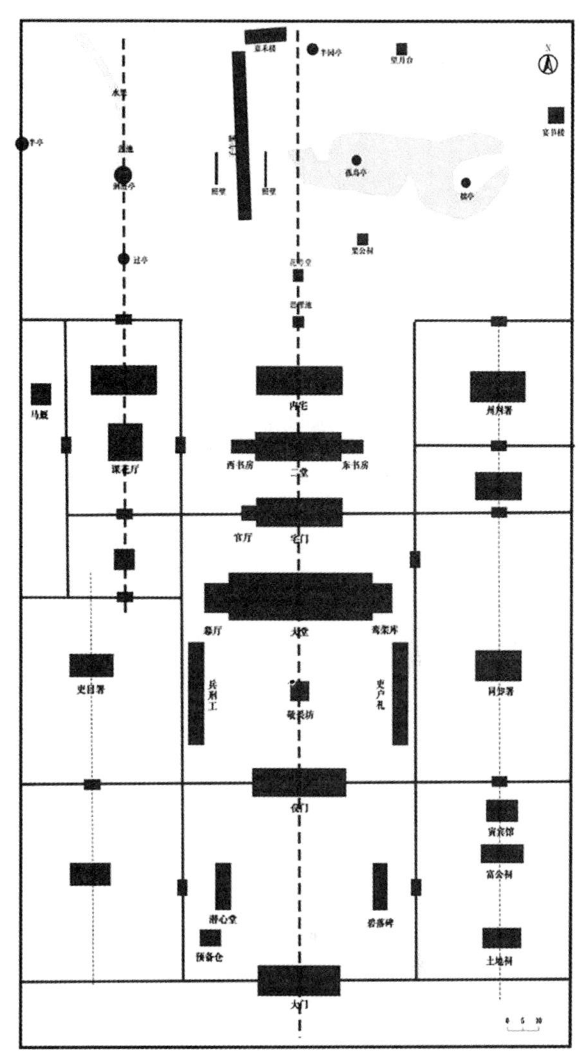

图 5　清绛州署示意图
（作者自绘）

明初洪武年间，鉴于元朝地方贪腐成风，吏治腐败，明太祖下令让各府、州、县按照新颁布的“法式”改造或重建官署。以明《洪武苏州府志》所载的《苏州府治图》为例，原先居住在官署外的属吏与主官都在官署内办公和居住。办公区在中央，居住区三面环绕，以墙和夹道相区隔。❶以霍州大堂为例，明代州署建设大体分为三个时期：洪武初期多针对中轴线以外的功能性实用建筑；成化、弘治时期开展了“正厅前东”的全国性行动；嘉靖时期增改建仪门前建筑。❷众多考古工作均可验证明清衙署的布局：如浙江宁波慈城古衙署遗址❸，榆次县衙、平遥县衙、临晋县衙、孝义县衙有详尽的分析，复原图示完整可作参考。❹

3. 绛州署园林之于绛州城城市的附属性

园林之于城市具有附属性，不同时期二者的空间组合关系不同，由此导致了附属性的不同表现形式。❺谷云黎定义“由‘当地政府’主导修建，与地方城池建设密切相关的园林是城池园林，

---

❶ 孙华．城市考古概说 [M]// 中国社会科学院考古研究所等．东亚都城和帝陵考古与契丹辽文化国际学术研讨会论文集．北京：科学出版社，2016：21–84.

❷ 李志荣．霍州大堂与霍州州署的布局 [J]. 文物，2007（3）：86–95.

❸ 张华琴．浙江宁波慈城古衙署遗址发掘简报 [J]. 南方文物，2011（4）：56.

❹ 张海英．明清时期地方衙署建筑的形制与布局规律初探 [D]. 太原：太原理工大学，2006：72–76.

❺ 李孝聪、董鉴泓在其综合性城市研究著作中均将绛州城城市视作一般州县级地方城市的代表，并认为隋唐至民国城市格局基本不变。详见：李孝聪．唐代地域结构与运作空间 [M]. 上海：上海辞书出版社，2003；董鉴泓．中国城市建设史 [M]. 北京：中国建筑工业出版社，2004.

是城市安全体系的重要组成部分”❶。文章以城池安全问题最为突出的南宁古城为例探讨这个问题是很有见地的，而以绛州署园林为代表的“衙署园林”无疑也是这一体系中最具代表性的园林。另外，园林与城市相对位置是实现其核心功能的前提，历时性的动态对比更能见证城市发展史视角下北方衙署园林的兴衰历程。若以绛州署园林和绛州城的相对位置为依据，可分绛州署园林在城市西北角与绛州署园林在城市西侧两个阶段。前一阶段以隋唐规划选址时期为代表，宋代虽然有扩城的迹象，但园林之于城市的相对位置没有发生本质性变化；后一阶段则以明代的扩城为标志。

隋唐时期绛州城迁建至此，无论从平面还是立面来看，绛州署园林的选址都具有很强的规划性：隋唐时期绛州署园林占据城市西北角的高崖土台。经实地勘察，牙城位于高垣衙坡顶部，衙署中轴线沿着南北走向的坡顶分布，主体建筑绝对高度约 425 米；州治内现存最高点为绛守居园梁公祠，为 425.64 米。❷ 建筑是提高视点位置的重要依托，尽管同处高点，但建筑平面位置不同，高点观测功能各有偏重。

唐代绛州署园林西南角坡脊处设柏亭，柏亭与龙兴寺为全城两个制高点，交相呼应，对内可俯察井闾，监控全城。《樊记》有“远冈青萦，近楼台井闾点书察”，各家对此句点校不同：赵注“近则楼台井邑、书画之间，皆可察见”；吴师道注“楼台井闾、可点画而察见”；胡注“近观则景物历数、环顾点缀、极其明晰”；张注“近则见楼台井闾、按点书察、历历分明”。❸楼台处在高地并有树荫掩映，这无疑是具有一定遮蔽性可俯察井闾的监控高点。宋代在柏亭位置建新修四望亭，“登临问民俗，依旧陶唐古。”范仲淹居于制高点俯察城市，美其名曰“体察民情，周览人家”，言外监控之意不言而喻。❹

唐代绛州署园林北侧风堤筑风亭，属于“壕沟—城墙—风堤—水渠—池”城市防御体系中重要的组成部分。虽然宋代的诗文中鲜见园林对外防御的用意，但建筑的分布依旧反映了衙署西、北侧仍是构筑防御体系的关键地带。绛州署园林北缘营建了多个制高点：西北修建故射台，东北修嵩巫亭，富弼寄题《嵩巫亭》“平地烟霄此半分……剩见西山数岭云。”描绘了居于嵩巫亭之上的视觉观感。❺ 不同于东南角亭台的营建，北侧的一系列亭台楼阁的营建侧重对外的防御性而非对城内的监控性。

明代扩城运动使园林之于城市的相对位置发生了改变。从立面来看，城市制高点移至城市的西北角，绝对高度约达 438 米，高于绛州署园林的制高点。尽管从视阈角度来看，城墙的修筑并未遮挡园林借远景的视线，但从明清诗文来看这种远观仅限于观景所需而非城市防御之效。扩城后的明绛州城外城城墙兴修三座烽火台，位于城西北角的烽火台为城市的制高点，城墙内的西北角配合兴修了乾刚庙。

明代的扩城运动对城市平面的影响更甚。园林用水是城市用水系统的重要组成部分，环绕绛州城东、南两侧的汾水是城市重要的漕运渠道，并

❶ 谷云黎．南宁古城园林与城池建设的关系 [J]. 中国园林，2012（4）：85-87.

❷ 山西省古建筑保护研究所．新绛县绛州大堂（含绛州三楼）基础设施建设工程初步设计 [R]. 太原：山西柱石建筑设计有限公司，浙江智晟科技有限公司，2009：2.

❸ 岑仲勉．绛守居园池记集释（附绛守居园池记句解书目提要）[C]// 国立中央研究院历史语言研究所．历史语言研究所集刊．第十九册．南京：江苏古籍出版社，1948：523-542.

❹ [宋] 范仲淹．绛州园池 [M]// 四部丛刊初编集部范文正公会集．第一册．第二卷“古诗”．上海：上海书店，1989 年影印本．

❺ [宋] 富弼．寄题嵩巫亭 [M]// 欧阳修著．李之亮笺注．欧阳修编年笺注．卷五六“居士外集”、“卷六律诗”．成都：巴蜀书社，2007：561.

承接城市污水。由于汾水水量并不稳定，洪涝灾害成为城市东南地区的重大困扰。自西北而来的鼓水是城市用水的主要来源，城市的扩张使城市的用水系统发生了重大变化。入城的水渠改道，城市的入水口从绛州署园林的西北角移至明城北侧，由此引发了城市用水再分配。扩城运动还导致了绛州署园林所占城市的相对面积缩小。无论从立面还是平面来看，扩城运动均反映了绛州署园林在绛州城地位的下降，前文揭示了衙署园林相对于衙署的附属性，这种城市的扩张无疑暗喻了衙署之于城市相对地位的下降，恰与区域政治史的发展脉络暗合。

4. 绛州城城市的发展历程

方志对绛州城池的记载仅有寥寥几笔"城周围九里，隋开皇三年，自玉壁徙。"[1] 此外，绛州志还提到子城与牙城。据《山西通志》记载："绛守居园池在治北，隋开皇十六年内军将军临汾县令梁轨导鼓堆泉开渠灌田，又引余波灌牙城，蓄为池沼，中建洄涟亭，旁植竹木花柳。"[2] 移城就要移署，绛州城建于开皇三年（公元583年），绛州署也应该建于此年。署园的建设略晚于衙署主体建筑，于13年后伴随着引水工程的开展而建设。《山西通志》记述右丞相咸阳郡王斛律光墓时以子城描述其相对位置"在县衙子城东北隅城隍庙后"。[3] 隋唐多城兼有子城、外城两重城，牙城的出现和消亡是与地方最高权力相伴而生、相伴而亡的。自中唐以后实行"道"，开元后有节度使驻守的高等级城市在其驻地的州城内筑牙城，牙城前节堂安置所赐旌旗。多城形成以仪门为标志的牙城、以谯门鼓楼为标志的子城以及外城三重城。唐五代严州、建康三重城与都城重城制度相衔接；唐五代扬州、常州、镇江、苏州牙城概念弱化，院墙代替牙城盛行于世。宋代府治、州治扩大为子城，牙城仪门至子城谯门之间的礼仪空间成为唐五代历史的见证。

绛州交通地理位置特殊，自从文公定伯于绛，此地即为纳赋纳币、群雄角力的都会。自隋唐建城以来，绛州即位于晋南地区水陆转运的核心地带，自太原府经绛州向西达龙门或向西南经蒲州，水陆均可抵达长安；向东南经垣曲至洛阳[4]，因此，绛州是联结三都的交通枢纽。隋炀帝大业十一年（公元666年）爆发了敬盘陀、柴保昌起义，兵部尚书樊子盖奉命镇压并驻扎一年退败，杨广又派河东抚慰使李渊镇压农民起义军。唐武德二年（公元620年）十一月屯兵柏壁的李世民与刘武周对峙，直至次年二月大破敌军，平定河东。后至中唐之乱，唐肃宗上元初年（公元674年）派李国贞都统驻绛州，贞元元年（公元785年）节度使马燧讨伐李怀光驻绛州扫平河东。五代后汉高祖天福十二年（公元947年）刺史李从朗驻防绛州。毋庸讳言，绛州是区域军事要地，强化战略防御功能是绛州城城市建设的重要内容。

唐代绛州城有外城、子城、牙城三重城，唐外城基本可确定西北、东

[1] ［清］李焕杨修．张于铸纂．（光绪）直隶绛州志．卷十一"城池"．光绪五年（1880年）刻本．

[2] 王大高．河东百通名碑赏析[M]．太原：山西人民出版社，2002：462.

[3] ［民国］徐昭俭修．杨兆泰纂．新绛县志[M]．卷九"古迹考"．民国十八年（1929年）铅印本//中国方志丛书·华北地方·第二三号．影印本．台北：成文出版社有限公司，1976：813.

[4] 杨纯渊．山西历史经济地理述要[M]．太原，山西人民出版社，1993：480，489.

北、西南三至，根据城规模、周围及内在肌理可推定城的东南角位置，但城墙的精确位置仍需要今后的考古发掘工作予以校正。

外城西北角为绛州署园林西北角。《樊记》称“正北曰风堤，乘撝左右，北迴股努，墆捩蹴墉，衔渠歆池”，岑仲勉注记“乘犹超跃，撝言提高，状隄势两边作陂陁之腾涌，揭起下句”，后又言“向北迴抱之陂陁，直上城墉之足。”“障乘墉，如连山伟峰擁。”许谦又云“北城之内即渠，渠之南即池，衔渠歆池，指隄上之南北也。”[1] 由此推测，绛州城西北角由北至南依次为壕沟—城墙—风堤—水渠—池，这一系列防御设施很可能是郭湖生先生所提“邺城模式”[2] 在地方的实例，因此，三重城的西北角重合。

根据隋唐古城墙遗迹及现存唐龙兴寺可确定外城东北角位置。今新绛县城东北隅（今石油公司库房）现存一段绛州古城墙遗址，其始建年代为隋唐。城墙南北长 250 米，宽 10 米，高 11 米，属于县文保单位。[3] 现存龙兴寺原名“碧落观”[4]，《演繁露》记“绛州碧落观，龙朔中，刺史李谌为母太妃追荐，所造神人所篆（洛中记异）”[5]、“有天尊石像”[6]。《广川书跋》记“余至绛州，见其处，今为龙兴宫……而开元改今名。”[7] 龙兴寺居于南北向主干大街的北端，龙兴寺与绛州署园林内唐代的制高点柏亭相呼应。

根据地形图可确定绛州城西南角位置，提取 Google Earth 数字高程模型建构等高线为 3 米的地形图。图中等高线低谷处现存一条南北走向的林带，恰在现存明代城墙的延长线上，而明代西城墙又承袭唐宋时期，因此此林带应为城墙外沟渠。南北走向的城墙大致在低谷线渐趋平缓处转折，大致与明代城墙西南角位置相当。林带北端东折是鼓水穿城墉入园的水口；再向东，连接 420 米等高线之间的北侧低缓地带。北侧低缓地带应该是隋代军事防御设施；开凿深挖之处，可能是隋唐城墙外缘城壕。外城北城墙的走势也体现了因地制宜的原则。

外城东北角南北向城墙的延长线与西南角的交会点大致为外城的东南角位置。《古今图书集成》记载绛州周 9 里 12 步，为第四级城市，周长 8—9 里可容四坊之地。[8] 宿白先生在《隋唐城址类型初探（提纲）》一文中认为城市规模与城市等级相关联，文章认为第四类四坊城址周围 4.5 公里或 6.5 公里，第三类十六坊城址周回 10 里[9]，而绛州城是第四类四坊城市，周围 9 里 12 步，均不符合以上唐代第三类、第四类城市类型。因此，本文认定 9 里 12 步是明代而非唐代绛州城市的规模。《新绛县志》记载民国绛州城分设桂林、安元[10]、正平、孝义四坊，今桂林坊在龙兴大街以西，安阜、省元坊在大街以东。据推断今孝义坊在胜利街、四府街以北，正平坊在今正平街以北。绛州民国之前城墙仅开南北两门，龙兴寺所在龙兴大街为城市主干道；安阜、省元坊为唐代主要的居民区，两坊内十字分割的城市肌理依稀可辨。运用 Google Earth 测算外城复原图周围 3702 米，约合近 7 里，符合四坊州城之制。

[1] 岑仲勉．绛守居园池记集释（附绛守居园池记句解书目提要）[C]// 国立中央研究院历史语言研究所．历史语言研究所集刊．第十九册．南京：江苏古籍出版社，1948：523-542.

[2] 郭湖生先生认为北魏洛阳城开创了宫城与都城北垣相重合的新兴城邑布局规划模式，即曹魏邺城将宫殿、苑囿布局在城市北侧，详见：郭湖生．台城辨 [J]. 文物，1999（5）：61-71。

[3] 新绛县志编纂委员会．新绛县志 [M]. 第二十八卷“文物”．西安：陕西人民出版社，1997：538.

[4] 《（康熙）绛州志》所述“宋太祖微时游绛州，龙兴寺钟楼院，坐柏下，后敕修其寺因名龙兴云。”以及《（乾隆）直隶绛州志》所述“宋太祖寓此得名”的记载应为后人附会，本文不予采信。

[5] ［宋］程大昌．演繁露 [M]. 卷十．清雪津讨原本．

[6] ［明］陈耀文．天中记 [M]. 卷三十八．清文渊阁四库全书本．

[7] ［宋］董逌．广川书跋 [M]. 卷七．明津逮秘书本．

[8] 傅熹年．中国古代建筑史（第二卷）[M]. 北京：中国建筑工业出版社，2008：371.

[9] 宿白．隋唐城址类型初探（提纲）[C]// 北京大学考古系．纪念北京大学考古专业三十周年论文集．北京：文物出版社，1990：279-282.

[10] 民国初年二者合并为安元坊，原来为安阜、省元坊，其分割界限大致在绛州宋代子城南缘的延长线上，绛州五坊的布局并未按照严格的十字街巷排布。

唐代绛州城子城的范围尚不明确，需根据已有研究做出推定。在傅熹年先生所绘《隋唐城市规模表》中，"雄州"涉及第一至第四级城市规模，上州越州为第一级，周长 20 里；州下都督府汴州为第三级，周长 12 里 ❶，外城城市规模与城市等级并无严格的对应关系。但雄州的子城规模相近，湖州子城周 2 里 67 步，容州子城 2 里 260 步，城市等级与子城规模的相关性更大。根据遥感卫星图估算，绛州子城周围 1340 余米，约合 2 里 190 步 ❷，子城约占外城面积的 1/4。根据宋代仪门、鼓楼两个点可大致推定唐代牙城、子城的南缘位置；根据绛州署园林的东西边缘以及绛州大堂所在中轴线，推定东西边缘。

宋代绛州城为子城—罗城（外城）两重城，子城延续唐五代时期子城范围，外城城市规模可能略有扩大。宋代在唐代原有的十字里坊基础上外扩，街道肌理也呈现宋代以长街为轴线的延展。宋代城市以文庙为中心的正平坊和省元坊是这一时期的主要扩展区，据《新绛城郭图》❸可知，正平坊东侧开发程度仍然很低，街道巷里分布极少。

从城内建筑的营建可划定外墙四至，外城西北角在玉清宫以外，北墙在全真观、龙兴寺所在正平坊以北，东北角在学校以外，东墙在文庙以东汾河以西，东南角在东岳庙以外，南墙在汾水泛滥区以北，南门在禹王庙以西。参考清代绛州城复原图现存遗迹 ❹，列表梳理隋唐宋金元绛州城城内营建的建筑如下（表 1）：

表 1　隋唐至金元绛州城内重要建筑列表

建筑	营建历程	文献	位置
龙兴寺	唐龙朔之前兴建，宋存	《演繁露》❺	见地图（本表所涉地图均来自《绛州地图》）❻
富公祠	宋正平令孙申有记，知州言芳、易谟、屈大升历加修葺	《(民国)新绛县志》❼	州治仪门东
钟楼祠	宋乾德元年（963 年）建，有题咏元至元三十一年（1294 年），明万历三十八年（1619 年）重修	《(民国)新绛县志》❽	城内，见地图
玉清宫	宋—金兴建 旧为玉虚观，崇宁（甯）年间（1102—1106 年）、皇庆年间（1312—1313 年）两度赐额，元至正年间（1341—1368 年）重修。(元人）薛谦亨有记，清顺治十六年（1659 年）赵崇正有碑记	《(民国)新绛县志》❾	城西北隅

❶ 傅熹年．中国古代建筑史（第二卷）[M]. 北京：中国建筑工业出版社，2008：372.

❷ 卢士绚的墓志记载："先舅姑茔东二百八十步"，郭锜墓志记载："西去先太傅玄堂壹里"，因此，唐代一里约合 280 步。尺长 24.5784 厘米，一里为 442.5 米，以小里计算，六尺为步，以大里计算，五尺为步，详见：胡戟．唐代度量衡与亩里制度 [J]. 西北大学学报（哲学社会科学版），1980（4）：39–40。

❸［民国］徐昭俭修．杨兆泰纂．新绛县志 [M]. 新绛城郭图．民国十七年（1928 年）崇宝印刷铅本，现藏于新绛县图书馆。

❹ 山西省地图集纂委员会．山西历史地图集 [J]. 北京：中国地图出版社，2000：250.

❺［宋］程大昌．演繁露［M］．卷七．清学津讨原本．

❻ 山西省地图集纂委员会．山西历史地图集 [M]. 北京：中国地图出版社，2000：250.

❼［民国］徐昭俭修．杨兆泰纂．新绛县志 [M]. 卷九"古迹考"．民国十八年（1929 年）铅印本 // 中国方志丛书・华北地方・第二三号．影印本．台北：成文出版社有限公司，1976：805.

❽［民国］徐昭俭修．杨兆泰纂．新绛县志 [M]. 卷九"古迹考"．民国十八年（1929 年）铅印本 // 中国方志丛书・华北地方・第二三号．影印本．台北：成文出版社有限公司，1976：807.

❾［民国］徐昭俭修．杨兆泰纂．新绛县志 [M]. 卷九"古迹考"．民国十八年（1929 年）铅印本 // 中国方志丛书・华北地方・第二三号．影印本．台北：成文出版社有限公司，1976：809.

续表

建筑	营建历程	文献	位置
学校	宋咸平二年（999年）州牧夏侯涛修，李垂记，元至元十三年（1277年）知州郭天祐修王恽记，至正二年（1342年）知州李荣祖修，贾鲁记……	《（民国）新绛县志》❶	州城东北隅
陶氏祠堂	宋存		见地图
三官庙	元存，俗名：葫芦庙		城内殿前，见地图
玉京观	唐先天开元间敕“绛州玉京观主席抱舟等”❷修《一切道经音义》	《历代重要道观》❸	
东岳庙	元郭晋碑记，谓创建莫考，正平间（451-452年）赐额天圣万寿宫，至正二十七年（1367年）前太平县孺学权教授孙固撰天圣万寿宫碑铭，至明朝羽流□派，仍为庙，成化十九年（1484年）重建正殿。	《（康熙）绛州志》❹ 《（民国）新绛县志》❺	城东南隅，堪舆家谓城东南低下宜此
梁公祠	宋嘉祐年（1056-1063年）建	《（万历）平阳府志》❻	绛州署园林
二侯庙	宋元丰二年（1078年）建，今圮	同上	
禹王庙	元中统年（1260-1264年）建，嘉靖中圮于河	同上	南门东
全真观／玄都万寿宫	元太祖十八年（1219年），王志成、牛志淳、裴志清“披荆棘，拾瓦砾，作强立事”，请额赐名全真观，又改兴隆观。因此，其营建时间应该早于1919年	《金元时期全真道宫观研究》❼	正平坊
	元中统之前在绛州正平坊建玄都万寿宫，元初时还有宋德方祠，嘉靖初毁	《道教全真派宫观、造像与祖师》❽	
文庙	宋咸平二年（999年）建	《绛州重修夫子庙碑》❾	见地图
朝天庙	唐存		见地图

李垂诗文里描绘了登临观德堂所见“东汇有朝势，北源无滞声……篆沟合远派，布窦垂高城。”❿东边汇水气势非凡，渠水自北入城源源不断。开凿沟壑在远处和支流汇合，分布的沟渠临近高城。由此可见，据地形来看北侧除旧渠以外并无其他痕迹，鼓水入城口依旧自西北而来向东汇入汾河。根据《孙序》记载“后压堤屈律，西北来窦水，上走别一亭曰姑射，西北正与姑

❶［民国］徐昭俭修．杨兆泰纂．新绛县志[M].卷九“古迹考”．民国十八年（1929年）铅印本//中国方志丛书·华北地方·第二三号．影印本．台北：成文出版社有限公司，1976：830.

❷［清］董诰．全唐文[M].卷九百二十三．清嘉庆内府刻本．

❸ 陈国符．陈国符道藏研究论文集[C]. 上海：上海古籍出版社，2004:327.

❹［清］刘显第修．陶用曙纂．（康熙）绛州志．康熙九年（1670年）刻本．

❺［民国］徐昭俭修．杨兆泰纂．新绛县志[M].卷九“古迹考”．民国十八年（1929年）铅印本//中国方志丛书·华北地方·第二三号．影印本．台北：成文出版社有限公司，1976：962.

❻［明］明傅淑训．曹树声纂修．〔万历〕平阳府志十卷[M].卷四．明万历四十三年（1615年）刻，清顺治二年（1645年）递修本．

❼ 程越．金元时期全真道宫观研究[M].济南：齐鲁书社，2012:195.

❽ 景安宁．道教全真派宫观、造像与祖师[M].北京：中华书局.2012:137–139.

❾ 运城市河东博物馆．河东碑刻精选[M].北京：文物出版社，2014：68.

❿［宋］李垂．观德堂[M]//［清］陆心源．宋诗纪事补遗．卷九“李垂”．清光绪刻本．

射山相对。最居北，城上西连废门、台楼，东北可周览人家。”[1]宋城最北端，连接西侧唐代的废门、台楼。袁琳总结宋代郡圃之时认为州宅和郡圃多位于治事厅之后、北可抵子城，子城墙上往往起阁楼，作为制高点观景所用，这也侧面印证了绛州唐牙城、子城、外城在西北角重合可能性，宋代在唐的基础上移修了城门、城楼，但外城的具体位置还有待考古发掘加以验证。[2]

金元时期战事频繁，城市几经损毁，外城范围不超过宋代外城范围。金宣宗元光元年（1224年）右副都御使史天倪攻绛州，挖团楼以平绛州，此后绛州再无驻军。经明初废弃驿站后，绛州的地缘优势一落千丈。明洪武八年（1375年），绛州乡宦史高铎以此道容易延误军情应改道为由，撤金台驿改为侯马驿，虽有绛闻、绛稷、绛曲、绛宁连接，但其据河而居的交通管控优势彻底丧失，继起的侯马驿成为战略要冲。[3]

宋末子城制度衰落，最终消失于元代，因此，明代筑城也只论外城而不论其他。据《(民国)新绛县志》记载，绛州“周围九里一十三步。西高四丈，东北角高三丈五尺，东、南俱高三丈。有二门，南为朝宗，北为武靖。正统间知州王汝绩，正德间知州韩辄。嘉靖二十一年知州彭璨先后修葺。(嘉靖)三十七年知州贵儒于南北二门各建楼五间瓦甃女墙。隆庆元年知州宋应昌加高城墙，修南城池，深一丈五尺，阔倍之，砌石堤以防汾水冲蚀，计长三百余丈。万历二十四年石堤圮，知州王大栋捐修。三十四年知州张继东重修。崇祯末年知州孙顺于二门及城墙险要处增筑炮台。”明代全国掀起筑城高潮，州级城市规模多为9里[4]，绛州为典型的周围九里一十三步的州级城市，合1620丈65尺，约5422米，基本与实际情况相符合，由图6可知衙署州治占城面积将近1/9。根据现存城门、城墙遗迹，可清晰复原明代绛州城的布局。但需要注意的是这一时期的渠水从明北城墙入城。

清代沿袭明代旧制，顺治六年（1649年）州同知徐祚焕在原有的基础上建北门，月城砖甃数十丈，中设炮眼以便守御。顺治十年（1653年）知州单惺修石堤。康熙二年（1662年）知州刘显第修南门楼补葺雉堞、石堤。康熙三十九年（1700年）知州胡一俊重修旧例，四乡百姓农隙时分段补葺，其砖灰匠工、州牧收捐俸采办，故历任遇有坍塌，不能及时修理。乾隆二十一年（1756年）七月间，大雨坏城砖垛，百余丈石堤亦圮，知州张成德捐俸补修砖垛堤，用木椿坚筑高与岸平后，砖垛俱圮，城有倾颓。同治元年（1862年），知州李廷樟动工修筑，知州裕彰、沈钟继之，至光绪元年告竣后有倾颓之处。光绪三十三年（1907年），知州庆廉重修；宣统三年（1911年）民军破城焚南门楼；民国三年（1914年）重建。

唐、宋、明初是绛州确定城市规模的三个重要时期，其他朝代或沿袭或修补或拆建。自绛州建立以来，除元直隶中央外，绛州基本是第二等级州。子城、牙城规模受到地方职官设置的影响，外城城市规模受人口规模影响。

[1] [宋]孙冲.重刊绛守居园池记序[M]//[清]胡聘之.山右石刻丛编.卷十一.清光绪二十七年(1901年)刻本.

[2] 袁琳.宋代城市形态和官署建筑制度研究[M].北京：中国建筑工业出版社，2013：136-150.

[3] 新绛县志编纂委员会.新绛县志[M].第二十八卷“文物”.西安：陕西人民出版社，1997：391，401.

[4] 王贵祥.明代城池的规模与等级制度探讨[M]//王贵祥.当代中国建筑史家十书——王贵祥中国古代建筑史论文集.沈阳：辽宁美术出版社，2013：662.

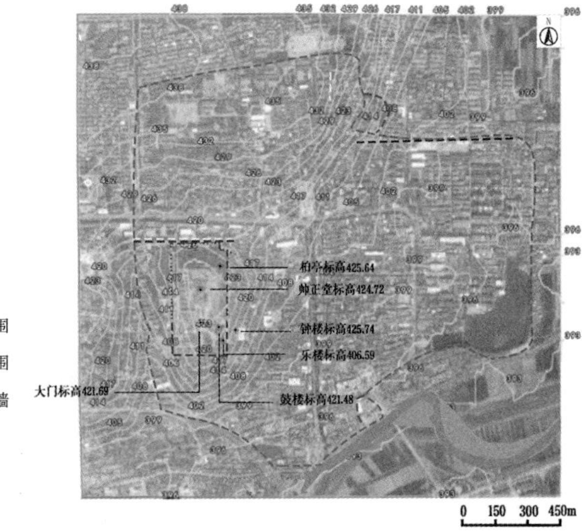

图 6　绛州城复原图

[作者自绘。底图：Google Earth；地图：山西省地图集纂委员会 . 山西历史地图集 [J]. 北京：中国地图出版社，2000：250；衙署航拍图：山西省古建筑保护研究所 . 新绛县绛州大堂（含绛州三楼）基础设施建设工程初步设计图 ❶]

❶ 本图已获得使用许可。

绛州城城市人口规模相对稳定，据赵文林、谢淑君推测隋炀帝大业五年（公元 609 年）绛州有 71876 户 ❷，州郡的总人口数仅次于太原府。宋初城市人口扩张，城市相应地向东、北两个方向扩展，但人口数基本与统计州郡人口数持平。宋末金始人口骤减，明清两代人口有所恢复，但城市发展受到地形限制依旧趋于稳定，清代逐渐恢复至宋代人口户数。❸

❷ 赵文林，谢淑君 . 中国人口史 [M]. 北京：人民出版社，1988：143.

❸ 山西省地图集编纂委员会 . 山西省历史地图集 [M]. 北京：中国地图出版社，2000：158-170.

四、结语：从绛州署园林的分期谈“context and scale”（背景与尺度）方法

随着西方考古学的发展，“context”（背景）的含义不断丰富，在弗兰纳里（Kent V. Flannery）为代表人物的过程主义考古学语境下，“contextual archaeology”强调关联分析器物，探究器物功能以及器物与社会成员传递信息的方法，关联考古学综合研究人类社会的各个方面，包含着丰富的方法和以民族志为代表多样化的材料来源，因此陈胜前将其译为“关联考古学”。❹ 以霍德（Ian Hodder）为代表的英国后过程主义鼓励多样性阐释，“contextual archaeology”多译为“情景考古学”。❺ 多样性的阐释要求考古学家汇总更为广泛的文化情景，更符合历史特定主义的阐释，相对美国过程主义考古学主张的半边缘式批判而言，无疑为有文献依据的历史时期考古提供了更多的可能性。李新伟梳理了西方考古学对“context”的认识变迁 ❻，“context”作为舶来品，各个学者对“context”不同的译述体现了对这一概念的理解各有侧重，在此基础上中国考古学家结合中国考古学的特点展开了一系列的新探索。

❹（英）科林 · 伦福儒，保罗 · 巴恩 . 考古学：关键概念 [M]. 陈胜前译 . 北京：中国人民大学出版社，2012：142-146.

❺（美）布鲁斯 · 崔格尔 . 考古学思想史 [M]. 徐坚译 . 长沙：岳麓出版社，2008：293-300.

❻ 李新伟 .context 方法浅谈 [J]. 东南文化，1999（1）：64-67.

希弗（Schiffer MB.）和陈淳认为一种流程的模式可以归纳为遗存在文化系统背景中的行为次序，一个过程包含若干阶段，而一个阶段又包含若干行为，与“操作链”的概念相关联，从系统论的相关性中联系考古材料和人类行为。❶ 希弗的堆积形成理论无疑是中国田野考古学的重要理论基础❷，以《田野考古工作规程》(2009 年修订版）为代表的田野考古学将堆积单位作为一次清理工作和记录的最小单位，这一认识无疑是对西方考古学“context 发掘系统”认识的升华。❸

“context”理念的核心是联系的、非孤立的。史前、原史时期对遗迹的“context”认知比较充分，雷兴山从“背景本位”出发，研究聚落形态、聚落性质、聚落结构以及单位属性等，从而厘清考古学遗存的族属问题。❹ 陈星灿为避免出现以现代价值观衡量古代的错误认识，其分析过程强调“认知主体”的历史性。❺ 从“context”视角出发探讨遗物的研究思路也日趋成熟，沈睿文将“context”作为识别器物组合功能的突破口。❻ 巫鸿在分析武梁祠❼ 及古代艺术的“纪念碑性”时从美术史的角度出发将“contexts”释读为“原境”，即通过分析艺术品物质、礼制、宗教、思想和政治环境定位其在特定社会中的地位、意义及功能。❽ 而对“historical context”（历史背景）的解读应有其层次性，一般的氛围、具体的环境以及高层的社会政治环境都应该属于这个范畴，对“context”的领域重构也是多方面的。❾

李伯谦在《先周文化探索》前言中进一步阐述了“考古背景”的相对性，即背景与问题本身的相互转换，由此可令讨论对象摆脱孤立的处境，使其置于特定的时间、空间维度及与周围保持有机联系的环境之中。换句话说，“context”有效串联了四个维度：时间、空间、文化环境和非文化环境。时至今日，“context”理念的发展并不缺少理论框架的搭建，真正制约其发展的是缺乏实践性的证据❿，历史时期的中国考古学尤甚。因此，基于考古学材料阐释“context”的关键在于选用最合理的时空尺度（scale），一个能具体阐释文化与非文化环境的统一尺度。

早期严文明⓫、夏正楷⓬ 等诸位学者对基于地理学的环境考古学进行过较为深刻的时空尺度

❶ 陈淳．考古学的理论与研究 [M]. 上海：上海人民出版社，2014：281-282；Schiffer, M. B. *Archaeological Context and Systemic Context*[M].Am Antiq, 1972:157-165。

❷ 张弛．理论、方法与实践之间——中国田野考古中对遗址堆积物研究的历史、现状与展望 [M]// 北京大学中国考古学研究中心．考古学研究（9）庆祝严文明先生八十寿辰论文集．下．北京：文物出版社，2012：802.

❸ 赵辉．考古学的发展和田野考古的任务——兼就《田野考古工作规程》修订工作基本想法和若干要点的说明 [C]// 文化遗产研究与保护技术教育部重点实验室，西北大学文化遗产与考古学研究中心．西部考古．第 2 辑．西安：三秦出版社，2007：62.

❹ 雷兴山．先周文化探索 [M]. 北京：科学出版社，2010：36-37.

❺ 陈星灿．考古随笔 [M]. 北京：文物出版社，2002：204-205.

❻ 沈睿文．中国古代物质文化史隋唐五代 [M]. 北京：开明出版社，2015：2.

❼ 巫鸿．开放的艺术史武梁祠中国古代画像艺术的思想性 [M]. 北京：生活· 读书· 新知三联书店，2015：7.

❽ 巫鸿．中国古代艺术与建筑中的“纪念碑性”[M]. 上海：世纪出版集团，上海人民出版社，2009：17.

❾ 朱志荣．美术史研究的方法 [M]// 朱志荣．学术方法．方法访谈．太原：山西教育出版社，2013：202.

❿ Karl W.Butzer.*Archaeology as human ecology*[M].Cambridge University Press, 1977：4-5.

⓫ 严文明将环境考古学的空间尺度分为基于单个一致的小尺度，基于特定地理单元的中尺度，基于大自然地理区的大尺度以及基于大自然地理区的若干文化区的特大尺度。

⓬ 夏正楷将时间分为 10 万年的长时间、万年的中时间以及千年或百年的短时间。详见：夏正楷．环境考古学——理论与实践 [M]. 北京：北京大学出版社，2012：11-13.

探讨，历史地理、城市历史形态学中“康泽恩学派”尤其重视尺度作为空间讨论的前提。❶经验证明，历史时期小尺度的环境变化，尤其是与人类活动有关的环境变化是很难测算的。而在空间维度上，考古学对微观尺度遗存的探讨又有无可比拟的先天优势。在过去40年里西方兴起的家户考古（household archaeology）是探索微尺度“context”的重要实践之一，其探讨内容包括家户本体、外部区域及其空间关系，后过程主义的家户考古将遗址作为日常行为活动的场所（context），研究对象包括建筑物与活动空间，透过内部空间使用功能的变迁洞见社群的涨落，透过活动场所中的人管窥社会变迁。❷西方依托丰富的民族志和较晚的文献材料实现对时间、空间具有较高灵敏度的微尺度探讨。同时，为了避免微尺度研究中“一叶障目，不见泰山”的窘境，以微观、中观、宏观❸作为“context”讨论微尺度下的遗存特点，选取可反映空间结构（spatial structure）与空间过程（spatial process）尺度为核心研究对象❹，这些具有关键性意义的微尺度点便可使考古学扬长避短。衙署园林的主人是具有高等级社会地位的家户代表❺，是地方城市人员组成的核心。考古材料和文献材料等多重材料相结合可不断细化时空标尺的刻度，更是中国历史时期考古优势所在。

绛州署园林是微观城市要素“衙署”之下一个更为微观的分支，衙署园林之于微观衙署具有附属性，衙署园林之于中观城市布局亦具有附属性，根据整体衙署主轴线的变动可将园林分为隋—元、明—清末—民国两大期；根据城市布局变迁，第一期又可细分为隋唐、宋、金元三段，第二期又可细分为明—清中期、清末—民国两段。自隋唐至明清，绛州署园林未曾发生变更的功能即其基本功能——游宴、治事、防御、监控，发生易变的功能体现了时代性特征——隋唐引水灌溉是造园的主要动机，宋代细化园林功能区划并且注重礼制，金代重教化，元代暗藏隐逸之思，明清游赏园林的方式由内观转向外观。

❶ M. R. G. Conzen. *Alnwick, Northumberland a study in town-plan analysis*[M]. Institute of British Geographers Publication 27 (second edition),1960:3-17.

❷ Jennifer G. *Kahn.Household Archaeology in Polynesia: Historical Context and New Directions*[M].Journal of Archaeological Research，December 2016, Volume 24, Issue 4, pp 325-372.

❸ 杭侃认为城市研究的微观尺度是以城墙、城壕、城门、衙署、仓等为代表的城市要素，中观尺度是指城市的布局，宏观尺度是从基于历史地理学讨论以交通要道、城市选址。

❹ （日）菊地利夫．历史地理学的理论与方法 [M]. 辛德勇译．西安：陕西师范大学出版社，2014：20-25.

❺ 杨谦认为家户应兼具共居性和家用功能两方面的特征。本文认为若以衙署作为家户尺度的研究对象有以下三个优势：首先，一般城市建筑群无法对自然、人文环境的变化做出迅速反馈，衙署园林因其交融的自然、人文属性，可以有效规避此缺点；其次，拔高衙署园林的研究地位，可以反映小建筑群在大尺度范围下的时空特点；最后，衙署园林考古材料的获取显然易于一般的家户，文献材料也可进一步提高其灵敏度。以衙署主官所在家户为对象的研究中侧重对拥有较高社会地位人群的探讨，衙署园林的公共性可作为联系平民阶层、解释不平等关系的窗口。详见：杨谦．西方家户考古的理论与实践 [J]. 江汉考古，2016（1）：121-129.

建筑文化研究

德庆学宫大成殿建筑研究[1]

吴庆洲
（华南理工大学建筑学院）

摘要：本文研究对象为德庆学宫大成殿的大木结构，将其材栔、斗栱等与肇庆梅庵和《营造法式》相对比，对其上、下檐梁架进行细致的分析，认为其下檐木结构为宋代遗构，其上檐木结构是元代大丁栿结构。大成殿为岭南宋元木构之瑰宝。

关键词：木结构，宋代，元代，大丁栿

Abstract: This paper explores the timber structure of Dacheng Hall at the Confucian Temple in Deqing, and compares the hall's carpentry modules (cai and zhi) as well as its *dougong* with the main hall at Zhaoqing Mei'an and with the regulations recorded in Song building standards (*Yingzao fashi*). Through careful analysis, the paper then concludes that the part below the eaves of Dacheng Hall dates to the Song-dynasty, while the part above the eaves (including the large *dingfu*), to the Yuan-dynasty. Thus Dacheng Hall provides crucial evidence for understanding these two time periods.

Keywords: Timber structure, Song-dynasty, Yuan-dynasty, large *dingfu*

一、前言

在岭南西江之滨的德庆县城，有一座庄严、雄奇的古代建筑，它就是现全国重点文物保护单位——德庆学宫大成殿。早在20世纪50年代，它就引起了古建筑学家龙庆忠教授的重视，并亲临德庆考察。1981年至1983年，龙老三次派笔者等人前往德庆，与县文化局谭永业等人一道，对大成殿进行了详细的测绘。之后由笔者整理，绘成详图，并写出研究报告，作为申报全国重点文物保护单位的依据。1996年公布德庆学宫大成殿为全国重点文物保护单位。

二、历史沿革简介

德庆城建制于汉武帝元鼎六年（公元前111年），距今已有2100多年的历史。自汉至晋太康元年（公元280年），均为当时端溪县之驻地。唐贞观十八年（公元644年）为康州治所在。南宋绍兴元年（1131年）升康州为德庆府（“德庆”之名始于此），绍兴七年（1137年）改为德庆州，德庆城均为府或州之治所。元至元十七年（1280年）为德庆路；明洪武元年（1368年）为德庆府，洪武九年（1376年）降为德庆州，德庆城为州治所在（图1）。1912年改为德庆县，则城为县治所在。

德庆学宫始建于宋大中祥符四年（1011年）。原位于子城东五里的紫极宫故址，元丰四年（1081年）迁今所。元至元元年（1264年）被大水冲毁，大德元年（1297年）重建；明洪武九年（1376年）改为州学。嘉靖四十一年（1562年）以地洼易受水患，迁建于城隍庙；万历二十九年

[1] 国家自然科学基金资助项目（项目号：51878282）。

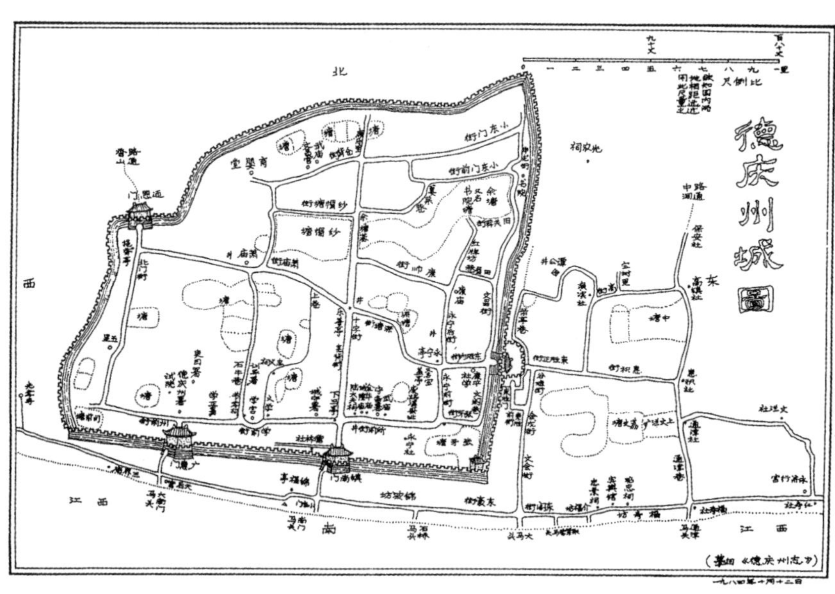

图 1 德庆州城图
（摹自光绪《德庆州志》）

（1601 年）又迁回旧址至今。学宫自创建以来，历代均有修葺。据光绪《德庆州志》记载，大成殿有三次修建：元大德元年（1297 年）十月，重建大成殿、两庑，殿后建尊经阁，下为议道堂，大德二年（1298 年）四月建成；明万历三十一年（1603 年）春二月雷震，圣殿（即大成殿）圮坏，重修，次年夏四月工竣；清康熙五十六年（1717 年）鼎修大成殿。[1] 1962 年大成殿定为省级重点文物保护单位，拨款 5000 元维修；1971 年，广东省拨款 34500 元大修，于 1973 年初完工。

[1] 德庆州志．营建志第二．学宫．清光绪本．

三、德庆学宫的原貌及现状

据《德庆州志》，原德庆学宫形制甚备，在长达 45 丈即约为 144 米长的南北中轴线上，由南而北，有石栏、棂星门、泮池、大成门、大成殿东西庑、至圣殿（即大成殿）、崇圣殿、尊经阁等，此外还有一些附属建筑（图 2）。现仅存大殿及东西庑，东西庑也已非原貌。

四、大成殿建筑

大成殿建筑始建于宋，重建于元大德元年（1297 年），虽经历代修葺，仍保持着宋元建筑的风格。下文试从各个方面分析之。

1. 平面

面阔五间，明间宽 6.22 米；次间、梢间分别为 3.2 米和 2.37 米，通面阔 17.36 米。进深也是五间，由南而北，各间深分别为 2.45 米、3.47 米、6.2 米、2.9 米和 2.51 米，通进深 17.53 米，与通面阔之比为 1 ∶ 0.99，平面几乎是正方形。前下檐为六根八角形花岗石柱，左、右、后三面围以厚砖墙，由墙中向内侧凸出的半八角形砖柱承重。前、后各有四根木质重檐金柱，而中间省去左右各两根重檐金柱，只余正中四根木质大金柱。殿前为一阔 13.22 米、深 8.7 米的长方形月台，围以砖砌栏杆。月台的前正中及左、右两边各有一个踏道，月台前有一阔 6.15 米、深 4.73 米的砖石砌的拜坛（图 3）。

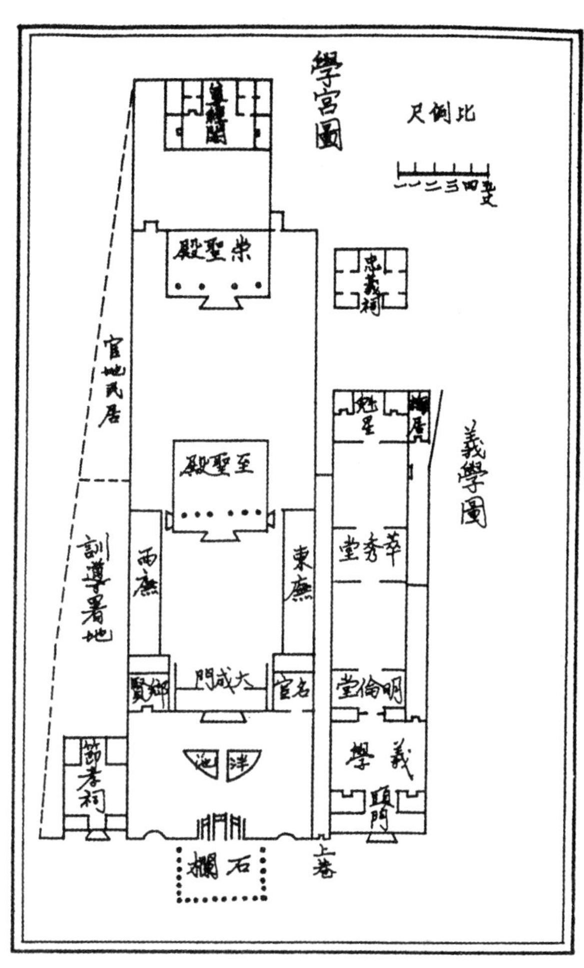

图 2 学宫图
（摹自光绪《德庆州志》）

类似大成殿这种平面呈方形的殿宇，有着极久远的渊源。在距今五六千年的西安半坡仰韶文化遗址中，就有近于方形的建筑平面。半坡的第 24 号房址，东西宽 4.28 米，南北长 3.95 米，其比为 1 ∶ 0.923。❶汉长安城南郊建筑遗址（大土门村遗址）的正中，是个南北长 16.8 米、东西长 17.4 米的夯土台，应为中心堂的建筑遗址。❷其两边之比为 1 ∶ 1.036，几乎是正方形。西安青龙寺遗址 4 之下，有一 28 米见方、深阔各五间的隋代殿堂遗址❸。唐南禅寺正殿，面阔与进深之比为 1.2 ∶ 1；五代镇国寺大殿，其比为 1.074 ∶ 1；宋初祖庵大殿为 1.04 ∶ 1，元构首山乾明寺大雄殿为 1.165 ∶ 1❹，金华天宁寺正殿❺、武义延福寺大殿❻均为 1 ∶ 1，上海真如寺正殿❼和吴县杨湾庙正殿❽分别为 1.03 ∶ 1 和 1.2 ∶ 1。由以上实例可见，隋唐宋元各代均有主体建筑平面为方形者，元代实例尤多，明清以后则较少。因此，大成殿之方形平面是符合宋元古制的。

---

❶ 中国科学院考古研究所，陕西省西安半坡博物馆 . 西安半坡 [M]. 北京：文物出版社，1963.

❷ 唐金裕 . 西安西郊汉代建筑遗址发掘报告 [J]. 考古学报，1959（2）:45-55;王世仁 . 汉长安城南郊礼制建筑（大土门村遗址）原状的推测 [J]. 考古，1963（9）：501-515。

❸ 杨鸿勋 . 唐长安青龙寺密宗殿堂（遗址 4）复原研究 [J]. 考古学报，1984（3）：383-401.

❹ 冬篱 . 首山乾明寺元代木构建筑 [C]//《建筑史专辑》编辑委员会 . 科技史文集· 第 5 辑 . 上海：上海科学技术出版社，1980：84-91.

❺ 陈从周 . 金华天宁寺元代正殿 [C]// 文物参考资料编辑委员会 . 文物参考资料 · 第十二期 . 文化部社会文化事业管理局，1954.

❻ 陈从周 . 浙江武义县延福寺元构大殿 [J]. 文物，1966（4）：32-40.

❼ 刘敦桢 . 真如寺正殿 [C]// 文物参考资料编辑委员会 . 文物参考资料· 二卷八期 . 中央人民政府文化部文物局，1951：91-97.

❽ 陈从周 . 洞庭东山的古建筑杨湾庙正殿 [C]// 文物参考资料编辑委员会 . 文物参考资料· 第三期 . 中央人民政府文化部社会文化事业管理局，1954.

2. 立面

大成殿立面外观为重檐歇山灰瓦顶，屋顶坡度平缓，出檐深远，斗栱疏朗，颇有宋元建筑的风格，侧立面两际有山花板，两边各施悬鱼一条，造型简洁、朴素。

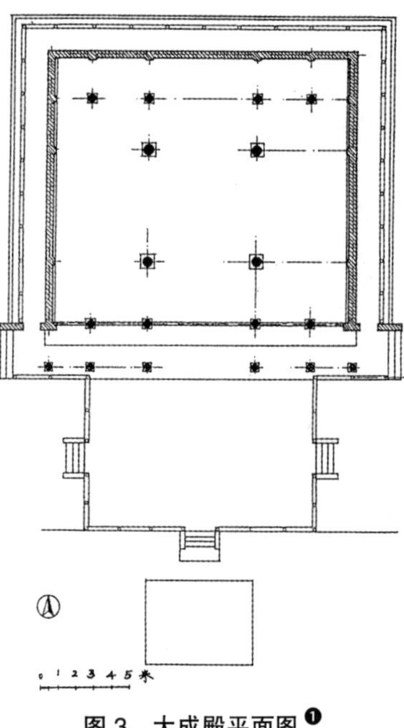

图 3　大成殿平面图 ❶

❶ 凡未注明出处的图片，均为作者自绘、自摄。

3. 材栔

大殿的材栔有三种，第一种为 17.5 厘米 ×9.7 厘米，栔高 7.6 厘米（1 分° =1.17 厘米），用于下檐的大多数铺作中；第二种为 14 厘米 ×9 厘米，栔高 10 厘米（1 分° =0.93 厘米），用于下檐东西山面承托大丁栿的四朵柱头铺作，以及上檐所有铺作中；第三种为 13 厘米 ×8.5 厘米，栔高 8 厘米（1 分° =0.87 厘米），用于大殿正中平棊之下、四根大金柱之上的十二朵铺作中（图 4，图 5）。

4. 斗栱（图 6，图 7）

1）实测情况

大成殿的斗栱计有十一种，下面拟分而述之。

图 4　德庆学宫大成殿正立面图

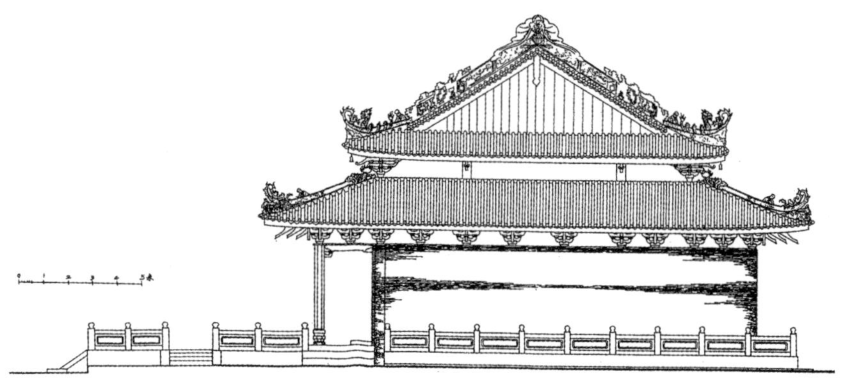

图 5　大成殿侧立面图

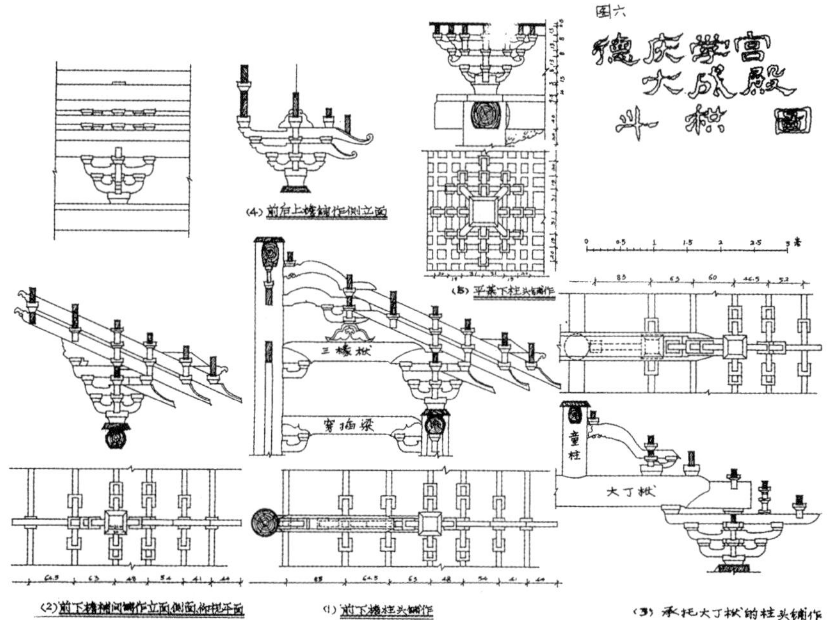

图 6　德庆学宫大成殿斗栱图

（1）前下檐柱头铺作；（2）前下檐补间铺作立面、侧面、仰视平面；（3）承托大丁栿的柱头铺作；（4）前后上檐铺作侧立面；（5）平綦下柱头铺作

①下檐斗栱，计有四种：

a. 柱头铺作 [图 6（1），图 8]。

除承托大丁栿的四朵柱头铺作 [图 6（3）] 外，其余皆为七铺作出单杪三下昂。栌斗口前出第一跳为卷头，偷心造；第二跳为插昂，其下有平出直线的“华头子”承托，重栱计心造；第三跳为下昂，上施单栱承枋，与枋垂直相交者为衬方头，其在枋前出一批竹状尖头；第四跳为下昂，上无令栱，施一斗直接承檩檐枋，枋前出状如下勾的异形耍头。栌斗口内出泥道栱、慢栱承柱头枋，枋上施散斗，上再出重栱承枋，即栌斗上共出栱枋六层。铺作里转出二杪偷心造，上承三椽栿之首。栿上置驼峰，上置

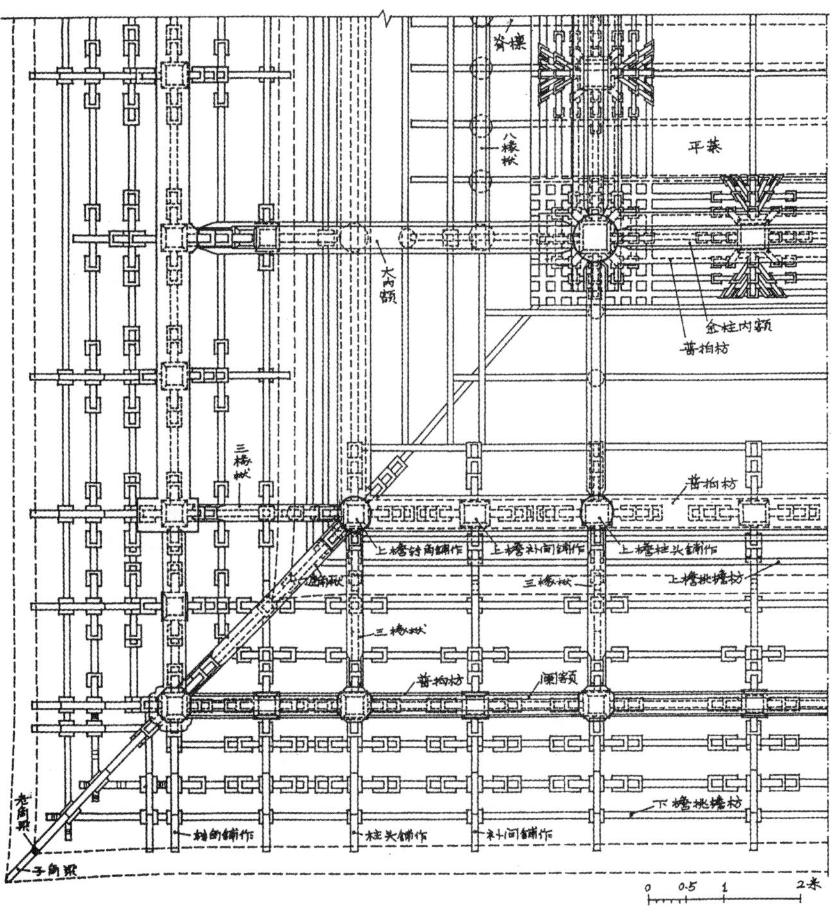

图7　大成殿斗栱仰视平面图

图8　下檐柱头铺作和补间铺作

（江梅　摄）

斗栱承托劄牵之首及第三跳下昂之尾，昂尾压于劄牵首下。第四跳下昂之尾部则置于劄牵栿首之上并压在托脚首下。这种处理柱头铺作下昂尾部的办法，不仅合理而自然，且显得高明而巧妙。肇庆梅庵大殿的柱头铺作（图 9）下昂尾部的处理也甚得法，但又各有特色。

b. 补间铺作 [图 6（2），图 8]。

补间铺作前出完全同柱头铺作，栌斗口上也同样有六层栱枋，里转六铺作出三杪偷心造，第三跳华栱上置鞾楔承前出第三跳下昂尾之中段，其昂身在鞾楔之上施绞昂栱承枋，栱中置齐心斗承上一昂。两条下昂之尾部均压于枋下，枋后均出状如外跳耍头的昂尾。梅庵大殿的补间铺作（图 10）与大成殿之补间亦有许多相似之处。大成殿下檐补间铺作，明间为二朵，次、梢间各一朵，与《营造法式》相符。

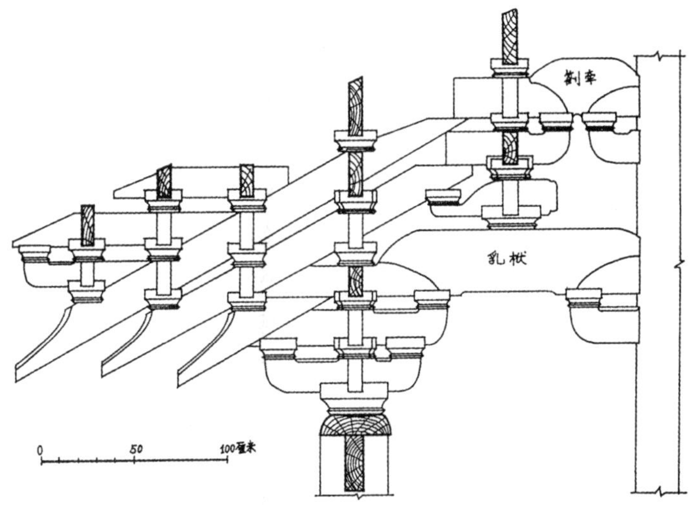

图 9 肇庆梅庵大雄宝殿柱头铺作

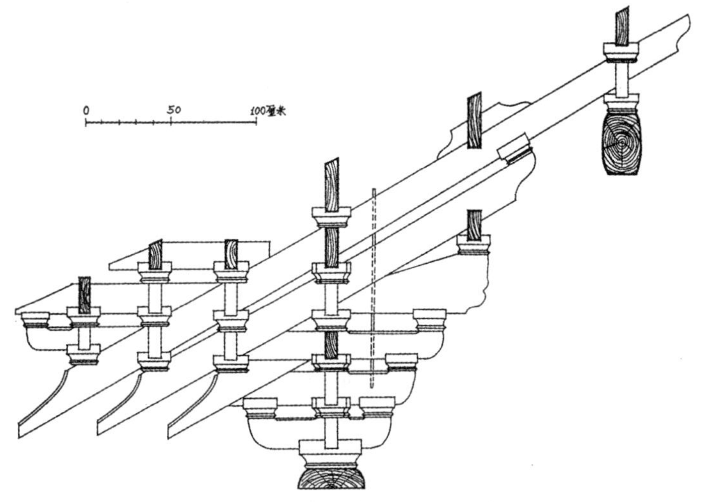

图 10 肇庆梅庵大雄宝殿补间铺作

c. 转角铺作（图 11 ～图 13）。

下檐的四朵转角铺作构造均相同。由栌斗口在正向、侧向和 45° 方向上各出一枝华栱，正出一枝及侧出一枝均为七铺作单杪三下昂。其与柱头铺作不同的是：栌斗口上向内侧出半边重栱承柱头枋，其泥道栱的另一端则为侧出一枝的第一跳华栱，而慢栱的另一端在侧面则为其第二跳插昂。反过来，侧出一枝的泥道栱及慢栱又分别与正出一枝的第一跳华栱及第二跳插昂相列；正出及侧出一枝的第二跳平昂均为偷心造，而在柱头及补间铺作的这一跳皆为重栱计心造；第三跳虽为下昂之形，实为插昂，上出横栱一层承枋，该横栱近角部的栱身做成翼形，无斗，与 45° 上所出第三跳昂上的翼形横栱相连，呈鸳鸯交首状；第四跳亦为下昂状插昂，上施斗承橑檐枋，斗上前方出耍头。

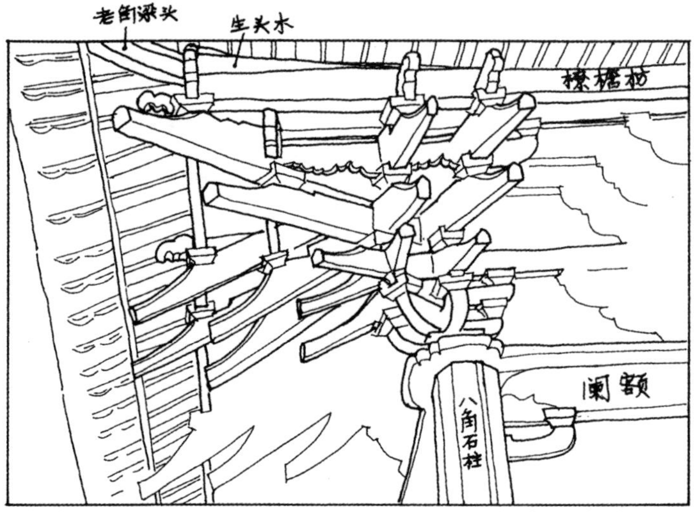

图 11　下檐转角铺作

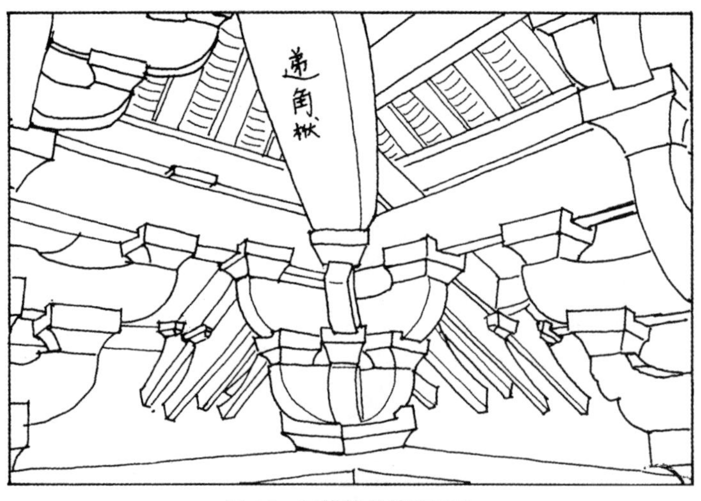

图 12　下檐转角铺作里跳

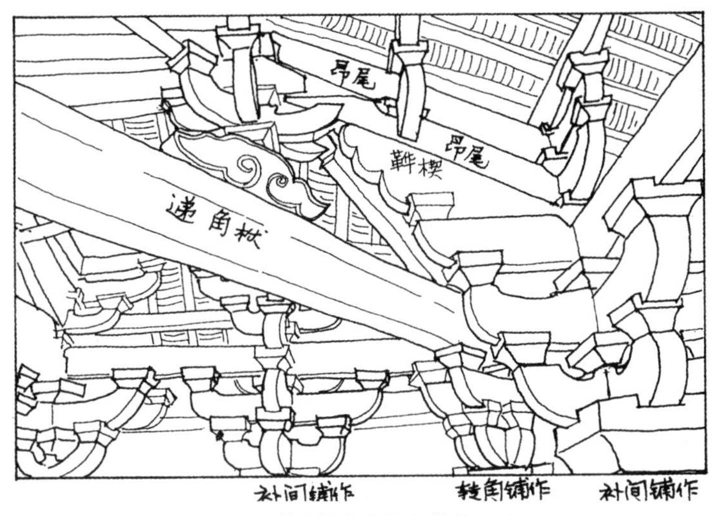

图 13　转角铺作和补间铺作里跳

由栌斗口向 45° 方向出华栱一跳，第二跳分为三枝，即正面、侧面及 45° 方向上各一枝，而正、侧二枝的第三、四跳构造一如上述由栌斗口向正侧所出的二枝斗栱。在 45° 方向上出的那枝，第三跳为下昂，其上正侧两边翼形横栱在斗上交叉，出头呈耍头状。第四跳亦为下昂，上施一斗，正侧两边橑檐枋在其上交叉，两边各出一耍头，斗上部 45° 方向上出老角梁头，其端部正好位于正侧两边封檐板相交之处（参见图 7），其尾部斜向上插入重檐角金柱身上，老角梁上为仔角梁，其梁端正好位于正侧两边小连檐相交之点。

转角铺作里转 45° 方向上出二杪，偷心造，承托递角栿之首，其栿尾则插于重檐角金柱身上。递角栿上一如柱头铺作上三椽栿，上置驼峰、斗栱，承托外跳 45° 方向上第三、四跳下昂尾部和劄牵、托脚的头部。第三、四跳昂的尾部亦分别压在劄牵和托脚头下。同时，与转角铺作相邻的两朵补间铺作的下昂尾也都在驼峰、斗栱上相交（参见图 7，图 13）。

d. 承托大丁栿的柱头铺作 [图 6（3），图 14]。

承托大丁栿的下檐山面柱头铺作有四朵，每朵由栌斗口向外出三杪偷心造，最上一跳栱头上不置斗，而是在稍靠内处，栱身上施绞栱之令栱承枋；在距离令栱 52 厘米的栱身上又施一斗，上出重栱承枋，该重栱栱身上呈枭混曲线，甚为罕见。栌斗口内上出重栱承柱头枋，枋上置大斗（上部 28 厘米 ×28 厘米，底部 18 厘米 ×18 厘米）承托大丁栿首。里转三杪偷心造，最上一跳跳头上亦施同样大斗承托大丁栿。大丁栿在槽缝上施绞栿栱一层承枋，又在距槽缝 60 厘米处置一斗承枋，又在距此斗 63 厘米处置大斗一枚，上施斗栱承托脚头部及两层枋（图 15）。承托大丁栿之铺作用材为 14 厘米 ×9 厘米，栔高 10 厘米，与其余下檐铺作用材 17.5 厘米 ×9.7 厘米，栔高 7.6 厘米不同，且斗栱之构造和手法亦大相径庭，似非同时之物。

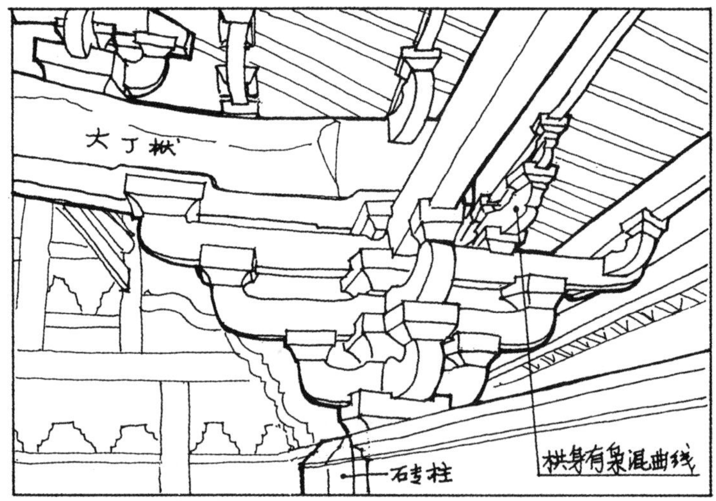

图 14　承托大丁栿的下檐山面柱头铺作

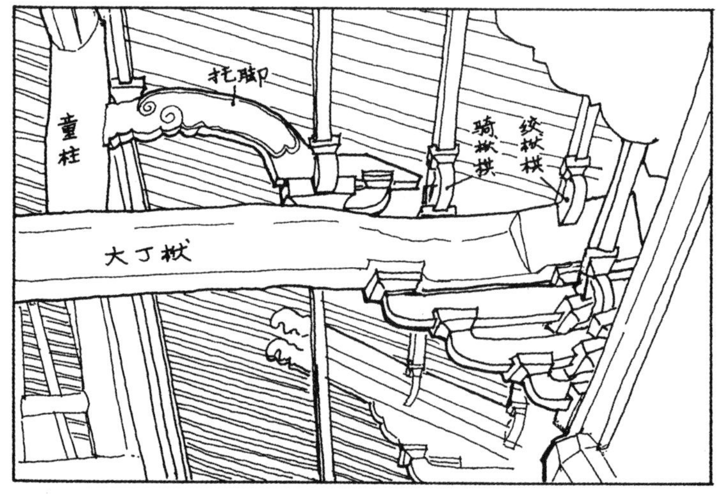

图 15　大丁栿细部图

②上檐斗栱

上檐斗栱有四种：

a. 前后檐柱头铺作 [图 6（4），图 16]。

铺作外跳为六铺作单杪双昂偷心造，昂为平昂，昂头端部卷起，形如象鼻，最上一昂上置斗直接承橑檐枋。栌斗口内上出三层横栱承枋，第三跳横栱正中不置齐心斗，却施一驼峰。里出三杪偷心造，第三跳华栱上承罗汉枋一层，枋断面为 26 厘米 ×10.5 厘米，上置散斗承上层断面为 24 厘米 ×10 厘米的枋。铺作外出一、二、三跳分别长 35 厘米、8 厘米、5 厘米，里出三跳分别长 35 厘米、24 厘米、16 厘米，横栱一、二、三层分别长 79 厘米、120 厘米、149 厘米。栱身上均有枭混曲线。特别有趣的是，上檐前后檐的封檐板正好置于外出第三跳昂背之上。

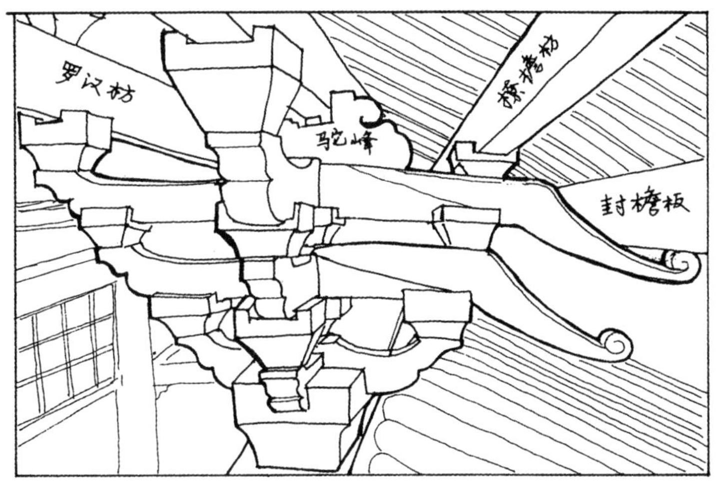

图 16　上檐柱头铺作和补间铺作

b. 前后檐补间铺作 [图 6（4），图 16]。

其构造完全同柱头铺作，上檐前后檐明间为二朵补间铺作，次间一朵，布置甚为疏朗。

c. 转角铺作（图 7，图 17）。

从转角铺作之栌斗口向正、侧和前、后 45° 方向上共出六枝斗栱，其中正出的单杪双昂分别与侧面之横栱三跳相列，而侧出的单杪双昂又分别与正面栌斗之上的横栱三跳相列，在 45° 方向上外出单杪双昂，亦为偷心造，第三跳平昂上置斗，正侧两面橑檐枋在斗上相交，出头处垂直切割。上边又在 45° 方向上斜向下出角梁头，做成昂状，与下檐之昂几无二致。栌斗口在 45° 方向上里出三杪偷心造，上承罗汉枋及角梁之尾端。

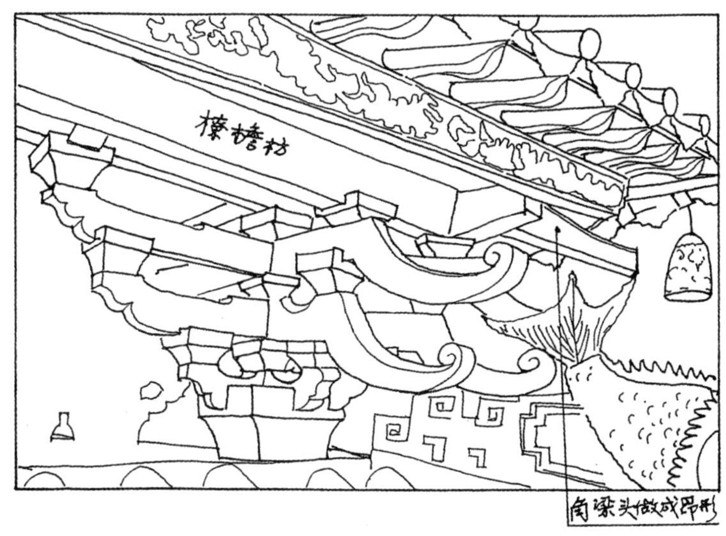

图 17　上檐转角铺作

d. 上檐山面挑檐的丁头栱（图 18）。

上檐山面挑檐做法与前后檐不同，山面每边各有二根置于额枋上的童柱，柱身上插一挑枋，上承挑檐枋，下以一丁头栱承托，栱身亦呈枭混曲线，断面材栔均同前后檐斗栱，即材为 14 厘米 ×9 厘米，栔高 10 厘米。

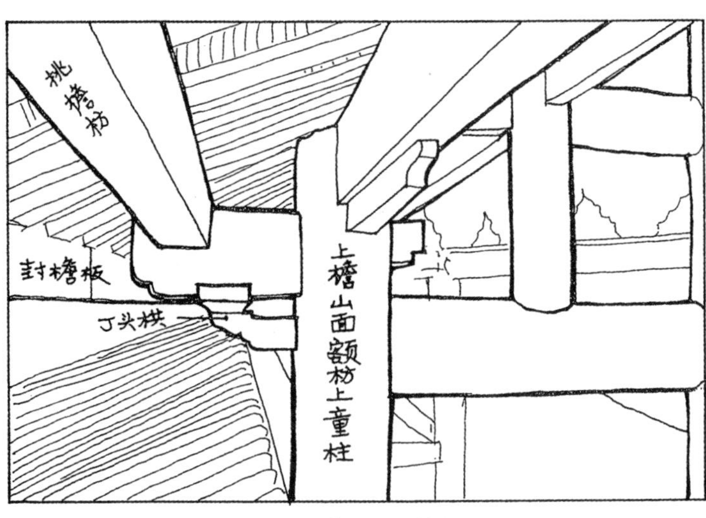

图 18　上檐山面挑檐做法

③内檐斗栱

大成殿内檐铺作有三种，其中，平棊之下有两种 [图 6（5），图 7，图 19]。

a. 柱头铺作。

四根大金柱顶上各有一朵。从栌斗口向正、侧和 45° 方向上共出八枝斗栱，共三跳，上承平棊枋。栌斗上部为 42 厘米 ×42 厘米，底为 33.5

图 19　平棊下的斗栱

厘米 ×33.5 厘米，耳 9 厘米，平 3 厘米，欹 14 厘米，其比约为 3 ∶ 1 ∶ 5。小斗上部为 13 厘米 ×13 厘米，底为 8 厘米 ×8 厘米，耳 1 厘米，平 3.5 厘米，欹 4.5 厘米。栱身亦有如上檐斗栱那样的枭混曲线，且在第二跳上有象鼻子式平昂，风格与上檐斗栱相近，但制作则更规整严谨。其用材为 13 厘米 ×8.5 厘米，栔高 8 厘米，略小于上檐斗栱之材栔。

b. 补间铺作。

置于四根大金柱间的阑额、普拍枋上，每面二朵，共 8 朵。由栌斗口上共出八枝斗栱，凡三跳，最上一跳承托天花龙骨。其于栌斗口正中向里向外二枝斗栱的第二跳上，除正向出一卷头外，还向两侧各出斜华栱一枝，其上承托上一跳的斜华栱。第二跳正向出的华栱之上，又出正斜三枝华栱。补间铺作的栌斗上部为 33 厘米 ×33 厘米，底为 28 厘米 ×28 厘米，耳 9 厘米，平 3.5 厘米，欹 12.5 厘米；略小于柱头铺作的栌斗，小斗则同柱头铺作，所用材栔亦同柱头铺作。

c. 隔架科斗栱。

内檐斗栱还有一种一斗三升的隔架科斗栱，用于前、后重檐金柱的阑额与由额之间，其中，前面明间有三朵，次间一朵，后面仅明间有两朵。其栌斗平面呈海棠曲线状，但左、右两面则为平直（图 20）。

图 20　隔架科斗栱

2）研究分析

①下檐斗栱（承托大丁栿的四朵柱头铺作除外）

大成殿的十一种斗栱中，形制最古、最值得研究的是下檐斗栱（承托大丁栿的四朵柱头铺作除外），为了便于研究，拟将之与德庆同处粤西的肇庆梅庵大雄宝殿的斗栱以及宋《营造法式》作一番对照，并列出表 1。

表 1　德庆学宫大成殿、肇庆梅庵斗栱与《营造法式》对照表

			大成殿下檐斗栱	梅庵斗栱	《营造法式》规定
材栔	材、分		17.5cm×9.7cm，1 分°=1.17cm	18.3cm×9cm，1 分°=1.22cm	"各以其材之广分为十五分°"
	栔		高 7.6cm，合 6.5 分°	高 8.1cm，合 6.6 分°	"栔广六分°，厚四分°"
	材高、材厚		约 2：1	约 2：1	3：2
	合《营造法式》材等		5 寸 5 分 ×3 寸，七等材	5 寸 8 分 ×3 寸，七等材	"第七等：广五寸二分五厘，厚三寸五分"
铺作数及出跳形式			七铺作出单杪三下昂	七铺作出单杪三下昂	"出四跳谓之七铺作"
铺作高：檐柱高			87：396=1：4.55	117：286=1：2.44	
补间铺作朵数			心间两朵，次杪间一朵	心间两朵，次间一朵	"当心间须用补间铺作两朵，次间及梢间各用一朵"
跳长及跳头高度	外跳长度	第一跳	33cm（合 28 分°）	39cm（合 32 分°）	30 分°
		第二跳	15cm（合 13 分°）	25cm（合 21 分°）	26 分°
		第三跳	54cm（合 46 分°）	40cm（合 33 分°）	26 分°
		第四跳	41cm（合 35 分°）	42cm（合 34 分°）	26 分°
		总长	143cm（合 122 分°）	146cm（合 120 分°）	108 分°
	补间铺作里跳长度	第一跳	33cm（合 28 分°）	24cm（合 20 分°）	30 分°
		第二跳	13cm（合 11 分°）	15cm（合 12 分°）	26 分°
		第三跳	17cm（合 15 分°）	19cm（合 16 分°）	26 分°
		总长	63cm（合 54 分°）	58cm（合 48 分°）	82 分°
	外跳逐跳高度增加	第一跳比栌斗底	40.8cm（合 35 分°）	33.5cm（合 27.5 分°）	33 分°
		第二跳比第一跳	24.1cm（合 21 分°）	20cm（合 16 分°）	16-19 分°
		第三跳比第二跳	0cm（合 0 分°）	1cm（合 1 分°）	16-19 分°
		第四跳比第三跳	0cm（合 0 分°）	5.5cm（合 4.5 分°）	16-19 分°
斗高	栌斗	总高	16cm（合 14 分°）	17cm（合 14 分°）	20 分°
		耳	5.5cm（合 4.7 分°）	5.5cm（合 4.5 分°）	8 分°
		平	3.5cm（合 3 分°）	4cm（合 3.3 分°）	4 分°
		欹	7cm（合 6 分°）	（加皿板）7.5cm（合 6 分°）	8 分°
		耳：平：欹	3：2：4	3：2：4	2：1：2
	散斗、交互斗	总高	10cm（合 8.5 分°）	12cm（合 10 分°）	10 分°
		耳	2.5cm（合 2 分°）	4cm（合 3.3 分°）	4 分°
		平	4cm（合 3.4 分°）	3cm（合 2.5 分°）	2 分°
		欹	3.5cm（合 3 分°）	5cm（合 4.1 分°）	4 分°
		耳：平：欹	5：8：7	4：3：5	2：1：2
栱长	泥道栱	前后檐　上一层 下一层	65cm（合 56 分°） 64cm（合 55 分°）	94cm（合 77 分°）	62 分°
		东西檐　上一层 下一层	58cm（合 50 分°） 56cm（合 48 分°）		

续表

<table>
<tr><th colspan="4"></th><th>大成殿下檐斗栱</th><th>梅庵斗栱</th><th>《营造法式》规定</th></tr>
<tr><td rowspan="9">栱长</td><td rowspan="4">慢栱</td><td rowspan="2">栌斗上</td><td>前后檐
上一层
下一层</td><td>101cm（合 86 分°）
94cm（合 80 分°）</td><td>123cm（合 101 分°）</td><td rowspan="4">92 分°</td></tr>
<tr><td>东西檐
上一层
下一层</td><td>92cm（合 79 分°）
85cm（合 73 分°）</td><td></td></tr>
<tr><td colspan="2">第一跳上</td><td>101cm（合 86 分°）</td><td>103.5cm（合 85 分°）</td></tr>
<tr><td colspan="2">第二跳上</td><td></td><td>93cm（合 76 分°）</td></tr>
<tr><td rowspan="3">瓜子栱</td><td rowspan="2">第一跳上</td><td>前后檐</td><td>65cm（合 56 分°）</td><td>75cm（合 61.5 分°）</td><td rowspan="3">62 分°</td></tr>
<tr><td>东西檐</td><td>58cm（合 50 分°）</td><td></td></tr>
<tr><td colspan="2">第二跳上</td><td></td><td>71cm（合 58 分°）</td></tr>
<tr><td colspan="3">令栱</td><td>65cm（合 56 分°）</td><td>66cm（合 54 分°）</td><td>72 分°</td></tr>
<tr><td colspan="3">华栱</td><td>76cm（合 65 分°）</td><td>79cm（合 65 分°）</td><td>72 分°</td></tr>
</table>

由表 1 可知，两殿之斗栱有许多相似之处，与《营造法式》的差异往往也是相近的，归结起来有如下几点：

a. 材的断面均约 2 ： 1，与《营造法式》规定的 3 ： 2 有别。

b. 大成殿斗栱外跳总长合 122 分°，梅庵大殿斗栱外跳总长为 120 分°，均大于《营造法式》规定的 108 分°，而补间铺作里跳总长则分别合 54 分° 和 48 分°，均远小于《营造法式》规定的 82 分°。

c. 大成殿斗栱之外跳第三和第四跳只是增加了 95 厘米（合 81 分°）的出跳长度，跳头高度完全没增加；梅庵大殿斗栱在这两跳增加了 82 厘米（合 67 分°）的出跳长度，跳头高度增加 6.5 厘米（合 5.5 分°），较之《营造法式》规定的这两跳增加 52 分° 出跳长度，跳头高度增加 32 分° 至 38 分° 相差甚远。

d. 各栱之长度大多均小于《营造法式》规定的长度。

关于上述 a，材之高厚比为 2 ： 1，是沿用了唐代以前梁枋断面 2 ： 1 的古制，五代遗构福州华林寺大殿材之高厚比亦为 33 ： 17（厘米），约为 2 ： 1，而北方自中唐至宋、辽、金之遗构的材断面多为 3 ： 2，对照之下即知粤闽古建保有更多的古制。

关于上述 b，说明大成殿和梅庵大雄宝殿之斗栱具有远远超过《营造法式》所规定的出跳距离的出跳能力。究其原因，主要是两殿的补间铺作下昂之尾部均长二椽，尤其是大成殿之斗栱，补间铺作第三、四两跳下昂之尾部均长二椽，较之梅庵大殿之补间铺作第三、四跳下昂尾部一为长一椽，一为长二椽的做法，自然出跳能力就更强；而且大成殿柱头铺作昂尾亦长二椽，较之梅庵大殿之柱 头铺作昂尾长仅一椽，必然有更好的出跳作用。

我国目前已发现的唐、五代、宋、辽、金遗构中，柱头或补间铺作用七铺作双杪双下昂斗栱者凡十余例，出跳总长少者为 86 分°（玄妙观三清殿殿身），多者为 119 分°（独乐寺观音阁上层）和 115 分°（宁波保国寺大殿）[1]，均不及梅庵大殿斗栱之出跳总长（120 分°），更不及大成殿斗栱的出跳总长（122 分°）。在七铺作斗栱出跳总长上，大成殿斗栱位列目前已知唐宋古建之首位。此外，它的补间及柱头铺作均用真昂，两跳昂尾均长两椽的做法，在全国唐宋遗构中也是极罕见的。

关于 c，即第三跳以上只增加出跳长度而不增加（或只极少增加）跳头高度的做法，不仅见于上述二殿，且见于佛山祖庙大殿之宋式斗栱，应是唐宋时流行于广东的地方手法，是与《营造法式》规定及北方唐宋遗构做法迥异之处。究其原因，恐怕与岭南风大、雨多、阳光照射强烈等气候因素有关。出檐深远，而檐端较低，既可以御风雨，保护殿身木构，又可防止过于强烈的阳光辐射。北方相对雨水较少，冬天喜阳光照射，故出檐略短，檐端宜高，与大成殿之手法实各得其所。

关于上述 d，恐怕亦属岭南地方手法。

除上述几点外，大成殿斗栱还有如下三点特点：

e. 昂嘴与地面垂直。

f. 栌斗之上施二层重栱承枋，即共施六层栱枋。由大雁塔门楣石刻之佛殿及唐招提寺均有栌斗上出二层泥道栱承枋的做法来看，颇疑大成殿这种做法亦为唐代之制。

g. 最上一跳不施令栱，直接在跳头上承橑檐枋。这种做法见于南宋遗构广州光孝寺大雄宝殿、泉州开元寺宋镇国塔之斗栱，亦见于敦煌石窟宋初窟檐之斗栱以及北方一些宋辽斗栱[2]，应为宋辽时南北方均流行的一种做法。

由于大成殿下檐斗栱最上一跳不施令栱，故其铺作数有必要讨论一下。据铺作计数公式：铺作数 Y= 出跳数 X+3[3]，其中 3 是常数，表示栌斗、耍头和衬方头这三层不可缺少的构件。今大成殿下檐斗栱栌斗、耍头和衬方头三者均有，出跳数为 4，应是七铺作无疑。

据以上分析，大成殿之斗栱应是宋代形制，其制作年代应比补间及柱头铺作均为假昂的南宋遗构广州光孝寺大殿之斗栱更早，其下昂的做法比《营造法式》规定的做法更为朴实、实用，形制似更属早期。大成殿始建于北宋元丰四年（1081 年），比《营造法式》颁行的年代（北宋崇宁二年，即 1103 年）尚早 22 年，建后经 183 年，于元至元元年（1246 年）被大水冲毁。据《德庆州志》[4]载程准《议道堂记》，大成殿在元大德元年（1297 年）重建前为“栋摧梁朽”，即上部梁架已朽坏，或许下檐斗栱大致完好，仍可加以利用，故下檐只为重建时采用大丁栿结构而换了山面四朵柱头铺作。这四朵铺作采用材栔不同、处理手法殊异，均可得到满意的解释。若说下檐斗栱皆为元代遗构，恐怕是很难说得通的。至于下檐斗栱之高度与檐柱高之比为 1 ∶ 4.55，小于 1/4，好似不具早期特色，其实不然。考虑到其第三、四跳跳头上高度没增加，最上一跳又未施令栱，用通常把从栌

[1] 陈明达．营造法式大木作研究 [M]. 北京：文物出版社，1981：196-199.

[2] 辜其一．敦煌石窟宋初窟檐及北魏洞内斗栱述略 [J]. 重庆建筑工程学院学报，1957（1）.

[3] 梁思成．营造法式注释 [M]. 卷上．大木作制度一注 67. 北京：中国建筑工业出版社，1983；郭黛姮，徐伯安．营造法式大木作制度小议 科技史文集（11）. 上海：上海科学技术出版社，1984：104-125.

[4] 德庆州志．清光绪本．

斗底至橑檐枋背的垂直高度作为斗栱之高，恐怕较能反映其实际情形。以这种方法计算，则斗栱高应为 137 厘米，与平柱 396 厘米之比为 1 ∶ 2.89，其比值可与其余宋辽遗构相比而无愧。

②下檐承托大丁栿的四朵柱头铺作

材之断面比为 3 ∶ 2，栔高达 10.7 分°，应是晚于其他下檐铺作的做法。从其不用昂作外跳，内外均用三跳华栱偷心造，齐心斗及里出最上一跳均用上部 28 厘米 ×28 厘米的大斗可以看出，很明显铺作是专为承托大丁栿而设计的。为了能与其余宋代斗栱相一致，外跳第三跳栱身上才运用了绞栱身令栱、骑栱身的重栱承枋的做法。其栱之形制、规格也与宋式斗栱有别，栱头曲线不似其余下檐斗栱之圆和，其中骑栱身之重栱则呈枭混曲线，用斗亦大小不一，表现出粗犷和不拘一格的特点，这与其所承托的大丁栿结构梁架风格是一致的。因此，这四朵铺作应为元大德元年（1297 年）之遗构无疑。

③上檐前后檐之斗栱

大成殿用了象鼻子式的昂，这种类型的昂流行于清代，目前已知的较早的例子是明代遗物。建于明正德年间（1506-1521 年）的山西万荣飞云楼用了这种昂 [1]（图 21）。四川峨眉飞来殿用了真昂，但昂嘴为象鼻子式 [2]（图 22）。

刘致平先生认为这是明初遗构。据潘谷西主编《中国古代建筑史》第四卷，此殿为元大德戊戌年（1298 年）建，为元代建筑。[3] 大成殿上檐之斗栱，补间铺作为心间二朵，次间一朵，斗栱布置疏朗，体形较大，绝非清代之物。广东明代遗构匪少，斗栱多用平昂，栱头圆和，制作严谨，与大成殿上檐斗栱对照，风格迥异。大成殿之上檐斗栱 [参见图 6（4），图 16, 图 17] 所用材栔与下檐承托大丁栿的铺作一致，并有以下几个显著特点：

[1] 孙大章 . 万荣飞云楼 [C]// 中国建筑科学研究院建筑情报研究所建筑理论及历史研究室 . 建筑历史研究 第二辑：94-117.

[2] 刘致平 . 中国建筑类型及结构 [M]. 北京：中国建筑工业出版社，1987：272.

[3] 潘谷西 . 中国古代建筑史 第四卷·元明建筑 . 北京：中国建筑工业出版社，2001：366.

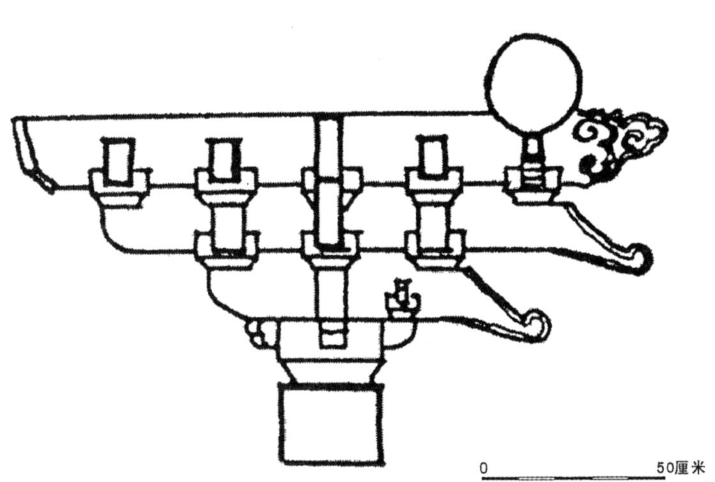

图 21　山西万荣飞云楼底层外檐平身科斗栱图

（摹自：孙大章 . 万荣飞云楼 [C]// 中国建筑科学研究院建筑情报研究所建筑理论及历史研究室 . 建筑历史研究 第二辑：116。）

a. 栱头用了枭混曲线，有别于广东宋、明斗栱。

b. 身槽内由栌斗上叠用三层横栱承枋。这种做法，《营造法式》上无载，实例中也十分罕见，是一种打破常规的做法。

c. 在最上一层横栱的正中，没用齐心斗，而用了一个驼峰，其式样有别于广东宋、明遗构。

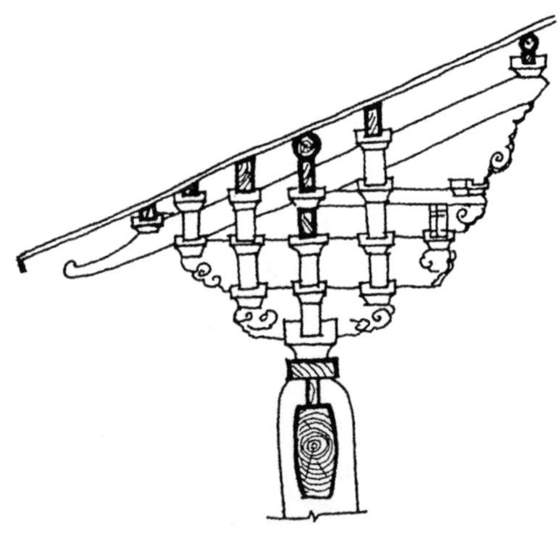

图 22　峨眉飞来殿前檐斗栱图

（摹自：刘致平．中国建筑类型及结构 [M]. 北京：中国建筑工业出版社，1987：272。）

d. 其栌斗上所用三层横栱，分别长 79 厘米、120 厘米、149 厘米，合 85 分° 、129 分° 、149 分° ，大大超过《营造法式》规定的泥道栱 62 分° 、慢栱 92 分° 的规定。与下檐斗栱栱长均少于《营造法式》规定大异，是一种标新立异的用法。

e. 其象鼻子昂嘴十分颀长，自跳头至昂尖的水平距离达 50—60 厘米，合 54—64 分° 。大大超过《营造法式》规定的 23 分° 的长度，在所有用昂的斗栱中，其昂头之长是列于首位的。

f. 与其余相同样式的昂相比，大成殿上檐之昂更酷似象鼻，以后世趋于程式化的这类昂有别，应是这种昂较早的形态。

以上六点，与元代建筑打破常规、标新立异的做法是吻合的。加上所用材栔与承托大丁栿的铺作完全一致，两者之栱头均有用枭混曲线的手法者，因此可以认为上檐铺作也是大德元年之遗构。至于上檐山面丁头栱，所用材栔相同，栱头亦有相同曲线，应为同时之物。类似用丁头栱挑檐的做法，亦见于光孝寺上檐，可能属于广东的风格。

④平綦下之铺作

虽用材略小（13 厘米 ×8.5 厘米、栔高 8 厘米），但材之高厚比同为 3 ：2，栔高 9.2 分° （上檐斗栱栔高 10.7 分° ），与上檐斗栱相似，加上其栱头曲线相同，亦用象鼻子昂，还用了斜栱（广东明构用斜栱者少），亦应为元代遗构。

5. 梁架结构（图 23，图 24）

大成殿的结构特点可以归结为三点：

1）部分采用砖石柱，使结构更坚固耐久。

大成殿前下檐副阶用了一列八角形花岗石柱，左、右、后三面用砖墙围护，并砌出砖柱承重。这一做法大大增强了建筑抗风雨侵蚀、抗洪水冲

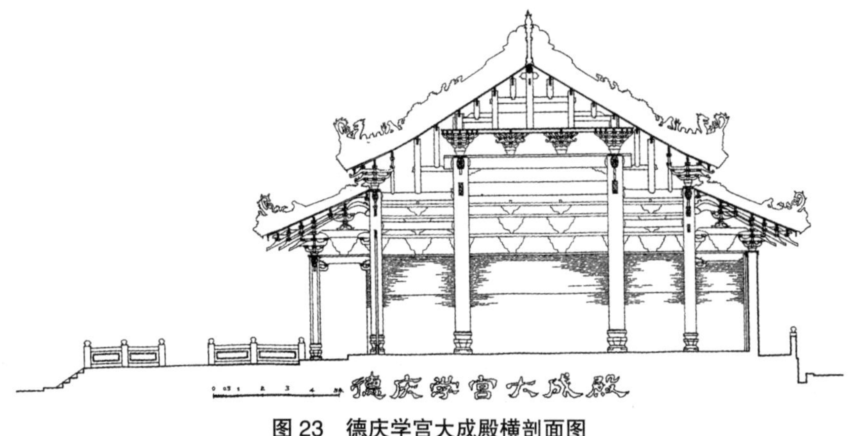

图 23 德庆学宫大成殿横剖面图

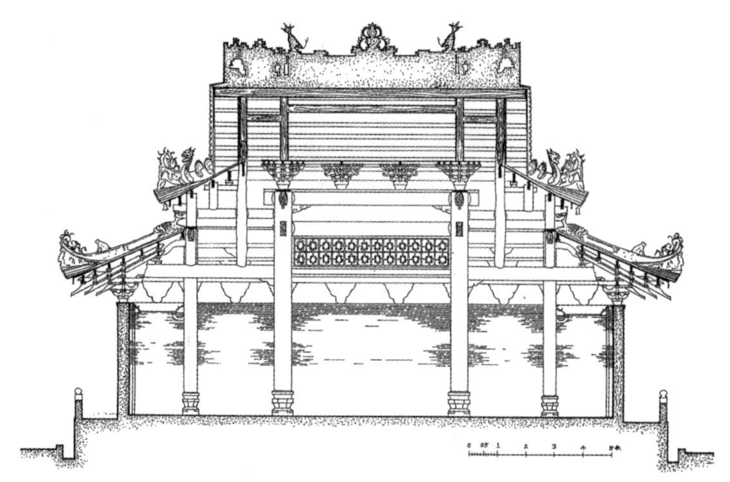

图 24 大成殿纵剖面图

击的能力，对防火也是极有利的。呈门字形的砖墙能增强建筑抵抗水平力的作用，使结构更加稳定。

2）大殿的梁柱结构，采用了完全对称的设计方法。从柱来说，前、后檐柱，前、后重檐金柱，前后金柱，高度一一相等；从斗栱来说，前后下檐斗栱，铺作一一对应，构造完全相同，前后上檐斗栱和平棊下的斗栱也莫不如是；从梁栿来说，前后副阶均用三椽栿，栿首置于柱头铺作上，栿尾插入重檐金柱柱身，三椽栿下边均用了穿插梁，重檐金柱和金柱间施以四椽栿，下边均用了顺栿串，从额枋来说，前下檐柱头间施以阑额，上施普拍枋，后檐因用砖墙砖柱，故仅用砖砌出普拍枋，重檐金柱柱头间施以阑额、普拍枋，下施由额和顺身串，金柱柱头间施以阑额、普拍枋和由额，莫不前后一一对应。另外，梁柱结构也左右一一相对，这种结构方法，也称为“升柱对称法”。《营造法式》中“十架椽屋前后劄牵用六柱”等厅堂结构形式均是运用升柱对称法的结构形式。

3）采用了大丁栿结构法（图 25）

大成殿的结构最有特色之处，是用了大丁栿结构法。为了省去山面正中间的左右各二根重檐金柱，使殿内空间更为完整，殿内用了四根大丁栿，栿首置于下檐山面柱头铺作上，栿尾插入金柱柱身，下端以雀替承托。每一根大丁栿上均立二根童柱，一根立于省去的重檐金柱的位置上，承托上檐山面阑额和普拍枋，一根立于距金柱心 1.4 米处，上承殿身的大栿——八椽栿。承托殿身二根八椽栿的四根童柱均高 4.2 米，呈未曾加工的原木形（图 26）。

图 25　大丁栿

图 26　大丁栿和高童柱

四根大丁栿跨度达 5.57 米，虽大体上呈月梁形，但加工粗糙，有的部位亦呈原木状。二根八椽栿也只是大体上有月梁形，跨度达 6.2 米，高达 63 厘米，上立蜀柱承托脊槫和桁枋（图 27，图 28）。

平棊之上，在前后金柱缝上施了二列蜀柱，与八椽栿上的蜀柱一一对应，柱脚叉于平棊枋上。从受力上分析，这两排蜀柱能起到一定的辅助作用，将上部中央屋盖的部分重量传递到斗栱，再通过普拍枋和阑额传到金

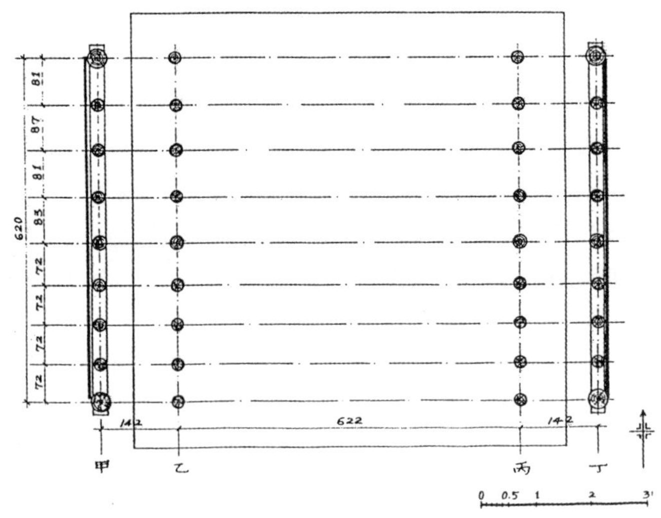

图 27　平棊上部平面图

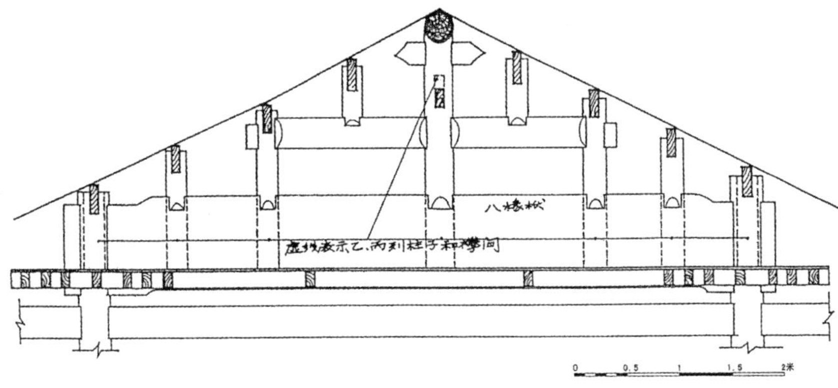

图 28　甲丁列梁架图

柱上，上部中央部分的屋盖的大部分重量，是由八椽栿承担的，再通过高童柱、大丁栿传到山面砖柱和金柱身上。

大丁栿结构法的采用，有几个好处：一是省去了四根重檐金柱，建筑内部空间更为完整；二是省去了前后金柱之上的两根八椽栿，如果不用大丁栿结构，这两根八椽栿是必不可少的；三是由于省去了前后金柱缝上的两根八椽栿，空间布局可更为灵活，使建筑的中心部分采用十二朵斗栱承托天花的艺术构思成为可能。

大丁栿上的八椽栿，一身而系两任：一是作为承托歇山山面的梁架，八椽栿的外面削平，栿上童柱的靠外一边也稍削平，山花板则钉在上面，八椽栿的这一作用与宋式阔头栿、清式采步金梁的作用是相同的。其另一作用则是起到大栿的作用，把省去的两根金柱缝上的八椽栿所承受的力大部分承担下来。它在大殿结构中的地位是十分重要的。

大殿殿身梁架结构，具有典型的粗犷豪放的元代风格，其中间四根大金柱间的阑额出头处垂直切割，上面普拍枋出头处呈海棠曲线，均系元代建筑常用手法。大殿殿身梁架结构是元大德元年遗构，应是毫无问题的。

大殿副阶梁架，与殿身梁架风格有别。副阶的阑额和三椽栿、递角栿、穿插梁皆做成月梁形，加工细致，曲线优美（图 29）。

图 29　副阶斗栱梁架

普拍枋和阑额断面略呈T字形，阑额在转角处不出头，普拍枋在转角处出头呈海棠形曲线（参见图11）。阑额在转角处不出头，见之于南禅寺大殿、佛光寺大殿及芮城广仁王庙正殿等唐代遗构，普拍枋在出头处呈海棠曲线，则见于许多宋元建筑中。

副阶之梁栿，其断面为2 ∶ 1，与栱枋断面比相同，皆沿用唐代遗制。若与《营造法式》对照，则皆小于《营造法式》的规定。以三椽栿为例，高35.5厘米，合30分°，最厚处18厘米，合15分°，与《营造法式》规定的高42分°、厚28分°相差甚远。梅庵大殿的梁栿也有类似情形。[1]产生这种情形的原因有二：一是二殿之始建均早于《营造法式》之颁行，故产生差异是自然的；二是南方多坚木，比如铁力木等，其强度比普通木材大数倍，故用断面小的梁栿也能满足使用要求。梅庵大殿与大成殿所用木材均为极硬的坚木，连铁钉也难钉入，故可用断面较小的梁枋。副阶的梁架虽经历代维修，仍保持着宋代的风格。

副阶用了穿插梁，这是加强结构稳定性的一种措施。穿插梁（枋）不见于北方唐宋辽金遗构，北方明代建筑才用了穿插枋。南方古建则在元朝或更早即用了穿插枋。元延祐七年（1320年）所建上海真如寺正殿即用于断面为40厘米×18厘米的穿插枋。[2]南宋淳熙六年（1179年）的遗构苏州玄妙观三清殿副阶亦用了穿插枋。[3]南宋绍兴年间（1131-1162年）所建的北寺塔内廊转角处柱之上端施横枋联络内外二柱。[4]建于北宋至道中年（995-997年）的苏州虎丘云岩寺二山门也用了穿插枋。[5]可见，穿插枋之用起源于江南一带，早在北宋，已有应用之实例。但以上各例，断面均为枋，未如大成殿之做成月梁的形式。估计大成殿副阶之穿插梁是元代遗物，元代重建大成殿时，运用了大丁栿，使副阶梁架的稳定性受到影响，因而用穿插梁弥补其弱点，制作形制则模仿宋式三椽栿，因而与三椽栿高厚形制完全相同。

6. 柱子和柱础（图30）

大殿正面用花岗石檐柱六根，平面呈正八边形，上下同大，不收不杀。经测量，柱身向内微有侧脚，由0.1%至0.45%不等，小于《营造法式》0.8%的规定。平柱至角柱亦微有生起。重檐金柱共八根，木质圆形，直径为48厘米，高达6.14米。中间四根木质圆柱，直径达62厘米，高达7.46米。木柱之下端均稍有卷杀。柱础甚特别，类似须弥座，与光孝寺大殿的柱础相似。

7. 檐出

大成殿下檐，檐高482厘米，总檐出224厘米，檐高∶檐出=100 ∶ 46.5，其比值略小于唐构佛光寺大殿（100 ∶ 49），比辽构应县木塔副阶（100 ∶ 45）、独乐寺山门（100 ∶ 42）、宋构虎丘二山门（100 ∶ 37）等均大。[6]

[1] 吴庆洲.肇庆梅庵[M]// 清华大学建筑系.建筑史论文集（第八辑）.北京：清华大学出版社，1987：21-33.

[2] 上海市文物保管委员会.上海市郊元代建筑真如寺正殿中发现的工匠墨笔字[J].文物，1966（3）.

[3] 刘敦桢.苏州古建筑调查记[M]// 刘敦桢.刘敦桢全集·第三卷.北京：中国建筑工业出版社，2007：1-42.

[4] 同上。

[5] 梁思成.营造法式注释[M].北京：中国建筑工业出版社，1983：146.

[6] 陈明达.营造法式大木作研究[M].北京：文物出版社，1981：172-175.

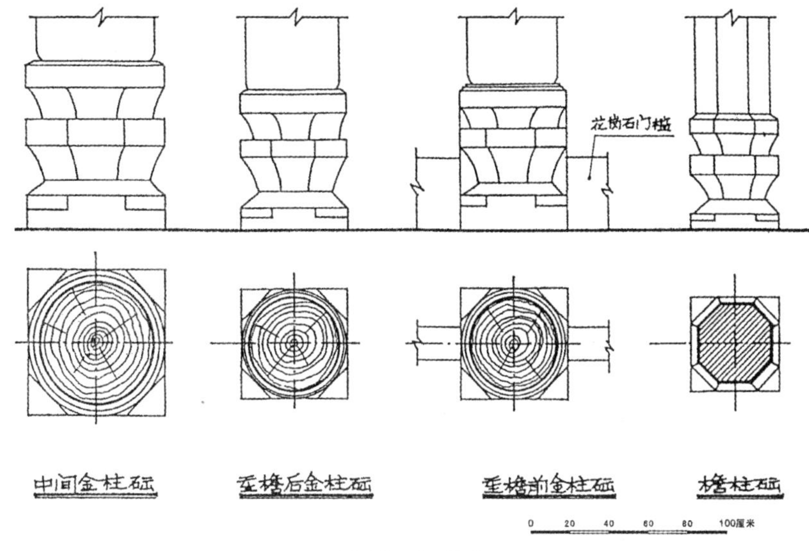

图 30　柱础图

8. 屋面坡度

大成殿前后橑檐枋心距 13.53 米，举高 3.5 米，其屋面坡高为 1/3.87，与五代所建镇国寺大殿的 1 /3.8 和辽构独乐寺山门的 1/3.9 相近，坡度甚为平缓。

9. 收山

大成殿收山达 1.80 米，远大于唐构南禅寺大殿（131 厘米），更大于宋隆兴寺转轮藏殿（89 厘米），有隋唐遗风。

10. 出际

大成殿出际很深，脊柱和各枋出际长达 88 厘米，搏风板挑出在山花板外 105 厘米。据《营造法式》卷五："若殿阁转角造，即出际长随架。"大成殿椽长一般为 70—100 厘米，故其出际与《营造法式》相符。出际深可防雨水飘入殿内。大成殿两际虽用山花板，山面两下角却未用板封死，有利于通风。其出际深实为防风雨之需。

11. 椽长

上檐用 5 厘米 ×10 厘米的方椽，下檐用 4 厘米 ×11 厘米的方椽，椽长由 40 多厘米至 1 米不等，多为 70—80 厘米。用方椽是岭南地方习惯。

12. 脊饰（参见图 4，图 5）

大成殿的脊饰甚有特色。其上檐正脊中央为莲花宝珠及光环，下垫以夔纹饰块。正脊两端为夔纹脊饰，靠内侧两边各有一条鳌鱼相向倒立（图 31，图 32），面对正中宝珠。侧面垂脊正上部为蝙蝠花篮，中下段为夔纹饰（参见图 5）。戗脊为游龙卷草，龙形极为生动，堪称雕塑佳作（图 33）。

13. 装修

大成殿之门，上部槅扇用宫式万字花纹（参见图 4）。殿内重檐后金柱间的由额与顺身串间置一花罩，花纹甚为别致。

图 31　正脊脊饰

图 32　正脊背饰

图 33　上檐戗脊游龙卷草饰

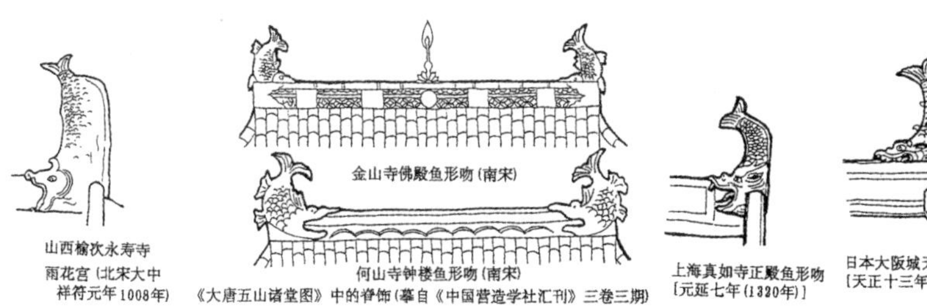

图34　宋、元、明的鱼形吻

下檐角脊上端为鳌鱼吻（参见图4，图5），也许是从宋、元、明之鱼形吻演变而得（参见图34）。角脊的下端为卷草，稍靠上为一绵羊。

其正脊和垂脊两边满绘彩画，据建筑工人提供名称，有“三狮会燕”、“金玉满堂”、“松鹤”等十余种，色彩缤纷，琳琅满目，令人目不暇接。因经历代维修，是否宋元时即此形制，难以判断。但就现状而论，则有浓厚的岭南地方风格。

大殿屋面用灰瓦顶，上檐边上用红色陶质勾头滴水（图35）镶边，下檐则用蓝绿色琉璃勾头滴水镶边。

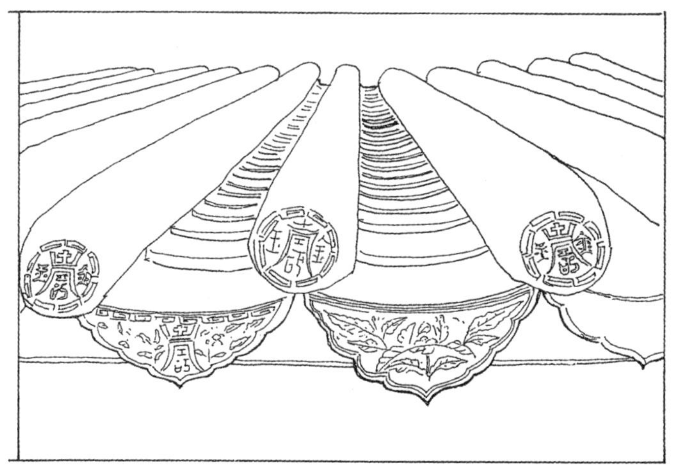

图35　上檐勾头滴水

五、大成殿在防洪技术上的成就

德庆城位于西江北岸，地势低洼，历史上岁罹水患，大成殿于元至元元年（1264年）圮于洪水。在元大德元年重建时，为了增强抗洪能力，大殿在设计、用材等方面，采用了四条措施：

1. 加高了殿堂台基；

2. 设置了高35厘米的花岗石门槛；

3. 前檐用花岗石柱，左、右、后三面围以高墙，不怕洪水冲击；

4. 采用了花岗石高柱础。

据统计，大约每 7.5 年大成殿被洪水淹一次，则大成殿自元代重建至今凡 687 年，其间约受 92 次洪水冲淹。尤其是民国四年（1915 年）和 1949 年两次大洪水，殿内水深均达 3 米以上，但大成殿在风浪中巍然屹立。事实证明，大成殿在防洪技术上是有着惊人的成就的。

六、结论

从以上分析研究可以得出如下结论：

1. 大成殿始建于北宋元丰四年（1081 年），重建于元大德元年（1297 年），经历代修葺，仍保持了宋元建筑风格，是不可多得的研究南方宋元木构的实例，在建筑史上具有重要价值。

2. 大成殿下檐斗栱梁架保持了宋代风格，尤其是下檐斗栱，柱头和补间铺作均为七铺作单杪三下昂，两根真昂昂尾均长二椽，在全国极为罕见，其出跳总长，居全国现存唐宋同类斗栱之首位，又具有岭南风格，是研究斗栱发展史的不可多得的实物资料。

3. 大成殿殿身梁架为元大德元年重建时之原构。其所用的大丁栿结构法，是一种大胆的创新，融技术与艺术于一体，构思巧妙，独树一帜，为国内孤例，对研究我国结构发展史有重要价值。

4. 大成殿在防洪技术上有卓越的成就，对研究我国建筑技术史甚有价值。

5. 大成殿通风良好，梁架从无白蚁，采光亦佳，光线均匀，在建筑物理学上亦有其研究价值。

鉴于以上各点，可知德庆学宫大成殿实为岭南宋元大木结构之瑰宝。

（附记：参加调查测绘人员：吴庆洲、陶郅、邹洪灿、沈亚虹、谭永业、龙林雄、徐伟坚。绘图：吴庆洲。执笔：吴庆洲）

参考文献

[1] 德庆州志 . 营建志第二 . 学宫 . 清光绪本 .

[2] 中国科学院考古研究所，陕西省西安半坡博物馆 . 西安半坡 [M]. 北京：文物出版社，1963.

[3] 唐金裕 . 西安西郊汉代建筑遗址发掘报告 [J]. 考古学报，1959（2）：45-55.

[4] 王世仁 . 汉长安城南郊礼制建筑（大土门村遗址）原状的推测 [J]. 考古，1963（9）：501-515.

[5] 杨鸿勋 . 唐长安青龙寺密宗殿堂（遗址 4）复原研究 [J]. 考古学报，

1984（3）: 383-401.

[6] 冬篱 . 首山乾明寺元代木构建筑 [C]//《建筑史专辑》编辑委员会 . 科技史文集・第 5 辑 . 上海: 上海科学技术出版社，1980: 84-91.

[7] 陈从周 . 金华天宁寺元代正殿 [C]// 文物参考资料编辑委员会 . 文物参考资料・第十二期 . 文化部社会文化事业管理局，1954.

[8] 陈从周 . 浙江武义县延福寺元构大殿 [J]. 文物，1966（4）: 32-40.

[9] 刘敦桢 . 真如寺正殿 [C]// 文物参考资料编辑委员会 . 文物参考资料・二卷八期 . 中央人民政府文化部文物局，1951: 91-97.

[10] 陈从周 . 洞庭东山的古建筑杨湾庙正殿 [C]// 文物参考资料编辑委员会 . 文物参考资料・第三期 . 中央人民政府文化部社会文化事业管理局，1954.

[11] 陈明达 . 营造法式大木作研究 [M]. 北京: 文物出版社，1981: 196-199.

[12] 辜其一 . 敦煌石窟宋初窟檐及北魏洞内斗栱述略 [J]. 重庆建筑工程学院学报，1957（1）.

[13] 梁思成 . 营造法式注释 [M]. 卷上 . 大木作制度一注 67. 北京: 中国建筑工业出版社，1983.

[14] 郭黛姮，徐伯安 . 营造法式大木作制度小议 科技史文集（11）. 上海: 上海科学技术出版社，1984: 104-125.

[15] 孙大章 . 万荣飞云楼 [C]// 中国建筑科学研究院建筑情报研究所建筑理论及历史研究室 . 建筑历史研究 第二辑: 94-117.

[16] 刘致平 . 中国建筑类型及结构 [M]. 北京: 中国建筑工业出版社，1987: 272.

[17] 潘谷西 . 中国古代建筑史 第四卷・元明建筑 . 北京: 中国建筑工业出版社，2001: 366.

[18] 吴庆洲 . 肇庆梅庵 [M]// 清华大学建筑系 . 建筑史论文集（第八辑）. 北京: 清华大学出版社，1987: 21-33.

[19] 上海市文物保管委员会 . 上海市郊元代建筑真如寺正殿中发现的工匠墨笔字 [J]. 文物，1966（3）.

[20] 刘敦桢 . 苏州古建筑调查记 [M]// 刘敦桢 . 刘敦桢全集・第三卷 . 北京: 中国建筑工业出版社，2007: 1-42.

[21] 梁思成 . 营造法式注释 [M]. 北京: 中国建筑工业出版社，1983: 146.

[22] 陈明达 . 营造法式大木作研究 [M]. 北京: 文物出版社，1981: 172-175.

重庆奉节白帝庙历史沿革与建筑特征分析

何知一　聂海斌 [1]

（中渝名威工程技术有限公司）

摘要：白帝庙是三峡地区典型的清代古建筑群，始建年代无考，现存建筑自清康熙年间陆续修建。本文以光绪十七年（1891 年）《夔州府志》和光绪十九年（1893 年）《奉节县志》及庙存碑刻等文献史料为依据，厘清了白帝庙建筑沿革。以现场测绘图为基础，全面分析了白帝庙建筑布置、建筑形态、建筑结构等特征。白帝庙建筑既具有中国古建筑的普遍特征，又具有鲜明的川东峡江地区地方建筑特色。其不仅仅是一座建筑，更是研究“川东峡江建筑”的标本，价值远远超出了建筑本身的含义。

关键词：白帝庙，历史沿革，建筑特征

Abstract: Baidimiao or White Emperor Temple is a typical Qing-dynasty complex in the Three Gorges area along the middle and upper stream of the Yangtze River. The date of construction is unknown. The existing buildings were rebuilt successively during the Kangxi reign period. Through analysis of historical data recorded in local (Fengjie county) gazetteers (one of them from the seventeenth year of emperor Guangxu) and on temple steles, this paper clarifies the construction history of Baidi Temple. Based on site surveying and mapping, the authors then analyze the characteristics of architectural layout, form, and structure, and demonstrate the close connection of Baidi Temple with traditional (Han-) Chinese architecture as well as with the local traditions prevailing in eastern Sichuan Xia River area. The buildings at Baidi Temple are not just important artifacts; they are also cultural manifestations that allow a better understanding of eastern Sichuan Xia River architecture.

Keywords: Baidi Temple, historical evolution, architectural characteristics

白帝庙位于重庆市奉节县长江三峡瞿塘峡西口的白帝山 [2] 上白帝城内，地处古巴楚两国交会之地的原始巫巴文化核心区域。2006 年 5 月 25 日，以白帝庙明清古建筑群为核心的白帝城遗址被国务院列入第六批全国重点文物保护单位。2011 年至 2012 年笔者参与了白帝庙古建筑群的测绘、修缮设计与施工。笔者利用方志、文献以及庙存碑刻等文献资料，基本厘清白帝庙的历史沿革。通过现场勘察测绘手段，对其建筑式样与结构形式进行了梳理和分析，意在探究其在平面布置、建筑结构和建筑形态等方面的特征。

一、建筑沿革

白帝庙始建之因，学术界有为纪念西汉末年在蜀中称帝的公孙述而建和祭祀古代巴人“白帝天王”而建两种倾向性观点。究为何因，无文献明确记载和考古依据支撑，故难以确考。[3] 其

---

[1] 作者单位：成都塞纳园境设计咨询有限公司。

[2] ［明］陈循．寰宇通志．[M] 北京：国家图书馆出版社，2014. 卷六十五・夔州府：“白帝山在府城东十里。”

[3] 参见：何知一．重庆奉节白帝庙始建源出研究 [J]. 重庆三峡学院学报，2014（6）：1。

历史沿革与建筑变迁仅只言片语地散见于方志、文献和庙存碑刻之中，且不成系统。现以时间先后为序梳理如下。

1. 隋、唐时期的白帝庙

唐代夔州刺史李贻孙在《夔州都督府记》中写道："又有越公堂，在庙[1]南而少西，隋越公素所为也。奇构隆敞，内无撑柱，尤视中脊，邈不可度，五逾甲子，无土木之隙。"[2]明正德八年（1513年）《夔州府志》卷七·宫室载："越公堂，在府治东瞿唐关[3]内，隋越公杨素建，少陵有诗。"[4]《蜀中名胜记》载："方舆胜览云：'越公堂，在翟唐关城[5]内。隋杨素所建也。'杜甫《宴越公堂》诗：'此堂存古制，城上俯江郊。落构垂云雨，荒阶蔓草茅……'。"[6]"城[7]中有白帝庙，……又有越公堂，隋杨素所创。少陵为赋诗者，已毁。今堂近岁所筑，亦甚宏伟。"[8]北宋蜀人张愈在其诗中形容越公堂建筑为："鬼工役精魂，梓制炫刀斧；四阿无栾栌；大厦惟柱础；峥嵘露节角，庨豁转檐庑；丹漆久磨灭，风云尚吞吐。自注云：堂奇构宏敞，内无撑柱，迥视中脊。邈不可度也。"[9]白帝山上越公堂经历了隋、唐两朝达三百年之久。

杜甫于唐德宗大历元年（766年）开始客寓夔州一年零九个月，写有《上白帝城》诗二首，其二有："白帝空祠庙，孤云自往来。……后人将酒肉，虚殿日尘埃。"此诗说明，唐时夔州已有白帝祠庙。夔州作为蜀中名州大府、军政指挥机关所在，其地的庵、堂、寺、观，数量一定不少。仅凭杜诗中的"空祠庙"，还难以推断今存白帝山上的白帝庙就是杜诗中所指的白帝庙。不过，将杜诗所描写的"孤云自往来"与唐李贻孙《夔州都督府记》所载州城"东南斗上二百七十步，得白帝庙"相参证，显然杜、李二人所指的就是今存白帝庙前身了。由此推断，今存白帝庙始建时间，最晚也应在唐代以前。[10]

《旧唐书》卷一百七十九·列传第一百二十九载：肃遘"咸通五年……，贬为播州司马。途经三峡，……过峡州，经白帝祠，即所睹之神人也。"[11]《新唐书》卷一百一·列传第二十六载："咸通中，……摭遘罪，繇起居舍人斥播州司马，道三峡……，俄谒白帝祠，见帝貌类向所睹，异之。"[12]

《蜀中名胜记》引《入蜀记》云："白帝庙，气像甚古，松柏皆百年物。有数碑，皆孟蜀时立。庭中石笋，有黄鲁直建中靖国元年（1101年）题字。"又引《碑目》云："关城《白帝庙碑》凡三：其一，元和元年（806年）；其二，长兴二年（931年）；其三，广政元年（938年）。庙有砍残柏柱，大可十围，高二十丈余，乃公孙述时楼柱。所砍之处，忽生枝而不朽。又有石笋三，王十朋诗云：'白帝祠前三石笋，相连滟滪立相参。不知此石能言否，往事应同老柏谈。'"[13]可惜的是，唐、五代石碑和有黄庭坚题字的石笋以及柏柱，今已无处寻觅。石碑所刻内容，更是无从得知了。

光绪十九年（1893年）《奉节县志》卷三十四·古绩载："最高楼：在

[1] 庙，指白帝庙。

[2] 文献[1]：5515.

[3] 文献[2].卷十二·关梁志载："瞿唐关在瞿唐峡口。……《图经》云：瞿唐关即古白帝城。"

[4] 文献[3]：115.

[5] 城，指白帝城。

[6] 文献[4]：309.

[7] 城，指白帝城。

[8] 文献[4]：309.

[9] 文献[4]：309-310.

[10] 文献[5]：26.

[11] 文献[6]：4645.

[12] 文献[7]：3960—3961.

[13] 文献[4]：309.

县东白帝城上，唐杜甫有诗。”[1]该志还载：“白帝楼：在县东故白帝城，唐杜甫有诗。”[2]嘉庆二十年（1815年）《四川通志》卷五十三·古迹条下载：“最高楼，在县[3]东白帝城。”“白帝楼，在县[4]东故白帝城。”[5]现存白帝庙在白帝山顶。既然号称“最高楼”，那么可以推定其应该就在现白帝庙的位置，最高楼应属白帝山顶或白帝祠庙建筑群中的一部分。

在隋代，白帝山上就建有越公堂，至迟在唐时白帝山上就有了最高楼、白帝楼、白帝庙、白帝祠和先主庙等建筑。它们是否是同一建筑或同在一建筑群内，现无从查考。但从上述分析中可以推定，在有唐一代各种文献记载的白帝庙和白帝祠应为同一建筑或同一建筑群，只是称呼不同而已。

2. 宋、元时期的白帝庙

陆游到西南夔州作通判[6]，他在《入蜀记》中记道：“……入关[7]，谒白帝庙，气象甚古，松柏皆数百年物。有数碑，皆为蜀时所立，庭中石笋，有黄鲁直建中靖国元年题字。又有越公堂，隋杨素所创，少陵为赋诗者，已毁。今堂近岁所筑，亦甚宏壮。”[8]陆游看到的越公堂已非隋杨素所建之堂，而是“近岁”所筑。宋乾道七年（1171年），夔州知州张珖赞扬公孙述“誓死不降，其志可谓。……珖敬以汉隶法大书其榜曰‘公孙帝之祠’”。[9]陆游到夔州与张珖大书“公孙帝之祠”相距一年，所见之堂、祠应为同一建筑。

《蜀中名胜记》载：“城隅有堂曰三峡堂，规模甚敞，松柏皆古。”[10]明正德八年（1513年）《夔州府志》卷七·宫室载：“三峡堂，在治东瞿唐关，宋肇记。”[11]光绪十七年（1891年）《夔州府志》卷三十三·古迹志载：“三峡堂在县东瞿唐关，宋元祐间运判宋肇改镇江亭为三峡堂《宋吕商隐行记》：商隐被命赴关，大卿李先生实帅夔门，作三峡堂，成而未考也。因相率置酒作乐其上，同来者商隐及部僚张说之、陈子长、员仲文、谢邦彦。堂据峡口，俯瞰洪流，震摇滟滪，真为伟观。岁淳熙已亥八月二十三日成都吕商隐。宋肇有记又诗，……”[12]

《吴船录》载：“……同行皆往瞿唐祀白帝，登三峡堂及游高斋，皆在关[13]上。高斋虽未必是杜子美所赋，然下临滟滪，亦奇观也。”[14]

宋夔州路转运判官宋肇在《重葺三峡堂记》中述：“余以元祐八年（1093年）五月，持节本道。同使张塾家父，一日相与访峡中古迹，而得旧锁江亭于城[15]之南隅。其岿然独存者，但颓垣废址而已。因语夔守赵仲逵平父，既广昔构而又易新名。其曰三峡堂者，西峡、巫峡、归峡是也。”[16]

三峡堂于宋元祐年间由镇江亭改建而成，但具体位置记载仍不详细，而近来考古发掘也未发现其遗址。因此，不排除层压在白帝庙现有建筑群下的可能性。

光绪十七年《夔州府志》载：“朝山堂：在县东白帝城，今废。宋晁公朔有赋。”[17]嘉庆二十年《四川通志》卷五十三·古迹中亦有相同记载。

[1] 文献[8]：228.
[2] 文献[8]：228.
[3] 县，指奉节县。
[4] 同上。
[5] 文献[9].
[6] 据中华书局1961年版《陆游年谱》载：陆游于乾道六年（1170年）“入瞿唐，登白帝庙。十月二十七日到夔州，”并写有《入瞿唐登白帝庙》：“……参差层颠屋，邦人祀公孙。力战死社稷，宜享庙貌尊，……”。
[7] 关，指瞿唐关。文献[5]卷十二·关梁志载：“图经云：瞿唐关，即古白帝城。”
[8] 文献[10]：58.
[9] 文献[2].卷36.
[10] 文献[4]：310.
[11] 文献[3]：116.
[12] 文献[2].卷33.
[13] 关，指瞿唐关。
[14] 文献[11]：217.
[15] 城，指白帝城。
[16] 文献[8]：252.
[17] 文献[2].卷33.

到了元代，旧夔州城已被严重破坏，难于修复使用。路、州、府、县治被迫迁瀼西，去白帝庙已在10华里之外。加上元人与汉人的正统观不相同，历史上谁家主政，对于蒙古人来讲并不重要，重要的是，汉人不反对和推翻蒙古人政权。白帝城虽毁，白帝祠庙却未被元朝政府拆毁，地方百姓照常祠祭。这时，由于外族的侵入，残暴的统治，民族矛盾特别尖锐化。而公孙述在百姓中的地位高于历史上任何时期，百姓们想方设法暗中维护和筹资对白帝庙进行保护维修。❶

宋代在白帝山上形成了以白帝庙为主体，由三峡堂、朝山堂和"近岁"所建越公堂等建筑构成的白帝庙建筑群。而方志、文献等对元代白帝庙几乎没有记载，也有可能在元代白帝庙没有什么大的变化。

❶ 文献[5]：28.

3. 有明一代的白帝庙

到明代，白帝庙几度兴废，但香火一直很旺。明正德八年（1513年），四川巡抚林俊，率大军入川镇压蓝廷端、鄢本恕所领导的盐民大起义。这次起义的发源地，就在夔州所属大宁监盐场❷，去白帝夔州约百多公里。起义声势浩大，横扫了川东、川东北许多州县和城镇。起义虽被明将林俊镇压，但其影响，却波及有明一代。因此，明王朝统治者对其深恶痛绝，恨之入骨。并将这种痛恨，迁怒到曾割据自立、称雄一方的公孙述身上。当林俊来到白帝山上，看到祠祀有异姓称帝的公孙述塑像，联想到蓝、鄢二人率盐民起义一事，大发雷霆，怒斥公孙述"僭窃"越轨，高呼："越矣哉，非鬼之祭也！""既命毁其像，易其额"，改名"三功祠"，改塑"土神、江神，而伏波❸亦焉。"❹势必要彻底消除公孙述在蜀人，特别是在夔州地方民众中的影响。从东汉初至明正德七年（1512年），一千四百余年来白帝庙都是供祀的公孙述，即使中间有所改变，但都与公孙述紧密不可分，没有出现过"白帝庙内无'白帝'"的现象。

明嘉靖十一年（1532年），四川另一巡抚朱庭立和按察副使张俭等人一行从夔州路过，游历白帝山。由于他们都十分崇敬三国蜀汉人物，故又废去"三功祠"。改名"义正祠"，于祠内重新塑祀刘备、诸葛亮像。改造完毕之后，由张俭撰写《义正祠碑记》勒石。开始了"白帝庙祀刘先主"的历史。

光绪十七年《夔州府志》张俭《义正祠碑记》载："嘉靖壬辰（1532年）之秋，予与泸滨子竣事于夔，……驻白帝城，……问守者曰：此何祠？曰：古白帝庙，公孙述祠也。正德庚午（1510年）总制林公俊撤其像，为三功祠，以祀土神、江神、马伏波。……时有揉木，因问曰：谁所为？曰：僧净柱奚所构，曰作观音阁。予叹曰：殆造物留以属。予二人者邪，乃诏僧激以大义。僧曰：唯命。迺以白于大巡两厓朱公曰：可遂因其材，度其规制。予二人者佐其费，以委千户王鳳董其役，堂庑、门垣，不踰时而告成。榜曰：义正。益巍然，焕然成一方之大观。……述以汉贼窃南面于土

❷ 今重庆市巫溪县宁厂古镇。

❸ 伏波，即马援（公元前14年—公元49年），字文渊。扶风茂陵人（今陕西兴平市窦马村），东汉开国功臣之一。原为陇右军阀隗嚣的属下。后归顺光武帝刘秀，立下赫赫战功，封新息侯。

❹ 文献[2].卷36.

偶千余年，至总制林公始克黜，观音阁之材苟完矣。不遇两厓公安能成今日之明良殿之便耶。……兹祠也一变三功，再变于明良。”[1]

从张俭《义正祠碑记》中得知，在明代明良殿（义正祠）的规制，仍很狭小。为强制地方接受更改，明朝政府还派有专人和兵丁保护。在现明良殿后，另建有“观音阁”，由僧人住持。[2]这二庙并存的情况，一直保存到清朝初年。

明嘉靖三十六年（1557年），四川巡抚段锦来到白帝山。于义正祠“改曰：‘明良殿’。”[3]

明万历中，夔州通判何宇度在其《益都谈资》中写道：“白帝城离夔东五里，崇山巍然，另作一城状。……城上旧建有公孙述庙，后改汉先帝庙，以武侯、关、张配享，绰楔题曰：‘汉代明良’。庙后复有僧寺一区。”[4]雍正十三年（1735年）《四川通志》卷二十八·寺观和嘉庆二十年《四川通志》卷四十·寺观均载：“白帝寺，在明良殿后。”[5]因此，可以推定《益都谈资》中所述的“庙后”是指明良殿后，其“僧寺”应当为白帝寺。

明正德八年（1513年）《夔州府志》卷七·宫室载：“清风阁，在白帝城中，即今醮楼。”[6]

有明一代白帝庙几度兴废、几度变迁，形成了以白帝庙为主体，包括白帝楼、最高楼、三峡堂、清风阁、观音阁和白帝寺在内的建筑群。在明正德八年改“白帝庙”为“三功祠”，结束了千余年公孙述配食白帝庙的历史。四十余年后的嘉靖三十六年（1557年）再改为“明良殿”，并复建了“观音阁”，在庙后并有白帝寺。在白帝山上出现了“三庙”并存的局面，且“观音阁”和“僧寺”由僧人住持，此应为佛教首次进入白帝山的文字记载。

4. 满清时期的白帝庙

据现存方志、文献和碑刻记载，白帝庙在清代进行过四次修缮。

第一次修缮是在康熙十年（1671年），由川湖总督蔡毓荣首倡募资修建。此次重修“仍沿旧额”，曰“汉代明良”，蔡毓荣亲自手书“汉代明良”匾额悬挂在白帝庙明良殿中。光绪十七年《夔州府志》载蔡毓荣著《白帝城重修昭烈殿记》中述：“考《旧志》白帝城昭烈帝、武侯、关、张皆各有庙。……兵燹以来，殿宇颓圮，像设仅存，风雨摧剥。余[7]持节入川，经过其地，瞻拜嘘欷，捐资首倡，藩臬郡县各劝助。鸠工庀材，革而新之。中构大殿，上祀昭烈，南面弁冕。东列诸葛武侯，西列关壮缪、张桓侯相左右焉。前构拜殿，旁置两庑，肇工于三月之吉，落成于九月中。”[8]白帝庙“中构大殿……前构拜殿，旁置两庑。”纵考有关白帝庙的历史文献，此乃第一次出现对白帝庙建筑布局的记载。“大殿”应为现存的明良殿，“拜殿”应为现存的前殿，“两庑”应为现存的东西厢房。此次重修“仍沿旧额”，曰“汉代明良”，蔡毓荣亲自手书“汉代明良”匾额悬挂在白帝庙的明良殿中。经葺新后的白帝庙，内部各主体建筑虽然最大限度地保存了有

[1] 文献[2]. 卷36.

[2] 据陈剑《白帝寺始建时代及现存文物概述》一文称：“由张俭《义正祠碑记》中知道……在明良殿后建有‘白帝寺’，由僧人住持。”参见：文献[5]。

[3] 文献[2]. 卷36.

[4] 文献[12]：24.

[5] 文献[13]：[9].

[6] 文献[3]：116.

[7] 指川湖总督蔡毓荣。其撰有《白帝城重修 昭烈殿记》一文，载于光绪十七年《夔州府志》卷三十六。并刻有碑刻，现存于白帝城博物馆。参见：文献[6]：33。

[8] 文献[2]. 卷36.

明时期的布局和建筑风格，但是已非原物。[1]

第二次修缮是在清道光二十五年（1845 年），据现存于白帝城博物馆《重修昭烈正殿碑记》载："灵济寺者古名刹也，宋、元俱祀公孙述，名白帝庙。……十六年冬始住持于此[2]，……迩年来久未修理，檐楹倾颓，金碧剥落，甚非所以妥神佑而肃灵威也。吁！斯亦住持之责矣。□托钵于文武宪绅耆客商，皆解囊乐捐，增[3]其旧制，正殿三楹，阅三载而落成。……恩师僧：普慈、普佑；住持僧：三悦；徒：心学、心悟、心德。……大清道光岁次乙巳二十五年孟春月吉日立。"白帝寺僧人顺应民情，住持三悦和尚向文武官员、乡绅客商化缘修缮。"增[4]其旧制，正殿三楹，阅三载而落成"。这是有清以降白帝庙的第二次修缮，也是目前为止发现的唯一一次民间修缮记载，此外，从碑文中得知，白帝庙也叫"灵济寺"。灵济寺住持和尚三悦主持了此次白帝庙维修。

第三次修缮是在咸丰二年（1852 年），夔州知府蒙古族人恩成重修明良殿。现存于白帝城博物馆碑刻《重修蜀汉昭烈帝明良殿碑记》载："咸丰元年冬，成以礼臣来守是邦，俳徊凭吊，缅想霸图，因风雨渗漏，鸠工葺而新之。"[5]

第四次修缮是在同治十一年（1872 年）。光绪十九年《奉节县志》卷三十六·文汇《重修白帝寺碑》载："同治九年春，康来守夔。九月，吕扉青司马权奉节事。张济堂通守约同登是城，见栋宇摧落，心愀然。……次年，始捐资以次修复，……祠左仍肖诸佛、江神像，后复为明良殿。其西偏添建三楹，以其中为武侯寝殿。山之下，旧有文昌寺，亦圮于水，乃迁之上。其右则祀杜少陵、李太白、范石湖、陆放翁诸诗人。更于隙地构长廊，筑危亭，一览江山之胜，与郡人士作小憩地。其东偏则为禅室，缔方外交，而白帝城自此改观矣。"[6]夔州知府鲍康见白帝庙"栋宇摧落"于是"始捐资以次修复"。在明良殿西添建武侯祠，再右建房"祀杜少陵、李太白、范石湖、陆放翁诸诗人。"此应为现西配殿。明良殿东建禅室"缔方外交"，这里所说之禅室应为现东配殿。并在隙地构长廊，筑危亭。"长廊"现已不存，不知毁于何时；"危亭"应是现存的观星亭。"白帝城自此改观矣"。参与重修的奉节县知县中州吕辉写下了"重修白帝城，昭烈庙落成。……江声流浩浩，庙貌复堂堂。"[7]的诗句。还在《夜宿山峡堂》一诗中写道："茫茫烟雨暗深秋，卧听更严白帝楼。"[8]此次重修基本奠定了白帝庙现在的格局。

另据光绪十七年《夔州府志》卷三十六·艺文记载，由王士正[9]撰写的《义正祠记》中描述："羊肠数转，始达绝顶[10]，正俯瞿唐两崖，滟滪石在其西，孤峙江面。南向为昭烈庙，规制宏丽。明良殿凡五楹，中祀昭烈皇帝，以武侯、关、张配食，像设古雅。"[11]

满清方志、文献对白帝庙的修缮记载较为明细，特别是对修缮性质、资金来源和建筑布局的记载较为翔实。雍正时期王士正的《义正祠记》详

[1] 文献 [5]: 30.

[2] 住持僧三悦和尚于道光十六年（1836 年）末到白帝山。

[3] 应为"遵"。

[4] 应为"遵"。

[5] 文献 [14]: 40.

[6] 文献 [8]: 280–281.

[7] 文献 [14]: 47.

[8] 文献 [14]: 48.

[9] 王士正，即王士祯，原名王士禛，字子真。王士禛去世后犹被易名数次。至雍正朝，其"禛"字因避雍正讳，改名王士正。至乾隆，又赐名士祯，谥文简。

[10] 指白帝山顶。

[11] 文献 [2]. 卷 36.

细描述白帝庙明良殿为五开间建筑。而道光二十五年（1845 年）由住持僧人三悦主持的募捐修缮的碑刻中记载“正殿三楹”，应是指明良殿为三开间建筑。可见明良殿规模反而缩小。同时，将现存建筑布局与同治十一年（1872 年）知府鲍康撰写的《重修蜀汉昭烈帝明良殿碑记》对比，可以推定白帝庙现存建筑总体布局保持了同治十一年（1872 年）时的状态。

5. 清以后的白帝庙

20 世纪初，军阀张钫、李魁元在白帝庙内西部修建了三层西式别墅，因其外墙原为白色，故称“白楼”。1949 年中华人民共和国成立后直至 20 世纪 80 年代，才开始逐步对白帝庙进行维修保护。2011 年至 2013 年历时三年的维修，是近代白帝庙规模最大的一次保护性维修。

6. 小结

综上所述：现存白帝庙在历史上有“白帝祠”、“白帝寺”、“灵济寺”、“先主庙”、“三功祠”、“义正祠”、“昭烈殿”、“明良殿”等名称。其始建之因和具体时间虽无据可考，但是，从杜甫客居夔州时在《上白帝城》中写下“白帝空祠庙”的诗句中可以推测，在唐代（约 766—767 年）白帝山上已经有了称为“白帝祠”或“白帝庙”的建筑。而在更早的隋开皇九年（589 年）左右，越国公杨素在今白帝庙内观星亭附近建有越公堂。按《全唐文》载李贻孙《夔州都督府记》：“越公堂在庙南而少西。”[1] 即已说明在杨素时代白帝庙已经存在于白帝城中的白帝山上。按《蜀中名胜记》和杜甫《谒先主庙》诗，先主庙从永安宫移建到了白帝城内，形成了蜀汉先主与公孙述同祀一处的状态。[2] 到宋代，“公孙述之祠”、近岁所筑越公堂、朝山堂等建筑共存于白帝山上，或者其实际为一建筑组群。蒙古人入主四川，州县治所弃城而迁瀼西，白帝废城之中仍保留有白帝庙等建筑。明正德八年（1513 年）四川巡抚林俊更名“三功祠”，改祀土神、江神及马援。嘉靖十一年（1532 年）四川另一巡抚朱庭立又废“三功祠”，改称“义正祠”，复祀蜀汉先主刘备，并在现明良殿后另建“观音阁”，佛教开始进入白帝山。据现存文献、碑刻记载，有清一代白帝庙建筑格局变化较大。康熙十年（1671 年）川湖总督蔡毓荣在昭烈、武侯、关、张各庙“殿宇颓圮”的情况下，倡募重修。形成了现在白帝庙中路院落“中构大殿，前构拜殿，旁置两庑”的建筑格局。到同治十一年（1872 年）近二百年间白帝庙还经历了有记载的道光二十五年（1845 年）僧人三悦、咸丰二年（1852 年）夔州知府恩成的两次修缮。同治十一年鲍康在明良殿西新建了武侯祠和西配殿，在明良殿东新建了“禅室”，即东配殿，形成了现在以明良殿为主体的横轴线上的全部建筑，并在原庙门东侧新建了“危亭”，即现在的观星亭，基本造就了现存白帝庙建筑的总体格局的原形。白帝庙建筑历史沿革汇总情况详见表 1。

[1] 文献 [1]：5515.

[2] 据查，没有文献、碑刻关于有唐一代和宋元时期在白帝庙取消祭祀公孙述的记载。

表1 白帝庙主要建筑历史沿革汇总统计表（建筑面积：平方米）

序号	建筑名称	建筑面积（平方米）	用途	始建年代及历年重建或维修
1	前殿	185	早年供奉观音。❶ 现为过厅，或称明良殿前厅	始建年代不详。 最迟于康熙十年（1671年）修建。 道光二十五年（1845年）重修。 咸丰二年（1852年）和同治十一年（1872年）两次维修
2	明良殿	263	早年祭祀公孙述。 明正德五年（1510年）改祀土神、江神、马援，改名“三功祠”。 明嘉靖十一年（1532年）改名“义正祠”，祀刘备、诸葛亮，关、张配享。 明嘉靖三十六年（1557年）改曰“明良殿”，仍祀刘备、诸葛亮及关、张至今	始建年代不详。 最迟不晚于宋乾道七年（1171年）。 明嘉靖十一年（1532年）重建。 清康熙十年（1671年）重建。 清道光二十五年（1845年）重修，面阔三楹。清咸丰二年（1852年）和同治十一年（1872年）两次维修
3	东厢房	72	旧为佛堂，供祀如来、弥勒❷	始建年代不详。 最迟于康熙十年（1671年）修建。
4	西厢房	77	同上	同上
5	东配殿	99	初为禅室❸， 后为罗汉堂❹	最迟于同治十一年（1872年）修建
6	武侯祠	86	祀武侯诸葛亮，其子瞻、孙尚配享	同上
7	西配殿	100	初祀杜少陵、李太白、范石湖、陆放翁诸诗人。❺ 后为罗汉堂❻	同上
8	东院厢房	118	无考	始建时间无考。历年应有修缮
9	东耳房	105	同上	同上
10	西耳房	91	同上	同上

❶ 文献[5]：30.

❷ 文献[5]：30.

❸ 文献[8]：281.

❹ 文献[5]：30.

❺ 文献[8]：281.

❻ 文献[5]：30.

二、平面布置特征

1. 总平面

白帝庙位于白帝城景区内白帝山顶处，坐北朝南，偏东约53°。东西长约100米，南北进深约58米，由约264米红棕色砖砌围墙围合而成，呈不规则形状，其占地面积4950平方米，庙内建筑总面积2086平方米，其中古建筑1276平方米，近代民国建筑195平方米，现代文物管理部门临时加建的管理用房615平方米。建筑总体布局上，由南面进山门后，东西向并列东、中、西三个院落（图1）。

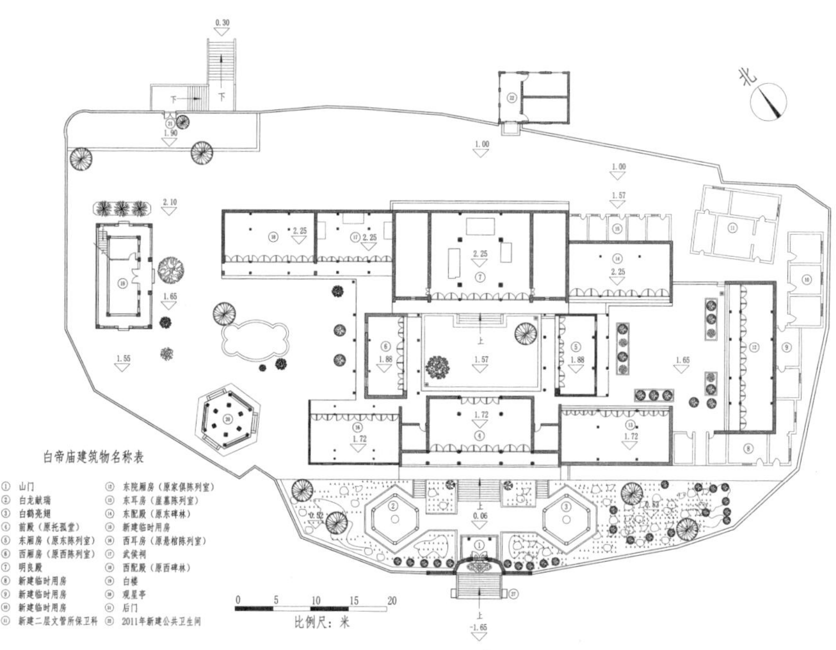

图 1　白帝庙总平面图❶（修缮后）

❶ 本文所有图片、照片除注明者外，均为作者自绘、自摄。

山门位于庙院南面，南北中轴线处 1.65 米高的十一级台基上。台基下两侧放置本地峡石雕刻的石狮一对。山门内是一东西横向狭长的花园，面积约 60 平方米。院中为通往前殿的通道。通道两旁分别有六角形水池各一个，为 20 世纪 80 年代修建的消防水池，池内分别塑有“白龙献瑞”和“白鹤亮翅”雕塑。

据白帝城博物馆介绍，白帝庙山门原建在现观星亭西边、白楼南侧围墙处，具体年代无考（图 2）。现存山门牌楼为 1958 年后按原貌在前殿前重建。❷

❷ 文献 [5]：30.

（a）原庙门后厦间

（b）原庙门正面

图 2　白帝庙 1958 年前的山门

（夔州博物馆雷庭军提供）

山门北面 7.2 米处为高 1.6 米的 10 级台阶的台基，台基上为白帝庙前殿。前殿后为白帝庙主体建筑明良殿所在的中院，约 160 平方米。在 1984 年修缮以前，前殿为一穿堂，直通中院。改为托孤堂后，将后檐隔扇门拆除，加砌墙体封闭，行人改由与前殿并列的东西耳房两侧进入东西侧院后，再从明良殿前檐两侧进入中院。

本次修缮恢复为穿堂直通中院。中院北上四级台阶为明良殿。殿内供奉有刘备、诸葛亮、关羽、张飞塑像。明良殿前左、右两旁分别为东西厢房（图 3）。

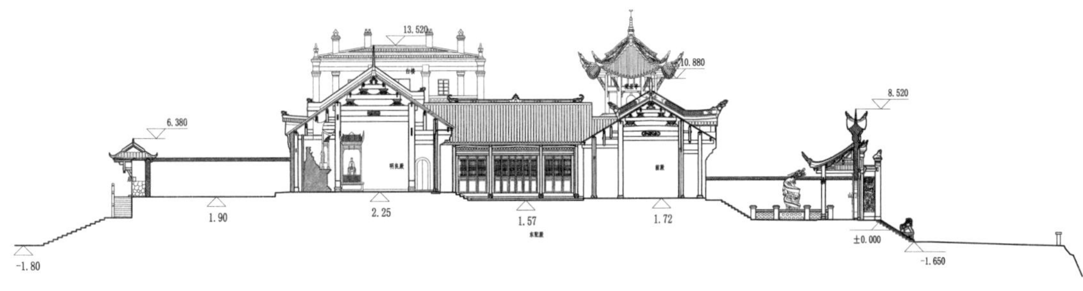

图 3　中路南北纵剖面图（修缮后）

明良殿东紧邻并列的为东配殿。其东侧与东厢房后檐相对的为东院厢房。院南与东配殿相对的为东耳房。上述建筑与东厢房后檐围合成东院（图 4）。

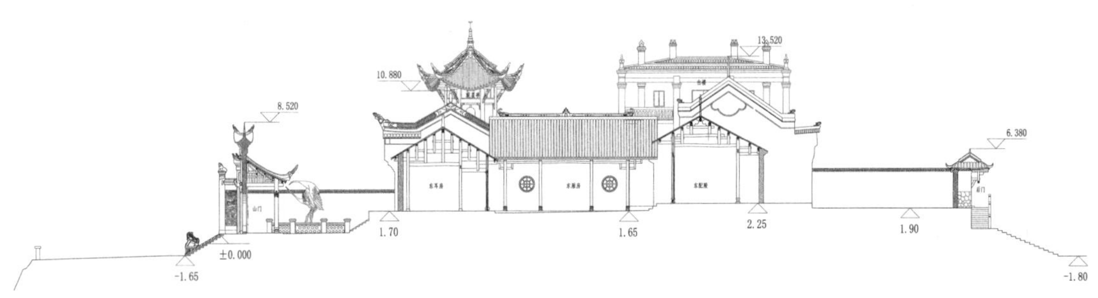

图 4　东院纵剖面图（修缮后）

明良殿西紧邻并列的为武侯祠和西配殿。其西为“白楼”，其南为西耳房。西耳房西侧为观星亭。上述建筑与中院的西厢房后檐围合成为西院。西配殿西侧往北即是白帝庙后门（图 5）。

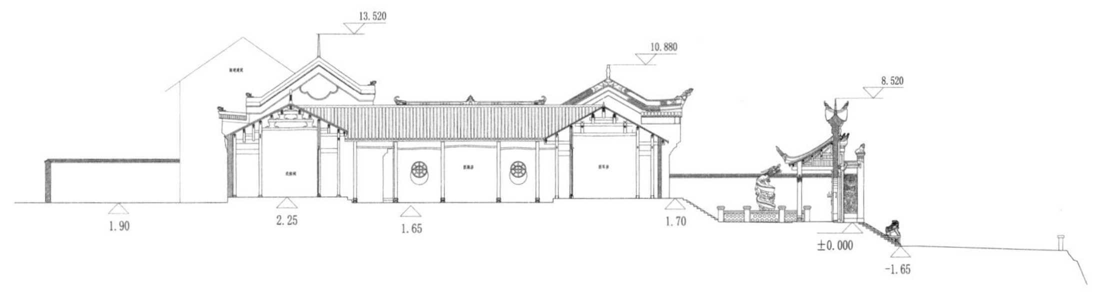

图 5　西院纵剖面图（修缮后）

从东至西并排的东配殿、明良殿、武侯祠、西配殿、白楼，其与后门围墙围合成为后院（图 6）。

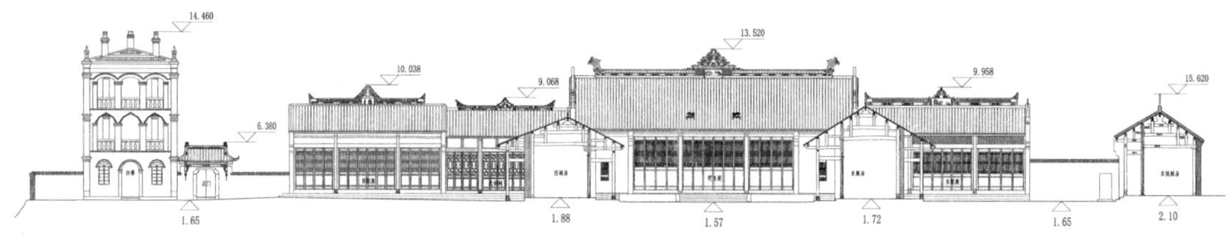

图 6　东中西院横剖面图（修缮后）

2. 面阔

宋《营造法式》卷三·定平条中述："凡定柱础取平，须更用真尺较之。其真尺长一丈八尺，广四寸，厚二寸五分。当心上立表高四尺，于立表当心自上至下，施墨线一道，垂绳坠下，令绳对墨线心，则其地面自平。"❶这里虽然说明的是两基础之间水平距离校正用尺的方法，但是可以从中推测出两基础之间的距离为 18 尺。据田永复对唐宋辽时期十五座建筑面阔尺寸的统计，可以得出"心间不越十八尺"的结论。折算为现代公制尺度，心间面阔约为 5.3—5.6 米。❷

清工部《工程做法则例》规定了各式建筑的具体尺寸。卷一·九檩单檐庑殿周围廊单翘重昂斗科斗口 2 寸 5 分大木做法，明间"面阔一丈九尺二寸五分"❸，折算为现代公制为 6 米；"次间收分一攒，得面阔一丈六尺五寸"❹，折算为现代公制为 5.15 米。卷二·九檩歇山转角前后廊单翘单昂斗科斗口 3 寸大木做法，明间"面阔一丈六尺五寸"❺，折算为现代公制为 5.15 米；"次间收分一攒，得面阔一丈三尺二寸"❻，折算为现代公制为 4.12 米。卷七·九檩大木做法，（无斗栱建筑）明间"面阔一丈三尺……次、梢间面阔，临期酌夺地势定尺寸"❼，折算为现代公制明间面阔为 4.06 米，次、梢间面阔依次酌减；卷二十四·七檩小式大木做法，（无斗栱建筑）明间"面阔一丈五寸，……次、梢间面阔，临期酌夺地势定尺寸"❽，折算现代公制明间面阔为 3.28 米，次、梢间面阔依次酌减。

《营造法原》未对明间面阔尺度作具体描述，只是规定"按次间面阔加二"❾。

如表 2 所示，白帝庙各建筑，明间面阔大部分在 5 米以上，仅东西厢房和武侯祠明间面阔小于 5 米。最宽的前殿明间面阔为 5.45 米，最窄的西厢房面阔为 3.97 米。如按清工部《工程做法则例》，其明间面阔均大于无斗栱建筑面阔。东西厢房和武侯祠明间面阔接近于九檩大木无斗栱建筑。仅从明间面阔尺度而言，其用尺较大、建筑等级较高。❿

3. 进深

宋《营造法式》卷五中述："用椽之制，椽每架平不过六尺，若殿阁或加五寸至一尺五寸……"⓫按此推算，宋制建筑最大进深可达 75 尺，折算为现代公制则为 23.4 米。

❶ 文献 [16]：53.

❷ 文献 [17]：10.

❸ 文献 [18]：73.

❹ 文献 [18]：73.

❺ 文献 [18]：80.

❻ 文献 [18]：80.

❼ 文献 [18]：100.

❽ 文献 [18]：163.

❾ 文献 [19]：29.

❿ 这里所指建筑等级较高，并非历代朝廷颁布的建筑典章制度中所述之等级，而仅指其用尺尺度较大而已。由于三峡地区地处西南腹地，远离京城政治中心，山高地远，执行典章松弛，僭越典章时有发生，加上民间建筑随意性强，因此形成建筑用尺的非典章化现象 .

⓫ 文献 [16]：110.

表 2　白帝庙建筑面阔尺寸统计表（单位：米）

序号	建筑名称	面阔间数	通面阔	其中					前后次尽间是否对称
				明间	左次间	右次间	左尽间	右尽间	
1	前殿	五间	20.79	5.45	4.1	4.1	3.57	3.57	对称
2	明良殿	五间	22.62	5.29	4	4	4.69	4.64	基本对称
3	东厢房	三间	10.3	4	3.45	2.85	—	—	不对称
4	西厢房	三间	10.52	3.97	3.28	3.27	—	—	基本对称
5	东配殿	三间	13.69	5.15	4.2	4.34	—	—	不对称
6	武侯祠	三间	10.09	4.08	3.1	2.91	—	—	不对称
7	西配殿	三间	12.18	5.05	3.58	3.55	—	—	基本对称
8	东院厢房	五间	19.11	5	3.21	3.5	3.7	3.7	不对称
9	东耳房	三间	14.65	5.1	5.05	4.5	—	—	不对称
10	西耳房	三间	11.95	5.09	3.34	3.52	—	—	不对称

注：本表数据为作者根据测绘图整理。

清工部《工程做法则例》卷一·九檩单檐庑殿周围廊单翘重昂斗科斗口 2 寸 5 分大木做法，“如进深每山分间，……明间、次间各得面阔一丈一尺。再加前后廊各深五尺五寸，得通进深四丈四尺。”[❶] 折算为现代公制为 13.7 米左右，明间宽深比为 1 ∶ 2.286。卷二·九檩歇山转角前后廊单翘单昂斗科斗口 3 寸大木做法，“……得进深二丈九尺七寸。”[❷] 折算为现代公制为 9.27 米，明间宽深比为 1 ∶ 1.8。卷二十四·七檩小式大木做法，（无斗栱建筑）“进深一丈八尺”[❸]，折算为现代公制为 5.32 米，明间宽深比为 1 ∶ 1.72。

❶ 文献 [18]：73.

❷ 文献 [18]：80.

❸ 文献 [18]：163.

《营造法原》第五章“厅堂总论”中述：“其进深可分为三部分，即轩、内四界、后双步。”[❹] 第七章“殿堂总论”中述：“殿庭之深，亦无定制，自六界，八界以至十二界。”[❺] 据此，可以推算出厅堂建筑最大进深在 10 米左右，而殿堂等大型建筑进深在 17 米左右。

❹ 文献 [19]：21

❺ 文献 [19]：36

如表 3 所示，白帝庙除明良殿通进深为 10.92 米外，其余建筑通进深均在 10 米以内。按照《营造法原》的划分均属于厅堂、余屋之类，而没有殿堂建筑。同时，白帝庙建筑进深还具有以下特征：中轴线上除明良殿进深较深外，前殿、东西厢房进深均在 8 米左右；纵向排列的东西配殿和武侯祠均在 7 米左右；东西耳房等辅助性建筑进深则在 6 米左右，建筑进深均较浅。按照中国古建筑明间面阔决定檐柱高度，进深决定屋面坡度（高度）的原则，从而决定了白帝庙建筑总高度相对低矮。

4. 主要特征

白帝庙各建筑平面如图 7。在平面布置上具有以下特征：

表 3　白帝庙建筑进深尺寸统计表（单位：米）

序号	建筑名称	进深形式	通进深	其中：				前后心间是否对称
				前廊	后廊	前檐心间	后檐心间	
1	前殿	内六界带前檐双步后檐三步廊	8.4	1.5	2.1	2.4	2.4	对称
2	明良殿	内六界带前檐双步后檐四步廊	10.92	1.87	3.29	2.96	2.8	不对称
3	东厢房	内六界带前后檐双步廊	8.25	1.9	1.87	1.88	2.6	不对称
4	西厢房	内六界带前后檐双步廊	8.4	1.96	1.98	1.68	2.78	不对称
5	东配殿	内七界带后檐双步廊	6.84	—	1.8	2.16	2.88	不对称
6	武侯祠	内六界带前檐双步后檐三步廊	7.36	1.4	1.8	2	2.16	不对称
7	西配殿	内六界带前檐双步后檐三步廊	7.43	1.41	1.96	2.03	2.03	对称
8	东院厢房	内四界带前后檐双步廊	5.53	1.37	1.34	1.37	1.45	不对称
9	东耳房	内四界带前檐三步后檐双步廊	6.19	2.1	1.37	1.36	1.36	对称
10	西耳房	内六界带前后檐单步廊	6.79	1.02	1.04	2.31	2.42	不对称

注：本表数据为作者根据测绘图整理。

1）东西厢房、东西配殿、东西耳房和武侯祠面阔为三开间。前殿、明良殿和东院厢房面阔为五开间。

2）除明良殿前的东西厢房为悬山建筑外，其余均为硬山建筑。

3）砖木混合结构。三开间建筑明间正贴用木构架结构，两山均用砖砌墙体代替木构架直接承托屋面檩架结构［图 7（a）~图 7（g）］。其中：东西厢房两山面虽未使用木构架结构，但其山面前檐廊架为木构架，而未用砖砌墙体［图 7（a），图 7（b）］。前殿和明良殿明间正贴用木构架结构，次尽间边贴用砖砌墙体代替木构架直接承托屋面檩架结构。但前殿前檐廊架仍全部用木构架［图 7（h），图 7（i）］。东院厢房明间正贴和次间边贴用木构架结构，尽间边贴用砖砌墙体代替木构架直接承托屋面檩架结构［图 7（j）］。

4）北横轴线上西配殿、武侯祠、明良殿和东配殿依次相连，南横轴线上西耳房、前殿和东耳房依次相连并共用山墙（参见图 1）。

5）除前殿外，其余建筑后檐墙均不包裹后檐（步）柱，后檐墙与后檐（步）柱间留有间隙，以利通风（参见图 7）。

6）除东配殿和东耳房的隔扇门安装在前檐柱处未留前檐廊外，其余建筑均留出前檐廊通行。除东西厢房留有后廊通行外，其余建筑均将后廊包裹在房间以内，而未留出后廊通行（参见图 7）。

7）平面尺寸布置较为随意。据对本文讨论的图 7 所列十幢统计：在面阔方向的左右次、尽间完全对称的只有前殿一幢建筑；基本对称❶的也只有明良殿、西厢房和西配殿三幢建筑。其余六幢建筑面阔方向的左右次、尽间均为非对称布置（参见表 2）。在进深方向以前后心间为例统计，仅有前殿、西配殿和东耳房呈对称布置（参见表 3）。

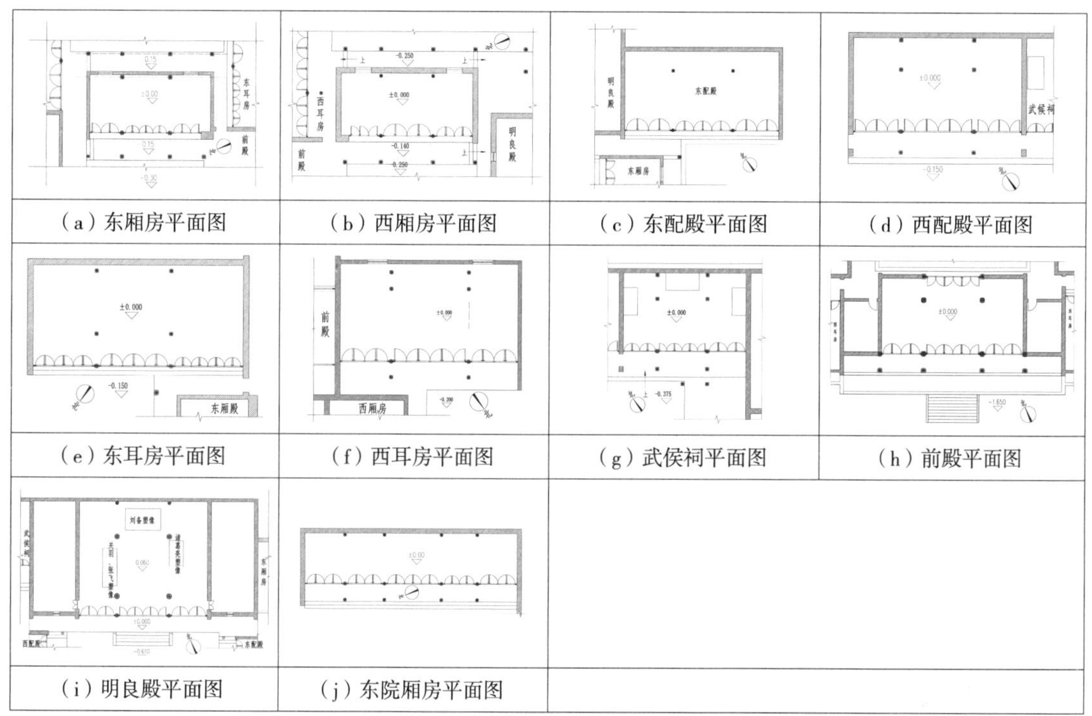

（a）东厢房平面图　（b）西厢房平面图　（c）东配殿平面图　（d）西配殿平面图

（e）东耳房平面图　（f）西耳房平面图　（g）武侯祠平面图　（h）前殿平面图

（i）明良殿平面图　（j）东院厢房平面图

图 7　白帝庙主要建筑平面图

5. 小结

综上所述，白帝庙建筑在平面布置上一方面与中国其他地方建筑空间布置具有相通之处：纵轴线为主导、横轴线为辅助的空间布置原则，以中轴线左右对称布置，沿纵深方向展开空间。既强调庭院和内庭的各自功用，相对独立；又体现其相互之间的联系，使之成为一个有机整体。

另一方面，白帝庙建筑在平面布置上又具有典型的峡江地方特征：三峡地区山高谷深，可供布置建筑组群的平坦之地难寻。因此，在平面布置上既沿中轴线布置，但又不严格讲究轴线对称（包括纵轴线两侧建筑和单体建筑内纵横轴线前后、左右空间布置）。建筑空间布置随地形高差变化，因势而置。在满足建筑基本功用的前提下，其体量相对狭小。面阔多以三开间为主。位于中轴线上的前殿和明良殿等少量主要建筑面阔仅为五开间。❷这也体现了在建筑等级上主次有别的营造原则。

---

❶ 基本对称：左右次、尽间尺寸相差在 50 毫米内（含）。

❷ 从现存建筑结构形式分析，前殿和明良殿左右尽间疑为后期加建，始建之时应为面阔三开间。

三、建筑结构特征

白帝庙内除观星亭外，其余建筑均为砖木混合结构。其木构架形式以抬梁式、插梁式和穿斗式结构灵活应用和组合，并辅以砖砌墙体代替部分木构架，创造性地发展了传统的木结构形式，形成了极富峡江地方特色的结构形式。

1. 结构形态

如前所述，白帝庙内以三开间建筑为主，仅前殿、明良殿和东院厢房为五开间。所有建筑均采用砖木混合结构。三开间建筑明间正贴用木构架（图 8），次间边贴则用砖砌墙体代替木构架承托屋面檩条（图 9）。五开间建筑除东院厢房明间正贴和次间边贴用木构架外，前殿和明良殿也仅明间正贴用木构架，次尽间边贴均为砖砌墙体（图 10 ~ 图 13）。归纳起来其结构整体形态有以下五种类型：

1）内四界带前后檐双步廊

东西厢房明间正贴为木结构形态为内四界带前后双步廊，除前檐采用的双步穿外[1]，其他结构形态与《营造法原》所述“七界正贴”高度相似[图 8（a），图 8（b）]。

2）内四界带前后檐双步廊，用减柱造减去后檐步柱

东院厢房虽然也采用内四界带前后双步廊的结构形态。但是其用减柱造减去了后檐步柱，将后檐墙置于后檐柱外，把后檐廊作为房间的一部分，从而加大了室内空间 [图 10（c）]。

3）内六界带后檐双步廊，用减柱造减去后檐柱

东配殿明间正贴采用内六界带后檐双步廊，前檐不设廊，隔扇门安装在檐柱上。用减柱造减去了后檐柱，后檐廊双步穿直接穿入后檐砖墙 [图 8（c）]。

4）内六界带前后檐单步廊

西耳房是白帝庙殿堂中结构较为工整的建筑，与《营造法原》六界正贴结构形式相类似。《营造法原》六界正贴采用内四界带前后单步廊，西耳房采用内六界带前后单步廊 [图 8（e）]。

5）内六界带前檐双步后檐三步廊

前殿 [图 10（a）]、西配殿和武侯祠 [图 8（f），图 8（g）] 采用内六界带前檐双步后檐三步廊结构形式。这种结构形式可以说是由《营造法原》七界正贴形式衍变而来。七界正贴为内四界带前檐单步后檐双步廊。而前殿、武侯祠和西配殿的结构只是将内四界扩展为内六界，前后檐廊各增加了一步架，但其总体形态是相似的。

2. 梁架类型

白帝庙建筑木结构梁架形态均采用心间分界带前后檐廊形式。心间采

[1] 《营造法原》中“步穿”采用的“川”字，本文“步川”采用巴蜀地区传统称呼“穿”。但它们均指同一构件。

用抬梁式 [图 8（f），图 8（g），图 10（a），图 10（b）]，或插梁式 [图 8（a）~ 图 8（e），图 10（c）]。而前后檐廊则采用穿斗式结构，穿枋穿过檐柱形成挑檐枋承托挑檐檩。挑檐檩下不用撑弓，廊穿下置夹底以加强檐廊结构的稳定性。

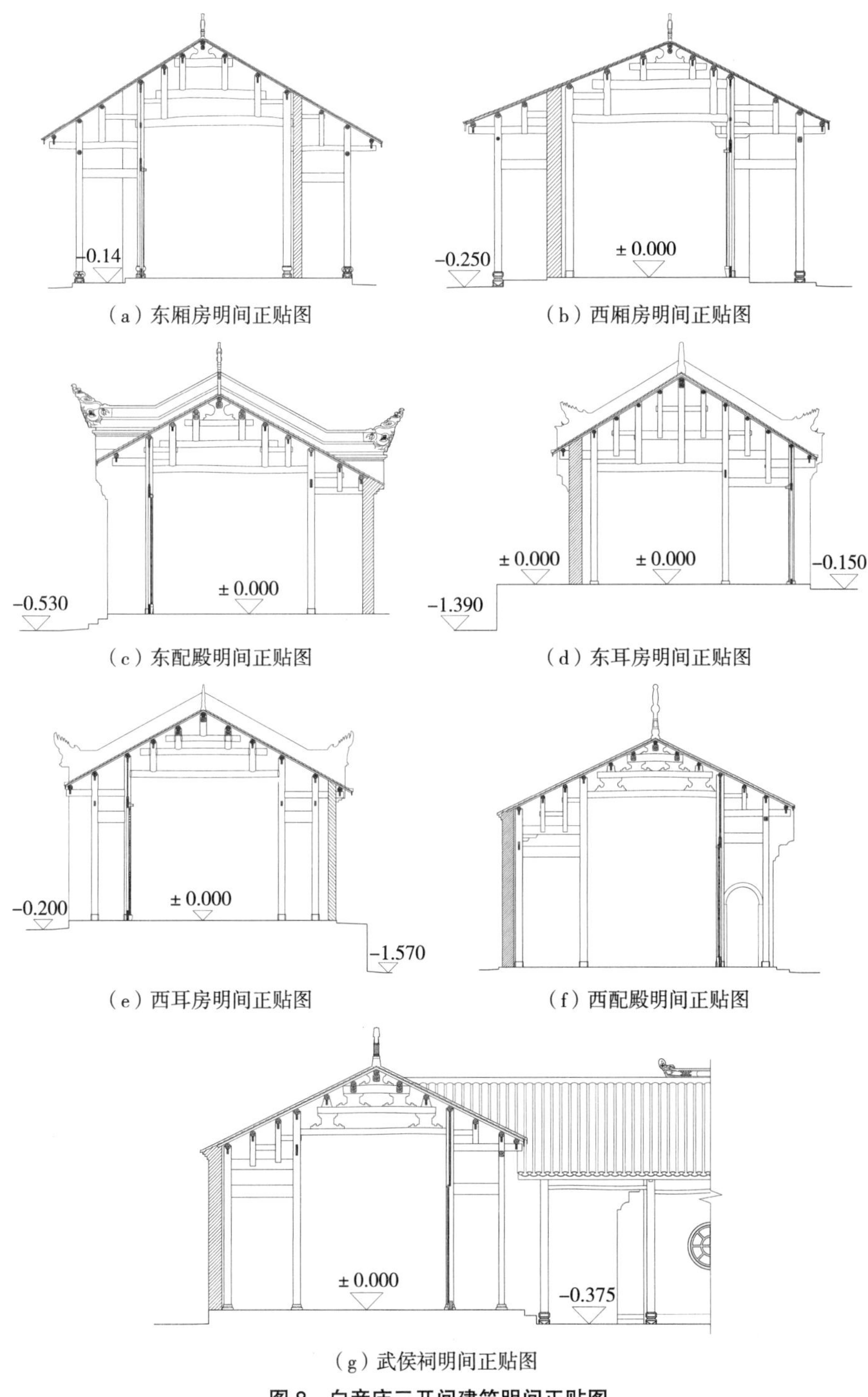

（a）东厢房明间正贴图　（b）西厢房明间正贴图

（c）东配殿明间正贴图　（d）东耳房明间正贴图

（e）西耳房明间正贴图　（f）西配殿明间正贴图

（g）武侯祠明间正贴图

图 8　白帝庙三开间建筑明间正贴图

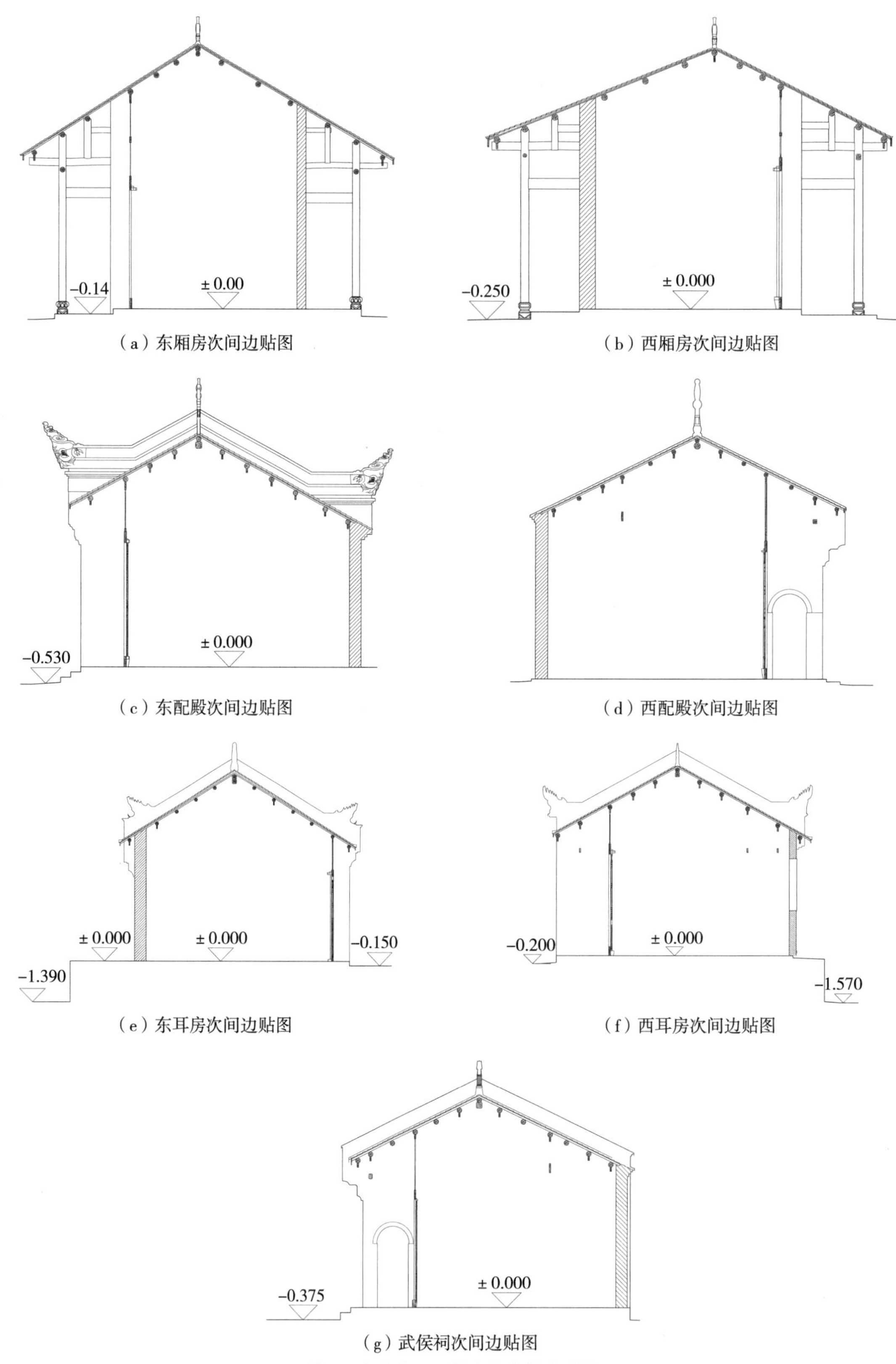

（a）东厢房次间边贴图

（b）西厢房次间边贴图

（c）东配殿次间边贴图

（d）西配殿次间边贴图

（e）东耳房次间边贴图

（f）西耳房次间边贴图

（g）武侯祠次间边贴图

图 9　白帝庙三开间建筑次间边贴图

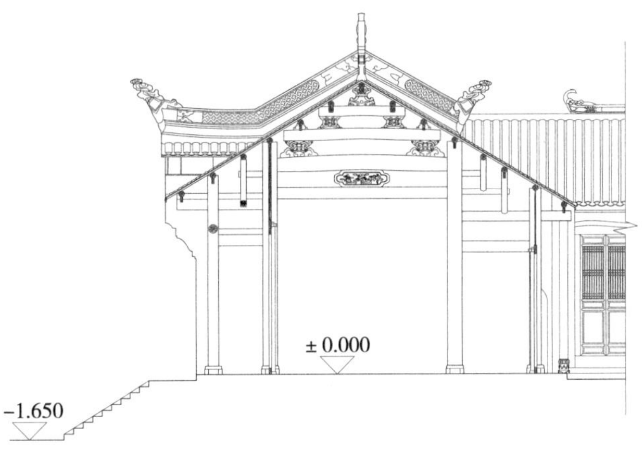

（a）前殿明间正贴图

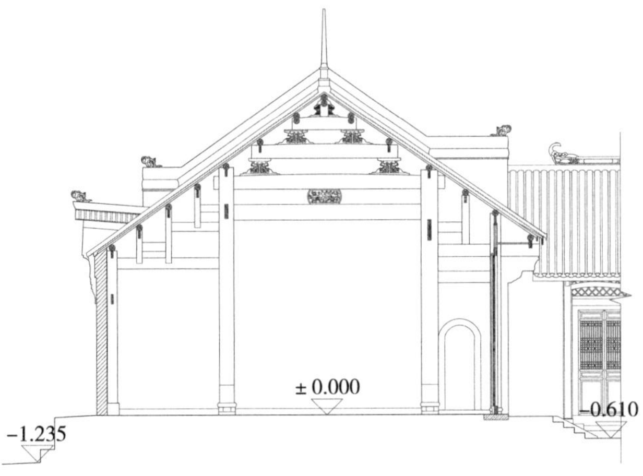

（b）明良殿明间正贴图

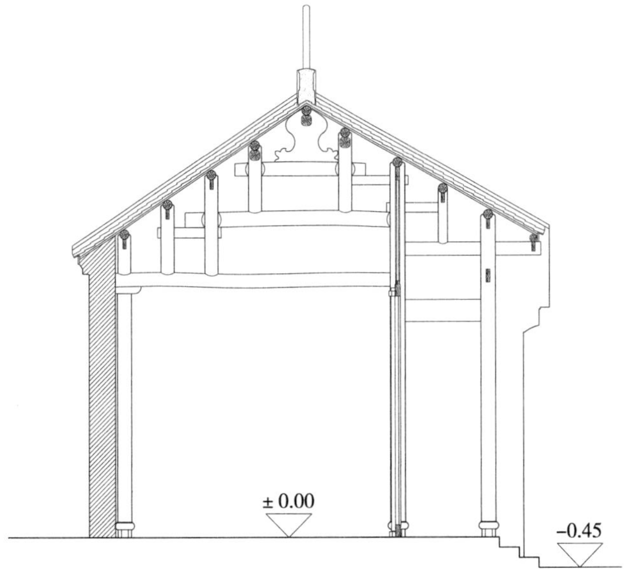

（c）东院厢房明间正贴图

图 10　白帝庙五开间建筑明间正贴图

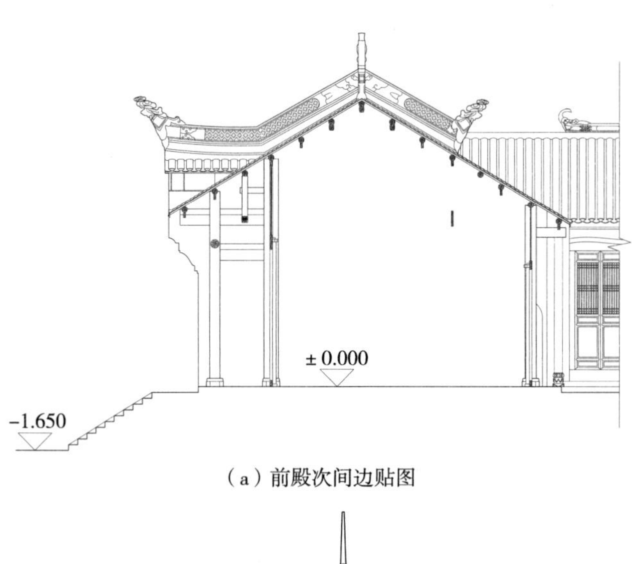

（a）前殿次间边贴图

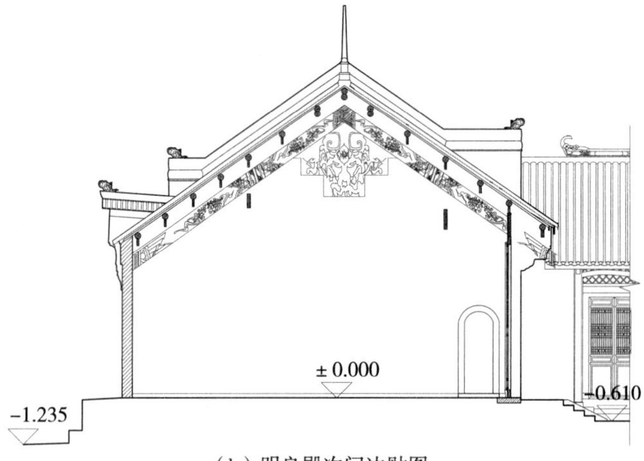

（b）明良殿次间边贴图

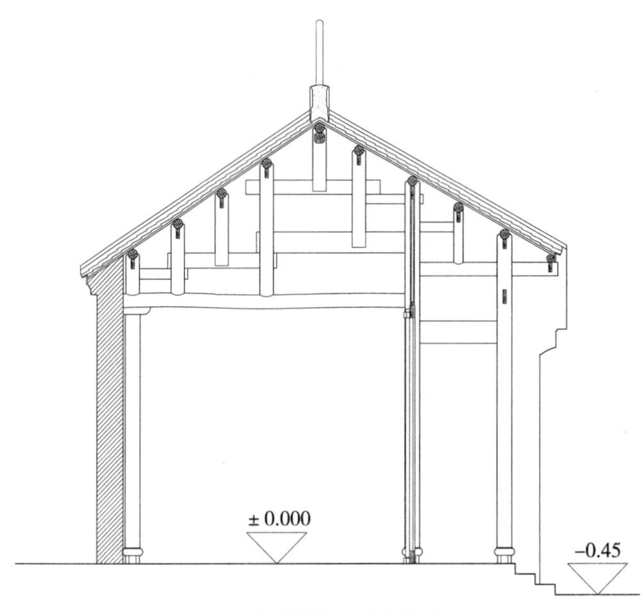

（c）东院厢房次间边贴图

图 11　白帝庙五开间建筑次间边贴图

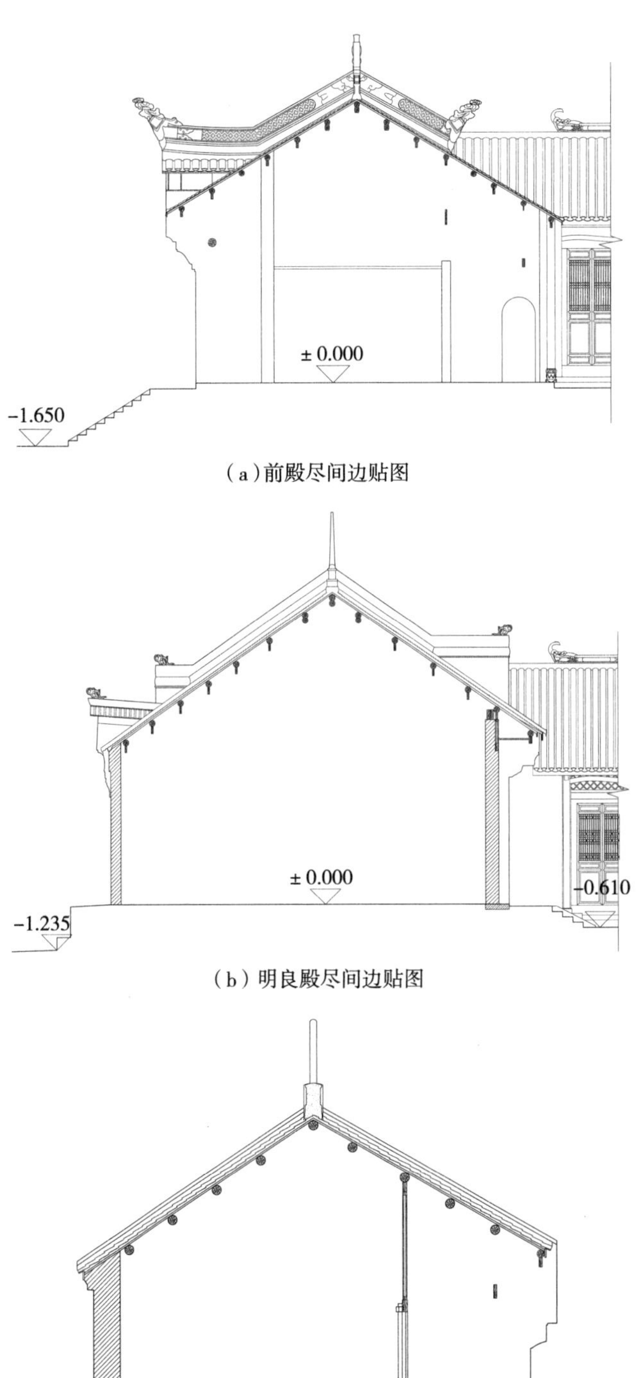

（a）前殿尽间边贴图

（b）明良殿尽间边贴图

（c）东院厢房尽间边贴图

图 12　白帝庙五开间建筑尽间边贴图

1）穿斗式木结构

穿斗式结构是中国南方地区，特别是西南山区最为常见的一种房屋结构形式。穿斗式结构由立柱、穿枋和蜀柱三部分组成。其做法是在每檩下立落地柱或蜀柱，柱与柱之间用穿枋一道或数道贯穿柱身，穿枋有向柱身出榫的，也有未出榫的，还有在出榫榫头上加梢锁定的，及未加梢的。目的是加强柱与柱之间的联系，确保木构架的稳定性，使之形成一个完整、坚固的结构排架。立柱一般为木柱，个别建筑也有用石柱的。[1]穿枋为矩形木条横穿柱心，起到联系作用。蜀柱是设于落地柱之间、本身不落地而立在穿枋（或梁）上的短柱，以承托檩条。

穿斗结构历史久远，构造成熟；柱方密集，结构坚固；造型优美，轻盈明快；用材不大，施工简单；造价低廉，经济性强。白帝庙建筑除前后檐廊用穿斗式结构外，东耳房明间正贴 [图 8（d）] 和东院厢房次间边贴为典型的穿斗式构架 [图 11（c）]。

2）抬梁式木结构

抬梁式结构是指相距五檩或以上的前后步柱或檐柱上横以抬梁，用以承托上部的檩条或蜀柱，没有中柱，使室内空间更加宽敞、布置更为方便合理。在南方地区抬梁式做法一般用在规模等级较高的建筑之中。如空间要求开敞的大殿、厅堂等。白帝庙前殿、明良殿、武侯祠和西配殿采用了这种抬梁结构方式。在下层梁上置木质驼峰承抬上层梁，梁头两端承托屋面檩条和随檩枋或附檩，或随檩枋两侧置角背，以加强随檩枋的稳定性。上层梁上再置木质驼峰承抬再上一层梁、檩，以此层层抬高 [图 8（f），图 8（g），图 10（a），图 10（b）]。

3）插梁式木结构

在白帝庙建筑中，东西厢房、东配殿、东院厢房、西耳房等五座建筑的木结构采用了插梁式结构 [图 8（a）~ 图 8（c），图 8（e），图 11（c）]。

插梁式木构架结构是西南蜀中，特别是三峡地区[2]特有的一种木结构形式。但是从本质上讲，它既不是纯粹的抬梁式结构，又不是纯粹的穿斗式结构。插梁式结构是在北方抬梁式结构与南方穿斗式结构两种结构形式的基础上，结合江南建筑的架梁方式，经过改良而形成的。插梁式结构既具有抬梁式将大梁、二梁、山界梁等梁架层层抬高的特征；又具有穿斗式梁端穿过柱身出榫形成梁头的梁柱联系方式；还具有江南建筑在梁上立童柱层层架梁的做法。究其成因，是历史上数次各地向四川进行大移民形成的。三峡地区是历史上向四川移民的主要通道和中转站，同时也大量接受了来自各地的移民。特别是明末清初的“湖广填四川”，给三峡地区带来了各地的包括建筑文化与建筑技术在内的外来文化和各种技术，对三峡地区的建筑文化产生了极其重大的影响，推动了三峡地区建筑技术的发展。

[1] 如距白帝庙不远的梁平县双桂堂、重庆市主城区附近的华岩寺大殿就是用的石柱。

[2] 从地理学角度讲，三峡地区属原四川东部，简称“川东地区”，现属重庆市东北部。

3. 柱

1）柱高与柱径

白帝庙现存建筑虽有宋明遗风[1]，但大多却深深烙上了有清一代三峡地区地方建筑特征。就柱而言，无论是柱高或是柱径等，用尺上与《营造法式》、《工程做法则例》和《营造法原》比较，均有很大的差别。以檐柱高度为例，檐柱高度的确定一般均以明间面阔为基础。《营造法式》：“凡用柱之制：……下檐柱虽长，不越间之广。”[2]《工程做法则例》对于不带斗栱大式和小式建筑，其檐柱高统一按：“带廊者明间面阔80%定之，不带廊者按70%定之，带前廊无后廊者按75%定之。”[3]《营造法原》中“殿庭檐高以正间[4]面阔加牌科之高为准。”[5]“厅堂正间面阔，按次间面阔加二。檐高者依次间面阔，即檐高比例。”[6]表4所列白帝庙的十幢建筑中，如果将前殿、明良殿、东西配殿、武侯祠列为殿庭建筑；将东西厢房、东西耳房和东院厢房列为厅堂建筑。那么，其檐柱高度与明间的比例基本与《营造法原》所述的比例相吻合。列为殿庭建筑中的前殿、明良殿、东西配殿檐柱高度与明间的比例基本接近《营造法原》的规定。除东西厢房檐柱高度与明间面阔的比例与《工程做法则例》基本吻合外，其余建筑均与《工程做法则例》规定不相吻合。这说明白帝庙建筑檐柱高度尺寸的确定受《营造法原》和《营造法式》的影响较大，而基本没有受到《工程做法则例》的影响。

再从柱径与柱高的比例上分析，如表5所列，前殿、明良殿等主要建筑的径高比在1∶15至1∶18之间，而其他建筑的径高比则在1∶20以上。

[1] 文献[5]：30.

[2] 文献[16]：102.

[3] 文献[17]：16.

[4] 正间，即明间。

[5] 文献[19]：36.

[6] 文献[19]：29.

表4　白帝庙建筑檐柱高与明间比例关系（单位：米）

序号	建筑名称	前檐柱高	明间面阔	阔高比	对应《营造法原》	对应《营造法式》	对应《工程做法则例》
1	前殿	5.14	5.45	1.06	明间面阔	高不越间宽	0.7—0.8明间宽度
2	明良殿	5.65	5.29	0.94			
3	东厢房	4.78	4	0.84	0.8—0.85明间宽度		
4	西厢房	4.68	3.97	0.85			
5	东配殿	5.47	5.15	0.94	明间面阔		
6	西配殿	5.1	5.05	0.99			
7	东耳房	4.27	5.1	1.19	0.8—0.85明间宽度		
8	西耳房	4.47	5.09	1.14			
9	东院厢房	4.83	5	1.04			
10	武侯祠	4.68	4.08	0.87	明间面阔		

注：1. 脊柱（檩）高：以室内地面起，算至脊檩上皮；
　　2. 本表数据为笔者根据测绘图整理。

在此不难看出白帝庙建筑的柱径不但不大，而且还很纤细。但主要建筑的径高比要大于其他次要建筑的径高比，这说明主要建筑的柱径要大于其他次要建筑的柱径。众所周知，《营造法式》的径高比为 1 ∶ 11;《工程做法则例》大式建筑的径高比为 1 ∶ 11.67，小式建筑的径高比为 1 ∶ 11.43。与其对照白帝庙建筑的柱径仍然显得很细长。当然这与其结构形式、步架距离是密切相关的。白帝庙建筑步架进深相对于官式建筑而言，无论是与“宋式”或是“清式”相比较都是较浅的，加之屋面用瓦轻巧、屋面装饰简单，整个屋面自重相对于官式建筑要轻得多。因此，没有必要使用粗壮的木柱来承担屋面的负荷。这也是白帝庙建筑较官式建筑显得轻盈的原因之一。

表 5　白帝庙建筑柱径柱高比统计表

建筑名称	檐 柱		步 柱	
	前檐	后檐	前檐	后檐
前 殿	1 ∶ 17.13	1 ∶ 16	1 ∶ 15.81	1 ∶ 15.81
明良殿	1 ∶ 18.83	1 ∶ 15.76	1 ∶ 14.5	1 ∶ 16.71
东厢房	1 ∶ 23.9	1 ∶ 20.91	1 ∶ 27.05	1 ∶ 21.73
西厢房	1 ∶ 23.4	1 ∶ 20.36	1 ∶ 27.55	1 ∶ 23.91
东配殿	1 ∶ 24.86	—	—	1 ∶ 23.09
西配殿	1 ∶ 26.84	1 ∶ 21.59	1 ∶ 25	1 ∶ 25.91
东耳房	1 ∶ 25.11	1 ∶ 23.5	1 ∶ 28.94	—
西耳房	1 ∶ 22.35	1 ∶ 22	1 ∶ 25.05	1 ∶ 24.75
东院厢房	1 ∶ 21.95	1 ∶ 20.68	1 ∶ 25.45	—
武侯祠	1 ∶ 24.63	1 ∶ 21.85	1 ∶ 25.09	1 ∶ 25.48

注：本表数据为笔者根据测绘图整理。

2）减柱造的应用

采用减柱造是中国建筑自宋辽以来增加室内空间的有效措施。白帝庙建筑也不例外，如前所述，白帝庙地处白帝山顶，受地理环境限制，其建筑规模狭促。为了增大室内空间，东院厢房、东耳房和东配殿三幢建筑采用了减柱造。东院耳房和东院厢房使用减柱造使后檐步柱不落地，而立在六界梁上［图 8（d），图 10（c）］。

4. 屋面

我国建筑的屋面形式绝大部分为坡屋面，从屋脊向前后或四面排泄雨水。在川东地区人们将用来排水的屋面坡度形象地称之为“走水”，将屋面举高的高度称为“分水”。如水平距离 10 尺举高 1 尺称为“一分水”，如举高 5 尺就称为“五分水”，以此类推。这里所称的分水相当于《营造法式》中的举折、《工程做法则例》中的举架和《营造法原》中的提栈。

从表6中可以看出，白帝庙建筑屋面及屋面分水有如下特点：

（1）前檐进深大多短于后檐进深。表中所列的十幢建筑中除西配殿、东耳房和东院厢房三幢建筑外，其余七幢建筑的前檐进深均短于后檐进深，即后檐屋面长于前檐屋面。此做法源于当地民间俗称的“前人长，不如后人长”，意思为前辈有才能不如晚辈更有才能。人们将希望寄托于晚辈身上，有“长江后浪推前浪”之意。

（2）主要建筑的前檐柱一般都高于后檐柱。表中所列的十幢建筑中除东西配殿、东耳房前檐柱低于后檐柱，西耳房前后檐柱基本等高外，包括前殿、明良殿和武侯祠在内的六幢建筑前檐柱均高于后檐柱。

（3）屋面走水与《工程做法则例》相比较，屋面走水值均低于《工程做法则例》的规定，也就是说白帝庙建筑的屋面坡度较清官式建筑的屋面坡度要坦缓。而与《营造法原》相比较，屋面走水值大多大于江南建筑的屋面走水值。仅有西配殿低于和武侯祠基本等于江南建筑的屋面走水值。也就是说白帝庙建筑大多数的屋面坡度要陡于江南建筑的屋面坡度。

（4）前殿、明良殿等主要建筑屋面正脊两端的高度比明间略有升高，当地称之为“升山”。同时，就整个建筑群而言，建筑物的中心中堆东面屋脊略高于西面屋脊。这就是当地俗称的“不怕青龙高万丈，只怕白虎西抬头”。不能“白虎压倒青龙”，只能“青龙抬头压白虎”。

表6　白帝庙建筑屋面分水情况统计表（单位：毫米）

	前檐			后檐			对应《工程做法则例》	对应《营造法原》
	进深	架高	走水	进深	架高	走水		
前殿	4730	2730	0.5772	5250	3040	0.579	0.68	0.48
明良殿	5820	3885	0.6675	6085	4130	0.6787	0.68	0.48
东厢房	4570	2805	0.6138	5215	2925	0.5609	0.68	0.48
西厢房	4280	2110	0.493	5450	2130	0.3908	0.68	0.48
东配殿	3210	1700	0.5296	4580	2380	0.5197	0.7	0.51
西配殿	4740	1925	0.4061	4130	1965	0.4758	0.68	0.48
东耳房	4040	2335	0.578	3685	2130	0.578	0.68	0.48
西耳房	4090	2175	0.5318	4220	2240	0.5308	0.7	0.51
东院厢房	3425	1890	0.5518	2790	1825	0.6541	0.7	0.51
武侯祠	3790	1810	0.4776	4040	1930	0.4777	0.68	0.48

注：1. 进深以挑檐檩中心至脊檩中心的水平距离计算；
2. 架高以挑檐檩中心至脊檩中心的垂直距离计算；
3. 走水为架高与进深之比值。
（本表数据为笔者根据测绘图整理）

5. 出檐与封檐

为了遮蔽风雨和太阳光直射，不同地区的建筑以不同的方式出檐。北方官式建筑以斗栱出挑的方式承托屋檐，使屋檐出檐深远。而川东地区的建筑则以檐柱上端向外挑出挑檐枋承托挑檐檩的方式出檐。川东地区挑檐枋出檐有多种方式。在距离白帝庙30余公里外，堪称清代川东民居博物馆的大昌古镇，其建筑出檐式样大致有单挑出檐、双挑出檐和三挑出檐三种方式。然而白帝庙的出檐方式却只有单挑出檐一种方式。一般前檐均有出檐，而后檐是否有出檐则视情况而定。后檐没有通道的建筑一般都不会出檐，如东西方向并排的东配殿、明良殿、武侯祠、西配殿的后檐均未出檐，后檐墙在后檐柱外直接砌至屋面桷板下端。东西厢房这种前后檐均有过廊，且前后檐均有朝院落的建筑，前后檐均有出檐（表7）。

表7　白帝庙建筑出檐情况统计表（单位：毫米）

	前檐				后檐			
	出檐形式	出檐长度	前檐柱高比	廊深	出檐形式	出檐长度	后檐柱高比	廊深
前殿	单挑	825	1 ∶ 6.23	1500	单挑	750	1 ∶ 6.38	—
明良殿	单挑	985	1 ∶ 5.74	—	无出檐	—		—
东厢房	单挑	790	1 ∶ 6.04	1900	单挑	750	1 ∶ 6.11	1865
西厢房	单挑	630	1 ∶ 7.21	1970	单挑	690	1 ∶ 6.49	1980
东配殿	单挑	1040	1 ∶ 5.25	—	无出檐	—		—
西配殿	单挑	635	1 ∶ 8.03	1410	无出檐	—		—
东耳房	单挑	570	1 ∶ 7.48	—	单挑	950	1 ∶ 4.94	—
西耳房	单挑	760	1 ∶ 5.88	1020	单挑	760	1 ∶ 5.79	—
东院厢房	单挑	686	1 ∶ 7.07	1370	无出檐	—		—
武侯祠	单挑	400	1 ∶ 11.7	1400	无出檐	—		—

注：出檐尺寸以檐檩与挑檐檩之间的水平中心距离计算（本表数据为笔者根据测绘图整理）。

6. 小结

白帝庙建筑结构具有川东建筑的典型特征[1]，归纳起来主要表现在以下几个方面：

（1）抬梁式、穿斗式和插梁式三种结构类型混合使用。

（2）单、双步廊根据建筑功用和地形特征灵活应用。

（3）柱径较为纤细，檐柱高度大多接近于明间面阔，并用减柱造以增加室内空间。

[1] 由于明末清初以来多次“湖广填四川”大移民，使四川地区，特别是处于移民大通道之上的川东峡江地区的建筑在很大程度上受到江南建筑的影响。在以扬州、婺州、苏州为代表的江南民居中，峡江地区建筑木结构形态受扬州民居建筑影响较大。参见：梁宝富.扬州民居营建技术[M].北京：中国建筑工业出版社，2015：73。

（4）使用圆作梁，不用矩形梁或扁作梁。由于受峡江地区无大树等自然资源的限制，梁一般较短，以致形成建筑进深浅窄的现象。

（5）屋面坡度相对于清工部《工程做法则例》较为坦缓,而相对于《营造法原》则约显陡翘。

（6）屋面前檐以单挑形式出檐。后檐或以单挑形式出檐，或不出檐。后檐墙紧靠后檐柱砌筑，或直接减去后檐柱，将后檐檩直接搁置于后檐墙上。

（7）不用斗栱，且由于出檐较短，所以不用撑弓。

四、外型特征

如图 13 所示，白帝庙建筑均为两坡人字青瓦屋面，屋面斜直，无曲折。除东西厢房为悬山屋顶外，其余均为硬山座顶，山墙做墀头。山墙上彩绘悬鱼。檩条上直接钉桷板，桷板上铺仰合小青瓦，无望板。屋檐用封檐板封护桷板端头。屋顶陡板正脊，但脊长不出山墙，在距山墙约 1 米处做花式脊吻。脊上或灰塑，或彩绘，脊座做成鱼鳅背代替当沟。柱础为本地青石打制，大多较为粗糙。正面为隔扇门窗。室内均为砌上明造，无天花等装饰。白帝庙各建筑外型特征详见表 8。

表 8　白帝庙主要建筑外型特征统计表

序号	建筑名称	建筑类型及形式	图引
1	前殿	五开间硬山建筑。人字屋面斜直无曲折，干槎小青瓦屋面。陡板正脊，正、垂脊不相交，脊座灰塑卷草“丹凤朝阳”中堆，鳌鱼正吻，并施彩绘，彩绘山墙搏风，两山墀头。室内彻上明造。本地黄砂石“上圆下八角”形柱础。前檐明、次间和后檐明间装隔扇门	图 13（a）
2	明良殿	五开间硬山建筑。人字屋面斜直无曲折，干槎小青瓦屋面，陡板正脊，“宝瓶龙纹祥云”中堆，鳌鱼正吻，正、垂脊不相交，脊座灰塑卷草，并施彩绘。彩绘山墙搏风，两山及次间边贴墙做墀头。室内彻上明造，前檐室外挑檐檩上皮处封薄板做成天花。明间正贴四根步柱柱础下那为八角形加石鼓，上部为高 0.5 米与柱同径的石柱。前檐明、次间装隔扇门	图 13（b）
3	东厢房	三开间悬山建筑。人字屋面斜直无曲折，干槎小青瓦屋面，灰塑正脊和中堆，并施彩绘。室内彻上明造。柱础式样庞杂。前檐明、次间装隔扇门	图 13（c）
4	西厢房	同上	图 13（d）
5	东配殿	三开间硬山建筑。人字屋面斜直无曲折，干槎小青瓦屋面，正、垂脊均为花脊，正、垂脊不相交，灰塑中堆、脊座，并施彩绘。左山墙彩绘搏风、悬鱼。本地黄砂石方础，室内彻上明造。前檐装隔扇门	图 13（e）

续表

序号	建筑名称	建筑类型及形式	图引
6	武侯祠	三开间硬山建筑。左次间与明良殿、右次间与西配殿共用山墙。人字屋面斜直无曲折，干槎小青瓦屋面，陡板正脊，灰塑脊座、中堆并施彩绘。无垂脊。前檐柱础较为精美，步柱及后檐柱础本地黄砂石鼓形素面。室内彻上明造。前檐装隔扇门	图 13（f）
7	西配殿	三开间硬山建筑。人字屋面斜直无曲折，干槎小青瓦屋面，陡板正脊，灰塑脊座、中堆并施彩绘。无垂脊。右山墙彩绘搏风、悬鱼。前檐柱础较为精美，步柱及后檐柱础本地黄砂石鼓形素面。室内彻上明造。前檐装隔扇门	图 13（g）
8	东院厢房	五开间硬山建筑。人字屋面斜直无曲折，干槎小青瓦屋面，灰塑彩绘正脊，无垂脊。山墙彩绘搏风、悬鱼。本地青石柱础。室内彻上明造。前檐装隔扇门	图 13（h）
9	东耳房	三开间硬山建筑。人字屋面斜直无曲折，干槎小青瓦屋面，灰塑彩绘正脊。右山墙灰塑彩绘垂脊和彩绘搏风、悬鱼。左次间屋面与东厢房相连接。本地青石柱础。室内彻上明造。前檐装隔扇门	图 13（i）
10	西耳房	三开间硬山建筑。人字屋面斜直无曲折，干槎小青瓦屋面，灰塑彩绘正脊。左山墙灰塑彩绘垂脊和彩绘搏风、悬鱼。右次间屋面与东厢房相连接。本地青石柱础。室内彻上明造。前檐装隔扇门	图 13（j）

五、结束语

白帝庙是峡江地区明清建筑的典范。一方面具有中国古建筑的普遍特征：以纵轴线为主，横轴线为辅的原则来组织建筑及空间；中轴线对称，沿纵深方向展开空间，强调庭院和内庭的作用等。另一方面，又具有鲜明的地方特色：不严格讲究轴线对称，地面高差随地形、地势变化而变化。外墙多为厚重的砖砌墙体，而内部隔扇则多以木门、木窗为主，空间通透。木结构不拘于一定的格式，或抬梁，或穿斗，或插梁，穿枋、挑枋灵活应用、变化自如。虽然建筑开间面阔大、进深浅，导致建筑相对低矮，加之装饰简朴，但这些不仅不影响建筑的整体特色，而且正因如此，恰恰更加突出了其峡江建筑的地方特征。

因此，白帝庙不仅是一座建筑，更是一件研究“峡江建筑技术与建筑文化”的标本。其价值远远超出了建筑本身的含义。

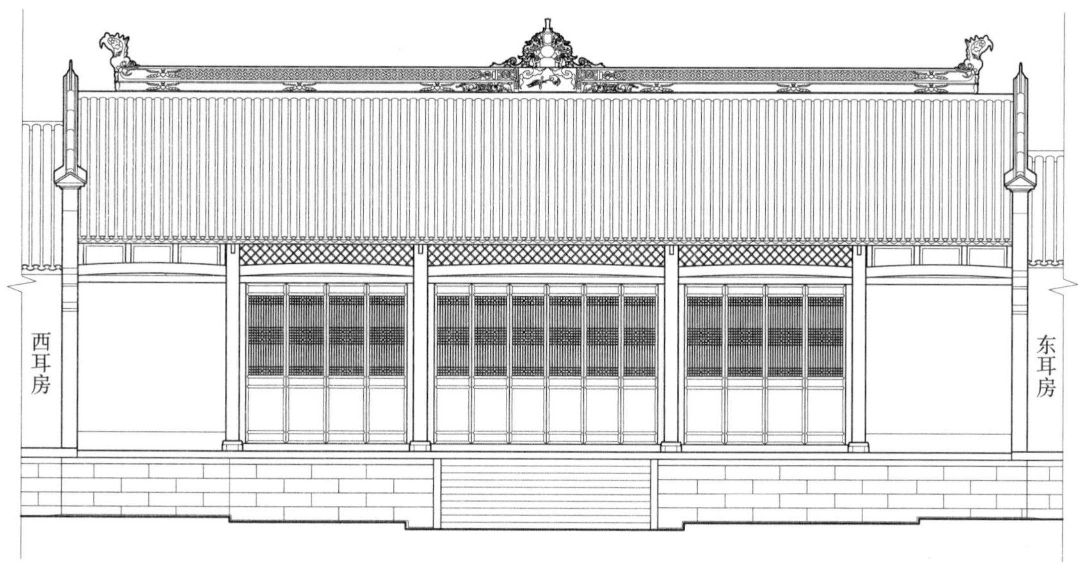

(a) 前殿正立面图图

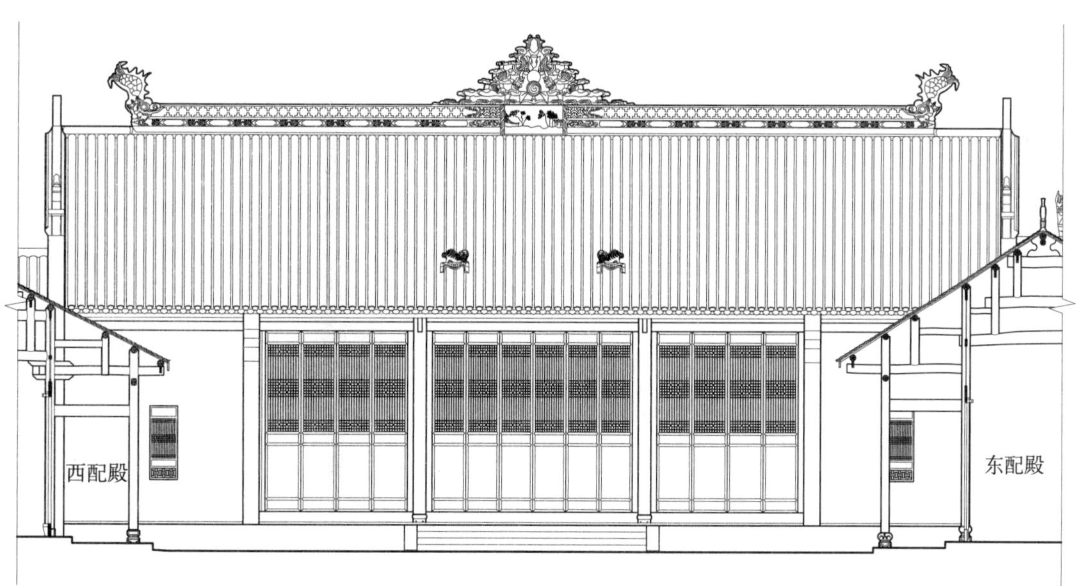

(b) 明良殿正立面图

图 13　白帝庙建筑立面图

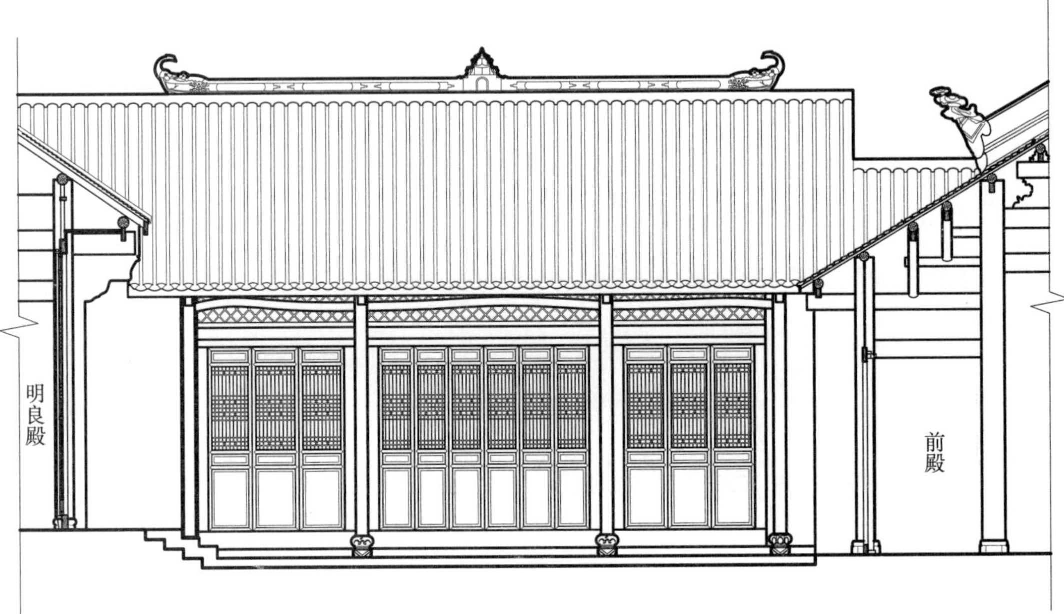

（c）东厢房正立面图

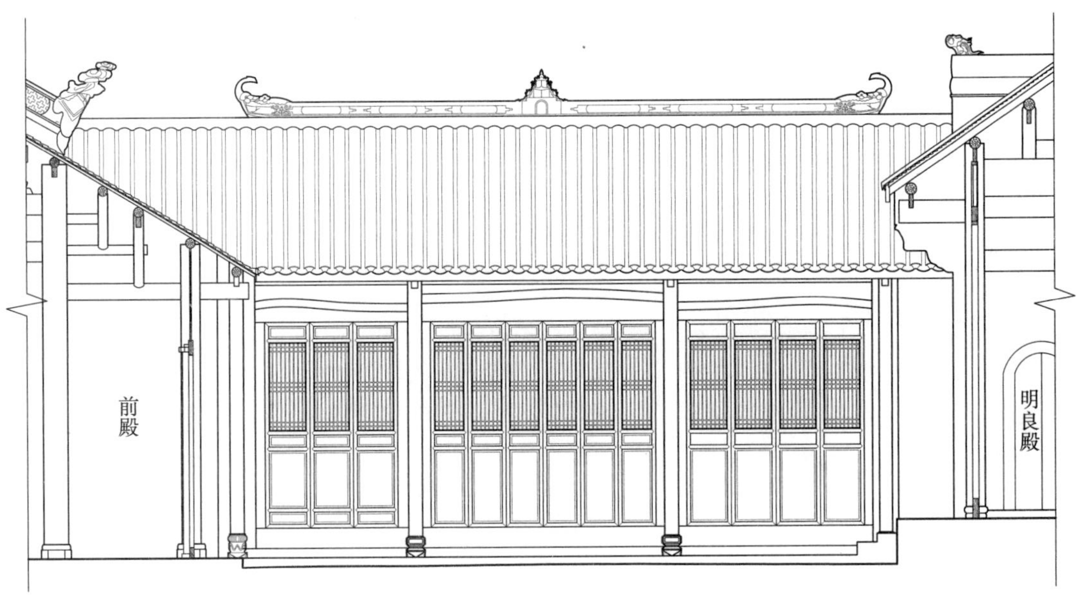

（d）西厢房正立面图

图 13　白帝庙建筑立面图（续）

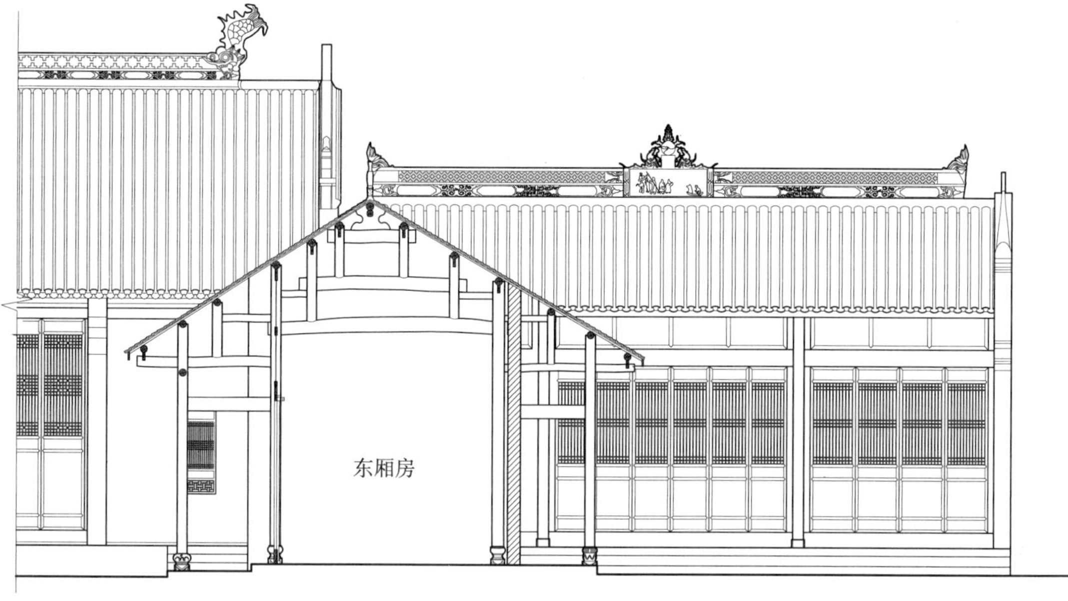

（e）东配殿正立面图

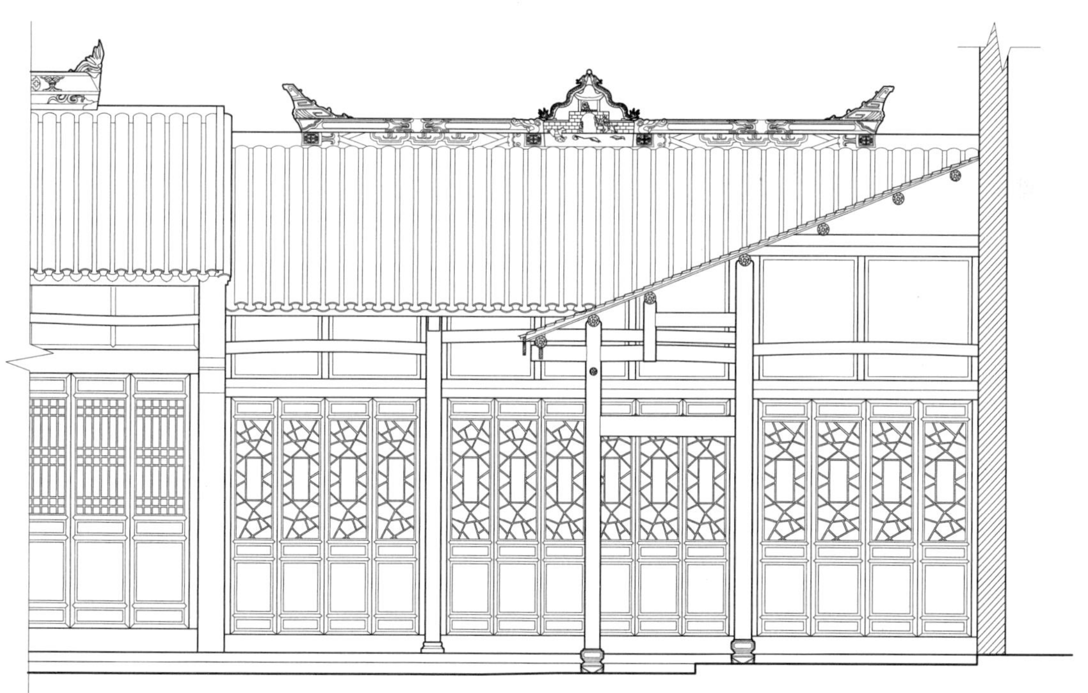

（f）武侯祠立面图

图 13　白帝庙建筑立面图（续）

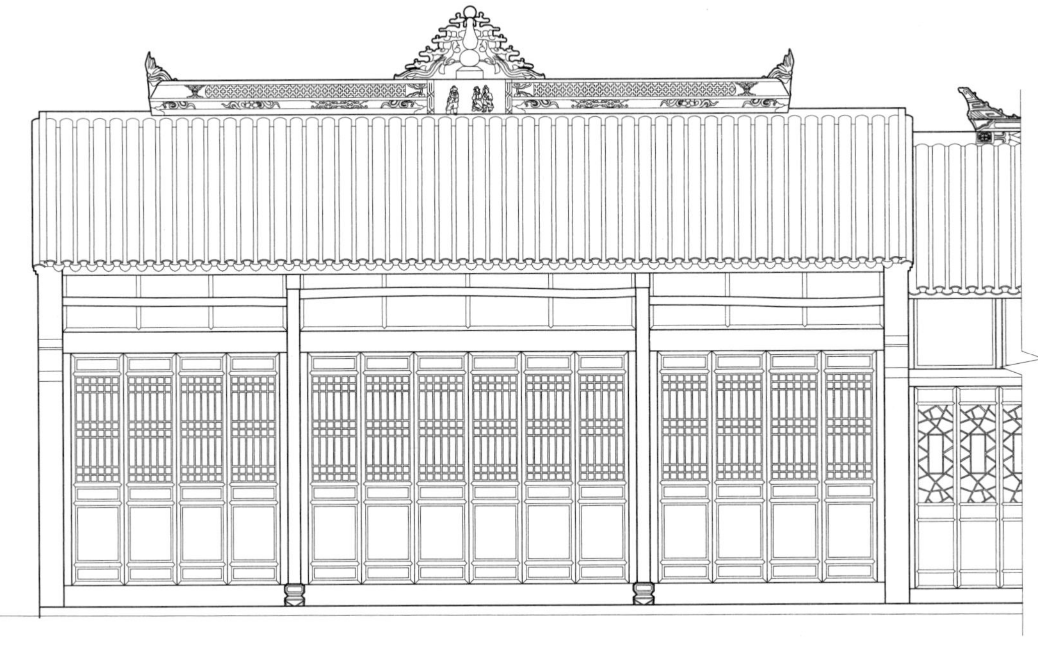

(g)西配殿正立面图

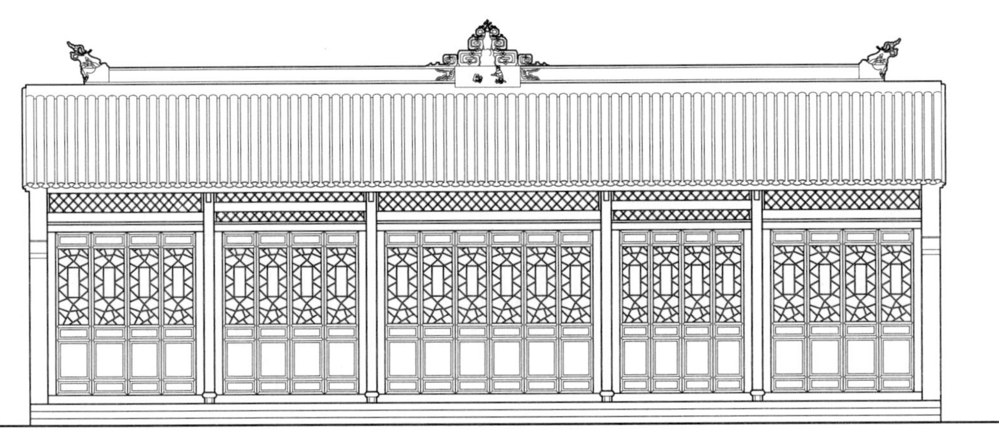

(h)东院厢房正立面复原图

图13　白帝庙建筑立面图(续)

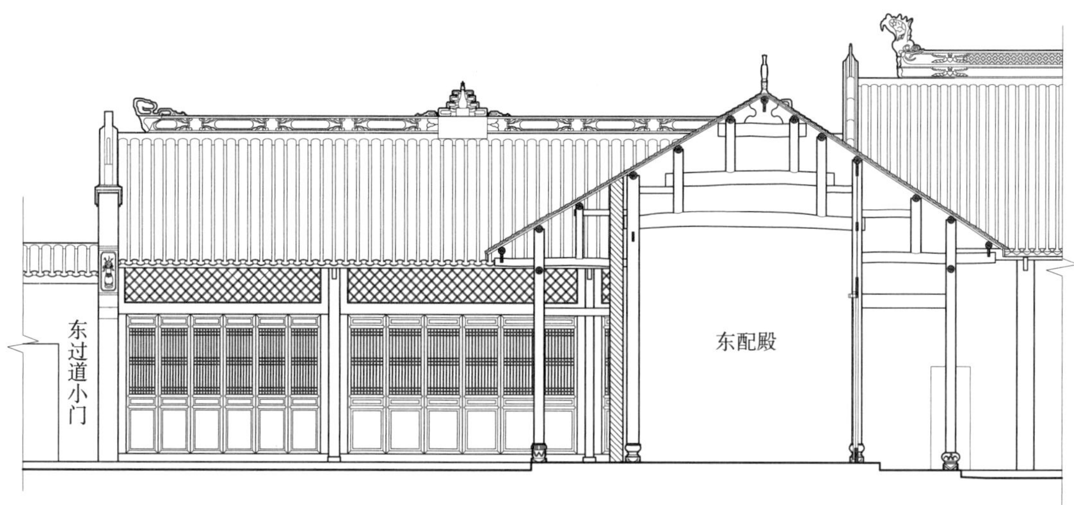

（i）东耳房正立面图

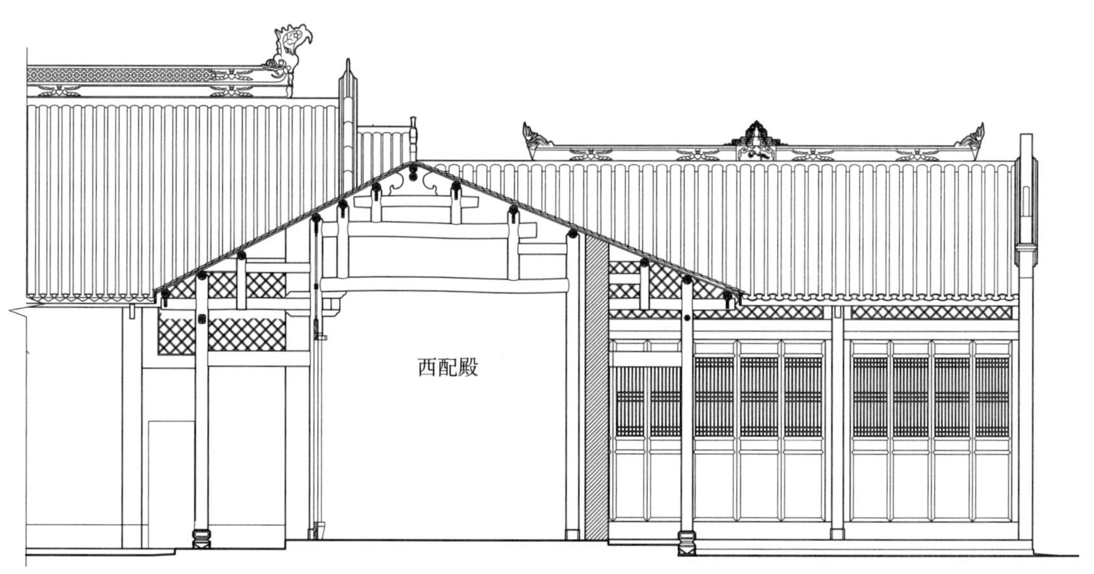

（j）西耳房正立面图

图 13　白帝庙建筑立面图（续）

参考文献

[1] [清] 董浩 . 全唐文 [M]. 北京：中华书局，1983.

[2] 白诚瑞 . 夔州府志 [M]. 光绪十七年刻本 .

[3] [明] 吴潜明 . 夔州府志（明正德八年）[M]. 北京：中华书局，2009.

[4] [明] 曹学佺 . 蜀中名胜记 [M]. 重庆：重庆出版社，1984.

[5] 陈剑 . 白帝寺始建时代及现存文物概述 [J]. 四川文物，1996（2）.

[6] [后晋] 刘昫 . 旧唐书 [M]. 上海：中华书局，1975.

[7] [宋] 欧阳修 . 新唐书 [M]. 上海：中华书局，1975.

[8] [清] 曾秀翘等 . 奉节县志（清光绪十九年）[M]. 奉节：四川省奉节县志编纂委员会，1985.

[9] [清] 常明修 . 杨芳灿纂 . 四川通志 [M]. 嘉庆二十年（1815 年）木刻本 .

[10] 陆游 . 入蜀记 [M]. 上海：商务印书馆，中华民国二十五年（1936 年）.

[11] [宋] 范成大 . 吴船录 [M]// 范成大著 . 孔凡礼点校 . 唐宋史料笔记丛刊 . 范成大笔记六种 . 北京：中华书局，2002.

[12] [明] 何宇度 . 益部谈资 [M]// 王云五 . 丛书集成初编 . 上海：商务印书馆，1936.

[13] [清] 黄廷桂等 . 四川通志 [M]. 雍正十三年（1732 年）木刻本 .

[14] 李江 . 白帝城历代碑刻选 [M]. 天津：天津古籍出版社，2011.

[15] [明] 李贤等 . 大明一统志 [M]. 西安：三秦出版社，1990.

[16] [宋] 李诫 . 营造法式 [M] 上海：商务印书馆，1954.

[17] 田永复 . 中国园林构造设计 [M]. 北京：中国建筑工业出版社，2015.

[18] 王璞子 . 工程做法注释 [M]. 北京：中国建筑工业出版社，1995.

[19] 姚承祖，原著 . 张至刚，增编 . 刘敦桢，校阅 . 营造法原 [M]. 北京：中国建筑工业出版社，1986.

乡土建筑研究

永顺县老司城土家族楼阁式建筑结构形式比较研究 ❶

杨　健　杨天润　余翰武

（湖南科技大学建筑与艺术设计学院）

摘要： 本文对永顺县老司城遗址现存的皇经台、摆手堂、文昌阁进行考察，认为皇经台、摆手堂、文昌阁是依据各自的使用功能命名的。就结构类型而言，它们都可以归结为土家族木构楼阁式建筑；在结构形式方面，它们都有其共同特点。

关键词： 土家族，木构楼阁式建筑，结构形式，老司城，皇经台

Abstract: This paper is based on the field survey of the three buildings——the Huangjingtai, Baishoutang, and Wenchangge——located at the archaeological site of Laosicheng, Yongshun County, Hunan province. As a result, the authors suggest that the different names of these buildings merely denote the different functions the buildings once had. In fact, they are of the same type and belong to the multi-storied timber-framed buildings of the *Tujia minority*. Thus they share common characteristics of structural form.

Keywords: *Tujia*, multi-storied wooden architecture, structural form, Laosicheng, Huangjingtai

一、引言

1. 皇经台形制与年代之疑

祖师殿建筑群位于湖南省湘西自治州永顺县老司城东南，沿中轴线自西向东依次为祖师殿、皇经台、玉皇阁。湖南省文物考古研究所柴焕波认为，祖师殿现存建筑为明代土司彭翼南时重修，其依据是：第一，祖师殿的斗栱、九脊重檐歇山顶属宋明时期建筑风格；第二，殿内有明代嘉靖十年（1531 年）土司彭世麒、彭明辅时铸的大铜钟。另外，柴焕波认为，皇经台和玉皇阁原不在此处，是康熙年间迁过来的。❷ 但他没有给出依据。

在笔者看来，祖师殿基本上是中原地区的官式做法（但在它的次间采用了“棋柱”这种土家族大木构造做法），玉皇阁采用斜栱，具有明显的辽金北地建筑的特征，而皇经台则迥乎不同，应该是土家族本地木构传统的产物。三座建筑，其形制完全不同，应该不是同一时代同一地点所建。

笔者的问题是：在结构形式及构造做法方面，皇经台与土家族木构楼阁式建筑（如摆手堂）有无联系？这里所说的“结构形式”，是指大木构架的整体结构形式；“构造做法”，是指单一构

---

❶ 本文为教育部人文社会科学研究规划基金项目（编号 19YJA850013）“武陵山区土家族大木作营造技艺的区系划分与匠作谱系研究”以及湖南省社会科学成果评审委员会课题（编号 XSP19YBZ078）“老司城祖师殿建筑群勘测分析与基础研究”的相关论文。湖南科技大学建筑与艺术设计学院教师姜力，研究生郭毅，本科生虢啸东、尹政、黄文琦参与了调研与测绘工作。永顺县县委宣传部、永顺县老司城遗址管理处提供了部分文字和图纸资料。特此致谢。

❷ 柴焕波. 武陵山区考古纪行 [M]. 长沙：岳麓书社，2004：12.

件的结构形式或细部做法。

本文为该研究的第一篇论文，探讨的是其中的结构形式问题。

2. 土家族民居一般知识

首先介绍的是土家族民居（吊脚楼）的一般知识（构件名称、结构特点、屋面坡度），以了解当地土家族的木构传统。本文以五柱八棋这一屋架形式为例，来说明土家族民居的构件名称（图 1 ~图 3）。[1] 其构件主要有竖向的柱子，以及水平方向的穿枋及斗枋。

柱子是竖向的构件。其中落地的柱子，从内向外依次为中柱、金柱、檐柱。不落地的柱子，称为棋柱，中柱与金柱之间为一棋和二棋，金柱与檐柱之间为三棋和四棋。

穿枋和斗枋是水平方向的构件。其中，穿枋是横向构件，斗枋是纵向构件。

穿枋的命名方式有两种。一种是从上而下命名的，分别是两步枋、四步枋、六步枋、八步枋、十步枋、锁口枋、小挑、大挑、落檐枋、地脚枋。其中的两步枋至十步枋，是根据枋子跨越的椽子数来确定的。小挑和大挑是土家族实现挑檐的一种简单而实用的做法。落檐枋与斗枋一起，起加强建筑中部稳定性的作用。而地脚枋则是加强建筑下部稳定性的构件，同时也是施工时定位的基准。在锁口枋处，要用木销钉将穿枋与柱子连接起来。

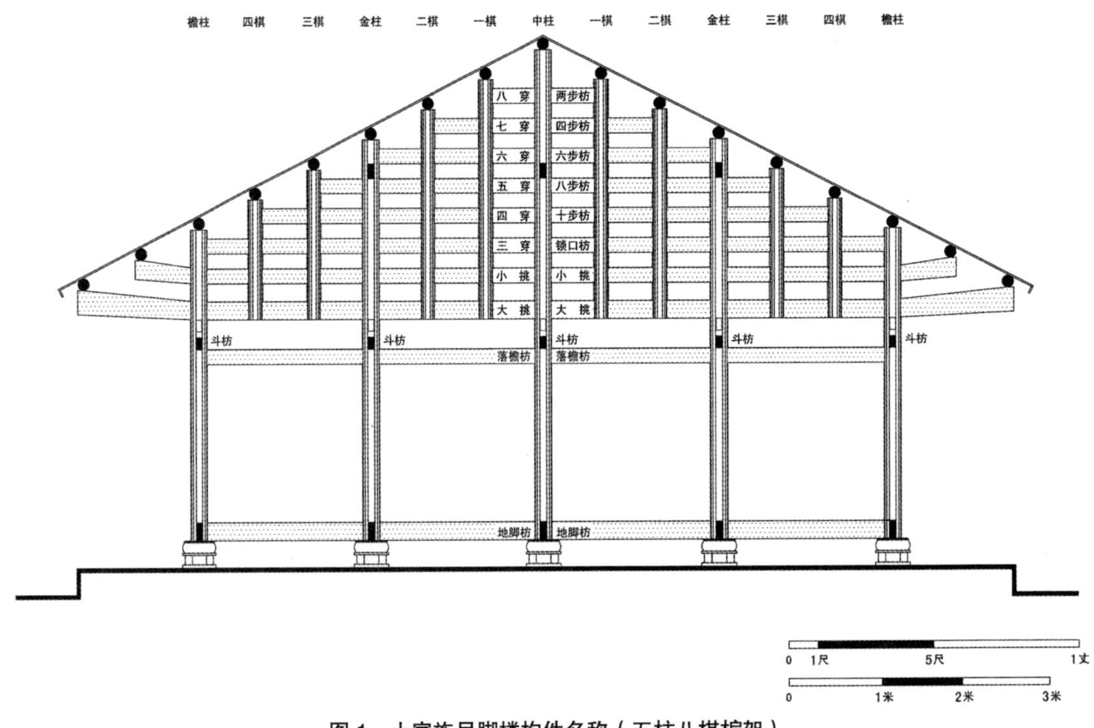

图 1　土家族吊脚楼构件名称（五柱八棋榀架）

（杨天润　杨健 绘）

---

[1] 笔者在老司城遗址所在的司城村发现了一座榨油坊。据当地专家向盛福老人说，这是从别处拆迁过来的。榨油坊的穿枋上有墨书的名称，从下至上分别是地脚枋、落檐枋、大挑、小挑、三穿、四穿、五穿、六穿、七穿、八穿。另一种命名方式，则是土家族吊脚楼营造技艺国家级传承人彭善尧师傅为我们绘图并讲解的。图 1 系笔者综合榨油坊墨书与彭师傅图纸的两种命名方式绘制而成。

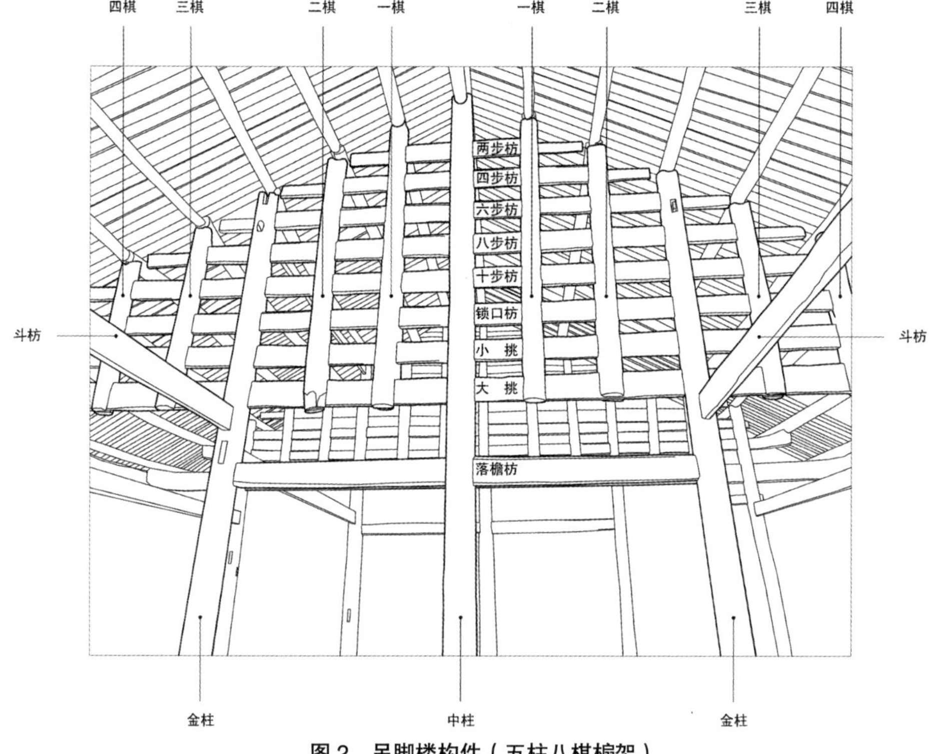

图 2 吊脚楼构件（五柱八棋榀架）
（杨健 绘）

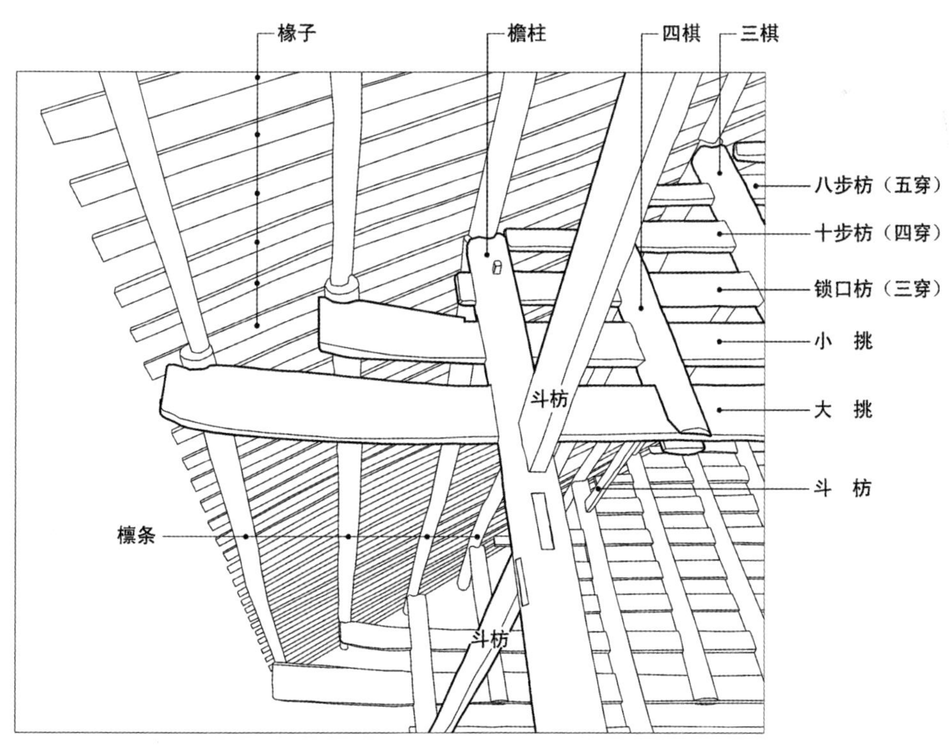

图 3 吊脚楼构件（五柱八棋榀架）
（杨健 绘）

穿枋的另一种命名方式是从下而上命名的，依次是地脚枋、落檐枋、大挑、小挑、三穿、四穿、五穿、六穿、七穿、八穿。这种命名方式能够让人清楚地知道穿枋的层次和数量。

斗枋也是一种水平方向的构件，它与穿枋垂直，在纵向起拉结作用。

这样一排由柱子和穿枋组成的构架，称为“榀架”。如果为三开间建筑，则有四片榀架，如果为五开间建筑，则有六片榀架，以此类推。其上架活动称为“推榀”，又称“树屋”，是指将一整片木屋架穿好后再拉起来，一边拉、一边推的过程。因此，推榀前需要将各片榀架组装起来，称为“穿榀”。各片榀架推立起来后，每片榀架皆仅有横向构件，无纵向构件，各自独立，因此需要在推榀后安装纵向构件（即斗枋）[1]；这一步骤称为“穿梁枋”。[2]

与闽浙地区（如福建福安地区）的一些做法相似，土家族吊脚楼是一种以木柱为主，穿串所有构件的穿斗体系，柱子直通至檩条。土家族吊脚楼的特点在于，大量使用不落地的棋柱以扩大室内空间（福安地区的短柱数量要少得多）。下文中将看到，在土家族多层建筑中，棋柱还有使木构架层层叠加和收进的作用。

其下层穿枋穿出檐柱，承托檐檩，也与闽浙地区的一些做法相似。[3]惟不用插栱和斜撑，只用天然生长之曲木来实现檐檩的向上支挑（即图1～图3中所示大挑和小挑），直截了当，简单易行，且有利于木构架整体的稳定性（图3）。

永顺地区土家族匠师称屋面坡度为“水”或“水程”，指的是相邻两根檩子的标高差与水平距离的比值，如两者的比值为5 ∶ 10，即称“五水”，即横面1尺，竖高5寸的坡度。一般取“五一水”至“五五水”。土家族木构建筑的屋面通常是直线的，没有其他地区常用的“加水”、“减水”、“补水”等“回水”做法。[4]

二、结构形式

笔者对老司城摆手堂、皇经台和文昌阁进行了测绘，并依据永顺县老司城遗址管理处提供的图纸重新绘制了部分图纸。

1. 老司城摆手堂的结构形式

这是一座由别处拆来的老料重新搭建起来的建筑，位于老司城紫金山墓地南侧的土家族文化展示区。它三面环山，正面朝向远处的灵溪河河谷。因为申请世界文化遗产的需要，将原来建在老司城宫殿区和衙署区的民宅拆了，迁到这里。新盖的民宅散布在三面的山坡上，摆手堂及其前坪就成了整个土家族文化展示区的中心。平时，县里的文工团会在其前坪表演摆手舞，远道而来的游客也可参与其中（图4）。[5]

[1] 对于明间，还需在脊檩下设一根大梁。此大梁是上梁仪式的重点所在。

[2] 张玉瑜．大木怕安——传统大木作上架技艺[J]. 建筑师，2005（3）：78-81.

[3] 张玉瑜．福建民居挑檐特征与分区研究[J]. 古建园林技术，2004（2）：6-10.

[4] 张玉瑜，石宏超．语言、方法及材料——传统营造体系的大木作工作图件系统系列研究[J]. 新建筑，2017（4）：140-145.

[5] 据房东向盛贵老人说，从他记事起就没人跳摆手舞了，修摆手堂、跳摆手舞，都是近些年的事情。老司城摆手堂的木料有粗大的老料，上面开有不少多余的榫口，且用料的尺寸相差很大（柱子的尺寸就有六种之多，穿枋斗枋的尺寸也有多种，檩条更是大小不一）。问彭善尧师傅，他说是拆了别处的老房子，由来自永顺县王村的施工队伍修成。后来我们找到了主持该项目的掌墨师王诚信师傅，他说是依照永顺县双凤村老摆手堂的做法，按照1.5倍的比例放大的。双凤村老摆手堂已经拆除，换成了彭善尧师傅新盖的摆手堂。

图 4　老司城摆手堂

（郭毅　摄）

1）主体与披厦

其主体为一开间 17.2 尺、进深 11.4 尺的方形，设四根通高两层的金柱，金柱高 23.2 尺（3 尺合 1 米）❶，上覆歇山屋顶，用来供奉彭、向、田三位祖先。其主体结构四周是一圈宽 4.2 尺的走廊，在金柱与檐柱间设披厦。❷在其主体结构后部明间位置，将走廊的披厦向后延伸，设储藏兼更衣化妆的小屋一间（图 5，图 6）。该摆手堂主体一层四周嵌固木板壁，设门窗，二层则四面透空。夏天的拔风效果很好，但冬天透风，则不宜久留了。

❶　该摆手堂的主体结构实际上只有一间。其南侧设两根抱柱，以承门窗和木板壁的上槛，并无结构意义；其北侧设两根抱柱，但与上面的穿枋及棋柱错位，结构意义也不明显。因此这里不对抱柱进行分析。

❷　“披厦”的本义是指坡屋面。本文取其单坡（“披”）、庇护（“厦”）之意，以命名四面围廊的单坡屋顶及其结构。参见：张十庆.《营造法式》厦两头与宋代歇山做法 [M]// 王贵祥，贺从容. 中国建筑史论汇刊（第拾辑）. 北京：清华大学出版社，2014：188-201。

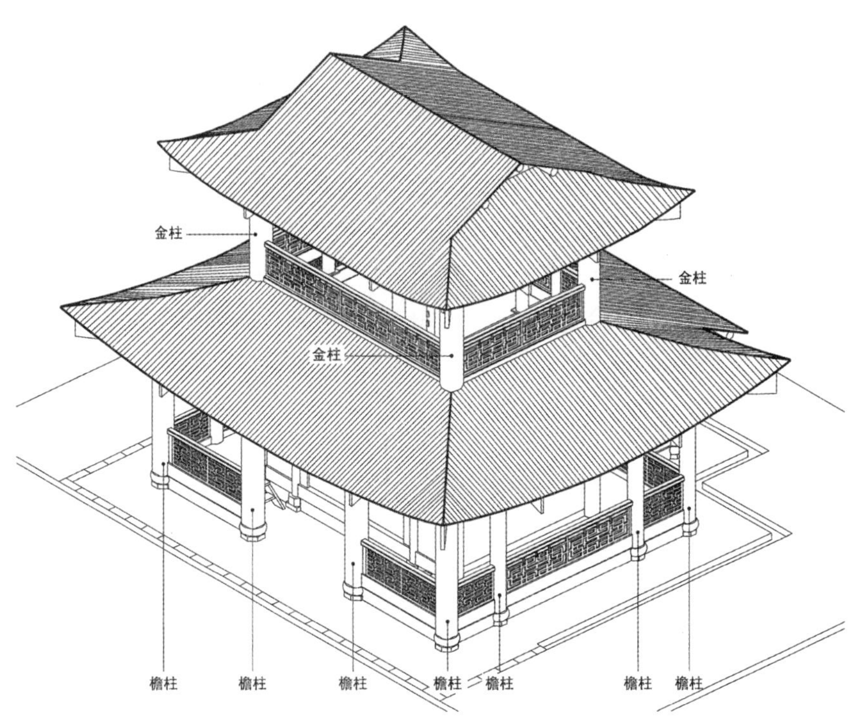

图 5　老司城摆手堂模型

（虢啸东　绘）

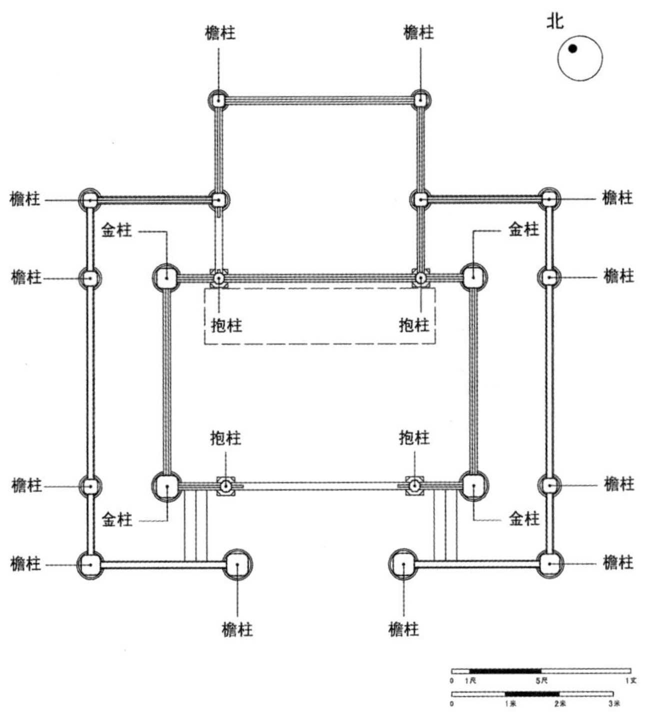

图 6　老司城摆手堂一层平面图

（杨健　绘）

2）通柱、棋柱、过枨与阑额

如前所述，土家族木构建筑的本质是穿斗式结构，即用柱子承檩，两个方向的枋子（穿枋和斗枋）起拉结作用，以形成整体构架。摆手堂也是这样的。其特点在于多层建筑的构架方面：第一，采用主体和围廊两套结构。主体通高，是主要的使用空间，围廊只有一层，除了交通功能外，主要用于加强主体的稳定性（图 7，图 8）。第二，主体结构的外柱用通柱，内柱用棋柱，两者共同支撑起二层的歇山屋顶。第三，作为内柱的棋柱共有四根，分别立在身内的两根穿枋上，这两根穿枋将它所受到的重力传递给斗枋，再通过斗枋传递给金柱（图 9，图 10）。第四，围廊部分采用披厦的形式，其内柱是金柱，外柱是檐柱，在两者之间设棋柱，通过金柱、棋柱、檐柱承托上面的檩子（图 11，图 12）。

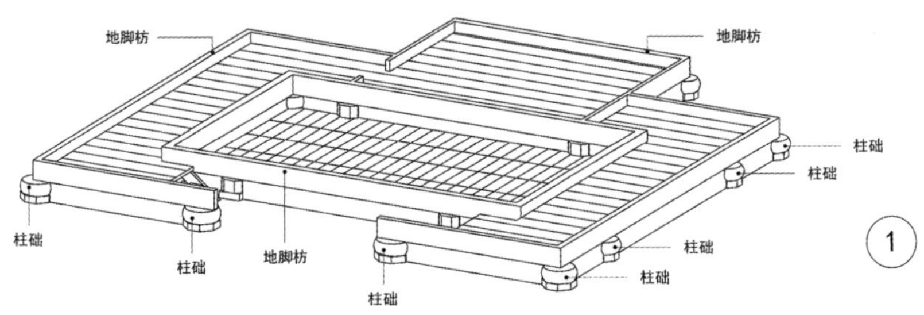

图 7　老司城摆手堂结构分解图之一

（虢啸东　杨健　绘）

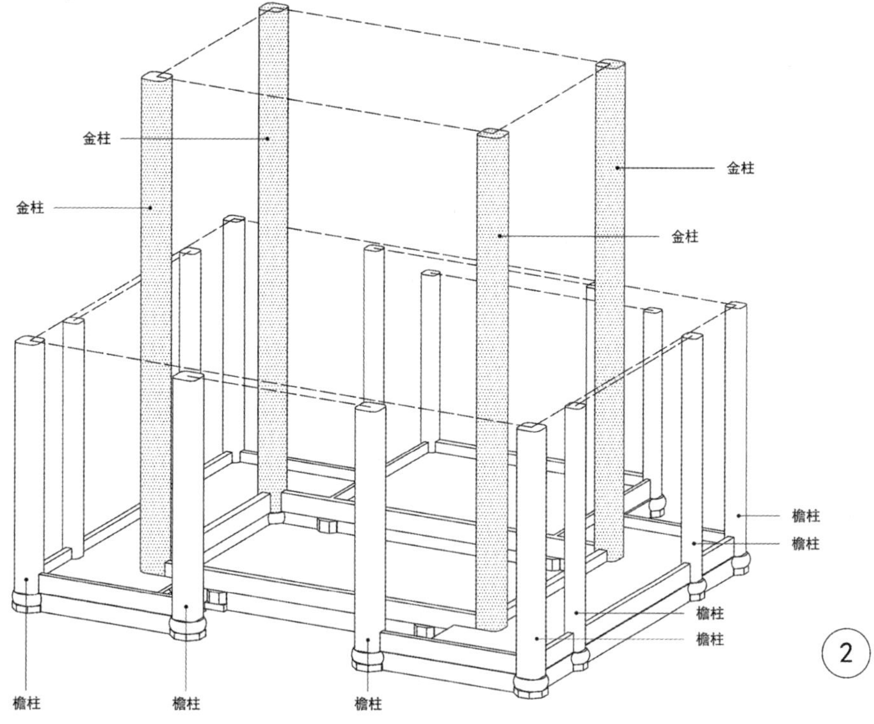

图 8　老司城摆手堂结构分解图之二

（虢啸东　杨健　绘）

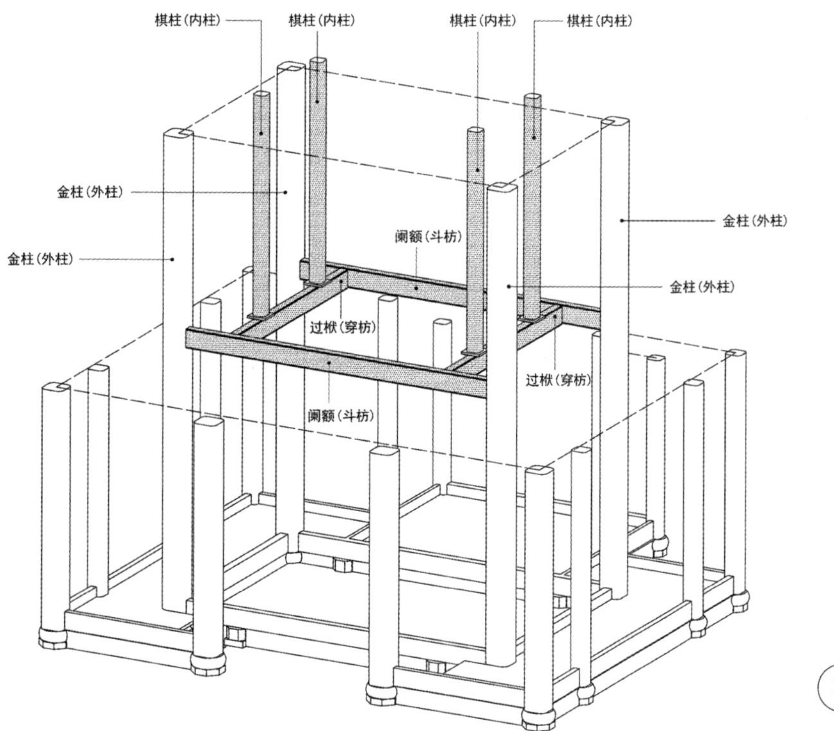

图 9　老司城摆手堂结构分解图之三

（虢啸东　杨健　绘）

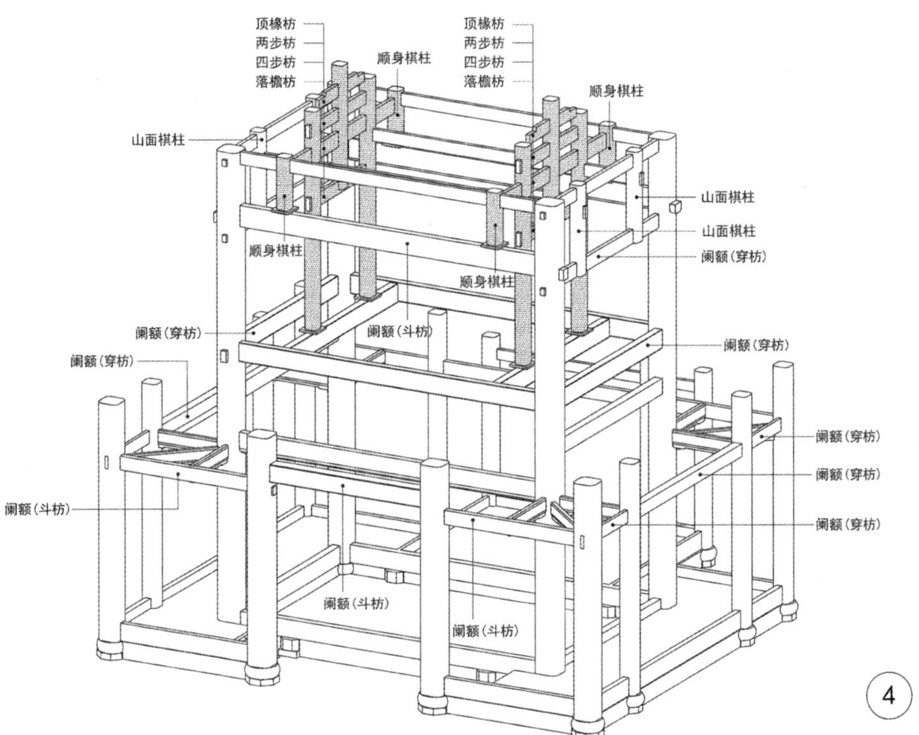

图 10　老司城摆手堂结构分解图之四
（虢啸东　杨健　绘）

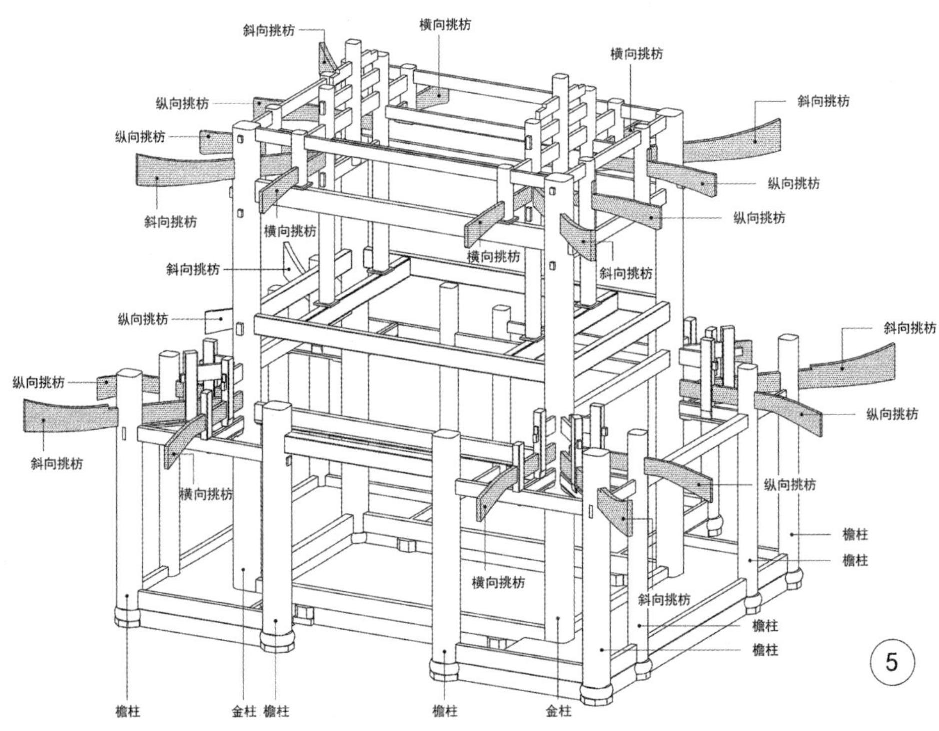

图 11　老司城摆手堂结构分解图之五
（虢啸东　杨健　绘）

可见，采用通柱而不是截柱，注重榀架之间的联系，而不是楼层之间的堆叠，是土家族木构建筑的一大特点。其整体性优于层叠式的截柱做法。[1]

而棋柱的大量使用，是土家族木构建筑的另一大特点。这些不落地的柱子有两种，一种是作为屋顶榀架和披厦屋架的柱子使用，它们直接承檩以构成屋架，但不影响下面的使用。这是穿斗结构常用的做法，在单层建筑中也是非常普遍的。另一种是作为楼阁式建筑的各层内柱使用，我们称为“结构性棋柱”。这是穿斗结构在楼阁式建筑中特有的处理方式。

在土家族单层木构建筑中，一般只使用枋材（穿枋和斗枋），其截面瘦高（高宽比为 3 ∶ 1 至 4 ∶ 1），不具备梁栿的形态。在国家级传承人彭善尧师傅所做单层重檐建筑中，有大量用枋材直接承担棋柱，并用棋柱与通柱配合，来形成重檐屋顶的例子。可见，在枋材上立棋柱，再用棋柱和通柱来做歇山顶，是一种可行的做法。

不过，在老司城摆手堂中，棋柱下面的构件采取的是梁栿的形态。其截面硕大丰满（高宽比为 2 ∶ 1 左右），有线脚处理。当地匠师将这几种受集中力的构件都称为“过梁”或“过栿”，对它们的位置不做区分。为了与近代砖混建筑中的构件“过梁”相区别，本文采用了“过栿”这一术语；在这些构件中，为了将那些直接位于棋柱下面的构件，与那些位于檐柱之间的构件区别开来，本文将前者命名为“过栿”，将后者命名为“阑额”；为了将这些构件的纵横方向表示出来，依照它们与榀架的关系，增加了“穿枋”和“斗枋”字样，用括号表示在后面，凡与榀架平行的称为“穿枋”，凡与榀架垂直的称为“斗枋”（图 13）。

这些梁栿有横向和纵向两种，它们或者榫接在柱子上，或者榫接在其他梁栿上，理论上可以出现在任何地方。这样，架设在这些梁栿上的棋柱，其位置变得非常灵活。[2]

可见，在土家族楼阁式建筑中，枋材发生了分化。因为承担棋柱传递下来的重力，且有着加强结构整体性和稳定性的作用，一些构件分化成了梁栿。

3）水程和榀架

摆手堂的屋面坡度，无论是主体的歇山顶，还是四周的披厦，均为五水。这是一种和缓的坡度，从而使摆手堂呈现出舒展的面貌。当然，因为经过多次拆建，其檩子的位置并不能始终符合这一水程，匠师们是通过调节檩子的大小，来适应屋面坡度的需要的。

水程的确定，是需要掌墨师傅绘制样图的。唐代柳宗元《梓人传》中有如下描写：“画宫于堵，盈尺而曲尽其制，计其毫厘而构大厦，无进退焉。”在宋《营造法式》中称此作“定侧样”：“举折之制，先以尺为丈，以寸为尺……，侧画所建之屋于平正壁上，定其举之峻慢，折之圜和，然后可见屋内梁柱之高下，卯眼之远近。”即以十分之一的比例画侧视图，表现梁架卯眼的尺寸位置，以计算建筑尺度及构件用料尺寸。[3]因此，这是一个

[1] 张十庆．从建构思维看古代建筑结构的类型与演化 [J]. 建筑师，2007（2）：168–171.

[2] 在这里，作为内柱的棋柱搁置在过栿（穿枋）上，理论上可以沿着过栿（穿枋）前后移动，而过栿（穿枋）架设在阑额（斗枋）上，理论上可以沿着阑额（斗枋）左右移动，因此棋柱的位置非常灵活。

[3] 张十庆．古代营建技术中的“样”、“造”、“作” [C]// 张复合．建筑史论文集（第 15 辑）．北京：清华大学出版社，2002：38.

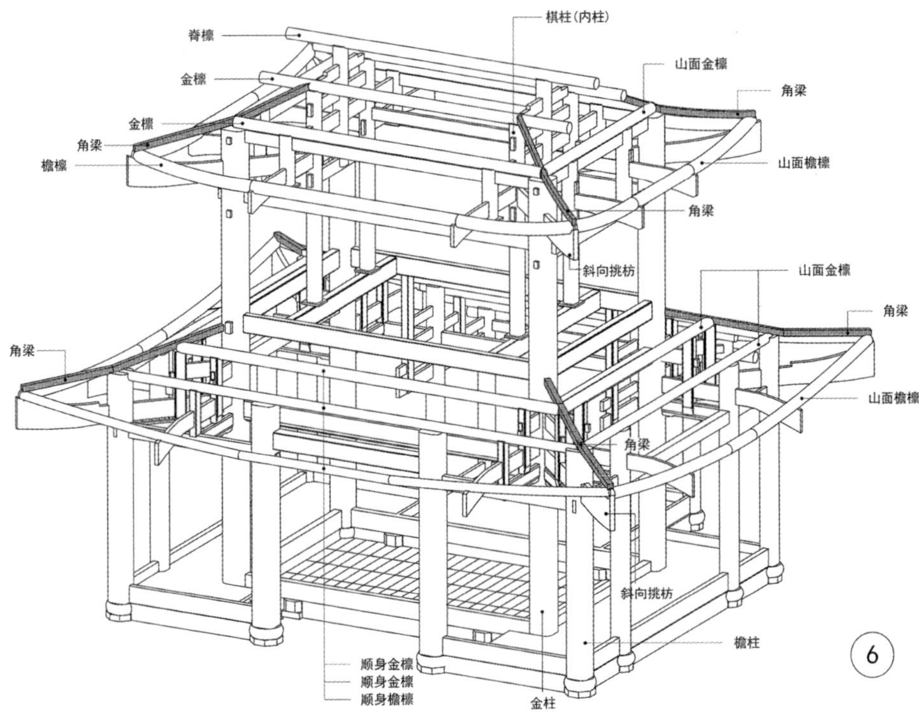

图 12　老司城摆手堂结构分解图之六

（虢啸东　杨健　绘）

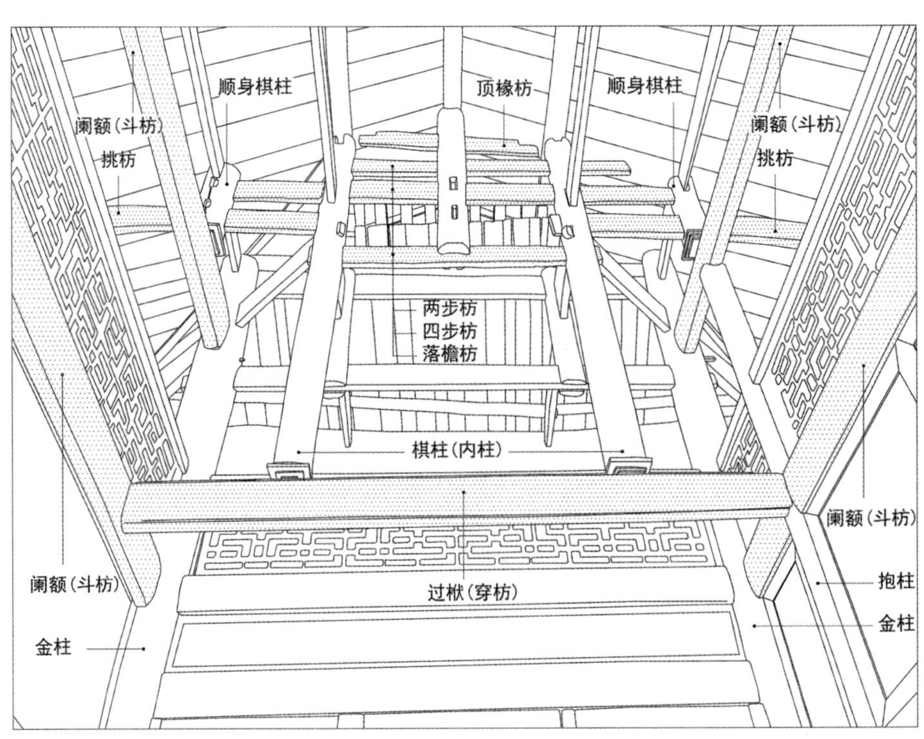

图 13　老司城摆手堂主体部分结构

（杨健　绘）

设计的过程，是决定该建筑整体走向的关键步骤。

确定水程采用的是侧视图，其重点是榀架的组成情况。主体部分的榀架为两柱三棋，其穿枋从上至下依次是顶椽枋、两步枋、四步枋、挑枋和落檐枋（参见图 10，图 13）。穿斗架的柱、穿组合方式一般有“满枋满柱”、“满枋满棋”、“满枋跑马棋”、“减枋跑马棋”四种（图 14）。[1]该摆手堂的挑枋左右并不贯通，为“减枋”做法，各棋柱的柱脚皆落在最下一层穿枋上，为“满棋”做法，但棋柱的长短不一（如脊檩下的棋柱一直通到落檐枋上）。可见楼阁式建筑的柱、穿组合方式要比一般民居的组合方式丰富一些。

[1] 穿斗架的柱、穿组合方式有“满枋满柱”“满枋满棋”“满枋跑马棋”“减枋跑马棋”四种。满枋满柱，即柱柱落地，各层穿枋透穿各柱。满枋满棋，即各棋柱的柱脚皆落在最下一层穿枋上，穿枋满穿各棋柱。满枋跑马棋，即棋柱的长短一致（称跑马棋），每根棋柱至少交三根穿枋，各层穿枋一律不省去。减枋跑马棋，即棋柱的长度一律减短，各层穿枋也不必左右贯通。参见：孙大章 . 中国民居研究 [M]. 北京：中国建筑工业出版社，2004。

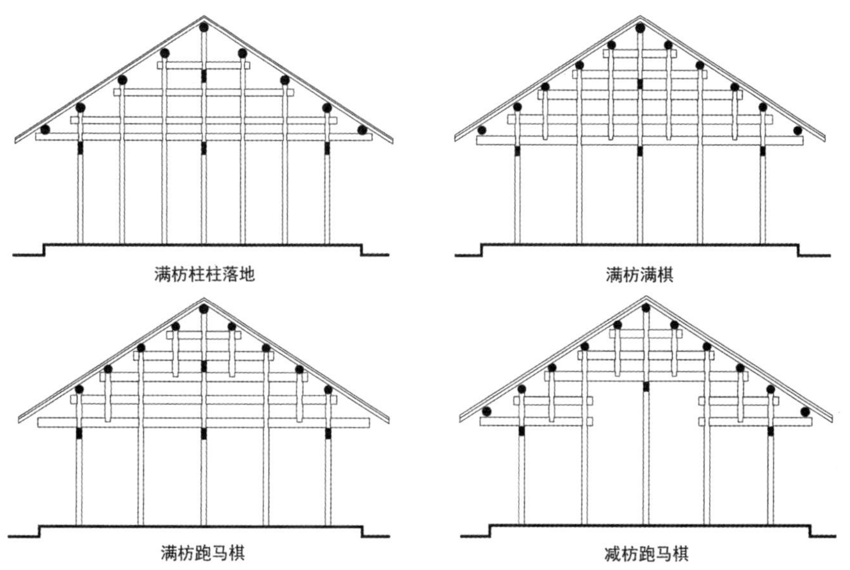

图 14　穿斗架的柱、穿组合方式
（孙大章 . 中国民居研究 [M]. 北京：中国建筑工业出版社，2004：图 5-44）

4）挑枋

为了使外墙不受雨水侵蚀，需加大出檐。一般用斜撑或枋木，以及枋木加短柱，复杂的就用枓栱。枓栱可层层出挑，最大可达五六米。但枓栱的加工和安装都十分复杂，费时费工。故大部分民间建筑选择了枋木出挑。土家族建筑也是如此，其特点在木料的选择上：挑枋的木材选自树木接地处自然弯曲的部分。原本不材之木，却在这里找到了用武之地。

既然是枋木，将其穿插在柱子或棋柱中，也就是必然的做法了。

摆手堂的挑枋可分为横向挑枋、纵向挑枋和斜向挑枋三种，在主体和披厦中均有出现。

摆手堂东西两面走廊各加设了两根檐柱，它们与金柱一起，承托出挑的挑枋。南面走廊也加设了两根粗大的檐柱，不过为使正面的三开间看上去匀整一些，将其位置进行了调整；承托挑枋的任务，就交给了南面廊子处的金柱、斗枋和棋柱（参见图 11）。

根据出挑的远近，挑枋可以做成一层或者两层。如果是两层，则分别称为小挑和大挑。老司城摆手堂使用的是一层出挑，出挑距离多为3尺5寸。

5）翘角

所谓翘角，即屋顶转角做法。其关键是如何布置角梁和角椽。

老司城摆手堂角柱处45° 斜伸的挑枋是向上翘曲的，而纵横两向挑枋是向下弯的，这样可以配合角部向上弯曲的檐檩，将屋顶转角处的椽子抬得高高的（参见图 12）。从立面来看，披厦的起翘从金柱处开始，二层屋顶的起翘则从作为内柱的棋柱处开始。

角梁：其角梁实为一扁平的枋材，厚只两椽，无官式做法中大角梁、小角梁的区别，也无需用三角形的生头木将椽子过渡到角梁上皮。就披厦而言，角梁前端的支点为斜向挑枋和檐柱；角梁转过两椽，其支点分别是披厦的棋柱和金柱。在斜向挑枋、檐柱和棋柱三处支点，角梁均与该处的檩子交圈。二层屋顶与披厦情况类同，惟角梁只转过一椽，故角梁的支点依次为斜向挑枋、金柱和作为内柱的棋柱（参见图 12）。

角椽：角部的椽子仍平行排列（“平行椽”），与正身椽子一样，而非官式做法中逐渐散开的“翼角椽”，角梁两侧亦无椽槽。在翘角的仰视图中，角梁头线与檐椽头线取平，故无官式做法中的“生出”。

与上述做法相适应，摆手堂披厦部分的角部檐柱比正身檐柱略高，“生起”约 4 寸，大于《营造法式》“三间生两寸”的规定。但摆手堂的角部檐柱没有明显的“侧脚”。

2. 老司城文昌阁的结构形式

文昌阁位于老司城东南回龙山上的关帝庙遗址，山下就是湍急的灵溪河。遗址由上下相连的三进平地组成，关帝庙大殿遗址位于小山包的顶上。关帝庙是老司城三大庙之一，其中，文昌阁是晚清由老司城谢圃人向嘉会倡议而增建的，较大地改变了关帝庙建筑群的格局。[1]20 世纪五六十年代，关帝庙大殿被拆毁，文昌阁也迁往衙署区彭氏宗祠下面，作为摆手堂使用。[2]2013 年申请世界文化遗产期间，又将文昌阁迁回原址，和大殿遗址一起组成了现在的关帝庙遗址区（图 15）。

1）主体与披厦

文昌阁的主体高 3 层，上下有楼梯联系。主体的开间进深均为 16.6 尺，金柱高 26.5 尺。主体的左、右、后三面，为一圈高两层的披厦，楼梯就位于后面的披厦中。左右披厦宽 8.5 尺，做成房间，后披厦宽 6 尺，容曲尺状楼梯一部。在主体二层的北侧设一直跑梯段，通向三层（图 16，图 17）。正面没有披厦，这种处理方式十分奇特，但在永顺县王村等地的摆手堂中，可以看到类似的做法。

❶ 柴焕波.永顺老司城——八百年溪州土司的踪迹 [M]. 长沙：岳麓书社，2003：117. 在《土司王朝》一书中，向盛福认为，文昌阁是清同治末年由当地向、周、付等家族的地方名人出面，发动当地人集资修建的。而在《溪州土司制度盛衰轶事》一书中，向盛福又称，根据史料记载，老司城土司时代（即清雍正年间“改土归流”之前）已有文昌阁这一建筑。参见：向盛福.土司王朝 [M]. 呼和浩特：内蒙古人民出版社，2009：218；向盛福.溪州土司制度盛衰轶事 [M]. 北京：线装书局，2013：85。

❷ 关于文昌阁迁往衙署区的时间，一说 20 世纪 60 年代（文献 [9]：122），一说 1951 年（老司城博物馆“文昌阁”条介绍）。

图 15　老司城文昌阁

（郭毅　摄）

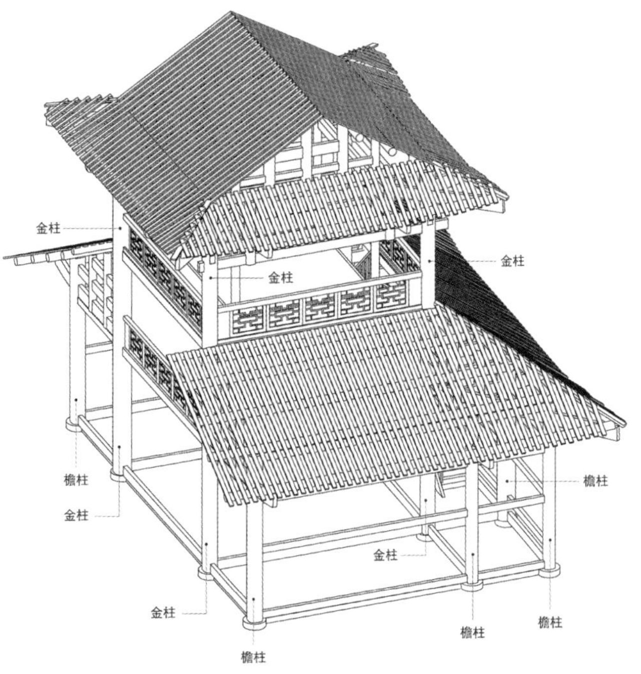

图 16　老司城文昌阁模型

（尹政　黄文琦　姜力　绘）

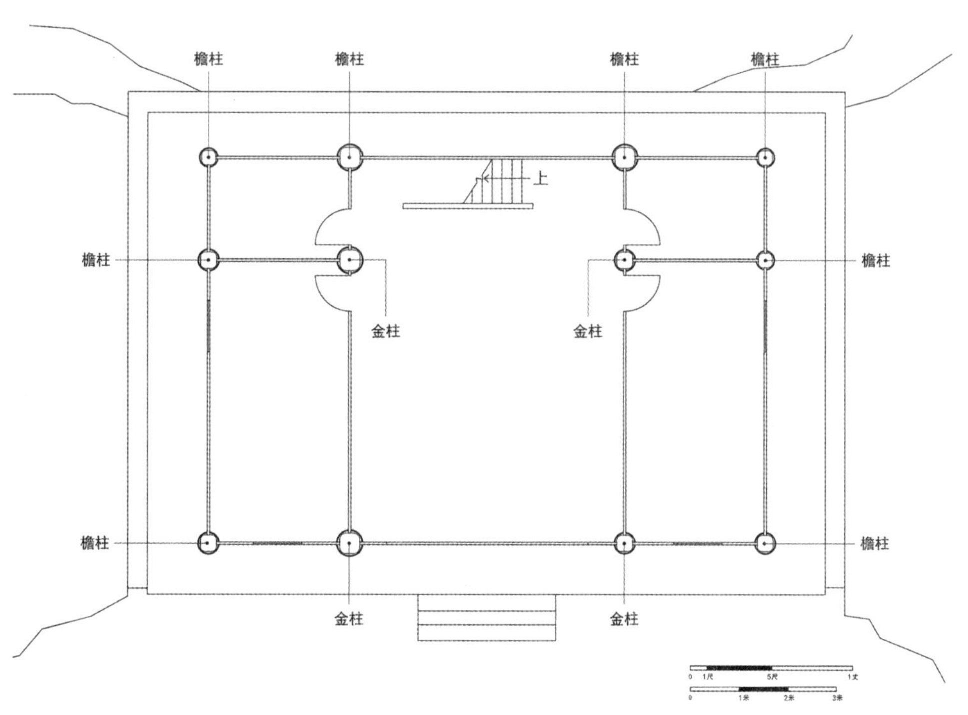

图 17　老司城文昌阁一层平面图

（尹政　绘）

其主体由通高三层的柱子形成，三面的披厦起扶持、稳定的作用（图 18，图 19）。

2）通柱、棋柱、过栿与阑额

在四根通柱的第一层设两根穿枋和七根斗枋（两根阑额，五根楼枕枋），在第二层同样设两根穿枋和七根斗枋（两根阑额，五根楼枕枋），然后在这些斗枋上铺设楼板。在第二层斗枋（阑额）退进一椽分位的两

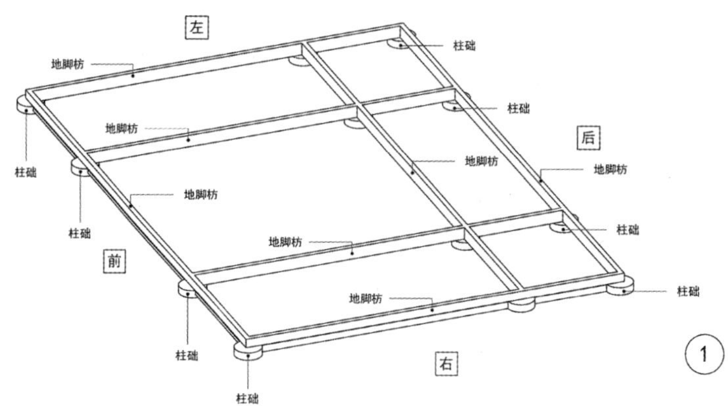

图 18　老司城文昌阁结构分解图之一

（尹政　杨健　绘）

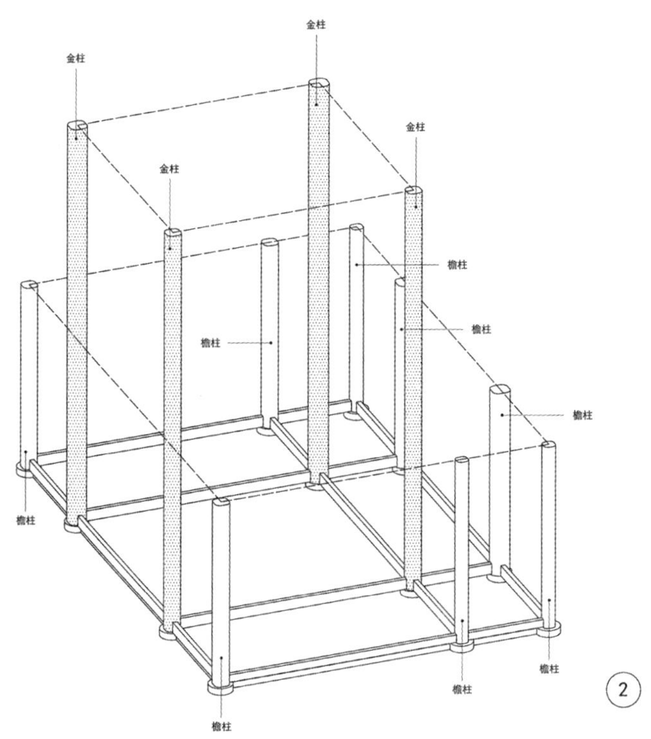

图 19　老司城文昌阁结构分解图之二

（尹政　杨健　绘）

根楼枕枋上，架设四根棋柱；第三层（即楼阁部分），就是由这内外两圈八根柱子（外柱为四根金柱，内柱为四根棋柱）形成的。四根内柱（棋柱）直接搁置在两根楼枕枋上，用柱脚枋在纵横两个方向上进行连系。楼阁部分的内外柱子之间，是一圈宽约 3 尺的走廊。中间为一 11 尺见方的方形小屋，上部透空，可见屋架。屋顶为歇山顶做法（图 20，图 21）。总之，这是一种穿斗式结构，采用通柱和棋柱相结合的方式，来实现楼层的叠加。

在老司城文昌阁中，各种过栿和阑额的尺寸规格都不一样，其截面有着从 1 ： 1 至 3 ： 1 多种高宽比。其中，结构性棋柱下面的构件（即过栿）为楼枕枋，其截面高宽比为 2 ： 1 左右；主体部分二层的阑额（包括纵横两个方向的阑额）较为粗大，其截面高宽比亦在 1.4 ： 1 至 2 ： 1 之间。换言之，尽管经过多次拆建，致使其构件的尺寸和比例无甚规律，但主要的过栿和阑额（亦即主体部分二层的过栿和阑额），还是明白无误地采取了梁栿的形态。

3）水程和椽架

三面披厦的坡度并不一样，左右两面披厦的水程为五水，后面披厦因其廊子宽度小于左右披厦的廊子，故为七水，十分陡峻。这种变通的做法，

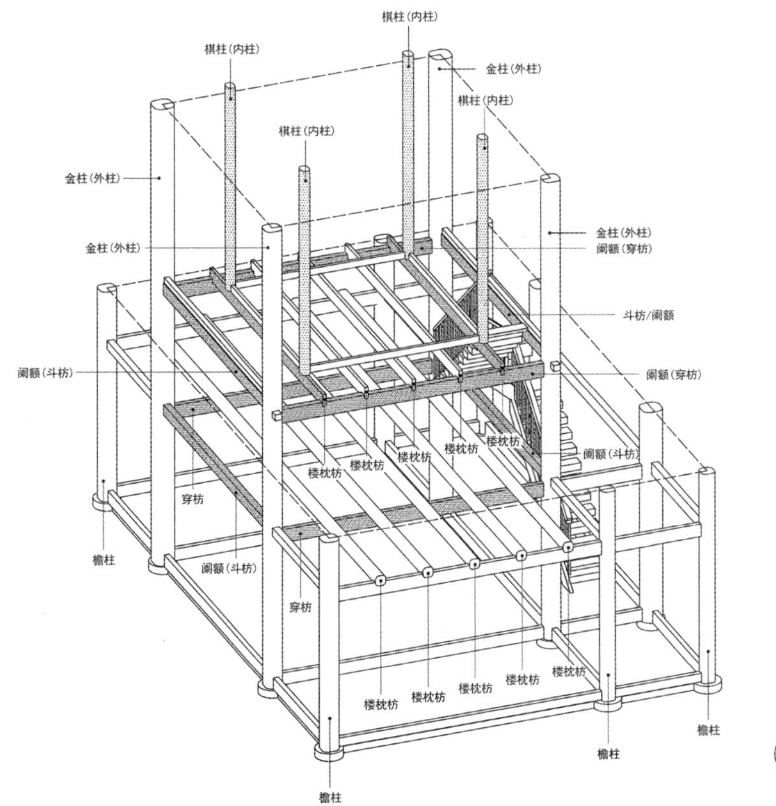

图 20　老司城文昌阁结构分解图之三

（尹政　杨健　绘）

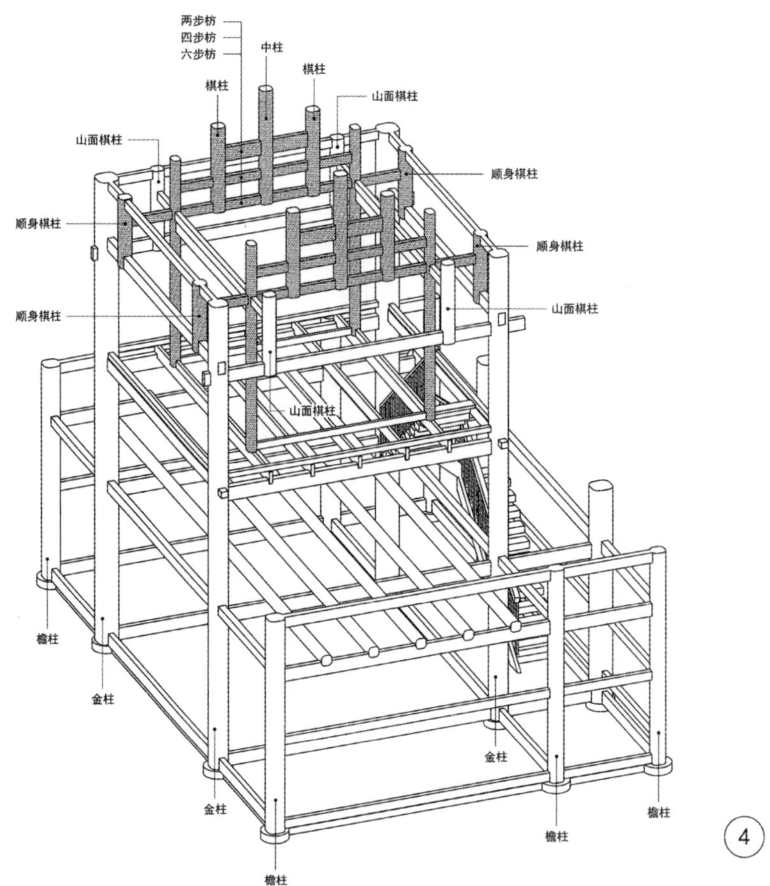

图 21　老司城文昌阁结构分解图之四
（尹政　杨健　绘）

显示出其水程做法的灵活性。另外一个结果是，其三面披厦相交所得的角梁，不是斜 45° 方向的。

主体部分的屋顶为歇山顶，其水程为“六水”。

值得指出的是，由于经历了多次拆迁重建，文昌阁各构件的规格十分混乱；水程方面也没有一个非常准确的数值，只能估出一个大致的数字。

榀架：主体部分的榀架为两柱五棋，其穿枋从上至下依次是两步枋、四步枋、六步枋和挑枋（横向挑枋），无落檐枋。棋柱的长度一律减短，挑枋左右不贯通，为“减枋跑马棋”做法（图 21，图 22）。

4）挑枋

其挑枋可分为横向挑枋、纵向挑枋和斜向挑枋三种，在主体和披厦中均有出现。

在三面披厦中，均于檐柱与金柱间设三层穿枋，底层穿枋（即挑枋）出挑，承托檐檩。檐柱及两根棋柱各承托一根檩子。椽子后尾处的檩子，搁在二层斗枋（阑额）和穿枋（阑额）出金柱的挑头上（图 22，图 23）。

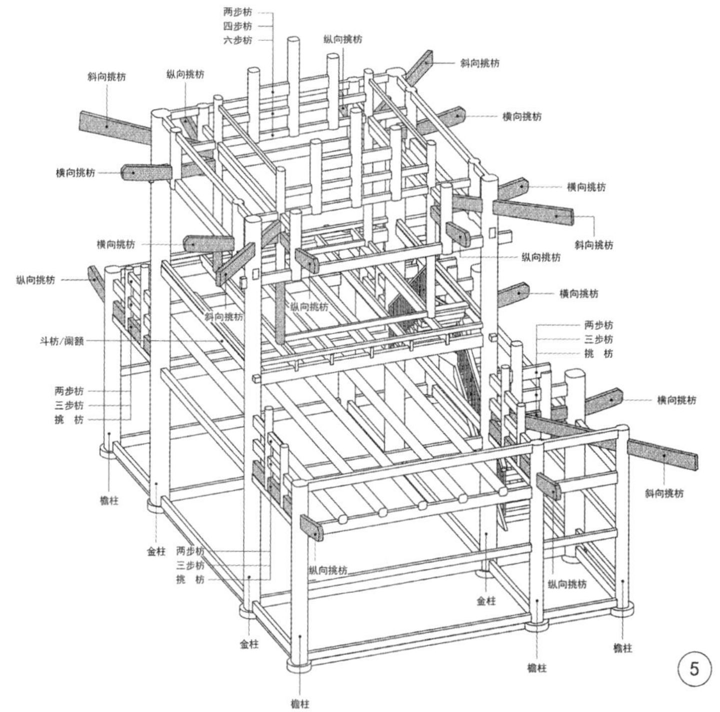

图 22　老司城文昌阁结构分解图之五

（尹政　杨健　绘）

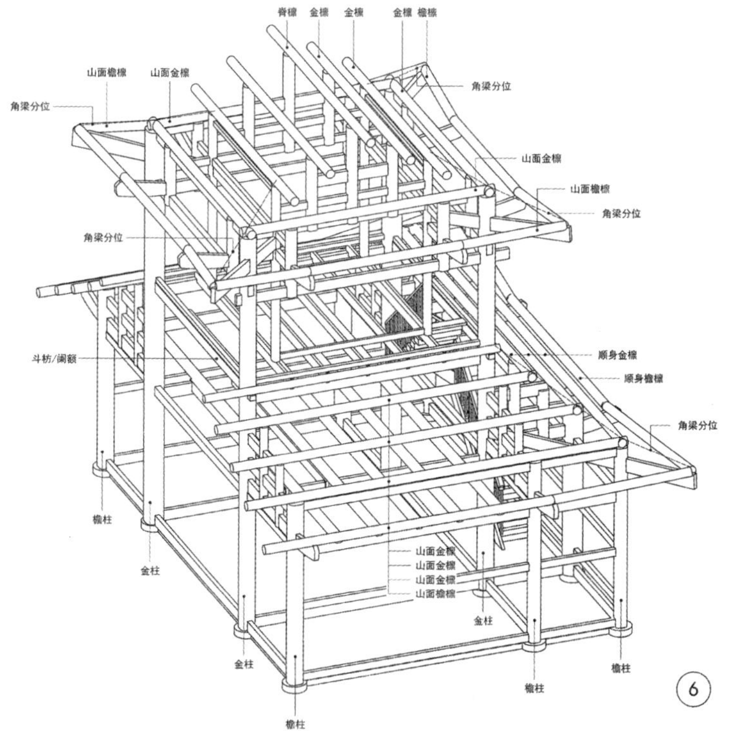

图 23　老司城文昌阁结构分解图之六

（尹政　杨健　绘）

在第三层（楼阁部分），为两排两柱五棋的槅架，即在每两根棋柱（内柱）间设三层穿枋三根棋柱，以承托顺身方向的脊檩和金檩。金柱（外柱）也承托正面和山面的檩子。在棋柱（内柱）与金柱（外柱）之间设斜 45° 方向挑枋，在此斜向挑枋下一层设纵横两向挑枋，共同承托正面和山面的檐檩（参见图 22，图 23）。故主体部分的槅架共有四层穿枋（两步枋、四步枋、六步枋和横向挑枋）。

与摆手堂相比，文昌阁的挑枋都是朝上弯曲的，但曲率很小，近乎平直。出挑距离一般为 3 尺 2 寸，后部披厦出挑较小，仅为 2 尺 3 寸（图 24）。

5）翘角

与前面所述摆手堂相比，文昌阁的翘角在视觉上更加平缓，其原因与挑枋近乎平直、出挑不高有关，也与瓦作有关：文昌阁的戗脊，其脊瓦堆叠非常简单，并不追求起翘的高度（参见图 24）。

文昌阁角柱的侧脚和生起均不明显。

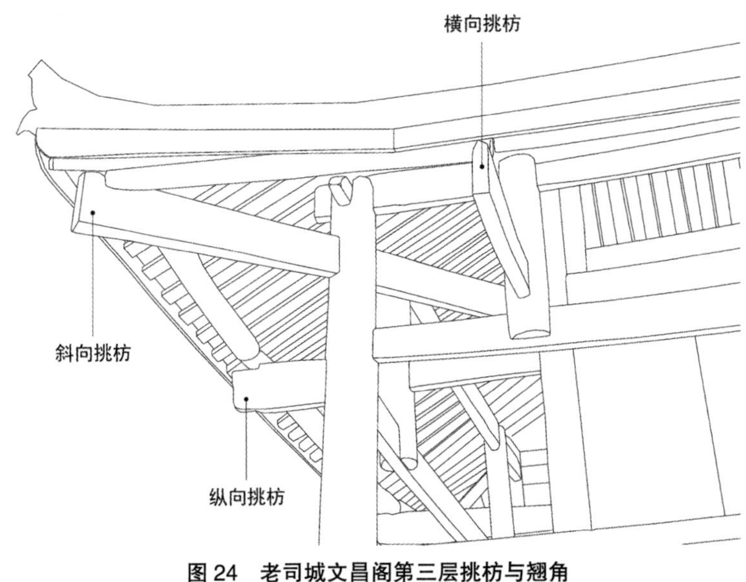

图 24　老司城文昌阁第三层挑枋与翘角
（杨健　绘）

3. 老司城皇经台的结构形式

皇经台位于祖师殿和玉皇阁之间，跨越约 11 米的高差（图 25）。若以祖师殿室内地坪为第一级台地（设标高为 ±0），则皇经台的首层位于高出 6 米多的第二级台地上（标高为 6.19 米），其间连以蜿蜒曲折的石质阶梯；皇经台第二层（标高为 9.6 米）与玉皇阁前坪基本齐平；再往上六级台阶，就是第三级台地，亦即玉皇阁的室内地坪了，其标高为 11.2 米。皇经台第一层架空，内侧依附崖壁，最外侧的立柱有一定“侧脚”，是一种依靠吊角支柱进行支撑的“靠崖式建筑”。[1]皇经台第二层与玉皇阁前坪，则是通过木质天桥进行联系的。

皇经台的首层为通过式门屋，设一木质直跑楼梯通向玉皇阁前坪。二层中有一屋（原为藏皇经之所），四面围廊；屋内有梯，可上三层。三层上部透空，屋顶为歇山顶，翘角翼然。

1）主体与披厦（图 26）

[1] 吊角和靠崖是这种建筑类型的两大基本特征。参见：李先逵. 四川民居[M]. 北京：中国建筑工业出版社，2009：172-173.

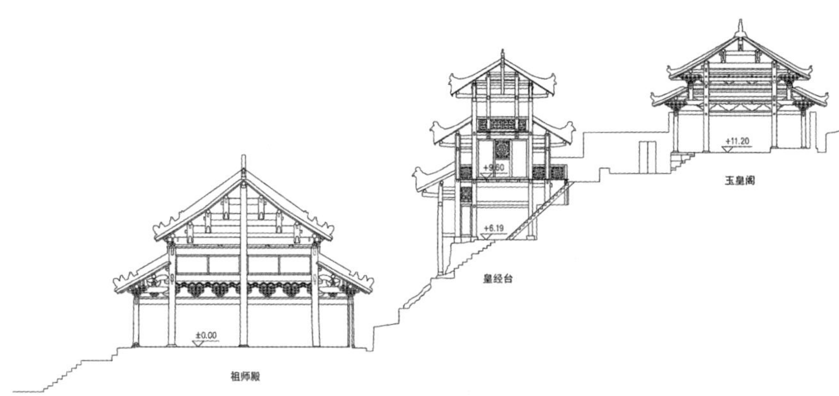

图 25 老司城祖师殿建筑群剖面图

（杨健根据老司城遗址管理处提供的图纸绘制。由下往上依次是：祖师殿、皇经台、玉皇阁）

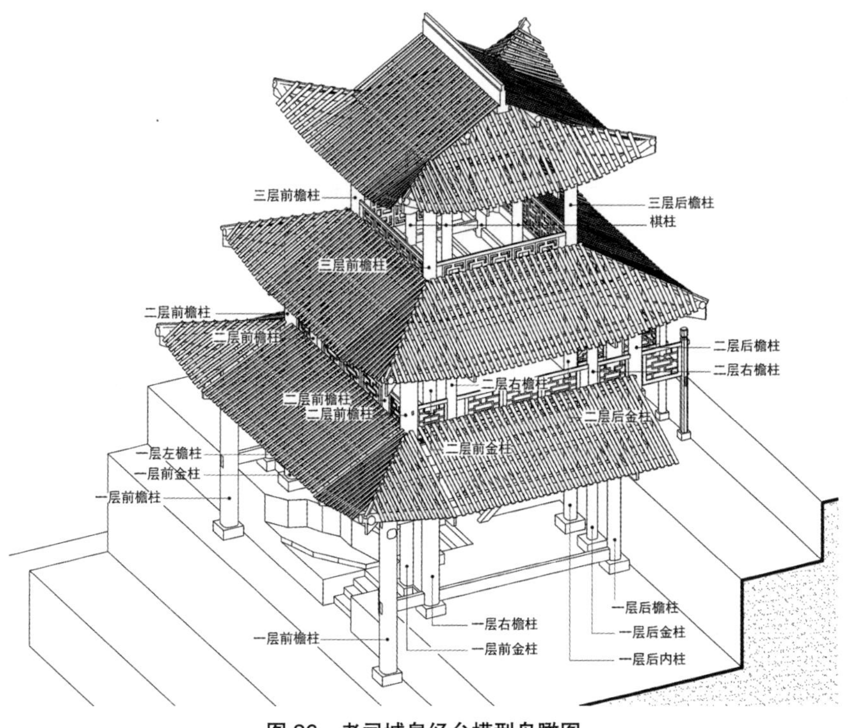

图 26 老司城皇经台模型鸟瞰图

（杨天润 杨健 绘）

为适应基地的需要，皇经台首层的前后檐柱高差甚大，平面也较复杂（图 27）。其结构与摆手堂无异，系由方形主体与四面围廊及披厦构成。皇经台的主体，其开间进深均为 10 尺，围廊宽 3 尺，尺度略小于摆手堂的主体（图 28）。其主体由通高三层的柱子形成，柱高 26.6 尺。两层披厦起扶持、稳定作用。

2）通柱、棋柱、过栿与阑额

因系三层楼阁，其各层柱子互有借用。具体来说：一层的四根金柱均直通二层，成为二层的檐柱；一层四根内柱均直通三层，成为二层的金柱，以及三层的檐柱（图 29，图 30）。

二层的两根前檐柱，以及左右各一根檐柱，是骑跨在枋材上的棋柱。二层的四根后檐柱，则立于皇经台一层标高与二层标高之间的台地上（图 31，图 32）。

在四根通柱的第二层设两根穿枋两根斗枋，穿枋上设四根楼枕枋（参见图 31）。

在第三层设两根阑额（穿枋）、两根阑额（斗枋）（图 33）。在两根阑额（穿枋）上，由三层前檐柱分位退进一椽处，架设两根过栿（斗枋）；在这两根过栿（斗枋）上，再架设四根棋柱。第三层（即楼阁部分），就是由这内外两圈八根柱子（外柱为四根檐柱，内柱为四根棋柱）形成的。四根棋柱（内柱）骑跨在两根过栿（斗枋）上，并用横向柱脚枋进行连系。四根棋柱向下伸出楼板，底部饰以瓜状雕饰。

值得注意的地方有二：一是这两根过栿（斗枋）高 7.3 寸、宽 2 寸，高宽比近 4 ∶ 1；二是在这两根过栿（斗枋）之间，另有两根拼合的斗枋，各高 6 寸、宽 3 寸，似有加强结构整体性的作用（图 34）。这说明，土家族楼阁式建筑的过栿，完全可以采用枋材的形态。

主体部分二层的两根阑额（穿枋），承托四根斗枋，高 6.6 寸、宽 6.7 寸；主体部分二层的两根阑额（斗枋），不受集中力，高 5.8 寸、宽 2.6 寸（参见图 33，图 34）。主体部分三层的两根阑额（穿枋），承托山面棋柱、高 6.9 寸宽 6.7 寸；主体部分三层的两根阑额（斗枋），承托槅架顺身棋柱，阑额高 6 寸、宽 6 寸（图 35）。可见，除主体部分二层的阑额（斗枋）因不受集中力而采用枋材的形态外，其他阑额都受到来自棋柱或其他枋材的集中力，因此均采用梁栿的形态。

第三层的内外柱间无墙板围合，故四面透空，可见屋架。屋顶为歇山顶做法。

3）水程和槅架

首层披厦水程为五水，二层披厦为六水，三层屋顶亦为六水。与湘西土家族民居常用的“五水”相比，皇经台上部屋面的水程较大，屋顶坡度较陡，可适应人在低处观看的需要。

与摆手堂及文昌阁相比，皇经台的构架是比较规矩的。以顶层为例，

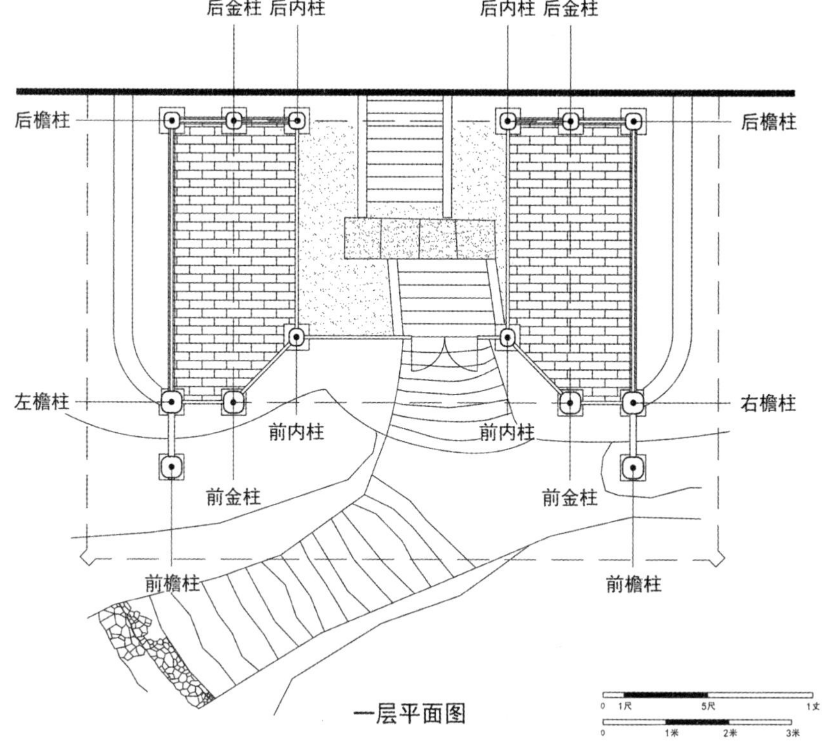

图 27　老司城皇经台一层平面图
（杨天润　绘）

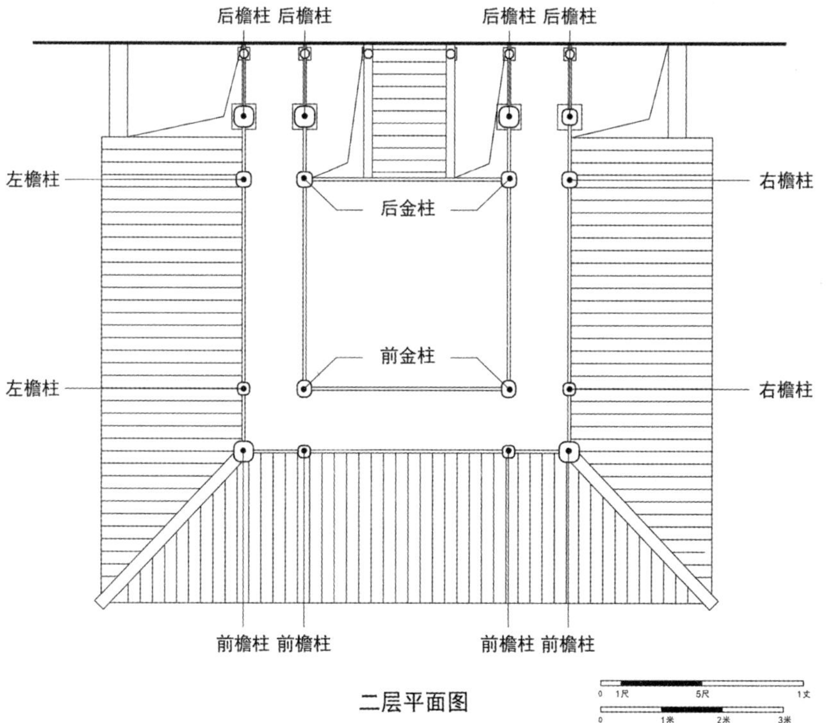

图 28　老司城皇经台二层平面图
（杨天润　绘）

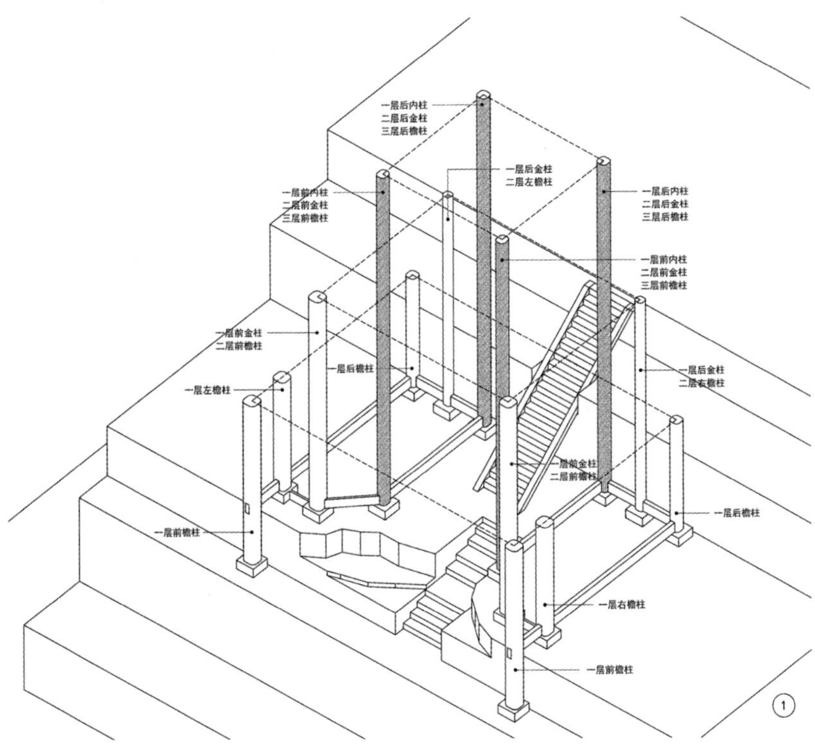

图 29　老司城皇经台结构分解图之一

（杨天润　杨健　绘）

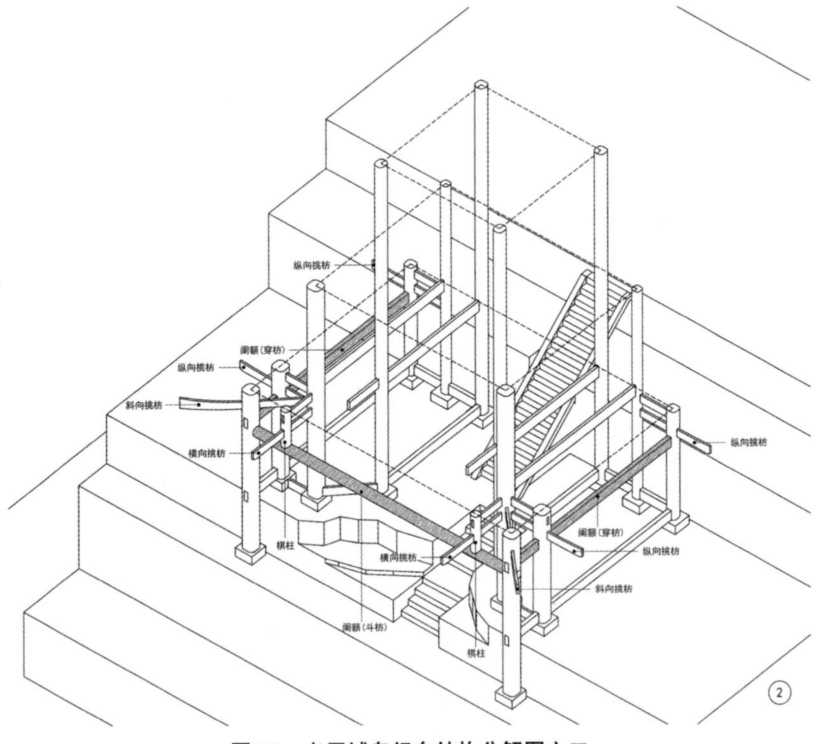

图 30　老司城皇经台结构分解图之二

（杨天润　杨健　绘）

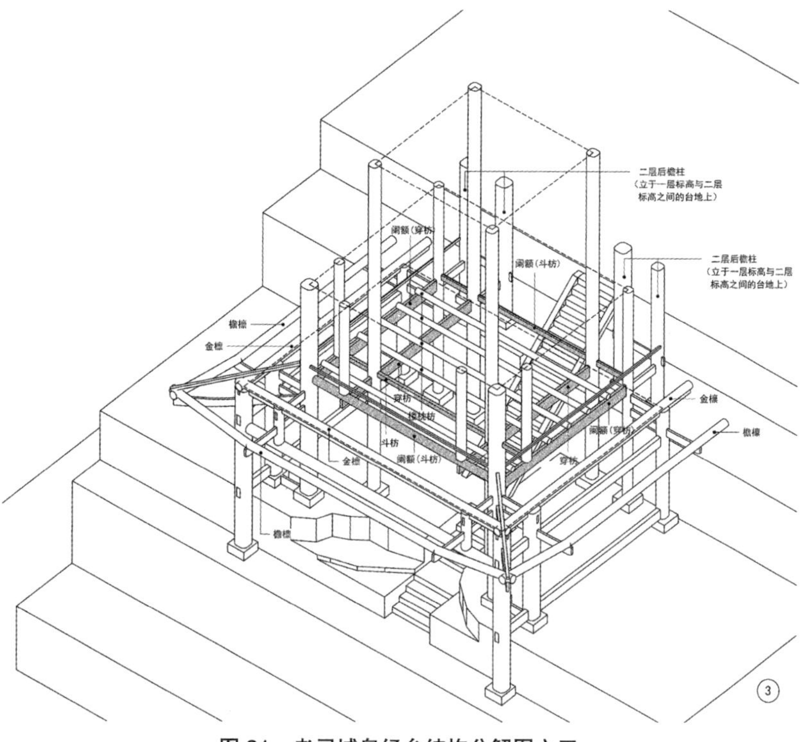

图 31　老司城皇经台结构分解图之三
（杨天润　杨健　绘）

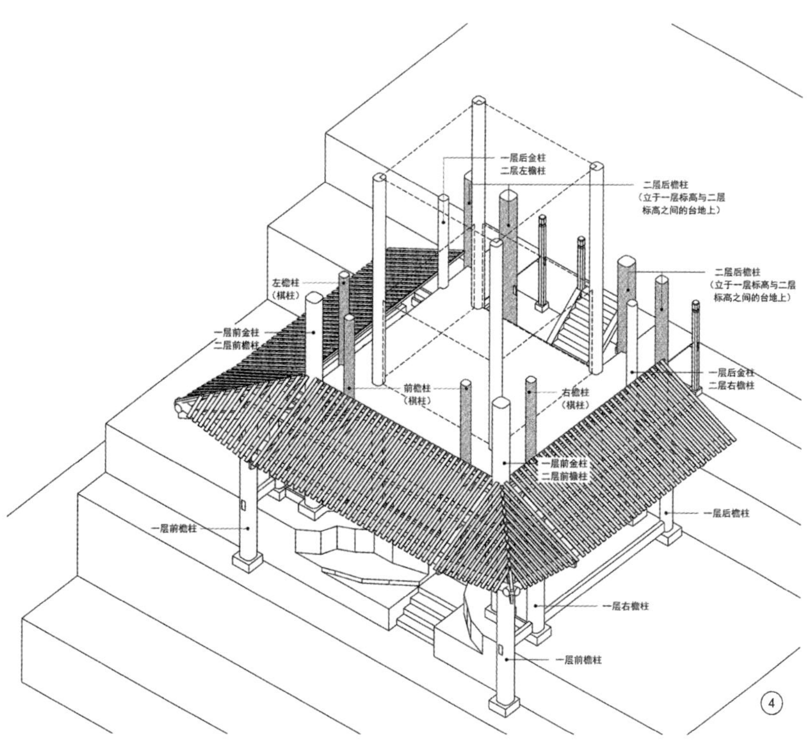

图 32　老司城皇经台结构分解图之四
（杨天润　杨健　绘）

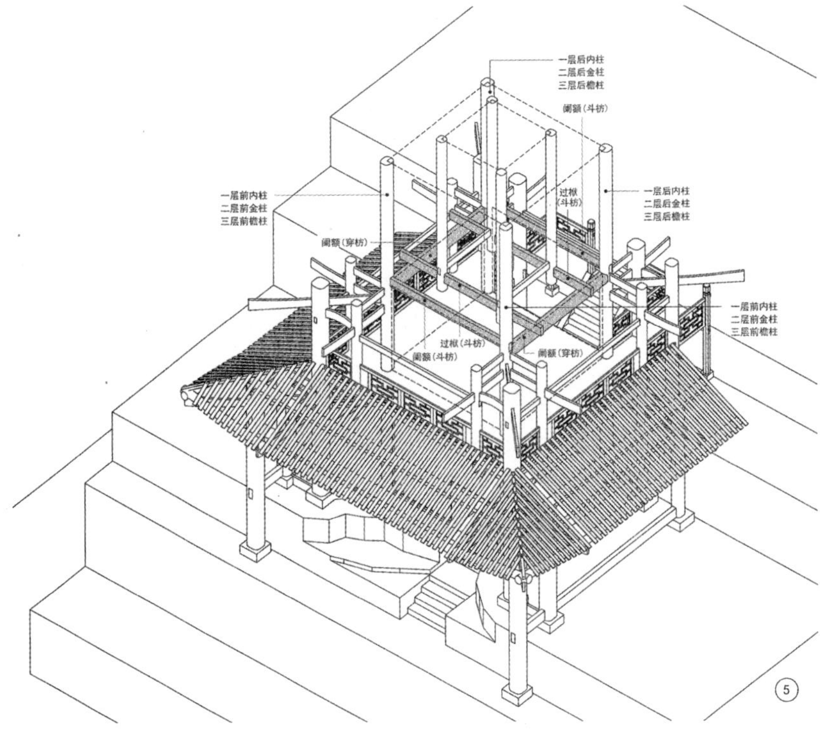

图 33　老司城皇经台结构分解图之五

（杨天润　杨健　绘）

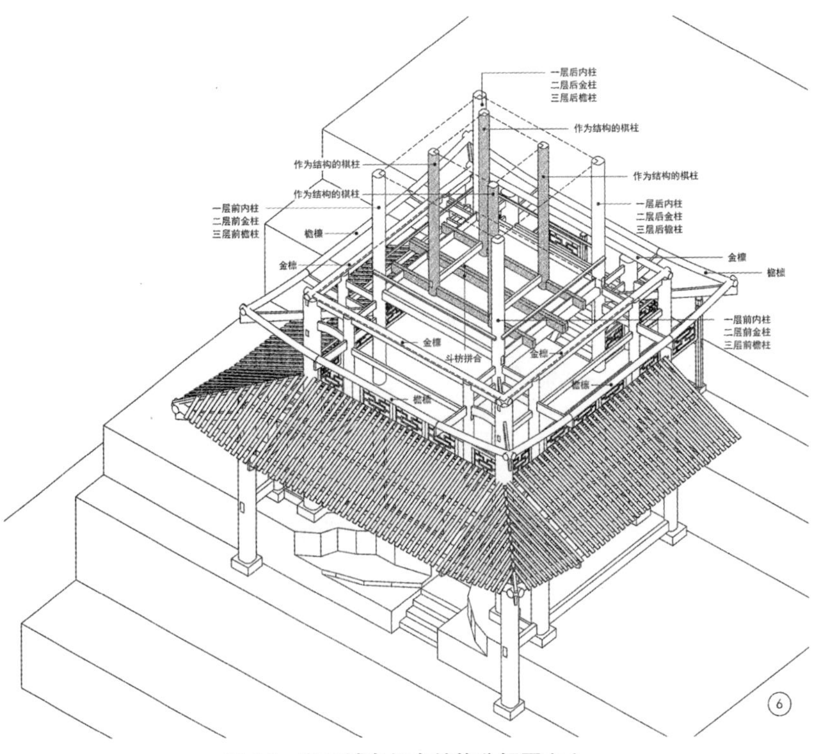

图 34　老司城皇经台结构分解图之六

（杨天润　杨健　绘）

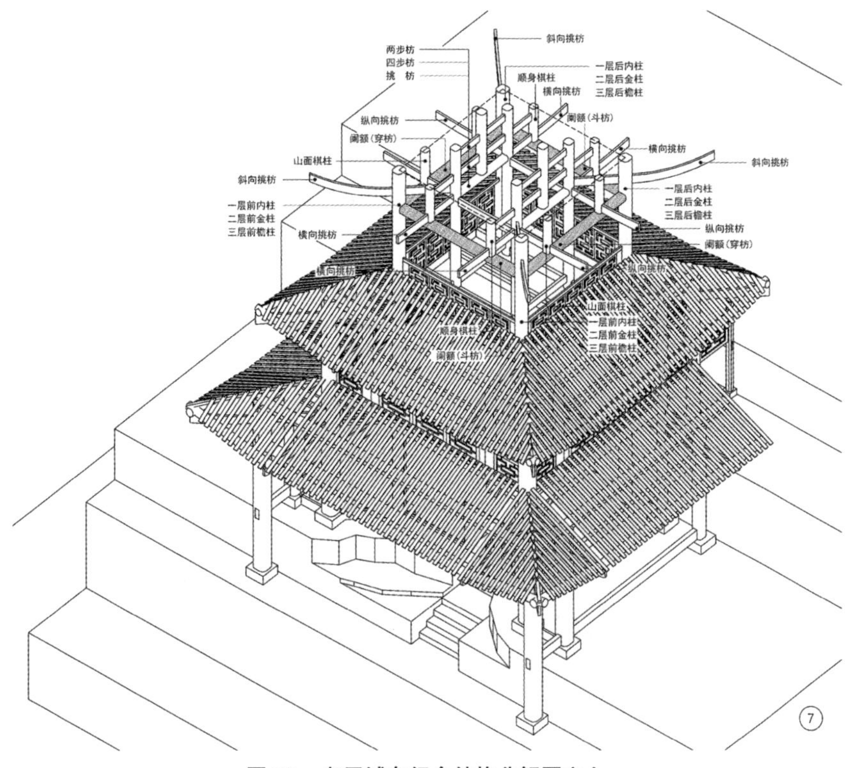

图 35　老司城皇经台结构分解图之七

（杨天润　杨健　绘）

各檩子的水平距皆为 2.5 尺，檩子的高差为 1.5 尺，其水程均为六水。就剖面而言，构件虽多，而法度谨严。这说明皇经台可能没有经过拆建，或者即使有过拆建或重修，也未改变其大的格局。

榀架：主体部分的榀架为两柱三棋，其穿枋从上至下依次是两步枋、四步枋和挑枋，无落檐枋。各棋柱的柱脚皆落在最下一层穿枋上，为“满枋满棋”做法（参见图 35）。

4）挑枋

在第一层和第二层，由各层的檐柱和金柱构成内外两圈柱子。在一、二两层披厦中，均于外柱与内柱间设两层穿枋，底层穿枋（即挑枋）出挑，承托檐檩。外柱承托一根檩子，其椽子的后尾搁在内柱外侧的枋子上（参见图 31，图 34）。

在第三层，设两排两柱三棋的榀架。两根内柱（棋柱）、三根棋柱，承托顺身方向的脊檩和金檩。外柱（檐柱）也承托正面和山面的檩子。在内柱（棋柱）四步枋下设斜 45° 方向挑枋，穿插在外柱（檐柱）中。在此斜向挑枋下，再出纵横两向挑枋。斜向挑枋、纵横两向挑枋共同承托正面和山面的檐檩（图 36）。

皇经台的各层挑枋，其纵横两向挑枋的出挑距离在 3 尺左右，其斜向挑枋的出挑距离约为 4 尺至 4 尺 8 寸。

5）翘角

皇经台角柱处的斜向挑枋是向上翘曲的，翘曲的高度远大于摆手堂和文昌阁；而纵横两向挑枋均较为平直，这样可以配合角部向上弯曲的檐檩，将屋顶转角处的椽子抬得高高的（图 37）。从立面来看，一层披厦的起翘从一层金柱处开始，二层披厦的起翘从二层金柱处开始，三层屋顶的起翘则从作为内柱的棋柱处开始。

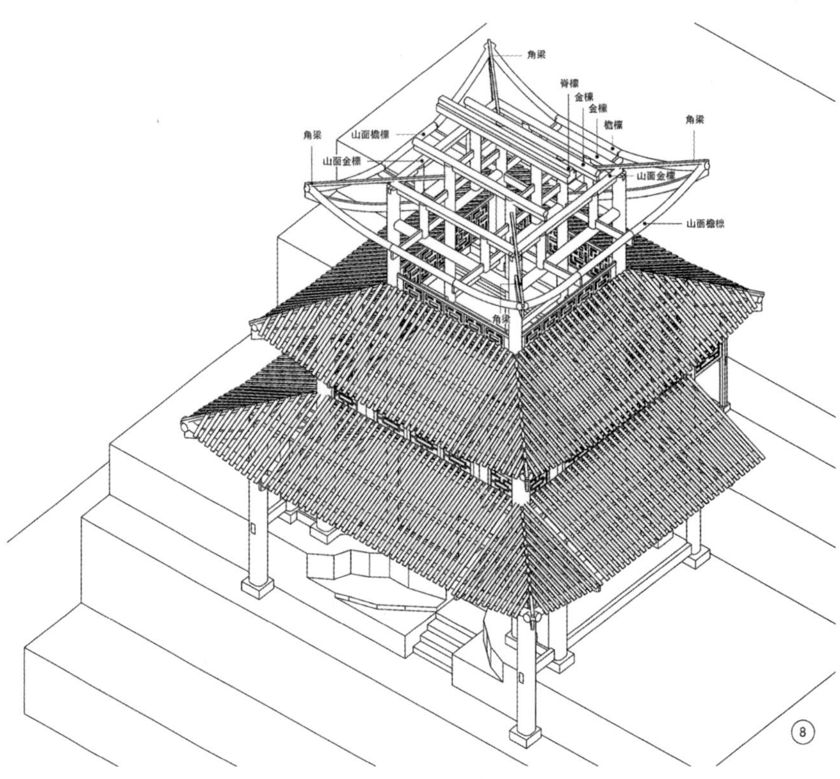

图 36　老司城皇经台结构分解图之八

（杨天润　杨健　绘）

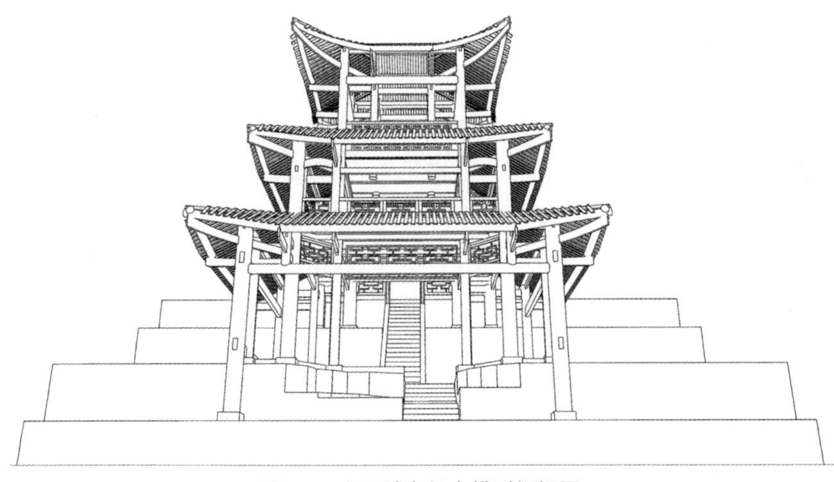

图 37　老司城皇经台模型仰视图

（杨健　杨天润　绘）

角梁：其角梁实为一枋材。就二层披厦而言，角梁前端的支点为斜向挑枋和檐柱，角梁转过一椽，其后尾的支点是二层金柱外皮上所安的枋子。在斜向挑枋和檐柱两处支点，角梁均与该处的其他檩子交圈（参见图34）。三层屋顶与二层披厦情况类同，角梁亦只转过一椽，故角梁的支点依次为斜向挑枋、檐柱和作为内柱的棋柱（参见图36）。

角椽：角部的椽子平行排列（“平行椽”），角梁两侧亦无椽槽。在翘角的仰视图中，角梁头线与檐椽头线取平，无官式做法中的“生出”。

皇经台披厦部分的角部檐柱与正身檐柱平齐，没有“生起”，故设有三角形的“生头木”将檐柱处的角梁和椽子抬起（图38）。在斜向挑枋端部，檩子的上皮，亦有“生头木”（图39）。三层楼阁部分未获准登临，故其细部构造不详。皇经台的檐柱和金柱略有“侧脚”，未经细致测量，不清楚侧脚的数值。

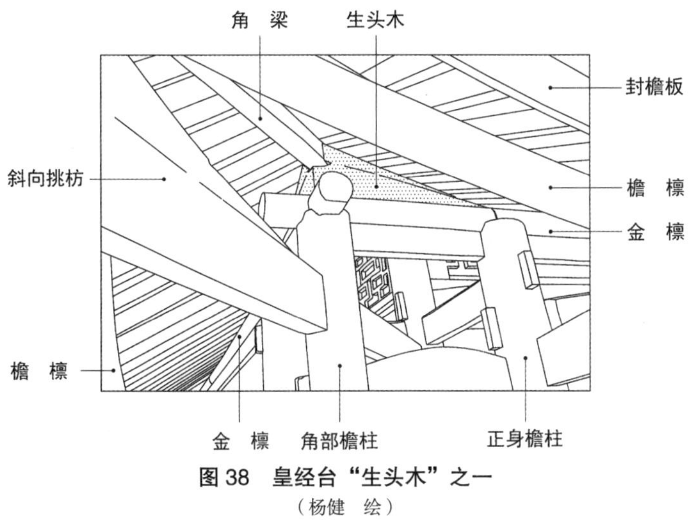

图38 皇经台“生头木”之一
（杨健 绘）

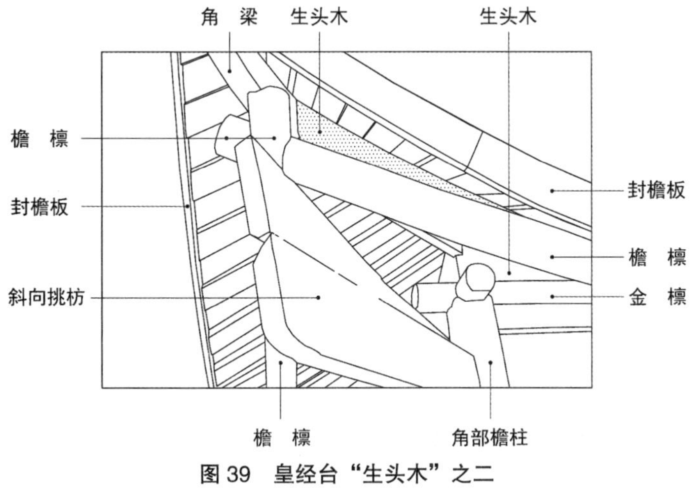

图39 皇经台“生头木”之二
（杨健 绘）

三、比较研究

通过对永顺县老司城遗址现存的皇经台、摆手堂、文昌阁进行考察，笔者认为皇经台、摆手堂、文昌阁，是依据各自的使用功能来命名的。就结构类型而言，它们都可以归结为土家族木构楼阁式建筑；在结构形式方面，它们都有其共同特点。

结构形式方面的特点，可总结如下：

1. 主体与披厦（表 1）

采用四根通高的金柱，形成平面近方形的主体，上覆歇山屋顶，以形成主要的使用空间。其主体结构四周，设一圈檐柱，在金柱与檐柱间设披厦，作为走廊或附属用房。披厦的结构意义，在于对主体的扶持、稳定作用。

表 1　主体与披厦比较一览表

<table>
<tr><th rowspan="2">建筑名称</th><th colspan="4">主体</th><th colspan="5">披厦</th><th rowspan="2">主要特点</th></tr>
<tr><th>开间
进深
（尺）</th><th>通柱
高度
（尺）</th><th>层数</th><th>功能</th><th>披厦
面数</th><th>檐柱
高度
（尺）</th><th>层数</th><th>功能</th><th>宽度
（尺）</th></tr>
<tr><td>摆手堂</td><td>17.2
11.4</td><td>23.2</td><td>2</td><td>祭祀</td><td>四</td><td>11.2</td><td>1</td><td>走廊
辅助用房</td><td>4.2</td><td>功能简单。无楼梯。主体部分通高两层</td></tr>
<tr><td rowspan="2">文昌阁</td><td rowspan="2">16.6
16.6</td><td rowspan="2">26.5</td><td rowspan="2">3</td><td rowspan="2">祭祀
宣教</td><td rowspan="2">三</td><td rowspan="2">12.3</td><td rowspan="2">2</td><td rowspan="2">辅助用房
楼梯</td><td>8.5</td><td rowspan="2">功能复杂。有楼梯。披厦高两层，只有三面，且左右披厦与后披厦宽度不同</td></tr>
<tr><td>6.0</td></tr>
<tr><td rowspan="2">皇经台</td><td rowspan="2">10
10</td><td>26.6</td><td rowspan="2">3</td><td rowspan="2">门屋
藏经
眺览</td><td>三</td><td rowspan="2">9.0</td><td rowspan="2">2</td><td rowspan="2">辅助用房
走廊</td><td rowspan="2">3.0</td><td rowspan="2">功能复杂。有楼梯。一层披厦与二层披厦分开设置。设两圈通柱，一圈高两层，一圈高三层</td></tr>
<tr><td>17.8</td><td>四</td></tr>
</table>

其中，摆手堂的结构最为简单，因此具有原型意义。文昌阁的特点在于其高两层的三面披厦，另外，左右披厦与后披厦的宽度不同。皇经台的功能十分复杂，故其两层披厦是分开设置的（二层披厦的檐柱借用了一层披厦的金柱），通柱的高度也不相同。通柱高多在 3 丈以内（其中皇经台的通柱最高，为 26.6 尺，合 8.87 米），可能这是明清时期当地能够得到的天然木材的最大规格。

2. 棋柱、过枨与阑额（表 2）

通常，主体结构的外柱用通柱，内柱用棋柱，两者共同支撑起其上的歇山屋顶。棋柱（内柱）通常四根，分别立在两根过枨上；这两根过枨将它所受到的重力传递给与之相垂直的阑额，再通过该阑额传递给金柱。因为承担棋柱传递下来的重力，这些过枨和阑额都是受力构件；同时，过枨和阑额有横向和纵向两种，其位置可以变动，这使得棋柱的位置灵活可变。

表 2　棋柱、过枨与阑额比较一览表

建筑名称	棋柱所在楼层	棋柱数量	棋柱所立构件	棋柱与过枨的连接方式	棋柱的柱脚枋	棋柱传力情况	主要特点
摆手堂	二	四	过枨（穿枋）	搁置	无柱脚枋	棋柱→过枨（穿枋）→阑额（斗枋）→金柱	开间远大于进深，故用过枨（穿枋）承担棋柱的重量。棋柱在纵横两个方向收进
文昌阁	三	四	过枨（斗枋）	搁置	纵横两向柱脚枋	棋柱→过枨（斗枋）→阑额（穿枋）→金柱	过枨（斗枋）兼作楼枕枋使用。棋柱在纵横两个方向收进
皇经台	三	四	过枨（斗枋）	骑跨	横向柱脚枋	棋柱→过枨（斗枋）→阑额（穿枋）→二层金柱	过枨（斗枋）兼作楼枕枋使用。棋柱在纵横两个方向收进

同样因为简单，摆手堂的结构具有原型意义。

摆手堂用两根过枨（穿枋）承担棋柱的重量，应与其平面形状有关。其开间（17.2 尺）远大于进深（11.4 尺），用过枨（穿枋）承担棋柱，再将棋柱所受的重力传递给阑额（斗枋）和金柱，可以减少过枨的跨度，并改善观瞻效果；同时，可在阑额（斗枋）下设置抱柱，以改善阑额（斗枋）的受力情况 [图 40（a）]。相反，如果用过枨（斗枋）承担棋柱，再将棋柱所受的重力传递给阑额（穿枋）和金柱，则在观瞻效果和阑额（穿枋）的受力情况方面，都没有以上好处 [图 40（b）]。文昌阁和皇经台均有 3 层，且其主体部分的开间进深相等，故用过枨（斗枋）承担棋柱，以便将过枨（斗枋）作为楼枕枋使用，从而方便楼板的铺设。

棋柱在水平方向的收进是其最大特点。相比于下面楼层的柱子（即下层的金柱，该金柱在棋柱所在楼层则作为檐柱使用），棋柱在纵横两个方向均有所收进。这是因为棋柱下面的过枨可以在一个方向退进，棋柱本身又可以在过枨上作另一个方向的退进，故棋柱的位置非常灵活，很容易实现纵横两个方向的收进。

另外，棋柱既可以骑跨在下面的过枨上，也可以直接搁置在下面的过枨上，既可以用两个方向或一个方向的柱脚枋进行拉结连系，也可以取消柱脚枋，仅靠上面的榀架进行拉结连系，是可以灵活处理的。

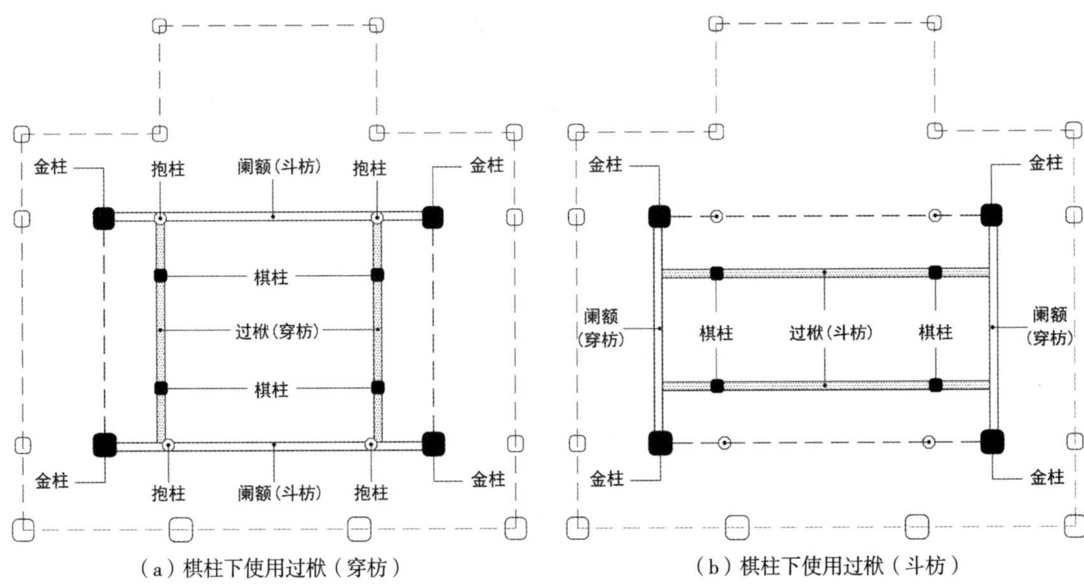

（a）棋柱下使用过栿（穿枋）　　（b）棋柱下使用过栿（斗枋）

图 40　老司城摆手堂棋柱下使用过栿的两种情况（平面图）

（杨健　绘）

3. 水程和榀架（表 3）

主体和披厦的水程可以相同（如摆手堂），也可以不同（如文昌阁和皇经台）。文昌阁和皇经台的下层屋面的坡度小于上层屋面的坡度，大概与视觉效果有关。文昌阁披厦的水程不一，是因为左右披厦的宽度大于后面披厦的宽度，应该是一种变通的做法。

为了满足屋面坡度的要求，在施工精度不够的情况下，一般通过调节檩子直径的方式来实现。对于多次拆建的摆手堂及文昌阁来说，尤其如此。

主体榀架多为两柱三棋和两柱五棋，穿枋数量多为三至四层。棋柱的数量，以及穿枋的数量，应与主体的进深有关。文昌阁的进深达 16.6 尺，故用两柱五棋、六步枋。皇经台的进深只有 10

表 3　水程和榀架比较一览表

建筑名称	水程		主体榀架	主体榀架穿枋名称（从上至下）	柱穿组合方式	主要特点
摆手堂	主体	五水	两柱三棋	顶椽枋 两步枋 四步枋 挑枋 落檐枋	减枋 满棋	棋柱的长短不一（脊檩下的棋柱一直通到落檐枋上）
	披厦	五水				
文昌阁	主体	六水	两柱五棋	两步枋 四步枋 六步枋 挑　枋	减枋 跑马棋	三面披厦的水程不一样；构件规格混乱
	披厦	五水 七水				
皇经台	主体	六水	两柱三棋	两步枋 四步枋 挑　枋	满枋 满棋	构架较规矩
	披厦	五水 六水				

尺，故用两柱三棋、四步枋。在摆手堂中，四根棋柱之间并无柱脚枋加以连系，故增设落檐枋以加强中间部分的拉结关系。顶椽枋没有结构作用，只出现在摆手堂中。

柱、穿的组合方式，有减枋满棋、减枋跑马棋、满枋满棋三种，其中，减枋满棋的做法在民居中难得一见。之所以没有满枋柱柱落地的做法，应与楼阁式建筑的空间要求有关。在这些实例中，没有满枋跑马棋的做法。

摆手堂为满棋做法，但棋柱的长短不一（脊檩下的棋柱一直通到落檐枋上）。可见楼阁式建筑的柱穿组合方式要比一般民居丰富一些。

4. 挑枋（表 4）

土家族建筑用枋木出挑，其特点是选用树木接地处自然弯曲的部分以实现出檐。枋木穿插在内外两圈柱子（或棋柱）中，并可延伸为槅架的穿枋。

挑枋有横向挑枋、纵向挑枋和斜向挑枋三种，在主体和披厦中均是如此。

挑枋可以做成一层或者两层。本文的研究对象皆为一层出挑。

表 4　挑枋比较一览表

（斜向挑枋的出挑距离和出挑高度系根据模型推测得出）

建筑名称	主体挑枋			披厦挑枋			主要特点
	挑枋名称	出挑距离和高度	弯曲方向	挑枋名称	出挑距离和高度	弯曲方向	
摆手堂	横向挑枋	3.5 尺 –3.3 寸	向下	横向挑枋	3.5 尺 –6.4 寸	向下	纵横两向挑枋均向下弯曲，出挑距离为 3.5 尺；斜向挑枋向上弯曲，出挑距离约为 4.9 尺。斜向挑枋与纵横向挑枋处于同一枋材层。下层（披厦）的起翘高度大于上层（主体）
	纵向挑枋	3.5 尺 –3.3 寸	向下	纵向挑枋	3.5 尺 –6.4 寸	向下	
	斜向挑枋	约 4.9 尺 约 7 寸	向上	斜向挑枋	约 4.8 尺 约 1.2 尺	向上	
文昌阁	横向挑枋	3.2 尺 约 1.1 寸	向上	横向挑枋	2.3 尺 约 3.6 寸	向上	挑枋向上弯曲，但曲率很小。纵横两向挑枋的出挑距离多为 3.2 尺。斜向挑枋的出挑距离约为 5.4 尺。斜向挑枋高出纵横向挑枋一层。下层（披厦）的起翘高度大于上层（主体）
	纵向挑枋	3.2 尺 约 1.1 寸	向上	纵向挑枋	3.2 尺 约 4.3 寸	向上	
	斜向挑枋	约 5.4 尺 约 5 寸	向上	斜向挑枋	约 5.3 尺 约 8 寸	向上	
皇经台	横向挑枋	约 3 尺 0—1.2 寸	向上	一层横向挑枋	2.8 尺 2.8 寸	向上	纵横两向挑枋的出挑距离约为 3 尺，曲率很小，近乎平直。斜向挑枋的出挑距离约为 4 尺至 4.8 尺。斜向挑枋高出纵横向挑枋一层。下层（一层披厦）的起翘高度大于上层（二层披厦和主体），下层（一层披厦）的出挑距离小于上层（二层披厦和主体）
				二层横向挑枋	3 尺 0.9 寸	向上	
	纵向挑枋	约 3 尺 0 寸	向上	一层纵向挑枋	2.8 尺 0 寸	向上	
				二层纵向挑枋	3 尺 0 寸	向上	
	斜向挑枋	约 4.8 尺 约 8 寸	向上	一层斜向挑枋	约 4 尺 约 1 尺	向上	
				二层斜向挑枋	约 4.1 尺 约 8 寸	向上	

为了实现屋角的起翘，一般将斜向挑枋的位置设置得比纵横向挑枋高出一层。这样，即使纵横两向挑枋近乎平直，通过斜向挑枋的向上弯曲，也能够实现屋角起翘这一目的。文昌阁和皇经台均是如此。摆手堂的斜向挑枋与纵横向挑枋处于同一枋材层，这样就只能将纵横两向挑枋向下弯曲，才能让斜向挑枋的顶点明显高于纵横两向挑枋的顶点（图 41）。

纵横两向挑枋的出挑距离为 3 尺至 3 尺 5 寸，斜向挑枋的出挑距离为 4 尺至 5 尺 4 寸，应与各方面因素有关，是计算出来的结果。而一般下层的起翘高度大于上层，下层的出挑距离小于上层，应是视觉效果方面考虑的结果（参见图 37）。

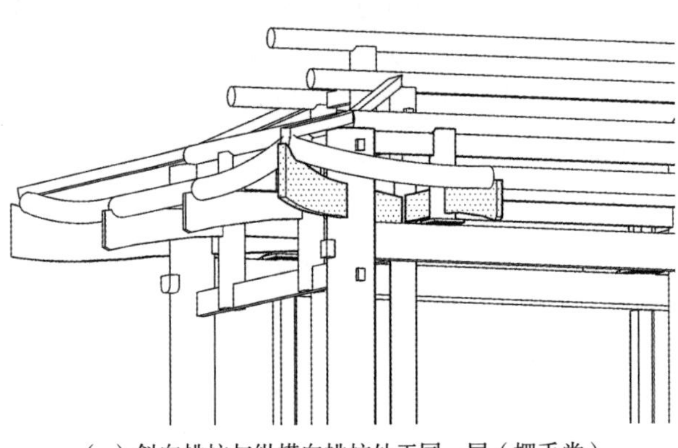

（a）斜向挑枋与纵横向挑枋处于同一层（摆手堂）

（b）斜向挑枋比纵横向挑枋高出一层（皇经台）

图 41　挑枋在枋材层中的位置

（杨健　虢啸东　杨天润　绘）

5. 翘角（表 5）

因为屋角的起翘是通过纵横向挑枋与斜向挑枋实现的，故起翘的开始点，均为纵横向挑枋分位。对于披厦，即为金柱分位；对于主体，即为结构性棋柱分位。

各层檩子在转角处交圈，角梁搭在交圈处的檩子上。角梁的前支点有两种情况：对于各层披厦，为斜向挑枋和檐柱；对于主体屋顶，为斜向挑

表 5　翘角做法比较一览表

<table>
<tr><th>建筑名称</th><th colspan="2">起翘在立面中开始的位置</th><th colspan="2">角梁的支点</th><th>角梁转过的椽数</th><th>角椽排列方式</th><th>屋角生出 / 角柱生起 / 生头木 / 角柱侧脚</th><th>主要特点</th></tr>
<tr><td rowspan="2">摆手堂</td><td>披厦</td><td>金柱分位</td><td>披厦</td><td>斜向挑枋
檐柱
披厦棋柱
金柱</td><td>转过两椽</td><td rowspan="2">平行椽</td><td rowspan="2">无生出
有生起
无生头木
侧脚不明显</td><td rowspan="2">披厦部分的角梁转过两椽</td></tr>
<tr><td>主体</td><td>结构性棋柱分位</td><td>主体</td><td>斜向挑枋
金柱
结构性棋柱</td><td>转过一椽</td></tr>
<tr><td rowspan="2">文昌阁</td><td>披厦</td><td>金柱分位</td><td>披厦</td><td>斜向挑枋
檐柱
披厦棋柱
披厦棋柱
金柱</td><td>转过三椽</td><td rowspan="2">平行椽</td><td rowspan="2">无生出
生起不明显
无生头木
侧脚不明显</td><td rowspan="2">披厦部分的角梁转过三椽</td></tr>
<tr><td>主体</td><td>结构性棋柱分位</td><td>主体</td><td>斜向挑枋
金柱
结构性棋柱</td><td>转过一椽</td></tr>
<tr><td rowspan="3">皇经台</td><td>一层披厦</td><td>一层金柱分位</td><td>一层披厦</td><td>斜向挑枋
一层檐柱
一层金柱</td><td rowspan="3">转过一椽</td><td rowspan="3">平行椽</td><td rowspan="3">无生出
无生起
有生头木
有侧脚</td><td rowspan="3">各层柱子互有借用；因角部檐柱与正身檐柱平齐，故设有生头木</td></tr>
<tr><td>二层披厦</td><td>二层金柱分位</td><td>二层披厦</td><td>斜向挑枋
二层檐柱
二层金柱</td></tr>
<tr><td>主体</td><td>结构性棋柱分位</td><td>主体</td><td>斜向挑枋
三层檐柱
结构性棋柱</td></tr>
</table>

枋和金柱。角梁的后支点亦有两种情况：对于各层披厦，为各层金柱；对于主体屋顶，为结构性棋柱。

角梁的中间支点的数量，与角梁转过的椽数有关。若角梁只转过一椽，则无中间支点；若角梁转过两椽，则中间支点为棋柱；若角梁转过三椽，则中间支点为两处棋柱。对于本文的研究对象来说，主体屋顶的角梁均只转过一椽，故无中间支点。摆手堂披厦的角梁转过两椽，故有一处中间支点。文昌阁披厦的宽度较大，角梁转过三椽，故有两处中间支点。这说明，角梁转过的椽数，实际上是由坡屋顶跨越的水平距离决定的。

三座建筑角部的椽子均平行排列（“平行椽”），不见于唐宋以后的官式建筑中，而在巴蜀地区祠庙建筑（如云阳县张飞庙），以及日本早期楼阁式建筑（如奈良法隆寺金堂）中可以看到，应该是一种古老的做法。在翘角的仰视图中，角梁头线与檐椽头线取平，无官式做法中的“生出”。

摆手堂披厦部分的角部檐柱比正身檐柱略高，“生起”约 4 寸。文昌阁角柱的生起不明显。皇经台披厦部分的角部檐柱与正身檐柱平齐，没有“生起”，故设有三角形的“生头木”将檐柱处的角梁和椽子抬起。

摆手堂和文昌阁角柱的“侧脚”不明显。皇经台的檐柱和金柱略有“侧脚”。

总之，与北方官式建筑以及江南地区（东阳、苏州）木构建筑相比，土家族楼阁式建筑构造简单，角部屋檐飞动的效果却十分明显。

6. 皇经台的结构类型与建成年代

可以认为，皇经台的结构形式，在各个方面均与摆手堂、文昌阁一致，确为土家族多层楼阁式建筑这一结构类型。惟皇经台法度谨严，构件规整，翘角华美，表明其工艺水平远在摆手堂和文昌阁之上，应为土司时期（清雍正改土归流以前）的作品，而非晚清时候才得以建成。后一结论，可与柴焕波对于皇经台年代的判断——康熙时期就已存在——互为印证。只是该建筑与地形适合得如此之好，说它是从别处迁来的，似乎并无道理。

以上关于土家族楼阁式建筑结构形式的研究，对于真实、完整地认识皇经台的形制和年代，以及土家族楼阁式建筑区别于北方官式建筑及长江以南其他地区木构建筑的结构特点，具有重要的意义。

参考文献

[1] 柴焕波．武陵山区考古纪行[M]. 长沙：岳麓书社，2004.

[2] 张玉瑜．大木怕安——传统大木作上架技艺[J]. 建筑师，2005（3）：78–81.

[3] 张玉瑜．福建民居挑檐特征与分区研究[J]. 古建园林技术，2004（2）：6–10.

[4] 张玉瑜，石宏超．语言、方法及材料——传统营造体系的大木作工作图件系统系列研究[J]. 新建筑，2017（4）：140–145.

[5] 张十庆．《营造法式》厦两头与宋代歇山做法[M] // 王贵祥，贺从容．中国建筑史论汇刊（第拾辑）．北京：清华大学出版社，2014：188–201.

[6] 张十庆．从建构思维看古代建筑结构的类型与演化[J]. 建筑师，2007（2）：168–171.

[7] 张十庆．古代营建技术中的“样”、“造”、“作”[C]// 张复合．建筑史论文集（第15辑）．北京：清华大学出版社，2002：37–41.

[8] 孙大章．中国民居研究[M]. 北京：中国建筑工业出版社，2004.

[9] 柴焕波．永顺老司城——八百年溪州土司的踪迹[M]. 长沙：岳麓书社，2003.

[10] 向盛福．土司王朝[M]. 呼和浩特：内蒙古人民出版社，2009.

[11] 向盛福．溪州土司制度盛衰轶事[M]. 北京：线装书局，2013.

[12] 李先逵．四川民居[M]. 北京：中国建筑工业出版社，2009.

古建筑测绘

山西崇安寺测绘图

姜　铮（整理）

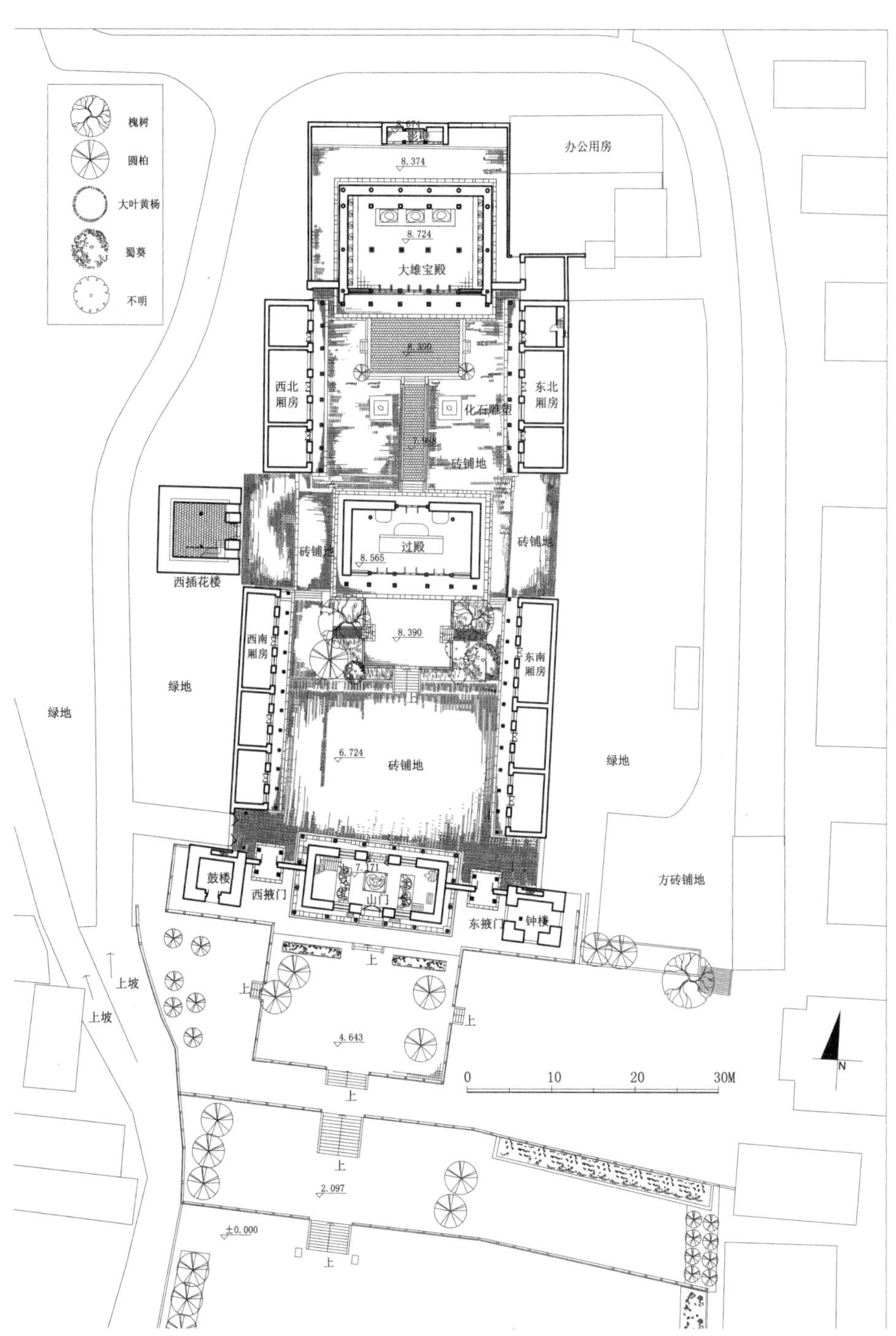

图 1　崇安寺底层总平面图
（绘制潘晨斐，指导贺从容　刘圆方）

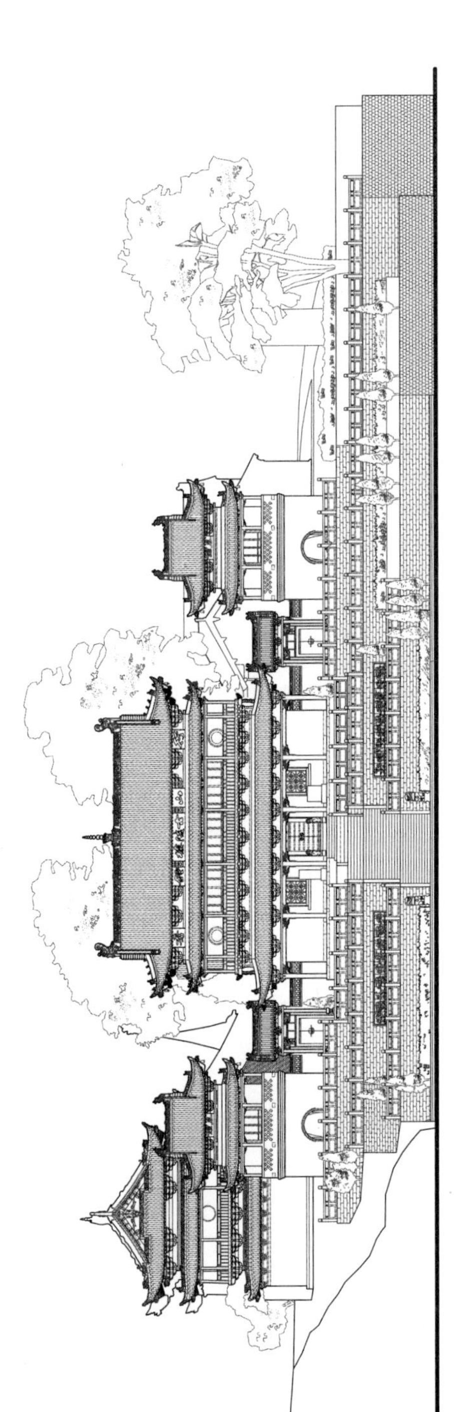

图2 崇安寺正立面图
（绘制潘晨斐，指导贺从容 刘圆方）

图 3　崇安寺殿中轴纵剖立面图
（绘制潘晨斐，指导贺从容　刘圆方）

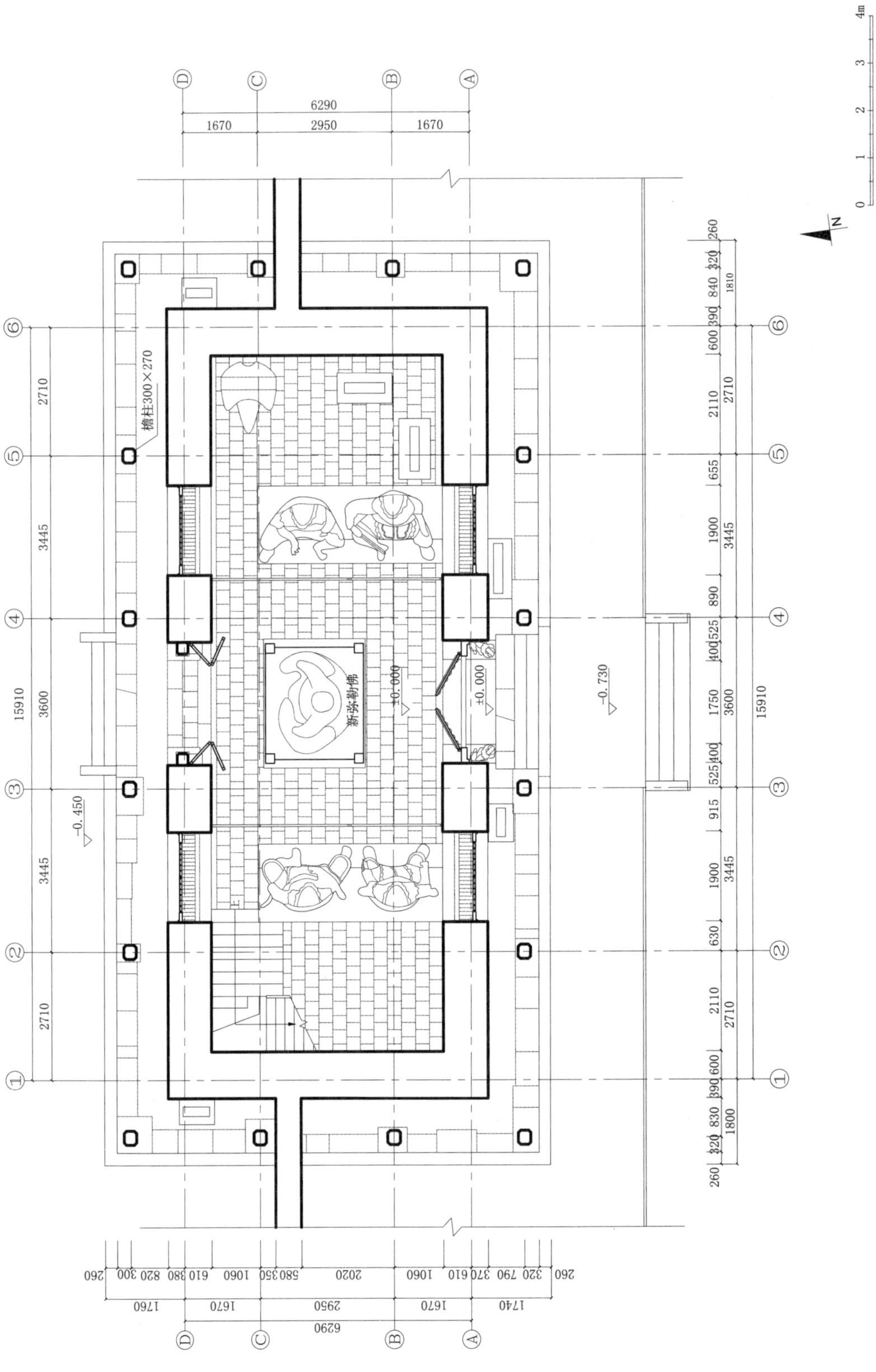

图4 崇安寺山门首层平面图
（绘制崔思瑶，指导贺从容 张剑文）

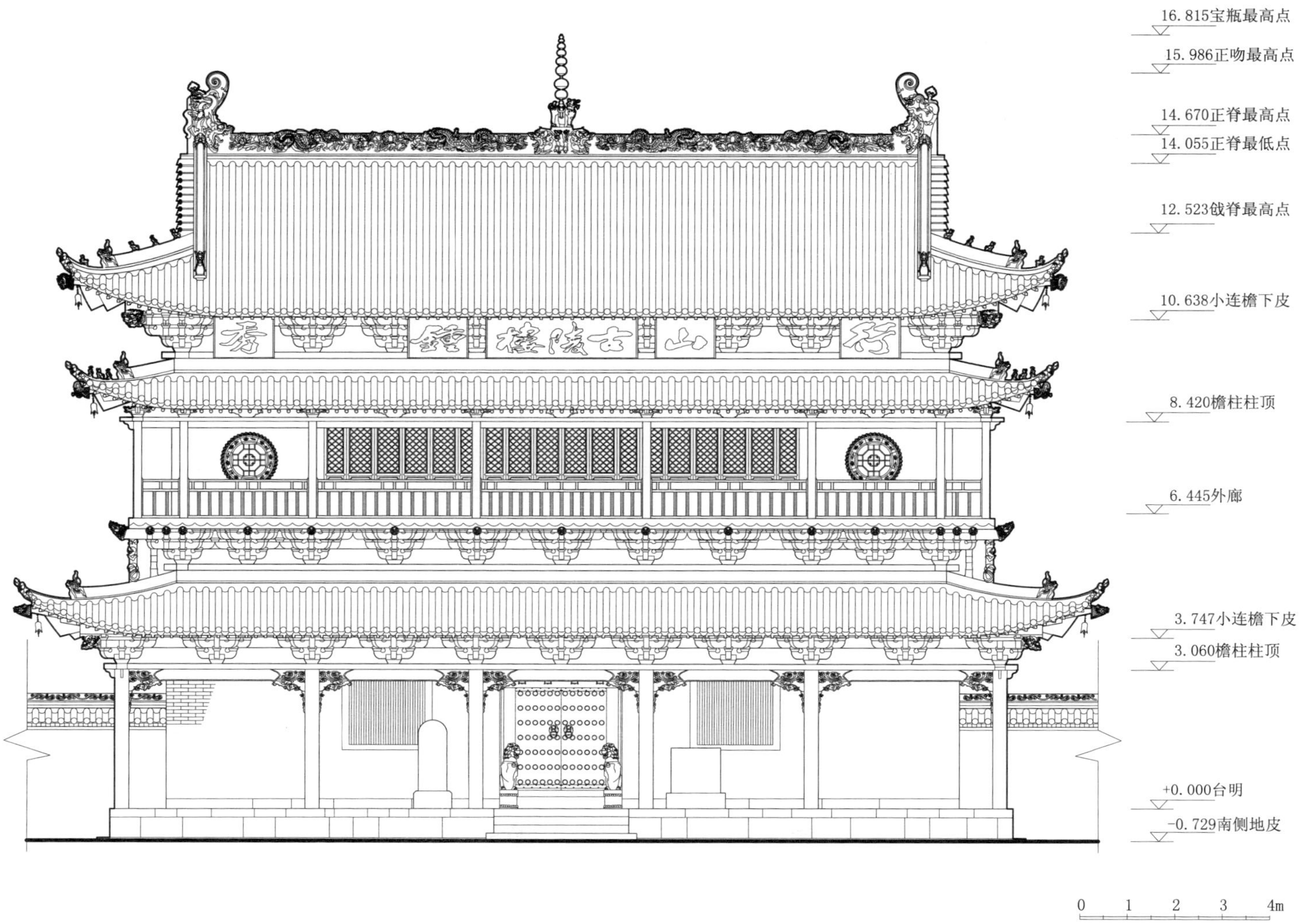

16.815宝瓶最高点

15.986正吻最高点

14.670正脊最高点

14.055正脊最低点

12.523戗脊最高点

10.638小连檐下皮

8.420檐柱柱顶

6.445外廊

3.747小连檐下皮

3.060檐柱柱顶

+0.000台明

-0.729南侧地皮

0 1 2 3 4m

图 5　崇安寺山门南立面图

（绘制贺储储　于尧　杨昊桢，指导贺从容　张剑文）

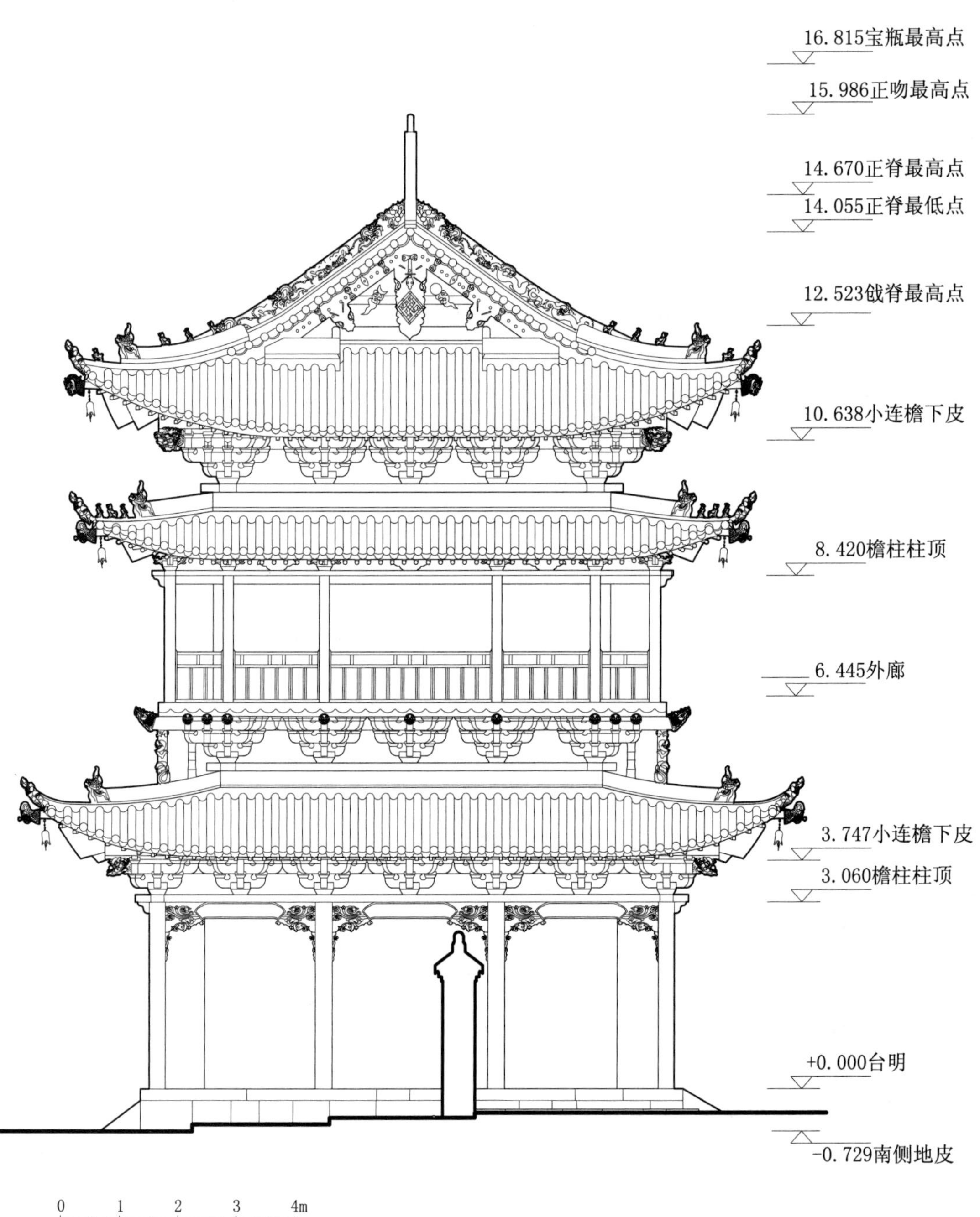

图6 崇安寺山门东立面图

（绘制贺储储 于尧 杨昊桢，指导贺从容 张剑文）

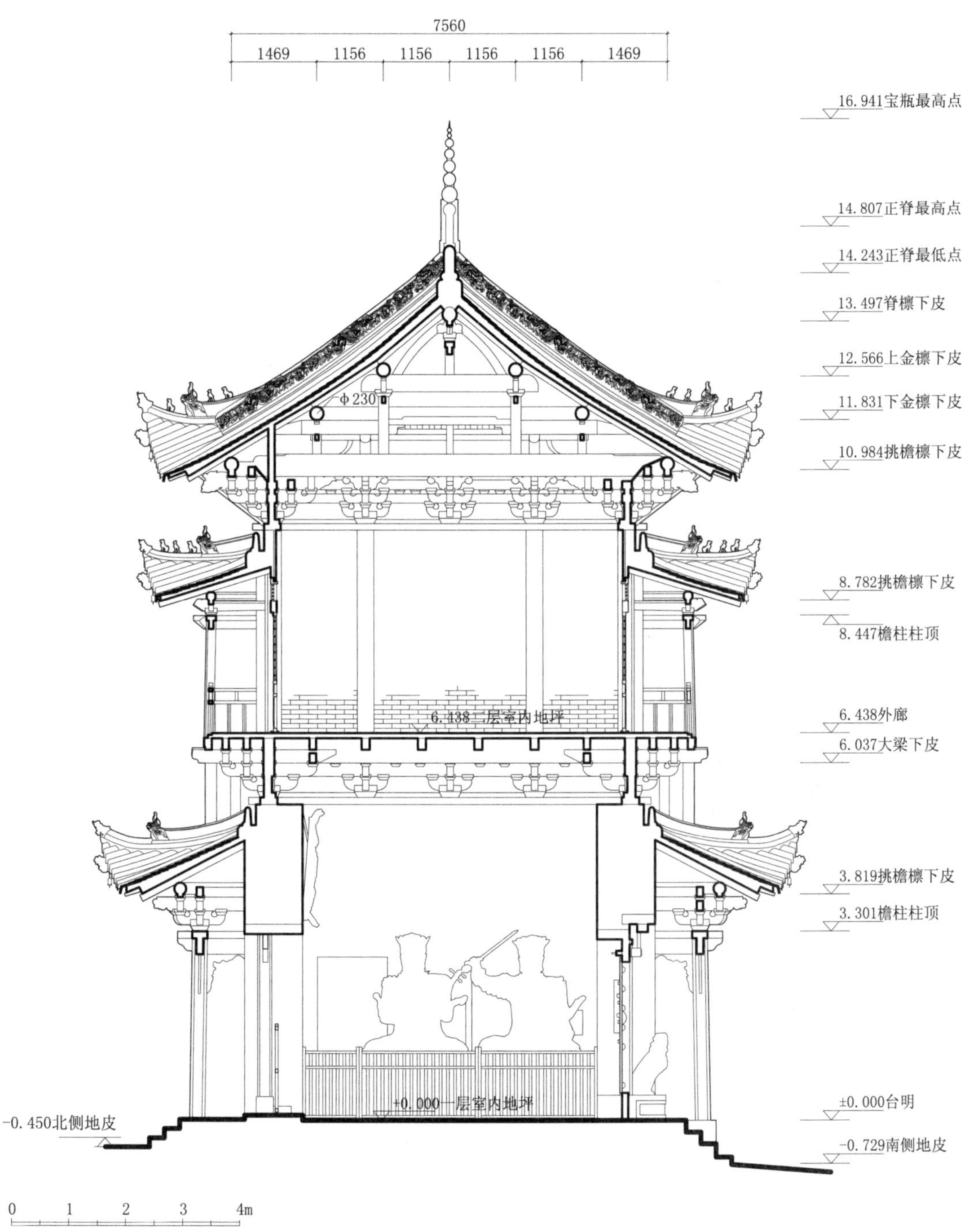

图7 崇安寺山门横剖面图

（绘制陈建安，指导贺从容 张剑文）

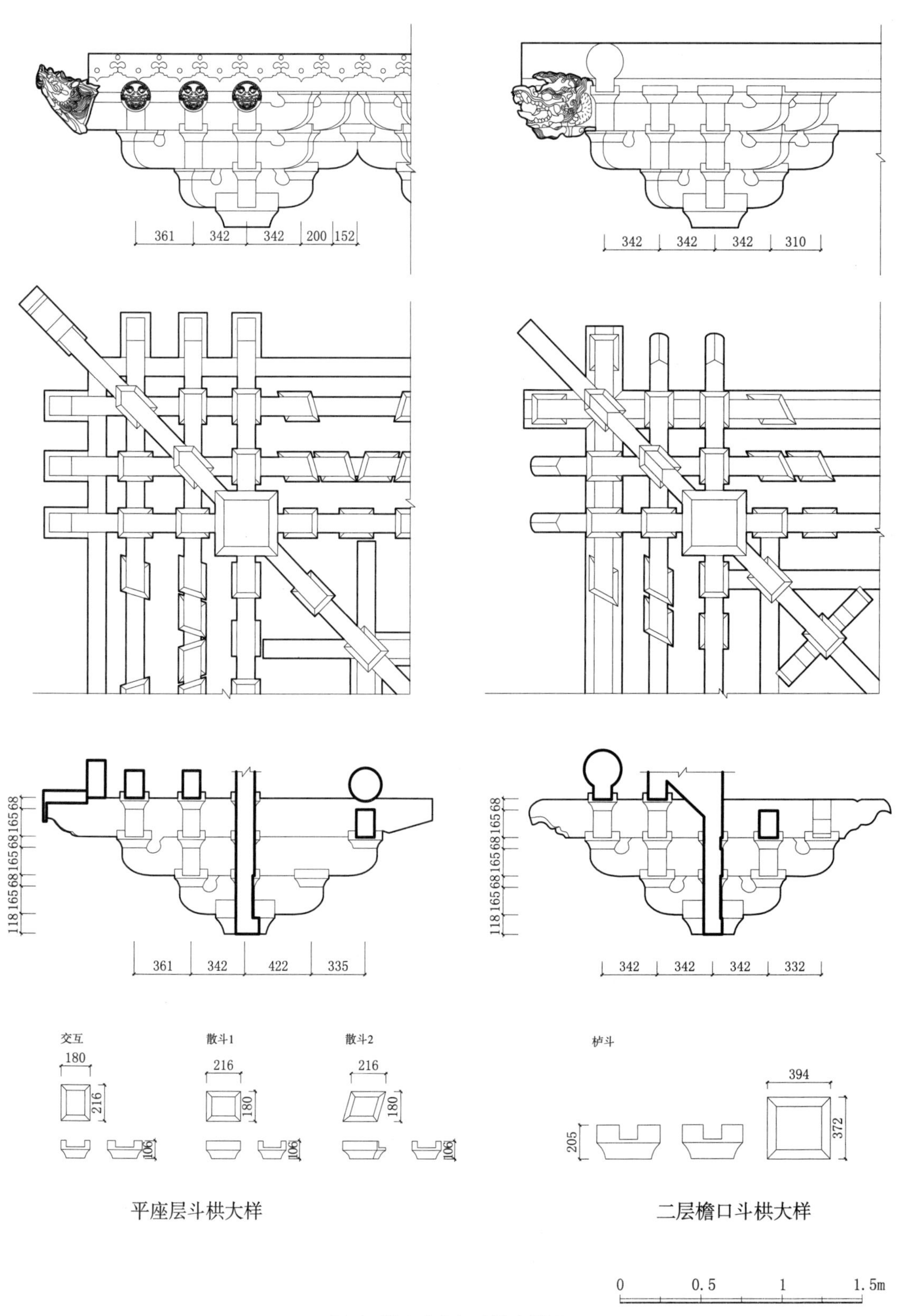

图 8　崇安寺山门斗栱大样图

（绘制黄子愚，指导贺从容　张剑文）

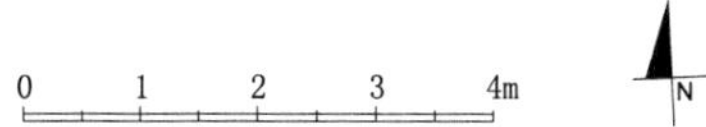

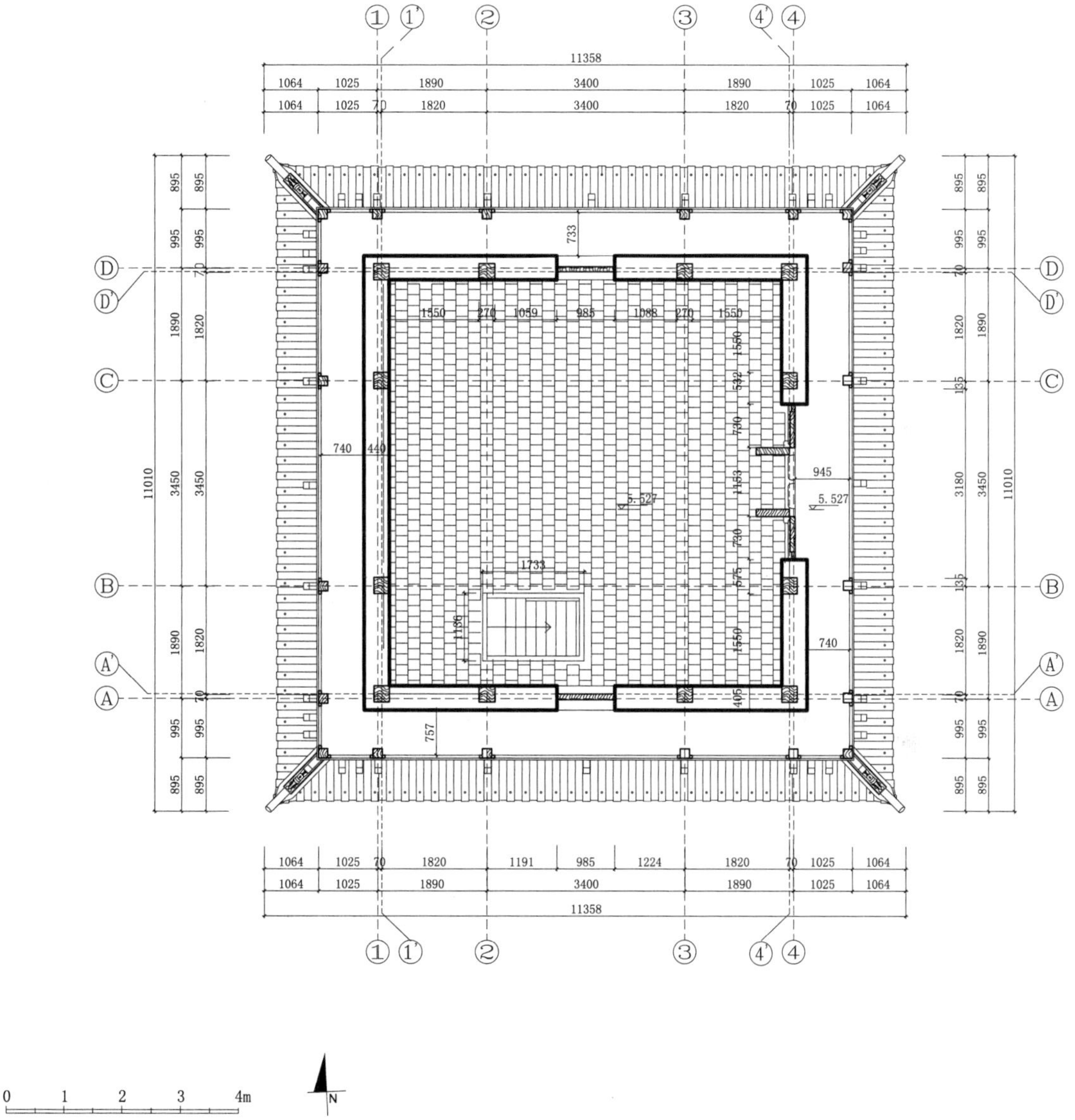

图 9　崇安寺西插花楼二层平面图

（绘制张佳奇，指导贺从容　孙蕾）

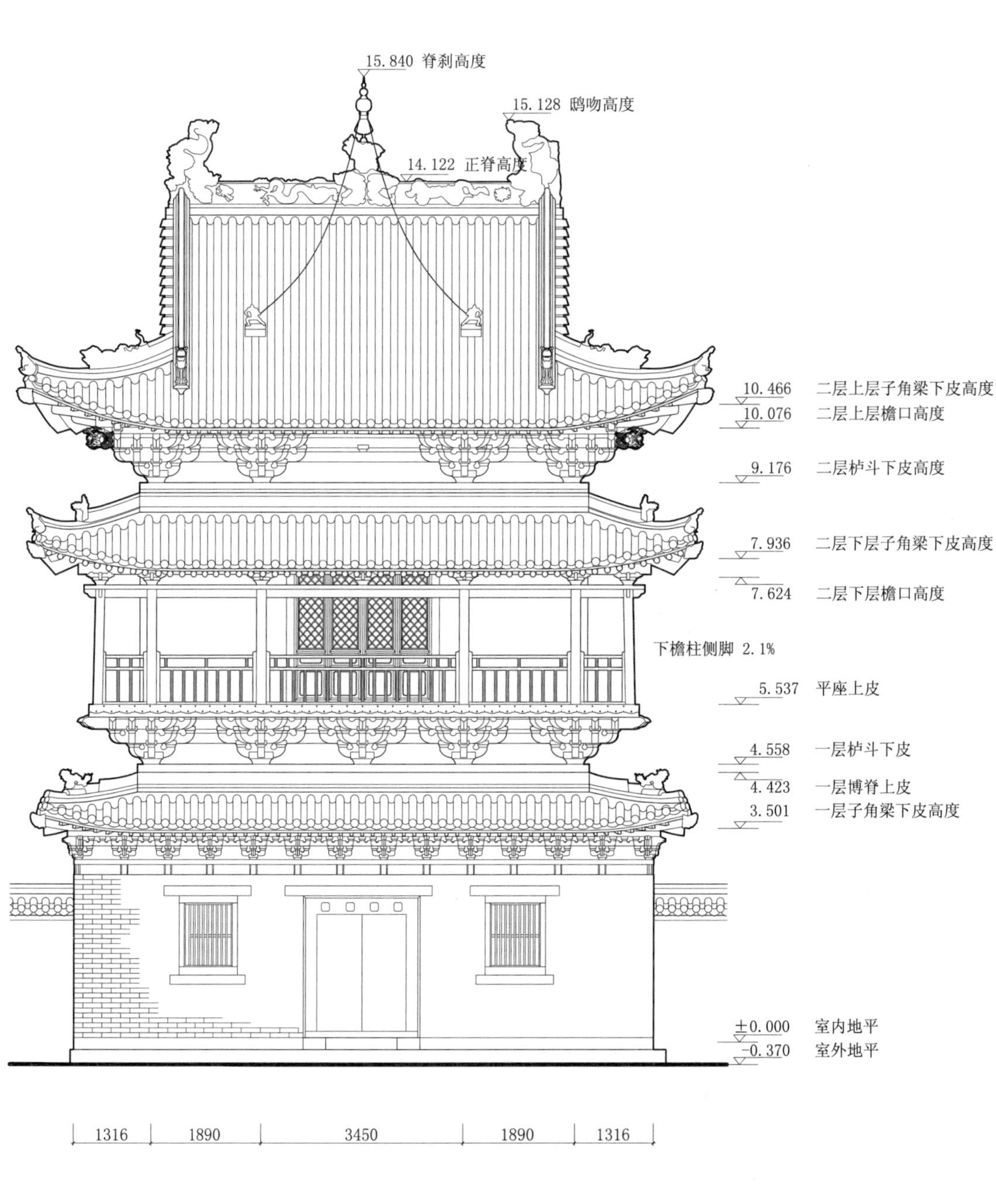

图 10 崇安寺西插花楼东立面图

（绘制高唯芷，指导贺从容 孙蕾）

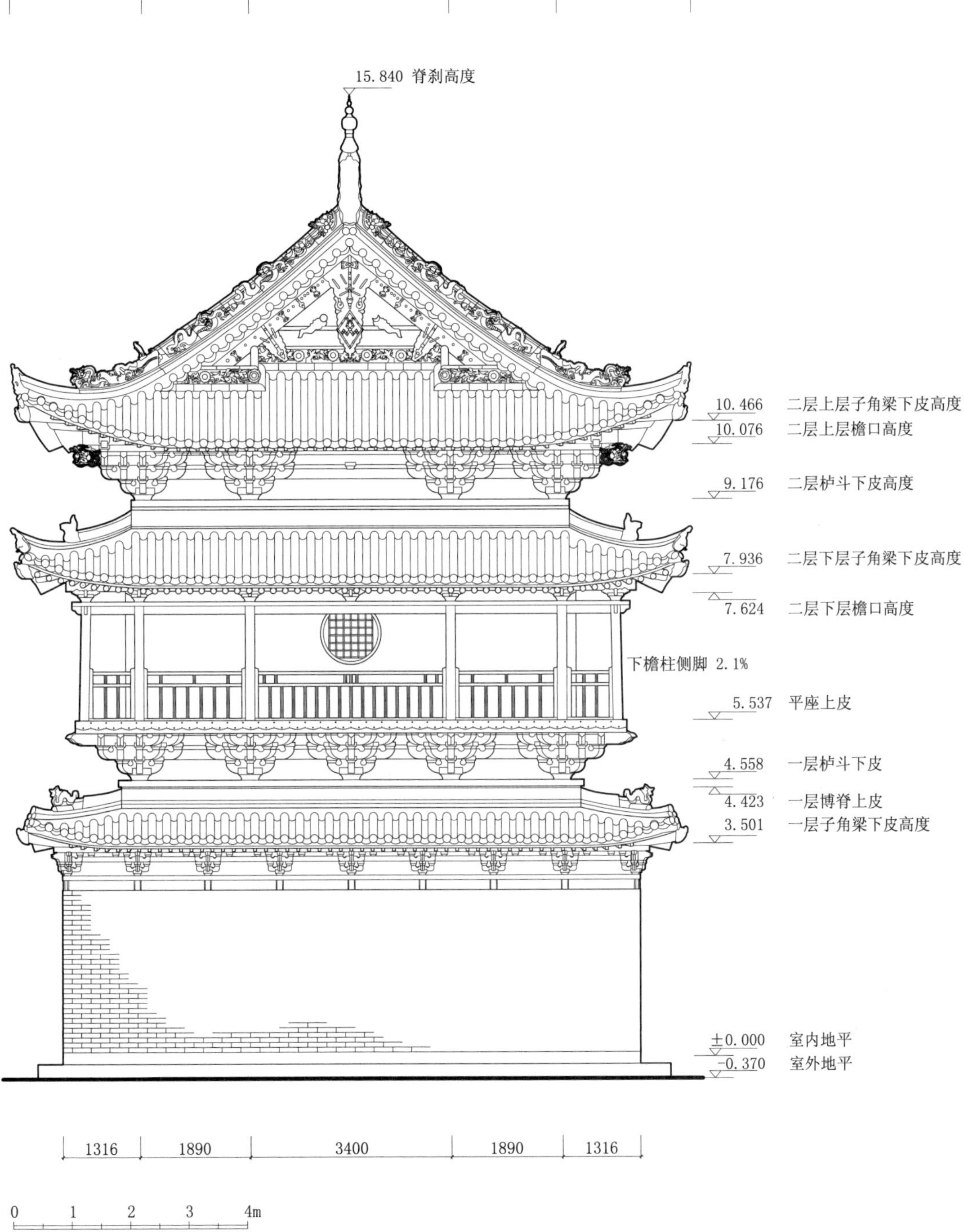

图 11　崇安寺西插花楼南立面图

（绘制高唯芷，指导贺从容　孙蕾）

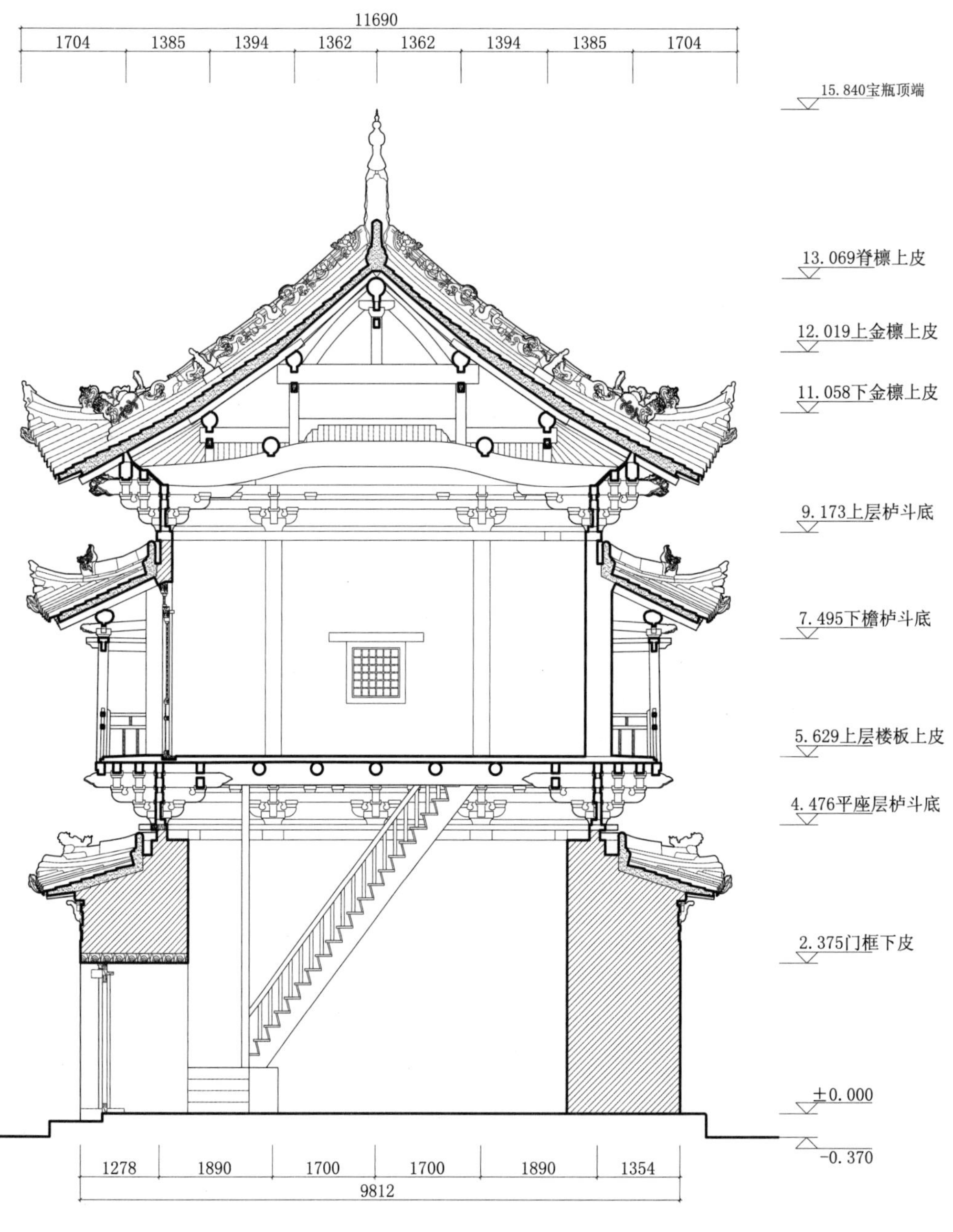

图 12　崇安寺西插花楼横剖面图
（绘制于乐宁，指导贺从容　孙蕾）

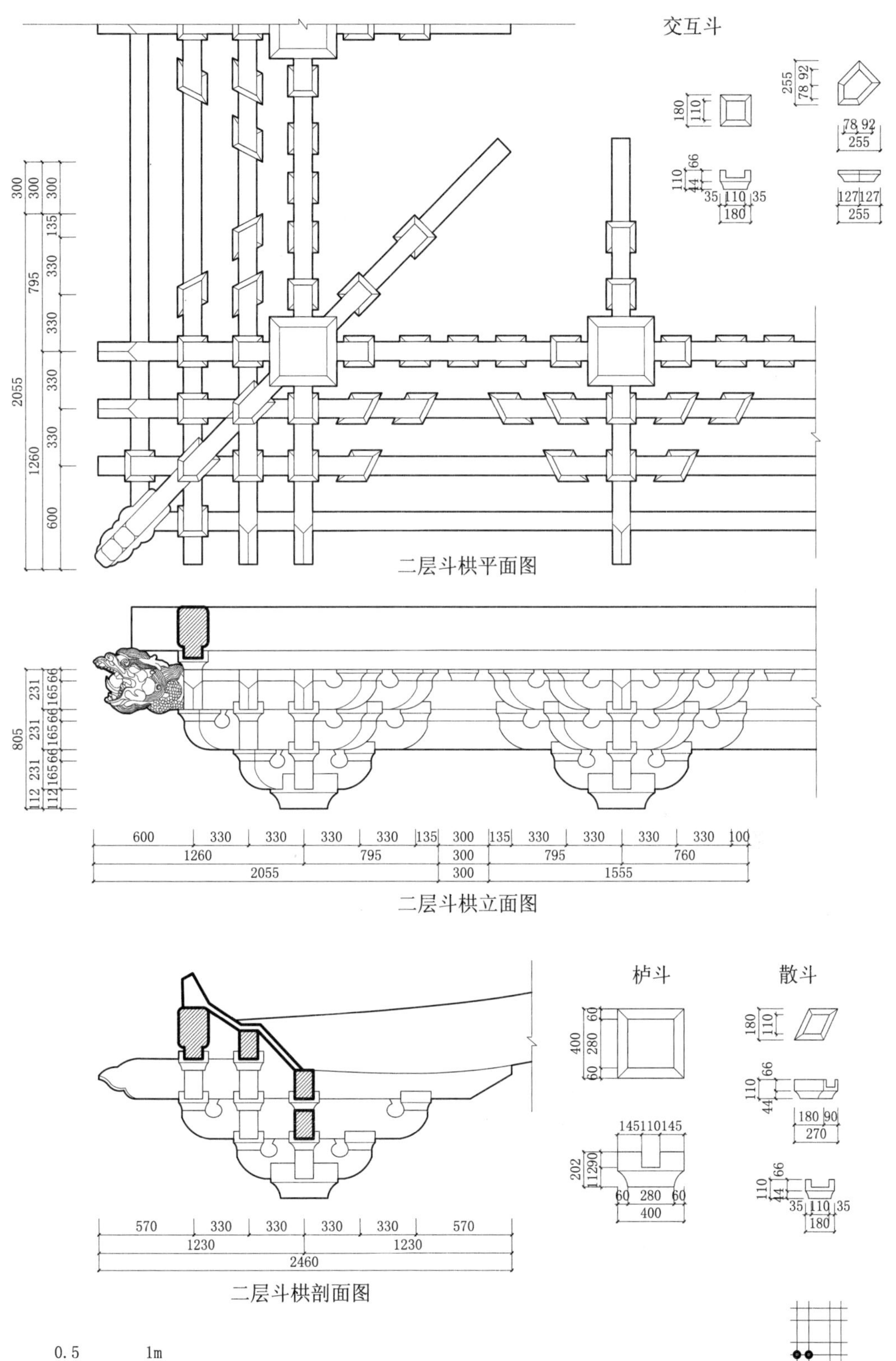

图 13 崇安寺西插花楼配殿二层斗栱图

（绘制张雪莹，指导贺从容 孙蕾）

《中国建筑史论汇刊》稿约

一、《中国建筑史论汇刊》是由清华大学建筑学院主办，清华大学建筑学院建筑历史与文物建筑保护研究所承办，中国建筑工业出版社出版的系列文集，以年辑的体例，集中并逐年系列发表国内外在中国建筑历史研究方面的最新学术研究论文。刊物出版受到华润雪花啤酒（中国）有限公司资助。

二、宗旨：推展中国建筑历史研究领域的学术成果，提升中国建筑历史研究的水准，促进国内外学术的深度交流，参与中国文化现代形态在全球范围内的重建。

三、栏目：文集根据论文内容划分栏目，论文内容以中国的建筑历史及相关领域的研究为主，包括中国古代建筑史、园林史、城市史、建造技术、建筑装饰、建筑文化以及乡土建筑等方面的重要学术问题。其着眼点是在中国建筑历史领域史料、理论、见解、观点方面的最新研究成果，同时也包括一些重要书评和学术信息。篇幅亦遵循国际通例，允许做到"以研究课题为准，以解决一个学术问题为准"，不再强求长短划一。最后附"古建筑测绘"栏目，选登清华建筑学院最新古建筑测绘成果，与同好分享。

四、评审：采取匿名评审制，以追求公正和严肃性。评审标准是：在翔实的基础上有所创新，显出作者既涵泳其间有年，又追思此类问题已久，以期重拾"为什么研究中国建筑"（梁思成语，《中国营造学社汇刊》第七卷第一期）的意义，并在匿名评审的前提下一视同仁。

五、编审：编审工作在主编总体负责的前提下，由"专家顾问委员会"和"编辑部"共同承担。前者由海内外知名学者组成，主要承担评审工作；后者由学界后辈组成，主要负责日常编务。编辑部将在收到稿件后，即向作者回函确认；并将在一月左右再次知会，文章是否已经通过初审、进入匿名评审程序；一俟评审得出结果，自当另函通报。

六、征稿：文集主要以向同一领域顶级学者约稿或由著名学者推荐的方式征集来稿，如能推荐优秀的中国建筑历史方向博士论文中的精彩部分，也将会通过专家评议后纳入文集，论文以中文为主（每篇论文可在 2 万字左右，以能够明晰地解决中国古代建筑史方面的一个学术问题为目标），亦可包括英文论文的译文。自 2019 年 1 月 1 日起，除特邀作者的文章外，稿件发表后原则上不再付稿费，亦不收取版面费。

七、出版周期：以每年 1~2 辑的方式出版，每辑 11~15 篇，总字数为 50 万字左右，16 开，单色印刷。

八、编者声明：本文集以中文为主，从第捌辑开始兼收英文稿件。作者无论以何种语言赐稿，即被视为自动向编辑部确认未曾一稿两投，否则须为此负责。本文集为纯学术性论文集，以充分尊重每位作者的学术观点为前提，唯求学术探索之原创与文字写作之规范，文中任何内容与观点上的歧异，与文集编者的学术立场无关。

九、入网声明：为适应我国信息化发展趋势，扩大本刊及作者知识信息交流渠道，本刊已被《中国学术期刊网络出版总库》及 CNKI 系列数据库收录，其作者文章著作权使用费与本刊稿酬一次性给付，免费提供作者文章引用统计分析资料。如作者不同意文章被收录入期刊网，请在来稿时向本刊声明，本刊将做适当处理。

来稿请投：E-mail：xuehuapress@sina.cn；或寄：清华大学建筑学院新楼 503 室《中国建筑史论汇刊》编辑部，邮编：100084。

本刊博客：http：//blog. sina. com. cn/ jcah

《中国建筑史论汇刊》编辑部

Guidelines for Submitting English-language Papers to the *JCAH*

The *Journal of Chinese Architecture History* (*JCAH*) provides art opportunity for scholars to publish English-language or Chinese-language papers on the history of Chinese architecture from the beginning to the early 20th century. We also welcome papers dealing with other countries of the East Asian cultural sphere. Topics may range from specific case studies to the theoretical framework of traditional architecture including the history of design, landscape and city planning.

JCAH is strongly committed to intellectual transparency, and advocates the dynamic process of open peer review. Authors are responsible to adhere to the standards of intellectual integrity, and acknowledge the source of previously published material likewise, authors should submit original work that, in this manner, has not been published previously in English, nor is under review for publication elsewhere.

Manuscripts should be written in good English suitable for publication. Non-English native speakers are encouraged to have their manuscripts read by a professional translator, editor, or English native speaker before submission.

Starting with January 1, 2019, authors are not paid for publishing scholarly articles in the journal, except for invited authors; authors are not charged a publication or layout fee.

Manuscripts should be sent electronically to the following email address: xuehuapress@sina.cn

For further information, please visit the *JCAH* website, or contact our editorial office:

English Editor: Alexandra Harrer（荷雅丽）

JCAH Editorial office

Tsinghua University, School of Architecture, New Building Room 503 / China, Beijing, Haidian District 100084

（北京市海淀区 100084/ 清华大学建筑学院新楼 503/JCAH 编辑部）

Tel [Ms Zhang Xian（张弦）/Ms Li Jing（李菁）]: 0086 10 62796251

Email: xuehuapress@sina. cn

http: //blog. sina. corn. cn/ jcah

Submissions should include the following separate files:

1) Main text file in MS-Word format (1abeled with “text” + author’s last name) It must include the name (s) of the author (s), name (s) of the translator (s) if applicable, institutional affiliation, a short abstract (1ess than 200 words), 5 keywords, the main text with footnotes, acknowledgment if necessary, and a bibliography. For text style and formatting guidelines, please visit the *JCAH* website (mainly Chicago Manual of Style, 16th Edition, *Merriam-webster Collegiate Dictionary*, 11th Edition)

2) Caption file in MS-Word format (1abeled with “caption” + author’s last name).It should list illustration captions and sources.

3) Up to 30 illustration files preferable in JPG format (1abeled with consecutive numbers according to the sequence in the text+ author’s last name). Each illustration should be submitted as an individual file with a resolution of 300 dpi and a size not exceeding 1 megapixel.

Authors are notified upon receipt of the manuscript. If accepted for publication, authors will receive an edited version of the manuscript for final revision.

图书在版编目（CIP）数据

中国建筑史论汇刊．第壹拾玖辑／王贵祥主编．—北京：中国建筑工业出版社，2020.6
ISBN 978-7-112-25211-4

Ⅰ．①中… Ⅱ．①王… Ⅲ．①建筑史—中国—文集
Ⅳ．①TU-092

中国版本图书馆CIP数据核字（2020）第092795号

责任编辑：董苏华 张鹏伟
责任校对：王 烨

中国建筑史论汇刊·第壹拾玖辑
王贵祥 主 编
贺从容 李 菁 副主编
*
中国建筑工业出版社出版、发行（北京海淀三里河路9号）
各地新华书店、建筑书店经销
北京雅盈中佳图文设计公司制版
北京中科印刷有限公司印刷
*
开本：787×1092毫米 1/16 印张：18¾ 字数：374千字
2020年9月第一版 2020年9月第一次印刷
定价：99.00元
ISBN 978-7-112-25211-4
（35917）